现代计算机科学与技术系列教材
工业和信息产业科技与教育专著出版资金资助出版

高级语言程序设计

刘坤起　赵致琢　赵占芳　编著

教育部计算机科学与技术专业综合改革试点（石家庄经济学院）项目资助出版

电子工业出版社
Publishing House of Electronics Industry
北京·BEIJING

内 容 简 介

这是一本以 Turbo Pascal 语言为宿主语言，全面介绍高级程序设计语言及程序设计技术基础，同时，用语言比较方法来介绍 C 语言及其程序设计技术的教材。

本书基于计算机科学与技术一级学科人才培养科学理论，按照计算机科学与技术学科系列教材一体化设计的纲要，全面介绍了高级程序设计语言及其程序设计的基本内容，包括基本概念、基本结构、设施、成分和控制机制及程序设计的基本方法和技术。全书分两部分：第一部分以 Turbo Pascal 语言为宿主语言，介绍高级语言及其程序设计的基础内容；第二部分运用程序设计语言理论（原理），从语言比较学的角度，通过两种语言对比分析的方法介绍 ANSI C 语言及其程序设计。这样一种写作方式，既总结了 Pascal 语言的内容，又展示了另一种不同风格的过程性语言——C 语言，还传达了一种学习新型程序设计语言及其程序设计的方法，可加深读者对高级程序设计语言的认识，同时也为后续课程的学习提供了更为宽广的基础。

本书可作为计算机科学与技术类专业和非计算机科学与技术类专业"高级语言程序设计"课程的教材，也可供高等学校的教师、学生和广大工程技术人员参考。

未经许可，不得以任何方式复制或抄袭本书之部分或全部内容。
版权所有，侵权必究。

图书在版编目（CIP）数据

高级语言程序设计 / 刘坤起，赵致琢，赵占芳编著. —北京：电子工业出版社，2015.10
现代计算机科学与技术系列教材
ISBN 978-7-121-26610-2

Ⅰ. ①高… Ⅱ. ①刘… ②赵… ③赵… Ⅲ. ①高级语言－程序设计－高等学校－教材 Ⅳ. ①TP312

中国版本图书馆 CIP 数据核字（2015）第 158661 号

策划编辑：袁 玺
责任编辑：袁 玺
印　　刷：涿州市京南印刷厂
装　　订：涿州市京南印刷厂
出版发行：电子工业出版社
　　　　　北京市海淀区万寿路 173 信箱　邮编：100036
开　　本：787×1092　1/16　印张：29.5　字数：755 千字
版　　次：2015 年 10 月第 1 版
印　　次：2015 年 10 月第 1 次印刷
定　　价：59.00 元

凡所购买电子工业出版社图书有缺损问题，请向购买书店调换。若书店售缺，请与本社发行部联系，联系及邮购电话：（010）88254888。
质量投诉请发邮件至 zlts@phei.com.cn，盗版侵权举报请发邮件至 dbqq@phei.com.cn。
服务热线：（010）88258888。

序

  民众多好饮酒，中外概莫能外。酒馆和酿酒坊伴随饮酒客而起，人类对酒的喜爱造就了酒文化和一个庞大的产业。好酒能卖好价钱，能使文人诗兴大发，催生佳作，还能解人间百难。于是，酿天下名酒自然成了不少人的毕生追求。

  好酒源自粮食，这是众人皆知的常识。中外驰名的茅台酒，主要原料系产自贵州赤水河谷的糯红高粱和高寒坡地的大麦、燕麦。为了让茅台酒拥有生态、绿色、有机品质，获得消费者的广泛认同，生产企业和当地农民想了很多办法，一直在搞科学种田。

  怎样才能酿出好酒呢？国人的看法不尽相同。崇信洋酒的人主张引进国外的生产工艺，学习洋人的生产和经营理念；而喜欢国酒的人则主张走自己的路，但不排除借鉴国外先进的科学技术和管理经验。这样的争论或许永远不会终结，但外国人重视科学酿酒，值得我们学习和借鉴。

  计算机科学教育，如同酿酒工业的生产，科学办学迄今还只是部分学者的一种理想。与国内一样，国外的计算机科学教育并没有像他们的科学酿酒业那样，实现科学办学。也许，科学办学要远比科学酿酒困难得多。譬如，怎么实现科学办学？甚至怎么推出一套科学的系列教材，都是一篇大文章。

  科学种田、科学酿酒，科学办学，这些表面上看起来风马牛不相及的事物，其实以科学哲学的观点来看，都有着本质上相同或相似的成分。任何一件复杂的事物，其发展、变化、控制等，都可以通过由外而内、由表及里的方式加以观察和研究，在认识上分解为一系列更小的、基本的事物，通过某种原则、流程、结构、关系、操作、规范等联系在一起，或相互作用，或相互依存，构成一个系统或整体。各种事物发展的背后，有许多带有规律性的、可以重复验证的东西，但多数普通人只关心事物变化、现象的起因和结果，而不太关心其发展、演变的过程，以及事物发生的因果关系及其变化机理。这其中，弄清楚了规律的，可称为科学，而尚未弄清楚规律，又有一些用处的知识，也都保留下来，成了专家的经验。

  从经验办学方式转向科学办学方式，从外延发展模式转向内涵发展模式，是高等教育发展的必然要求和规律。然而，科学办学不是一种空洞的口号，而是像科学种田、科学酿酒一样务实的工作，需要通过深入观察、了解其全过程，弄清每一个本质的、核心环节的主要方面和操作细节，把工作做到位，符合客观实际要求，才能从点滴汇聚、涓涓溪流、终成江河，奔向大海。科学办学，内涵发展是高等教育办学理念上的一次重大转变，也是中国高等教育有可能通过努力，迅速赶上西方发达国家的一条途径。毋庸置疑，走上科学办学之路，有许多新事物、新问题，需要人们去学习、思考和解决，用科学方法建设一套系列教材就是其中一个具有挑战性的任务。

  这套教材的创作始于教育部面向 21 世纪教育与教学改革 13-22 项目的研究。2000 年，在"13-22 项目"研究工作即将完成之际，一些学者开始认识到面对计算机科学技术的高速发展，我们亟需一套体现科学办学思想，反映内涵发展要求，服务教育与教学改革，参与构建学科人才培养科学体系的系列教材。强调系列教材是因为那时已经意识到计算机科学教育本质上是一项科学活动，但长期以来教师向学生传授科学技术知识的方式、方法的科学性不强。由于高等教育几百年来一直沿袭经验方式而非科学方式办学，大学教学的方式方法仍然还停留在古代作坊的阶段,尽管教学使用的技术手段今天已经相当先进。在经验办学方式下,无论是研究型大学,还是教学型大学,由于种种原因,教学活动的全过程存在着太多的漏洞和质量的隐患。科学办学是对高等教育界传统办学方式的一种挑战,尽管在认识上,人们不难理解,科学办学是经验办学的最高形式,经验办学应该成为科学办学的有益补充。

"13-22 项目"组积极探索,率先倡导科学办学理念,初步构建了一个体现科学办学思想,反映内涵发展要求的计算机科学与技术一级学科人才培养科学理论体系,为学科专业教育探索新天地,走向科学办学和发展学科系列教材提供了一个认知基础。

长期以来,学术界一直在探索计算机科学与技术专业教育的规律。ACM 和 IEEE/CS 的专家小组在走访了全美 400 多位著名计算机科学家的基础上,以学科方法论作为切入点,开展教学改革理论研究,于 1989 年发表了具有开创性意义的成果,尽管他们并未意识到自己的工作是以学科方法论的研究作为切入点,探讨内涵发展的道路。1990 年前后,在迷宫中探索行走的专家小组,经大师和精英群的指点,实际上已经摸到了走出迷宫的大门,却没有打开并进入一个崭新的天地。这一点从他们在 2000 年网上公布的 CC2001 报告最先删除了 CC1991 报告中有关学科方法论的内容便不难看出(注:后经中国人的提醒又补充写入)。

与此同时,中外教材建设也一直没有停止探索,国内外出版社先后出版了种类繁多的计算机类专业教材。这些教材中不乏精品和上乘之作,但难觅具有鲜明特色、真正一体化设计且符合科学办学要求的系列教材。多数丛书和系列教材基本上还只是出版社对出自作者个人创作的教材,通过冠名"丛书"或"系列"的方法结集出版以求强势效应,仅有少数作者注意到了将几门相近课程组合在一起,进行规划、设计和创作。尽管如此,不少优秀作者和学者理所当然地进入了编审委员会的视线。西方发达国家在计算机学科的领先优势曾使许多人不自觉地将目光转向海外,试图从世界名牌大学使用的教材中去寻找蓝本。遗憾的是与国内一样,经验办学并没有使西方大学在教材建设方面摆脱"各自为政,各行其是"的阴影。此时,我们如梦初醒,毕竟科学办学是前无古人的一项创举。随着学科发展的不断深化,在迈向深蓝知识海洋的今天,外国人未必比中国人在科学办学方面占有更多天时地利的优势。不经意中的发现使我们惊喜和激动,同时深感责任不轻且平添担忧:即使能够写出系列教材的一体化设计,我们是否真能确认这项改革的正确性?真能推出科学的系列教材?可是,除了实践和试验外,我们别无捷径可循。

令人欣慰的是,从 2004 年起,厦门大学、仰恩大学、石家庄经济学院三校先后在常态下,启动、实施了计算机专业科学办学改革试验,在困难的条件下,用实证方法和实验数据,有力地验证了科学办学理念和学科人才培养理论体系的可行性、科学性和先进性,引起了教育部的重视,并且在与流行的人才培养模式的对比试验中表现出明显的优势,为下一阶段在更大范围内推进科学办学,建设新一代系列教材积累了丰富的经验,奠定了坚实的基础。

任何重大变革,不可能一帆风顺,一蹴而就,尤其是当专业办学长期错位运行,积弊甚多而难以顺利转型时。总结历史经验和教训,我们应该清醒地意识到,任何重大变革和科学创新发现,真理最初永远只可能掌握在少数人手中。在科学探索的道路上,热衷于迎合主流观点,人云亦云,只会更多地让机会与自己擦肩而过。值得一提的是,2012 年 9 月,教育部理工处邀请了 100 多所高校的 168 名专家学者,主持召开了"关于仰恩大学计算机科学教学改革案例通信研讨会"。会上,厦门大学、仰恩大学计算机专业的教学改革工作得到一大批专家学者的积极评价。仰恩作为一所私立大学,在常态化和非常困难的办学条件下,引进和采纳厦门大学创立的一级学科内涵式人才培养模式,在计算机科学系开展科学办学试验,经过学校上下的共同努力,培养了一批质量较高的本科专门人才,二届试点班毕业生整体就业率均达到 95%~100%,在专业技研发岗位工作的比例均达到 70%以上。仰恩的改革意义重大，其实践清楚地表明：仰恩大学能够承受高素质创新人才培养模式，一大批公立大学没有理由办不好计算机专业。2012 年秋天起，石家庄经济学院组织计算机专业师生开展科学办学改革试验，通过设立试点班，采纳厦大、仰恩模式进行综合教学改革，经过学校上下共同努力，奋力拼搏，取得显著成效。2012 级、2013 级考研初试过线率分别达到 30%和 63.5%，一批同学被中科院软件所、中科院信息工程所、中国科技大学、国防科技大学等一批重要学术机构录取，考研录取情况创计算机科学系历年来最好结果。基础扎实，动手能力较强的一批学生，在就业竞争中表现良好，上岗一段时间后受到用人单位的普遍好评。石经院的教学改革，同样引起教育部、兄弟院校的重视，进一步说明了普通本科高校完全可以办得更好，在本科层次与重点大学开展教育质量的竞争，向社会批量提供高素质创新人才的后备人选。

从 20 世纪 50 年代起，我国几代学者苦苦追赶了西方发达国家半个世纪，靠引进、学习、消化、跟踪、改进、创新的高新技术发展思维定式，曾使我们付出了高昂的学费和沉重的代价。固然，在高新技术领域，依靠"引进"和"舶来"的次等技术和产品，我们取得了长足的发展和进步，填补了不少国内的"空白"，但在水准上始终与发达国家保持着一段差距，一种在行业内部看来时长时短，难于逾越的差距。这种差距主要表现在对高、精、尖学科的发展中，我们缺乏思想、概念、理论、方法、技术、制度、规范和设计的原始创新和发展模式的全面创新，研究工作总是跟在别人后面亦步亦趋，缺乏在发展中另辟蹊径，走自己道路的机制和氛围。迷信洋人，盲目追随西方学术发展道路的习惯性思维方式，几乎导致国人丧失了创新的机能，这是一个国家和民族发展高新技术学科和产业致命的硬伤。

最先进的高新技术，永远不可能从竞争者手中花钱买到。高新技术领域竞争的成败，关键取决于人才与文化。现代科学技术的创新，已不单纯是一个学术问题，还是一个与文化、人文密切相关的问题。**科学教育求真求是，技术教育求实求精，人文教育求灵求善，艺术教育求美求新**。没有科学技术知识，人的认识和生活难免停留在原始社会，而没有人文精神和艺术的陶冶，科学技术的创新必然失去力量的源泉。可见，走自己的道路，发展中国的科技创新体系，在某种程度和意义上，成败的关键在于大学能否真正培养一大批高素质的人才。高等学校要实现培养大量高素质计算机科学技术人才的目标，需要在前进中不断地进行系统的、科学的总结和深刻的反省，需要对遇到的问题进行科学的分析和判断，作出正确的决策。

工欲善其事，必先利其器。倘若教师不能在思想上摆脱陈旧的思维定式，用先进的理念武装头脑，勇于探索前人没有走过的发展道路，那么，即使采用了世界一流大学的全套教材，恐怕也难以培养出一流的人才。中西文化、人文传统之间的差异之大，中外教育思想、基础教育之间的差异之大，使得中国教育的现代化绝不是一个通过引进和模仿就可以轻易解决的问题。教师的职业不是贩卖知识。授业、传道、启蒙、解惑技能的高低，不仅取决于教师知识的广博和深厚，更重要的在于远见、卓识、探索、创新、敬业、求真的本领和身先垂范。

身处 21 世纪，面对国家的期望，处在科学技术发展浪潮之巅的计算机科学系的教师，任重道远。我们就像茫茫林海中的探险者，环顾苍翠的群山，犹如身陷迷宫一般。计算机科学技术教育，敢问路在何方？其实，我们的出路或许只有一条，那就是系统总结前人的经验和教训，设法努力登上山峰，居高眺望，探寻走出林海的希望之路。

曾有一些人对于一级学科人才培养科学理论体系的可行性表示怀疑。带着这个问题，在中国科学院和国内部分高等学校一大批知名学者的支持下，从 1999 年夏天起，多所高校连续六年在贵阳举办了"计算机科学与技术高级研讨班"，向(博士)研究生和中青年教师陆续开设了研究生核心学位课程"高等计算机体系结构"、"并行算法设计基础"、"分布式算法设计基础"、"高等逻辑"、"形式语义学基础"、"可计算性与计算复杂性"、"形式语言与自动机理论",后来又进一步开设了本科生重点课程"算法设计与分析"、"数理逻辑基础"、"信息安全技术"、"密码学原理及其应用"等一系列课程。六年里,高级研讨班受到同行广泛关注、响应和支持,先后吸引了全国几十所大学六百多人次的师生参加听讲和学习,后发展到由教育部批准资助、16 所大学联合主办的高级研讨班。高级研讨班上先后产生了一批在科研中取得创新成果并在权威刊物发表论文的学者。实践证明,高级研讨班为中国高校计算机科学技术教学改革和教育质量的提高,发挥了独特的作用,得到国内外一大批学者的充分肯定和好评。高级研讨班正在成为按照一级学科办学和教学改革要求,对计算机科学系教师进行高起点研究生学位课程和本科重点课程进行师资培训的一个模式,有可能对未来计算机科学技术教育产生深远的影响。试想,如果高校教师和培养的研究生,普遍具有高级研讨班所开设的 3~4 门学位课程的共同基础,不仅科学办学面临的主要困难将迎刃而解,各大学科研学术队伍的素质也将得到显著提高。令人遗憾的是,在近年来全国高校科研论文"大跃进",中国大陆发表论文数高居世界第一的时候,环顾计算机科学技术领域发表的论文,有多少百分比的论文工作基础是建立在上述研究生学位课程基础之上的?准确回答这一问题,也许就能实事求是地认清我们与国际同行在科研水平上的真正差距。因为,这些研究生学位课程知识基础之上做出的科研成果,总体上代表着整个学科发展的主流、水平和未来发展的趋势。

一些学者对高起点研究生学位课程的必要性提出疑问:是否这些课程都要学习?我们认为,应该看到,在高等教育界从来就存在着两种不同的教育观:一种是专才教育观,另一种是通才教育观。持这两种教育观的人尽管都主张基础知识的重要性,但在对学以致用原则的理解和解释方面存在差异。一般地说,专才教育观主张在一定的基础上,通过深入钻研某一方向的学问,逐步扩展和加深自己的知识,缺什么基础补什么知识,学以致用,逐步成长为一个学科的专家。通才教育观则不同,它不主张在具备一定的基础后,就匆忙沿着某一方向钻研学问,单线独进,而是主张在一级学科的范围内,通过尽可能系统地掌握从事本学科各个重要方向的研究所需要的共同的基础知识,能够站在学科的若干个制高点上,沿着学科的一个方向,以单线独进、多线并进或整体推进的观点,逐步扩展和加深一级学科的知识,融会贯通,学以致用,逐步成长为一个学科的专家。两种教育观都有其代表人物。迄今为止,高等教育中研究生教育主要以培养专才为主,专才教育观是主流。但是,两种不同的教育观各有其特点。一般地说,当一个学科的发展处于早期时,专才教育比较容易跟上学科的发展步伐,比较容易出成果,也比较容易迅速地达到较深的学术层面。而当一个学科的发展比较成熟、发展速度比较平稳时,通才教育的优势就比较明显。因为,通才教育培养的人才可以在一级学科的范围内比较容易地向任何一个方向转向。特别是在胜任高难度重大创新人才的培养方面,在出综合性的大成果方面,在创立一套科学理论和开辟一个研究方向方面,通才教育的多种优势往往是专才教育所不具备的。此时,专才教育培养的人才要继续深入开展创新研究工作是比较困难的,往往会选择边缘跨学科研究或退出。当然,两种教育观谁优谁劣迄今并无定论,根据两种教育观的特点和现实情况,选择哪一种教育观实际仅反映了师生的一种选择策略。不过,实践经验告诉我们,尽管通才教育观的操作实现比较困难,但作为师资补充的来源,通才教育培养的人才更容易适应大学教学与科研的双重要求,理应更多地受到研究型大学的青睐。在科学技术日益深化、高度分化又高度综合的今天,放眼未来,在高、精、尖学科中,通才教育观无疑有着更为宽广而美好的发展前景。

冬去春来,年复一年。当我们终于从跟踪、学习、盲从西方大学教育的发展模式中走出时，感受到了一种从未有过的释然与激动，一种走自己的发展道路，独立自主的自豪与喜悦。这条道路虽然艰难，但前景光明。连续六年在贵阳举办的全国计算机科学与技术高级研讨班，以及后来科学办学的成功实践，更进一步坚定了我们对内涵发展模式与科学办学方式的认识与追求。

伴随着学科教学改革理论研究与实践探索的推进，社会热切地期待着一套与教学改革方案相配套的高质量系列教材问世。总结过去教材建设成功和失败的经验、教训，使我们清醒地认识到：教材建设必须建立在科学研究基础之上，按照科学的运作程序，动员在第一线从事科学研究、功底深厚、学有所长、能够在权威刊物发表论文，或在重大教学改革实践中做出显著成绩的优秀教师，参与到教材的创作中来，才有可能推出高质量并符合学科发展要求的系列教材。我们的主张是："让大学中的科学家来创作教材！"

2014年年初，电子工业出版社"现代计算机科学与技术系列教材"编审委员会正式成立，计算机科学与技术一级学科系列教材一体化设计报告也即将完成重新修订。编审委员会为系列教材的出版制定了严格、详细的操作程序，选准作者，并在体制创新方面必要时设立学术编审人，跟踪编审教材的创作内容，力求教材的尽善尽美。可以预期，"现代计算机科学与技术系列教材"将是基于计算机科学一级学科人才培养科学理论体系，体现科学办学思想，反映内涵发展要求，开展系列教材一体化设计和建设的一个尝试。然而，就像任何新生事物一样，她难免存在缺点和不足，诚恳地希望关心和使用本套系列教材的师生、读者，在使用中将批评或建议留下来，帮助我们改进教材建设工作，修正存在的错误。

今天，经过编审委员会、作者和出版社的共同努力，"现代计算机科学与技术系列教材"终于开始陆续出版发行。在21世纪里，愿"现代计算机科学与技术系列教材"的出版，能够为新一代的莘莘学子攀登现代科学技术的高峰成就未来。

"现代计算机科学与技术系列教材"编审委员会

目 录

绪论 对"高级语言程序设计"课程的认知与导学 1
  0.1 对"高级语言程序设计"课程的认知 1
    0.1.1 高级语言与程序设计的起源 1
    0.1.2 程序设计语言的描述 3
    0.1.3 计算模型、计算机与程序设计语言 6
    0.1.4 数理逻辑和代数是程序设计语言与程序设计技术的基础 7
    0.1.5 程序设计语言与程序设计属于科学的范畴 8
    0.1.6 语言问题和程序设计问题均是计算机科学与技术学科中的核心问题 8
    0.1.7 对语言与程序设计技术的熟练掌握是计算机科学与技术工作者的基本功 9
    0.1.8 "高级语言程序设计"课程在学科专业教育中的地位和作用 11
    0.1.9 本课程的宿主语言为什么是 Pascal 语言而不是其他语言？ 11
  0.2 内容的选取、组织与本课程的导学 12
    0.2.1 内容的选取与界定 12
    0.2.2 本教材内容组织的线索 13
    0.2.3 与本课程相关的课程 14
    0.2.4 对本课程的导学 14

第 1 章 引论 18
  1.1 计算模型、高级语言与程序设计 18
  1.2 程序设计语言 Pascal 简介 20
    1.2.1 Pascal 语言的发展及其启示 20
    1.2.2 Turbo Pascal 的特点 23
    1.2.3 Turbo Pascal 的符号、约定 23
    1.2.4 Pascal 源程序的结构 27
  本章小结 30
  习题 31

第 2 章 基本数据类型与基本运算 32
  2.1 数据类型的概念 32
    2.1.1 为什么程序设计语言中要引入"数据类型"这一概念？ 32
    2.1.2 数据类型的概念 33
    2.1.3* 数据类型的代数理论基础 33
    2.1.4 Turbo Pascal 中数据类型的分类 33
  2.2 基本数据类型 34
    2.2.1 整数类型 35

2.2.2	实数类型	36
2.2.3	布尔类型	38
2.2.4	字符类型	39
2.3	常量与变量	40
2.3.1	常量	40
2.3.2	变量	42
2.4	标准函数	43
2.5	表达式	46
2.5.1	算术表达式	46
2.5.2	关系表达式	47
2.5.3	布尔表达式	47
2.6	数据类型的自动转换	48
2.7*	计算机科学与技术学科中核心概念讨论之一——抽象概念	50
本章小结		51
习题		51

第3章 输入与输出 54

3.1	输入语句	54
3.1.1	read 语句	55
3.1.2	readln 语句	57
3.2	输出语句	59
3.2.1	write 语句	59
3.2.2	writeln 语句	60
3.3	程序设计举例	61
3.4*	关于输入输出的进一步讨论	63
本章小结		64
习题		64

第4章 语句与控制流程 66

4.1	语句概述	66
4.2	说明语句	67
4.2.1	标号说明语句	67
4.2.2	类型说明语句	68
4.2.3	几点说明	68
4.3	赋值语句	69
4.3.1	赋值语句的定义	69
4.3.2	有关赋值语句的讨论	70
4.3.3	程序设计举例	70
4.4	复合语句	73
4.4.1	复合语句的定义	73
4.5	条件语句	74
4.5.1	if 语句	74

  4.5.2 case 语句 ·· 75
  4.5.3 程序设计举例 ·· 76
 4.6 循环语句 ·· 83
  4.6.1 for 循环语句 ·· 83
  4.6.2 while 循环语句 ·· 85
  4.6.3 repeat 循环语句 ·· 86
  4.6.4 多重循环 ·· 88
  4.6.5 循环程序设计举例 ·· 88
 4.7 转向语句 ·· 102
 4.8* 关于语句的进一步讨论 ·· 105
 4.9* 计算机科学与技术学科中核心概念讨论之二——绑定概念 ················ 105
 本章小结 ·· 106
 习题 ·· 107

第 5 章 程序的结构与类型 ·· 112
 5.1 程序的基本结构 ·· 112
  5.1.1 顺序结构 ·· 113
  5.1.2 选择结构 ·· 113
  5.1.3 循环结构 ·· 114
 5.2* 程序的类型 ·· 115
 5.3 程序设计技术 ·· 116
  5.3.1 结构化程序设计技术 ·· 117
  5.3.2 模块化程序设计技术 ·· 123
 5.4* 关于程序结构的进一步讨论 ·· 124
 5.5* 计算机科学与技术学科中核心概念讨论之三——分解概念 ················ 125
 本章小结 ·· 126
 习题 ·· 126

第 6 章 构造型数据类型 ·· 129
 6.1 枚举类型 ·· 129
  6.1.1 引言 ·· 129
  6.1.2 枚举类型及其变量说明 ·· 129
  6.1.3 枚举类型数据的运算 ·· 131
  6.1.4 枚举类型数据的输入/输出方法 ·· 131
  6.1.5 枚举数据类型的本质 ·· 132
  6.1.6 程序设计举例 ·· 132
 6.2 子界类型 ·· 136
  6.2.1 引言 ·· 136
  6.2.2 子界类型及其变量说明 ·· 137
  6.2.3 子界类型的数据允许进行的运算 ·· 138
  6.2.4 子界数据类型的本质 ·· 138
  6.2.5 程序设计举例 ·· 138

- 6.3 数组类型 ··· 139
  - 6.3.1 数组的概念 ·· 139
  - 6.3.2 数组类型及其变量说明 ·· 140
  - 6.3.3 数组元素的访问方法及存储方式 ·· 141
  - 6.3.4 数组类型允许进行的运算 ·· 142
  - 6.3.5 数组的初始化 ··· 142
  - 6.3.6 数组的输入与输出 ··· 143
  - 6.3.7 程序设计举例 ··· 144
- 6.4 字符串类型 ··· 153
  - 6.4.1 字符串类型及其变量的说明 ··· 153
  - 6.4.2 字符串运算 ·· 154
  - 6.4.3 字符串类型与字符数组类型之间的关系 ································· 155
  - 6.4.4 字符串的输入/输出 ··· 156
  - 6.4.5 字符串运算的标准函数和过程 ··· 156
  - 6.4.6 程序设计举例 ··· 159
- 6.5 集合类型 ·· 164
  - 6.5.1 引言 ·· 164
  - 6.5.2 集合类型及其变量说明 ·· 165
  - 6.5.3 集合类型的数据允许进行的运算 ··· 166
  - 6.5.4 集合类型的进一步说明 ·· 167
  - 6.5.5 程序设计举例 ··· 168
- 6.6 记录类型 ·· 175
  - 6.6.1 引言 ·· 175
  - 6.6.2 记录类型及其变量说明 ·· 175
  - 6.6.3 记录成分(域)的访问 ··· 177
  - 6.6.4 记录类型的数据允许进行的运算 ··· 178
  - 6.6.5 记录的初始化 ··· 179
  - 6.6.6 记录类型的数据的输入与输出 ··· 179
  - 6.6.7 记录数组 ·· 180
  - 6.6.8 变体记录 ·· 181
  - 6.6.9 程序设计举例 ··· 185
- 6.7 数据类型的等同和相容 ··· 192
  - 6.7.1 数据类型的等同性 ··· 192
  - 6.7.2 数据类型的相容性 ··· 193
  - 6.7.3 赋值相容 ·· 194
- 6.8* 计算机科学与技术学科中核心概念讨论之四——聚集概念 ·············· 195
- 本章小结 ·· 195
- 习题 ·· 196

第7章 函数、过程与分程序 ·· 201
- 7.1 函数 ··· 201

		7.1.1 函数概述	201
		7.1.2 函数说明	201
		7.1.3 函数调用	203
		7.1.4 程序设计举例	205
	7.2	过程	209
		7.2.1 过程概述	209
		7.2.2 过程说明	210
		7.2.3 过程调用	211
		7.2.4 过程、函数和主程序的比较	213
		7.2.5 程序设计举例	213
	7.3	标识符的作用域与生存期	219
		7.3.1 全局量与局部量及其作用域与生存期规则	219
		7.3.2 标识符的作用域的数理逻辑基础	223
		7.3.3 作用域概念对程序设计语言及程序设计的意义	223
		7.3.4 非局部变量及其副作用	223
	7.4	信息传递	226
		7.4.1 引言	226
		7.4.2 信息传递的方法	226
	7.5	过程与函数的嵌套	232
		7.5.1 过程与函数的嵌套	232
		7.5.2 过程(函数)的调用原则	233
	7.6	递归	235
		7.6.1 递归的概念	236
		7.6.2 递归过程(函数)的执行	237
		7.6.3 递归程序的特征	238
		7.6.4 递归程序设计技术举例	239
		7.6.5 递归与递推的关系	249
	7.7	分程序	249
	7.8*	计算机科学与技术学科中核心概念讨论之五——封装概念	250
	7.9*	计算机科学与技术学科中核心概念讨论之六——递归概念	250
	本章小结		251
	习题		251
第8章	**指针与动态数据类型**		**262**
	8.1	指针	262
		8.1.1 指针的意义	262
		8.1.2 指针数据类型	264
	8.2	动态数据类型	269
		8.2.1 静态数据类型与动态数据类型	269
		8.2.2 动态变量的生成与废料的回收	269
		8.2.3 动态变量的使用	271

8.2.4　指针与动态变量有关知识小结 ································· 272
　8.3　指针的应用 ·· 273
　本章小结 ·· 283
　习题 ··· 283

第9章　文件 ·· 289
　9.1　文件概述 ·· 289
　　9.1.1　文件的概念 ·· 289
　　9.1.2　文件的分类 ·· 290
　　9.1.3　Turbo Pascal 文件及其特点 ······································· 291
　9.2　类型文件 ··· 293
　　9.2.1　文件类型的说明及其变量说明 ····································· 293
　　9.2.2　对类型文件实施的基本操作 ·· 294
　　9.2.3　类型文件的应用 ·· 298
　9.3　文本文件 ··· 305
　　9.3.1　文本文件及其操作 ··· 305
　　9.3.2　标准文件 ··· 312
　　9.3.3　文本文件的应用 ·· 312
　　9.3.4　文本文件与类型文件的比较 ·· 317
　9.4　无类型的文件 ·· 318
　　9.4.1　无类型的文件及其变量说明 ·· 318
　　9.4.2　对无类型的文件实施的基本操作 ·································· 319
　　9.4.3　无类型的文件的应用 ·· 320
　本章小结 ·· 321
　习题 ··· 321

第10章　Turbo Pascal 的进一步介绍 ······································ 325
　10.1　包含文件 ·· 325
　10.2　单元 ·· 326
　　10.2.1　单元的基本概念 ··· 316
　　10.2.2　单元的定义 ··· 327
　　10.2.3　单元的使用 ··· 330
　　10.2.4　标准单元 ·· 331
　10.3　条件编译 ·· 331
　本章小结 ·· 334
　习题 ··· 334

第11章　高级程序设计语言——C 语言 ································· 335
　11.1　ANSI C 与 Turbo Pascal 的符号、约定的比较 ··················· 337
　　11.1.1　ANSI C 与 Turbo Pascal 的字符集合 ························· 337
　　11.1.2　ANSI C 与 Turbo Pascal 的符号 ······························· 337
　　11.1.3　C 语言的源程序结构 ··· 338
　11.2　ANSI C 与 Turbo Pascal 成分比较 ·································· 340

  11.2.1 基本数据类型与基本运算 ··· 341
  11.2.2 输入与输出 ··· 349
  11.2.3 语句与控制流程 ·· 357
  11.2.4 子程序 ·· 363
  11.2.5 构造数据类型 ··· 368
  11.2.6 指针 ·· 370
  11.2.7 文件 ·· 372
  11.2.8 包含文件与条件编译 ·· 376
 11.3 C 语言的进一步介绍 ··· 378
  11.3.1 C 语言表达式的进一步介绍 ······································ 378
  11.3.2 C 语句的进一步介绍 ·· 382
  11.3.3 变量存储属性的进一步介绍 ······································ 384
  11.3.4 联合 ·· 388
  11.3.5 指针的进一步介绍 ·· 390
  11.3.6 C 语言的宏替换 ··· 403
 本章小结 ·· 405
 习题 ··· 406
第 12 章 程序设计语言的应用和发展 ·· 415
 12.1 程序设计应用实例 ··· 415
 12.2* 现代程序设计方法和技术的发展 ······································ 434
 12.3* 现代程序设计语言的发展 ·· 437
 本章小结 ·· 441
 习题 ··· 442
附录 A 常用字符的 ASCII 代码表 ··· 445
附录 B 中英文名词对照 ··· 446
参考文献* ··· 458

绪　　论

对"高级语言程序设计"课程的认知与导学

学习任何一门课程，犹如一次长时间的"旅行"，绝大多数读者在学习具体知识之前，都希望有一份对该课程的学习有着引导作用的"导游图"，即一份对该课程的基本认知和导学"图"。"高级语言程序设计"课程的学习也不例外。

本章是全书的绪论，主要介绍对"高级语言程序设计"课程的一些基本认识，以及如何学习这门课程的导引。

▷▷ 0.1　对"高级语言程序设计"课程的认知

这一节将介绍对"高级语言程序设计"课程的一些基本认识，它有助于读者从宏观上正确把握课程要点。这些内容有的层面较高，初学者不易读懂，这是很正常的。建议读者每当自己的知识增多时，返回来重读这一章，也许会有新的体会和收获。

0.1.1　高级语言与程序设计的起源

高级程序设计语言(简称高级语言，High-level Language)与程序设计(Programming)伴随着计算机的诞生而出现和发展。在 20 世纪 40 年代，由于通用电子数字计算机的设计采用了二进制数据进行算术、逻辑运算，硬件的设计中设置了一组用二进制数表示的机器指令，于是，为这样的计算机编制程序(简称编程)，人们首先自然地采用机器指令来进行程序设计。这样，机器指令集合就成为最初的程序设计语言。然而，随着计算机应用的展开，程序员们普遍感到使用机器指令编制程序不仅效率低下，而且十分别扭，用 0 和 1 编码表示的机器指令和阅读理解程序都比较困难，也不利于交流和软件维护，调试程序时查找错误尤为困难，程序设计和软件开发急需一种形式上比较高级，类似于自然语言那样的程序设计语言。

所谓高级语言是指用于描述计算机程序的类自然语言。这种语言只是自然语言的一个很小的子集，在语法结构上比较简单而且规范，在语义上较少有**二义性**(Ambiguity，歧义性)，能够以比较准确、易读的形式描述各种计算，形成计算机程序，如 Pascal 语言、C 语言等等。

1952 年，第一个程序设计语言 Short Code 出现。两年后，高级语言 Fortran I 问世，作为一种面向科学计算的高级程序设计语言，Fortran 语言的最大功绩在于牢固地树立了高级语言的地位，并使之成为通用程序设计语言。Algol 60 语言的诞生标志着计算机语言的研究成为一门科学，该语言的文本中提出了一整套新概念，如分程序结构、变量的类型说明和作用域规则、过程的递归调用与参数传递机制等,而且,它是第一个用严格的语法规则[**巴科斯-瑙尔范式**(Backus-Naur Form,简称 **BNF**)]定义语言文法的高级程序设计语言。此后,随着研究的深入和应用的拓展,从 1960 年至今,世界上各国先后根据自己的需要,发展了 1000 多种通用或专用高级程序设计语言。但真正得到广泛认可并在实际工作中推广应用的只是其中的很小一部分,绝大部分高级程序设计语言或者仅在小范围派上用场,或者随着岁月的流逝湮没在科技文献之中。

程序设计的结果(即程序)必然要用一种能被计算机接受的语言表示出来,否则计算机无法理解和执行。现在用于编程的程序设计语言有很多,根据它们与计算机指令系统和人们解决问题所采用的描述语言(如自然语言)的接近程度,常常可以粗略地把程序设计语言分为低级语言(Low-level Language)和高级语言。

(1) 低级语言

低级语言是指与特定计算机系统结构和硬件密切相关的程序设计语言,即特定计算机能够直接理解的语言(或与之直接对应的语言),如机器语言(Machine Language)和汇编语言(Assemble Language)。机器语言采用指令编码和数据的存储位置来表示操作码和操作数,而汇编语言用符号名来表示操作码和操作数,以增加程序的易读性。用机器语言写的程序可以直接在计算机上执行,而用汇编语言写的程序必须翻译成机器语言程序后才能执行。翻译工作可以由一个计算机程序来自动完成,该翻译程序称为汇编程序。

早期的程序设计大都采用低级语言来进行。由于低级语言与机器系统结构和硬件紧密相关,用这种语言写程序,优点在于写出的程序效率比较高,执行速度快且占用空间少,缺点是需要考虑的细节太多,程序难以设计,阅读、理解与维护也比较困难,更难以保证程序的正确性。另外,由于不同的计算机指令系统不同,计算机系统结构不同,低级语言程序难以从一种型号的计算机系统移植到另外一种型号的计算机系统中运行。

(2) 高级语言

高级语言是一种便于我们理解和有利于对解题过程进行描述的程序语言,通常所讲的程序设计语言往往指的是高级语言。例如,对于计算公式 $a \times b - c$ 的值,用汇编语言可写成:

```
mov ax,a
mul ax,b
sub ax,c
```

而用高级语言可写成:

```
a*b-c
```

可见,用高级语言来书写程序比较简洁,同时也使得程序容易设计、阅读和理解。用高级语言设计程序,程序员不必考虑很多计算机硬件所涉及的概念,如寄存器 **AX**,**运算器**等,可以用熟悉的数学公式等来表达程序设计的结果。至于 a、b、c 这些数据存储在哪里,程序员不必关心,而是由语言的编译系统去解决。

用高级语言书写的程序需要翻译成机器语言程序才能在计算机上运行。翻译方式有两种:**编译**与**解释**。**编译**是指把高级语言程序(称为**源程序,Source Program**)在整体理解的基础上,翻译为功能上等价的机器语言程序、汇编语言程序或另一种高级语言程序(称为**目标代码程序**,需要时再编译成汇编语言程序或另一种可执行的目标代码程序),其实质是源程序最终要在整体理解的基础上翻译为功能上等价的机器语言程序。把汇编语言程序翻译为功能上等价的机器指令程序是比较容易的，因为汇编指令与机器指令多为一一对应，这部分工作由汇编语言系统来自动完成；**解释**则是指对源程序中的语句进行逐条翻译并执行，翻译完了程序也就执行完了，翻译过程中不产生目标程序。一般来说，编译执行比解释执行效率要高。把高级语言程序翻译成机器语言程序的工作一般由一个翻译程序来实现，根据翻译方式可以把这个翻译程序分为编译程序（Compiler）或解释程序（Interpreter）。

高级语言的优点在于：程序设计脱离了计算机系统结构的细节，在设计中与人的逻辑思维更易于融合。一旦标准化之后，程序也更容易设计、阅读、理解和维护，更容易保证程序的正确性。特别地，用高级语言写的程序与所采用的具体计算机的指令系统无关，因此，容易把它们移植到其他不同型号的计算机系统上执行。当然，目标程序所在的计算机系统中必须要有相应语言的编译程序或解释程序。高级语言的缺点是：用其编写的程序比用低级语言编写的程序执行效率要低，因为编译程序在翻译的过程中需要做许多附加工作。

程序的执行效率对于早期的计算是非常重要的。因为，早期的计算机硬件速度慢、存储空间小，程序的执行效率必须通过对程序精雕细琢来提高。由于那时计算机应用范围窄、复杂度低，用低级语言编制程序的潜在缺陷还未能充分反映出来，甚至一度被一些资深的程序员看成是设计高效率程序的唯一有效途径。然而，当程序规模和复杂度增大以后，程序设计的难易程度和程序的正确性、可读性、易维护性问题逐渐显现出来，人们开始意识到，对于一个难以设计、经常出错和难以维护的程序，尽管它的效率很高，也不能被接受。

另外，用高级语言进行程序设计也可使得设计者能以一种不同于计算机硬件所提供的**计算模型**（Computational Model）来给出解决问题方案的描述，即基于一种虚拟机来进行程序设计，翻译程序实现从虚拟机模型到实际计算机模型之间的语义（概念）转换。

学习一种高级程序设计语言及其基本的程序设计方法和技术，对于有一定的文化基础的人并不是一件困难的事情。但是，程序设计又是一项高智力的活动，因为计算机应用的领域十分广泛，程序设计的任务千变万化，程序设计的方法、技术和技巧更是五花八门。历史上，围绕如何解决一个领域的程序求解问题和设计高质量的程序，先后发展了一系列的原理、方法和技术，而且直到今天仍然在继续发展。随着计算机系统结构、硬件和性能的不断创新和提高，程序设计思想、原理、方法和技术也随之发展，人们不断地把经过实践检验、已经成熟的思想、原理、方法和技术融入到程序设计语言中，在不同时期产生了一系列程序设计语言。各种程序设计语言或者是面向特定领域而设计的，或者是基于某种程序设计思想、原理和方法而发展起来的，它们都与学科发展历程中某个特定的历史背景相联系，与程序设计方法和技术既相互促进，又共同发展。

目前，典型的高级语言有 Fortran、Basic、Algol 60、COBOL、PL/1、APL、Lisp、Simula、SNOBOL、Pascal、C、Ada、Modula-2、Prolog、Smalltalk、C++、Delphi、Java、C#、Gödel等等。可以从不同的角度对这些高级语言进行分类，例如，按照应用类型可分为科学计算语言、事务处理语言、系统程序设计语言等；按照所支持的程序设计**范型**（Paradigm）可分为过程式语言（算法语言）、函数式语言、逻辑语言、面向对象语言以及混合式语言等。

0.1.2 程序设计语言的描述

语言分为自然语言和人工语言。以西语系中的语言为例，无论是自然语言，还是人工语言，都是基于某个字符集合上的字符串组成的集合。构成语言的字符串实际上就是该语言的字、词或句子(语句)。语言的描述就是该语言的表达形式。定义语言，就是要描述构成语言的字符串的**语法**、**语义**和**语用**。语法、语义和语用反映了刻画语言的三个不同的侧面。下面，分别介绍程序设计语言的这三个方面。

(1) 语法

语法(Syntax)刻画了程序设计语言的构成规律，即构成语言中各种语言成分的生成规则。语法又分词法和文法两部分。词法负责语言中单个字和词的形成，文法负责由字和词组成的短语和句子的构造。程序设计语言语法的描述对于程序设计语言的设计者、实现者和使用者都是非常重要的。客观上，要求程序设计语言语法的描述必须严密、简洁和易读。因此，应该选择良好的语法表示工具来描述程序设计语言的语法。

尽管自然语言可以作为描述程序设计语言语法的工具，但由于它往往会引起二义性，而且还不能方便地使语言翻译程序的实现者构造自动翻译工具，因此，程序设计语言的语法表示工具常采用形式化的工具。现在，语法的形式化表示工具常采用 Backus-Naur 范式(Backus-Naur Form，缩写为 **BNF**)和语法图。Backus-Naur 范式以严谨性著称，而语法图具有形象直观的特点，两者在理论上都属于形式语言理论的范畴。而形式语言理论指出了两种形式化的表示工具是等价的。

① Backus-Naur 范式

BNF 最初由图灵奖的获得者 J. W. Backus(约翰·巴科斯)和 P. Naur(皮特·瑙尔)二人于 1959 年末在 Algol 60 报告中提出，用于描述 Algol 60 语言。

表 0-1 BNF 中元语言符号及含义

元语言符号	含 义
∷=	定义为
|	或者
( )	表示括号内对象一定取其中之一
[ ]	表示括号内任取一个对象，也可不取
{ }	表示括号内对象可出现任意次，也可不出现
< >	表示括号内为元语言符号，非终结符
" "(表示中引号可省略)	表示引号内为对象语言符号，终结符

BNF 是一种特定的形式体系，它定义了一组描述语言语法的规则，可看作是描述程序设计语言的一种元语言。通常也称 **BNF** 为元语言，被描述或定义的程序设计语言称为对象语言，规则称为生成式，规则中使用的不属于对象语言的符号称为元语言符号(或连接词)，属于对象语言的符号称为终结符，定义生成式的符号称为非终结符。**BNF** 中的元语言符号及其含义如表 0-1 所示。

例如：描述 Turbo Pascal 语言中的"标识符"的一组生成式规则如下：

```
<标识符>∷=<字母>|<下划线>{<字母>|<数字>|<下划线>}
<字母>∷=<大写英文字母>|<小写英文字母>
<数字>∷=0|1|2|3|4|5|6|7|8|9
```

这组规则严格而精确地定义了 Turbo Pascal 中的标识符。其含义是：标识符由若干个字符组成，第一个字符必须是大写或者小写英文字母，或者是下划线，其后可以是大写或者小写英文字母、数字和下划线的任意组合。数字由一个字符构成，它可以是 0～9 这 10 个数字中的任意一个。"∷="的含义是其左边的语法单位定义为右边的语法单位。"|"是"或者"的意思。这组规则没有规定标识符的长度，具体长度由每一台计算机系统或编译程序根据计算机的实际情况具体规定，需查阅编译系统用户手册。例如，标准 Pascal 语言中标识符的长度不超过 8 字符，而

Turbo Pascal 中标识符的长度不超过 63 字符。由此可以看出，**BNF** 描述比自然语言描述简洁、规范、清晰、精确和严格。

用 **BNF** 定义语言是一个计算机科学工作者需要掌握的基本功之一，在计算机软件和理论的其他后续课程中还要用到。更深入的介绍已经超出了本书的范围，读者可在相关后续课程中进一步学习。

② 语法图

语法图(Syntax Chart)由图灵奖获得者 Niklaus Wirth(尼克莱斯·沃思)教授提出，并首先应用于描述 Pascal 语言的语法。语法图中使用的元符号主要有圆圈(或椭圆)、方框和有向线段。圆圈(或椭圆)的内容表示语言的一个基本符号，对应于 **BNF** 的终结符；方框的内容表示引用的另外一个语法图，它对应于 **BNF** 的非终结符；有向线段则用于连接相应于 **BNF** 的生成式右部各符号的圆圈与方框，它起着连接和合法走向的作用。在语法图中，从箭头的入口到箭头的出口，可能有一条或多条线路，它形成了语法构成的一种或多种可能的语法形式，对应于 **BNF** 中的"｜"。图 0-1 给出了语法图与 **BNF** 之间的对应关系。与 **BNF** 相比，语法图非形式化一些，易于被初学者学习与理解。图 0-2 为 Turbo Pascal 的标志符语法图。

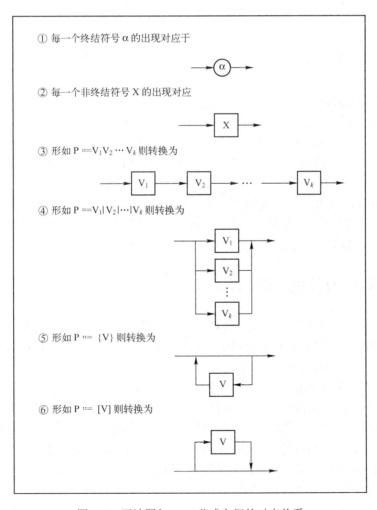

图 0-1　语法图与 BNF 范式之间的对应关系

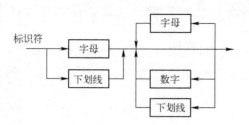

图 0-2　Turbo Pascal 的"标识符"的语法图

(2) 语义

语义(Semantics)描述是对程序设计语言各种语言成分含义的描述。人们用自然语言说的每一句话都有确切的含义，程序设计语言也一样，每一条语句都应该有确切的含义。语法上正确的句子(语句)，其语义不一定正确。因此，与语法的描述一样，必须选择良好的语义表示工具来描述程序设计语言的语义。用自然语言描述程序设计语言的语义往往会引起二义性。例如，下面的语句就是一个有二义性的句子：**咬死了猎人的狗。**

不难设想，如果编译程序对有二义性的句子可能作这样的理解处理，也可能作那样的理解处理，那么，程序的正确性一般情况下将是无法保证的。

在计算机科学与技术中，语义的形式化描述是非常重要的。然而，令人遗憾的是，语义的形式化描述远非语法的形式化描述那么简单。尽管人们先后发明了多种语义的形式化描述方法，但是，由于并发程序、并行程序的出现和复杂结构对象上具有运算不确定性的语言成分的出现，真正让人们广为接受的、有效的、实用的描述方法仍然还在探索中，语义的形式化描述还有很长的路要走。不过，用形式化方法描述程序设计语言的语义是一个正在发展的学科方向，现在流行的有操作语义学、公理语义学、指称语义学、代数语义学等方法。但由于语义描述的复杂性，迄今绝大多数高级程序设计语言在最初定义时，其语义描述仍然采用自然语言的描述方法。

(3) 语用

语用(Pragmatics)是指语言与使用者之间的关系。在高级语言程序设计中涉及很少，即使涉及一点，也完全可用自然语言来描述和处理。计算机科学与技术学科对语用学的研究基本上还处于空白状态，与本教材的联系很少，因此本书不介绍语用问题。

0.1.3　计算模型、计算机与程序设计语言

人们讨论计算，离不开计算方法。计算方法是属于计算模型范畴的内容。例如，对任意给定实数域上的一元二次方程 $ax^2+bx+c=0$，无论用因式分解法还是公式解法，只要方程有解，自己在运算中没有出错，那么，计算的结果一定是得到方程的解。按照数学理论，这里的每一种计算方法实际上都是一元二次方程计算根的一种模型，它是普遍有效的，与实系数 a、b、c 具体的值没有关系，也不会出现矛盾。可是，这样一种计算仅有计算方法是不够的，如果问题更复杂一些，计算的工作量更大一些，人们希望让计算机来代替人的劳动，那么，就需要程序员从问题出发，根据计算方法，编制相应的程序。程序可以用不同的程序设计语言来表示，也可以在不同类型的计算机系统上执行，于是，计算就离不开程序设计语言。程序员要设计程序，当然要考虑计算方法，依据不同的计算方法设计的程序是不同的。以一元二次方程求根为例，如果采用因式分解方法，那么，程序员设计程序时需要根据一元二次方程对多项式进行因式分解，然后才能找到

解。但是，如果采用公式求根的计算方法，那么，程序设计只要套用求根计算公式即可。可见，不同的计算方法将导致不同的程序。不过，问题还不是那么简单，这里常常还存在一个算法问题。试想，如果采用公式求解，那么，在一元二次方程的求解公式中，究竟应该先计算哪一部分呢？究竟是应该先计算分母，还是应该先计算分子，等等。这里可能有多种选择，但无论是哪一种更为细致的计算过程，都没有违反计算方法。这种更为细致的计算过程就是一种算法，它不必关心 a、b、c 和方程的解如何存储，但其计算过程本质地反映了计算方法，而且以一种计算过程的形式出现。进一步，把这样的算法放在现实的计算机系统中去加以编程实现，不仅考虑计算方法如何通过计算过程体现，而且，还实际考虑了在计算机系统中，方程求解过程中所涉及到的系数 a、b、c 及方程的解、计算过程中临时需要的工作变量及其存储位置，那么，这样编程得到的就是基于这个算法所获得的程序。现在，读者大致可以理解和猜测，不同的计算方法将导致不同的算法，不同的算法可以产生不同的程序；支撑程序运行的是计算机系统，而将计算机系统进行抽象，去掉具体的运算器、存储器等，代之以更为抽象的一种数学机器(计算模型)，那么，这样的数学机器或许能够支撑算法的运行。

事实确实如此！实际上，如果这样的数学机器确实能够支撑算法的运行，那么，就称这些数学机器为自动计算装置的抽象计算模型。在 20 世纪 50～60 年代，计算机科学理论研究工作中已经指出：不同复杂程度的语言文法分别与某种计算模型在处理语言的计算能力上是等价的，计算机的指令系统具有递归性。有了这些认知之后，就应该能够认识到程序设计语言本身也是一种计算模型，它在计算机裸机系统与人的思维、描述方式之间架起了一座沟通的桥梁，只是在描述、刻画、表达计算时所处层面和方便程度不同而已。这就不难帮助读者理解语言是计算模型的外在表现形式。程序设计语言的数据机制刻画了计算模型(抽象计算机)的抽象存储系统。利用程序设计语言编写程序实质上是对这个抽象计算机的扩充。

通过上面的介绍，结合"计算机科学与技术导论"课程内容的讲授(请参看赵致琢著，《计算科学导论(第 4 版)》，电子工业出版社)，可以更多地意识到计算、计算模型、计算机系统、算法与程序设计语言之间有着密切的联系。上述概念往往有多个层面的涵义，读者应该在今后的学习中，注意它们在不同层面上的涵义和相互之间的关系。

0.1.4 数理逻辑和代数是程序设计语言与程序设计技术的基础

数理逻辑和代数是程序设计语言与程序设计技术最主要的基础，之所以这样说是基于以下几点认识。

(1) 从计算机程序设计语言方面考察，语言的理论基础是形式语言、自动机与形式语义学，所采用的主要研究思想和方法来源于数理逻辑和代数。程序设计语言中的许多机制和方法，如子程序调用中的参数替换、赋值等都出自数理逻辑的方法。此外，在语言的语义研究中，四种语义方法最终可归结为代数和逻辑的方法。这就是说，数理逻辑和代数为语言学研究提供了方法论的基础。

(2) 从计算机各种应用的程序设计方面考察，任何一个可在计算机上运行的程序，其对应的计算方法首先都必须是构造性的，数据表示必须离散化，计算操作必须使用逻辑或代数的方法进行，这些，都应体现在算法和程序之中。此外，到现在为止，程序的语义及其正确性的理论基础仍然是数理逻辑，或进一步的模型论。因为，真正的程序语义应该是模型论意义上的语义，是程序内涵和程序外延保持一致的语义。

(3) 从目前已经发明的各种程序设计技术方面考察，其主要基础是数理逻辑和代数。例如，逻辑程序设计技术、程序验证技术、程序变换技术、程序推导技术和程序综合技术的主要基础是数理逻辑，函数式程序设计技术和面向对象程序设计技术的主要基础是代数，等等。

0.1.5　程序设计语言与程序设计属于科学的范畴

N.Chomsky(诺姆·乔姆斯基)的生成语言学理论使语言学成为一门科学，而作为人工语言的程序设计语言的研究确实包含了非常丰富的研究内容，它分为语法学、语义学和语用学的研究，而且研究表明其中存在着大量的科学难题有待解决。半个多世纪以来，为了解决程序设计语言的诸多问题，人们发明了一些数学理论。依靠这些严密的数学理论，提供了一些表达和处理语言的方法和技术，推动了程序设计语言乃至计算机科学与技术学科的发展。因此，程序设计语言属于科学的范畴。

在程序设计发展的早期，由于对一个可解的问题(那时往往是比较简单的问题)，事实上采用程序设计的途径可以设计出很多种程序来计算求解，也由于早期的程序开发常常由一两个人包揽，因此，程序设计技术不免被看成是一种与个人思想、经验和技术相联系的技巧或技艺，程序设计是一种个人行为。然而，随着 N. Chomsky 和 J. W. Backus 等人对语言理论研究取得进展，当 Algol 60 语言出现之后，人们开始认识到程序设计语言是一门科学，高级语言本身有着很强的规律，它与程序设计的思想、方法和技术之间存在密切的联系。20 世纪 50 至 60 年代，S. C. Kleene(斯蒂芬·科尔·克林)从计算模型的角度对程序中的递归关系、递归过程、递归条件表达式等进行了研究，G. Jacobini(G. 雅科比)则对程序流程的基本结构与图灵机的关系进行了研究，使人们对程序结构的本质有了更深入的了解。在 S. C. Kleene 和 G. Jacobini 等人研究了构成程序的基本结构并进而在学术界统一了关于程序好坏的概念之后，也由于大型程序和软件的开发需要由集体来完成，需要参加者之间的密切合作，于是，程序理论支持下的软件开发方法学研究使大多数人开始承认程序设计是一门技术科学。

0.1.6　语言问题和程序设计问题均是计算机科学与技术学科中的核心问题

语言和程序均是计算机科学与技术学科中的核心研究对象，而所对应的研究问题均是计算机科学与技术学科的核心问题。对这些问题的深入研究和认知，不但可以加深对语言和程序设计的理解，而且有助于提高对计算机科学与技术学科的认知，对于计算机科学与技术工作者开展工作是十分有益的。之所以说语言问题是计算机科学与技术学科中的核心问题之一，是因为以下几个方面。

(1) 从学科所要解决的三个基本问题[①]来看，这三个问题与语言之间存在密切的联系。例如，计算的正确性问题是计算机科学与技术学科的三个基本问题之一，也是任何计算工作都不能回避的问题，特别是使用自动计算机器进行的各种计算。一个计算问题在给出能行操作序列(即算法)的同时，必须确保计算的正确性，否则，计算是无意义的。围绕这一基本问题，长期以来，学科发展了一些相关的研究内容与分支学科，例如，算法理论(数值与非数值算法设计的理论基础)、程序设计语言的语义学、程序理论(程序性质、程序行为、程序描述与验证的理论基

---

① 即计算的平台与环境问题，计算过程的能行操作与效率问题和计算的正确性问题。

础)、程序测试技术、电路测试技术、软件工程技术(含形式化的软件开发方法学)、计算语言学、容错理论与技术、Petri 网理论、CSP 理论、CCS 理论、进程代数与分布式事件代数、分布式网络协议等都是针对为解决这一基本问题而发展形成的。由于数学为各种计算方法提供了计算正确性的理论基础,而各种计算在计算机系统上的自动进行均采用语言(包括电路)描述方式,以程序或电路系统的载体形式出现,因此,计算的正确性问题常常可归结为各种程序或电路的正确性,而电路与程序的正确性问题实质是语言的语法和语义问题。

程序或电路的正确性通俗地说就是在任何情况下它们都处于正常状态。对于一个复杂的对象,当一时很难从对象的内部去弄清楚其是否处于正常状态时,只能通过对象的行为表现和对外部应激反映来判断其是否正常,就像判断一个人的精神状态是否正常一样。当人们很难通过生理医学方式对其作出分析判断时,实际上是通过对其行为(包括语言行为)是否合乎逻辑来进行判断。显然,如果能够弄清楚一个人的行为的真实含义,那么就能够判断其是否处于正常状态。于是,有关计算正确性研究的方式方法一般为先发展某种合适的计算模型(如开关电路),用计算模型来描述各种语言的语法和语义。特别,由于描述和实现计算离不开语言(包括电路),而语言的词法、文法已经比较成熟,当前的难点集中在语义,因此,这也从一个侧面揭示了计算的正确性问题常可以归结为语言的语义学问题,揭示了语义学在整个学科中的重要地位。而由于对语言的研究分为语法学、语义学和语用学的研究,由此可以看出语言与计算的正确性这一学科基本问题之间的密切联系。语言与另外两个基本问题的联系见下一节。

(2) 从语言学的研究对计算机科学与技术学科的发展产生的影响来看,计算机科学与技术的发展,许多是由于语言学的研究与发展引起的,并且许多分支学科的理论研究成果也体现在程序设计语言的设计中。

(3) 在实际应用中,最本质的需要与问题的求解也常常反映在程序设计语言里,推动着程序设计语言的演化和发展。如为了保护程序中数据的安全性,防止不同程序单元之间的越界访问而发生冲突,人们提出了数据隐蔽与操作封装的构想,产生了抽象数据类型、模块化程序设计的概念并引入到程序设计语言之中。

(4) 程序设计语言实现的需要是推动计算机系统结构发展的一个重要因素。例如,为了使编译器产生更有效的目标代码,需要较小指令集的机器。于是,在多种因素的作用下,RISC 计算机产生了,它推动了计算机系统结构的发展。

(5) 计算机硬件的能力和特征也对程序语言的发展变化有着重要影响。传统的面向过程的程序设计语言与冯·诺依曼机器的结构是相适应的。随着计算机硬件系统的变化,适应它编程的新的程序设计语言也产生了。例如,随着多核计算机的出现,并行编程语言 Unified Parallel C 出现了。

同时,程序设计问题也是计算机科学与技术学科中的核心问题。这是因为程序设计方法和技术在各个时期的发展不仅直接导致了一大批风格各异的高级程序设计语言的诞生,而且许多新思想、新概念、新方法和新技术不仅在语言中得到体现,同时还渗透到了计算机科学与技术的各个方向,从语言理论、硬件支撑条件、语言实现技术到计算机应用技术等多方面深刻影响了计算机科学与技术的发展。

0.1.7　对语言与程序设计技术的熟练掌握是计算机科学与技术工作者的基本功

任何一门科学的学习与研究过程都是一个循序渐进的过程。这个过程是从打基础开始的。

在打基础的阶段，需要学习与研究者经过艰苦努力，练就扎实的基本功。否则，从事该门科学的学习与研究只能浮在表面，不可能走向深入，甚至出现停滞不前的现象。计算机科学与技术学科的学习与研究也不例外。

在计算机科学与技术学科的学习与研究中，需要练就一些扎实的基本功。其中，对语言与程序设计技术的熟练掌握就是需要练就的基本功之一。在计算机科学与技术的发展史上，有相当一批计算机科学家是从语言研究起步的，或曾在语言的研究中作出过贡献。如 N. Chomsky、D. E. Knuth（唐纳德·欧文·克努特，中文名：高德纳）、J. W. Backus、K. E. Iverson（阿伦·艾弗森）、N. Wirth、A. V. Wijngaarden(A. V.维京格尔藤)、D. Gries（大卫·格里斯）、C. A. R. Hoare(C. A. R. 霍尔)、E. W. Dijkstra（戴克斯特拉）、P. Brinch Hansen(P. B. 汉森)、John McCarthy（约翰·麦卡锡）、Peter J. Landin（皮特．J．兰丁）、P. Wegner（皮特·魏格纳）、R. Milner（拉宾·米尔纳）等人。不仅国外如此，国内也一样。

对于计算机科学与技术工作者来说，在工作中所涉及的语言包括自然语言、数理逻辑语言、数学语言(用于描述数学内容的语言)和程序设计语言四种。就语言的广度和深度而言，其学习与研究的内容是十分丰富而深刻的。仅仅针对高级程序设计语言的研究来说，历史的经验表明，如果一个计算机科学与技术工作者所从事的研究只停留在一些具体高级语言及其应用的范畴里(例如，仅仅熟悉利用某一两种程序设计语言编写程序)，无论如何是难以将研究工作引向深入的。现实要求计算机科学与技术工作者不仅要了解程序设计语言中重要的基本概念、语言理论、实现原理和程序设计方法与技术等内容，而且要了解语言以及程序设计对计算机科学与技术发展产生的重要影响和作用。

作为一门科学，语言的研究确实对计算机科学与技术的发展产生了巨大的影响。首先，语言同计算机科学与技术学科的三个基本问题之间存在密切的联系。

第一，就计算平台和环境问题这一基本问题来看，由于这个问题常可归结为各种计算模型问题，而语言是计算模型的外在表现形式，因此，已发展的各类计算平台和环境，要想为用户使用，都需要经语言作为媒介提供使用方式。

第二，对计算的能行操作和效率问题这一基本问题进行分析，语言在其中起着桥梁和连接纽带的作用。

第三，针对计算的正确性问题，上一节的阐述已经清楚地说明了语言的重要地位和作用。其次，语言的研究中首先提出的许多概念、方法和技术在计算机科学与技术的研究中被广泛使用，而且语言的研究在方法论上也有助于计算机科学的研究与发展。例如，针对不同的用途，在各个不同的时期，先后发展了多种程序设计语言及其语法和语义的表示方法，如各种程序设计语言、BNF、语法图、Horn 子句、兼有语法和部分语义描述功能的属性文法、描述和管理数据库中数据的数据定义语言(DDL)、支持形式化软件开发方法的维也纳定义语言[Vienna Definition Language(VDL)]等。总之，对语言学的研究汇集和浓缩了整个学科中大量最基本的思想、概念、原理、方法和技术，难怪人们把对语言的熟练掌握看成是计算机科学与技术专业的基本功之一。

作为一门科学，对程序设计技术的熟练掌握也是计算机科学与技术工作者的基本功之一，这是因为程序设计技术的研究与发展不但对程序设计语言产生了巨大影响，而且也对计算机科学与技术的发展产生了深远影响。另外，绝大多数计算机科学与技术工作者都要编写程序，而熟练掌握各种程序设计方法和技术是编写高质量程序的前提。由此不难看出，熟练掌握程序设计技术对计算机科学与技术工作者是多么重要啊！

0.1.8 "高级语言程序设计"课程在学科专业教育中的地位和作用

学习并熟练掌握高级语言和程序设计技术是计算机科学与技术专业的基本功之一。"高级语言程序设计"课程是为了培养学生驾驭高级语言的能力，掌握基本的程序设计技术而设置的。该课程的学习能够为学生学习后续有深度的专业(基础)课程提供重要的基础。因此，"高级语言程序设计"在计算机科学与技术专业的课程体系中具有基础性的重要作用。但是，正如武术中真正的功夫并不在武术之中一样，一味地在"高级语言程序设计"课程中钻研，试图不断提高程序设计的技术水平是不现实的。程序设计技术水平和能力的提高，必须有赖于对重要基础课程和其他相关课程知识的学习和掌握。

例如，要想提高程序设计的水平，除了"高级语言程序设计"课程之外，还需要考虑在"数据结构(Data Structure)"、"算法设计与分析(The Design and Analysis of Algorithms)"、"汇编语言程序设计(Assembly Language Programming)"、"面向对象程序设计"、"程序设计方法学(Programming Methodology)"、"并发程序设计基础(Foundations of Concurrent Programming)"、"编译原理(Compiler Construction Principles)"、"操作系统"、"计算机系统结构(Computer Architecture)"、"现代软件开发方法与技术(Modern Software Development Methods and Technology)"、"数理逻辑基础(Foundations of Mathematical Logic)"、"可计算性与计算复杂性理论(Computability and Computational Complexity Theory)"、"形式语言与自动机理论(Formal Languages and Automata Theory)"、"形式语义学(Formal Semantics)"等一系列课程方面进行"修炼"。其中，有些课程属于程序设计技术和技巧方面的训练课程，相当于武术中的"练武"科目，有些课程属于理论修养方面的训练课程，类似于武术中的"练功"科目。如同武术的修炼一样，"练武不练功，到头一场空"。修炼程序设计技能，与学习武术是一个道理。

0.1.9 本课程的宿主语言为什么是 Pascal 语言而不是其他语言？

宿主语言的选择不是任意的，程序设计的教材选择宿主语言需要遵循一些原则。

（1）首选语言应该是过程性语言。过程性语言与算法比较接近，易于被初学者接受。课程所介绍的程序设计是建立在算法基础之上的实现技术，由此一脉相承。而更为高级的程序设计方法和技术，应该与本课程实现合理的分工，将来由"程序设计方法学"等课程去承担。

（2）首选语言应该具有过程性语言所共有的结构和成分，如类型、基本结构、概念、设施和控制机制，其成分结构(包含语法和语义描述)应该具有普遍性，设施比较完备，其定义方式具有代表性。

（3）首选语言应该是一种比较规范的语言，能体现良好的程序设计风格，语言结构简明，规模大小适中，这样便于初学者学习和掌握。

（4）首选语言应该能为学生学习后续课程，如高级程序设计语言理论、硬件描述语言等打下良好的基础。目前，已知 VHDL 类语言和软件开发工具 Delphi 等与 Pascal 比较一致。

（5）首选语言最好能得到较好的编译系统和调试工具的支持。

基于上述分析和多年的教学经验，作为计算机科学与技术专业学生学习的第一门程序设计课程，宿主语言应该首选 Pascal 而不是其他语言。虽然，在今天的大学里，"高级语言程序设计"课程绝大多数采用 C 语言和 C++语言，但并非是一种恰当的选择。因为，C 语言、C++和 Java 这类语言因自身不够规范，或含有复杂结构等多种因素，并不适合初学者学习。但是，考虑到后续课程和学生毕业后需要广泛使用 C 语言，教材在创作时将 C 语言作为一种扩展语言对待。作为计算机科学与技术专业的学生，初学高级语言程序设计时选用哪一种语言并不是最重要的，毕业生也应该有能力依靠本专业系统的知识结构和专业技术能力，在需要时迅速自学掌握一种高级语言及其程序设计，这一观点已经在实践中被反复验证是正确的。

0.2 内容的选取、组织与本课程的导学

有了上面的认识，接下来就需要确定课程的教学内容和教材的创作。然而，由于高级语言及其程序设计的发展已经积淀了丰富的内容，要在短短的几十个学时之内较好地开展课程的教学，这就需要对教材内容进行准确界定，精心选取，并合理组织。

0.2.1 内容的选取与界定

（1）课程内容的层次

对于程序设计语言的研究，通常会涉及语言的设计、实现以及使用三个层面的内容。语言的设计是指语言的定义，包括语言的语法、语义和语用等。其中，语法是指构造结构正确的语言成分所需遵循的规则集合；语义是指语言各个成分的含义；语用是指语言成分的使用场合及所产生的实际效果。语言的实现是指在某种计算机系统平台上写出语言的翻译程序。针对某种语言可以有多种实现。语言的使用是指用语言来编写(设计)解决各种问题的程序。语言的设计、实现和使用是三个相对独立的工作，它们通常由不同的人来承担。例如，C++是 Bjarne Stroustrup（B. 斯特朗斯特鲁普）设计的，Visual C++和 C++ Builder 分别是 Microsoft 公司和 Borland 公司给出的 C++语言的两种实现，而许多人用 C++编写的程序则遍布于广泛的计算机应用领域。

"高级语言程序设计"课程的内容属于语言的使用层面。在这一层面，语言按照级别又可以再细分为需求级语言、功能级语言、设计级语言和实现级语言。需求级语言用来书写需求定义，功能级语言用来书写功能规约，设计级语言用来书写设计规约，实现级语言用来实现算法。显然，本书所介绍的语言属于实现级语言。

（2）课程内容界定的指导思想和处理方法

目前，国内计算机科学与技术类专业普遍开设了 Pascal、C、C++或其他多种程序设计语言课程，随着新语言(如 Java、C#)的推出大有增加的趋势。对此，国内一些有识之士开始思考下列问题。

计算机科学与技术专业学习的语言越多越好吗？计算机科学与技术专业语言课程到底如何设置？其实，这些问题可根据计算机科学与技术的学科特点、语言学和教育学原理不难得出正确答案。

首先，在计算机科学与技术专业四年学制不变的前提下，过多开设语言类课程，势必压缩其他课程的学时，甚至压缩核心课程学时，这样下去怎么得了？其次，对于计算机科学与技术专业和整个计算机科学与技术学科来说，程序设计语言(不含语言理论)科目并非是最重要的。教育学原理指出，本科教育重在核心基础知识的传授和能力的培养。因此，语言课程的开设并非越多越好。第三，作为人工语言的各种程序设计语言，它们具有语言的某些共同的系统特征，尤其是面向计算过程的过程性程序设计语言。实践证明，一个本科学生如果学好了一种过程性程序设

语言(例如 Pascal)，再学习其他过程性语言(例如 C)并不困难。本科教育中开设一种过程性程序设计语言课程已经足够。但是，由于面向对象程序设计语言及其程序设计技术的兴起，又该如何处理呢？是采取视而不见的态度，还是增加相应课程呢？有没有更好的处理方法？

为了节约宝贵的课时，减少对课程体系中其他重点课程的冲击，本书采取了"**内涵发展优先**"的指导思想和处理方法。具体地说，就是在重点介绍面向过程的程序设计语言的同时，适当地概要介绍诸如面向对象程序设计语言的主要思想，在此基础上采用语言比较学的方法来介绍一种新语言，如 C 语言，并自然过渡到 C 语言及其程序设计的内容。这种方法可利用较少的篇幅和学时，比较系统地介绍面向过程的程序设计语言与技术。将来，随着"数据结构"课程中抽象数据类型思想和技术的介绍，学生很容易通过"面向对象程序设计"讲座类课程或自学掌握面向对象程序设计方法和技术，顺利过渡到掌握 C++、Java 语言等阶段。这也已经在一些学校为实践所证实是可行的、学习成效比较好的一种方式方法。

(3) 课程的重点

本课程是在学生具备了一定的数学基础和计算机操作实验基础后，在某种计算模型(如随机存储计算模型)和软件技术(如编译技术)的支持下，重点介绍一种类自然语言(将高级程序设计语言 Pascal 作为宿主语言)的基本内容(包括基本概念、基本结构、设施、成分和控制机制)，在介绍高级语言的过程中还要同时介绍基于宿主语言的基本程序设计方法和基本程序设计技术，即帮助学生学习如何组合各种语言成分来编制完成某项计算的程序，完成对某些计算方法和算法的具体实现，体会计算机在处理大量计算问题时如何从过程的角度完成具体计算。

必须指出，高级语言与程序设计有着深刻的学术内涵和广阔天地，对它们的熟练掌握，仅仅靠本课程的学习是不够的。例如，要想大幅度、整体性的提高程序设计技术水平，必须经历计算模型与算法理论，若干语言(含微程序设计和汇编语言程序设计)的程序设计，程序设计方法学，程序理论与软件开发方法学，软件工程与软件开发环境等相关课程的学习，以及经过大量实践后才能实现。因此，在教学中，教师不必刻意强调如何编制高质量、高效率的程序。特别，不能将"程序设计方法学"的许多内容与本课程混为一谈，更不能将"算法设计与分析"的内容与本课程混为一谈。如何编制高质量的程序，如何保证程序的正确性，如何使编制的程序易读、清晰，便于交流等程序理论的问题，教师可以作为思考问题提出，引导学生将来更深入地去了解算法理论与程序设计的广阔天地。

(4) 课程内容的特点

本教材的内容具有以下几个特点：

① 从科学哲学的角度来看，高级语言与自然语言的许多内容是相通的，但是，由于它属于人工类自然语言，因此它比自然语言要简单得多；

② 概念多，内容繁杂；

③ 理论性较强；

④ 实践性较强。

因此，学习本教材，一定要倡导理论联系实际的学风，通过理论、实践和总结提高这样一个反复的过程，逐步掌握基本概念、原理、方法和技术。

0.2.2 本教材内容组织的线索

本教材是以介绍高级程序设计语言的基本内容(包括基本概念、基本结构、设施、成分和控制机制)为主线来组织的,而又以介绍相应语言程序设计的基本方法和技术为辅线。

教材内容的顺序如下：

Pascal 语言及其程序设计的基本方法和技术(第 1 章至第 10 章)→C 语言(第 11 章)→程序设计语言的应用和发展(第 12 章)。

0.2.3　与本课程相关的课程

"计算机科学与技术导论"、"数学分析"、"高等代数"、"普通物理学"是本课程的先修课程,其直接的后继课程有"数据结构"、"计算机组成原理"、"算法设计与分析"、"操作系统"、"编译原理"、"程序设计语言原理(选修)"等等。基础数学课程虽然表面上看似与本课程的内容联系不是很紧密,但数学课程在训练学生的思维方式和智力的深度方面所起的作用非常重要,学生切不可以机会主义的态度自以为是地对待基础课程的训练。

0.2.4　对本课程的导学

（1）本课程的学习方法

有经验的教师都知道,学习本课程,必须通过反复阅读、思考、体会、质疑、联想、对比、做习题、实验、归纳、总结来掌握所学的内容。初学者必须初步认识和建立这种科学的学习方法,并体会这一艰苦的学习过程。具体地说,读者应注意以下几点。

① 认真听课,反复阅读教材,深入思考和体会有关内容。学习过程中,大胆质疑,小心求证是一种基本的好的学习方法。

对于本课程的学习,首先要求学生静下心来认真听课、反复看书、思考、大胆质疑。例如,在学习一种新的语言概念、成分、设施和机制时,不仅要能够理解它们、学会使用它们,还要通过反复阅读、思考和体会有关内容,提出并回答下列问题：

a) 为什么引入之？不引入行不行？

b) 它在语言的内部是如何实现的？

c) 是否有其他的更好的解决办法可以替代之？

d) 不同的解决方法有何异同和优缺点？

e) 其起源、意义和价值何在？

在学习过程中,提不出问题是学习中最大的问题。从学生提出的问题可以了解到他学习的深浅。发现了问题是好事,抓住了隐藏的问题是学习深化的表现。知惑方能解惑,学习和研究就是困惑和解惑的过程。

科学研究从问题开始。提出问题比解决问题更重要。正因如此,大数学家戴维·希尔伯特(David Hilbert, 1862 年—1943 年)1900 年向数学界提出了 23 个有待解决的问题(史称希尔伯特 23 个问题)。一百多年来,这 23 个问题吸引了无数数学家的目光,为数学学科开疆辟土,创造了 20 世纪的数学辉煌。

② 联想与对比是一种好的学习方法。

在学习本课程的过程中,要求每个学生善于联想与对比,做到经常将课程中的概念、思想和方法等内容与现实生活中的事情、现象、处理问题的方式方法等建立联系,并加以对比,用自己的语言表述和处理事务。还要经常将课程中的概念、思想和方法等内容与其他学科中的概念、思想和方法等内容建立联系，并加以对比，然后通过分析、归纳、总结，上升到科学思想方法的层面，建立理性的认识，以此加深对课程中概念、思想和方法等内容的理解，深化对课程内容的认识。这样一种做法已为实践检验是一种比较科学的、行之有效的学习的方式方法，对于创新人才的成长具有重要意义。

③ 阅读与分析源程序代码的能力是计算机科学与技术类专业学生的一个基本功。

源程序代码是计算机科学与技术中概念、理论、方法和技术的有机结合体。为了深入学习和掌握计算机科学与技术学科中概念、理论、方法和技术，需要阅读、分析源程序代码。阅读、分析源代码是计算机科学与技术专业学生必须具备的基本功。在源代码不断开放的今天，加强这一能力的训练无疑有着十分重要的意义。

对于初学程序设计的人来说，阅读与分析别人的源程序代码是提高自己基本程序设计能力的重要途径，是向程序设计的高手学习的好机会。学生必须阅读与分析一定数量的好的小程序，为后续阅读更大的源程序代码打下基础。唐代大诗人杜甫说得好："读书破万卷，下笔如有神"。

当然，阅读与分析软件源代码的工作量很大，而且十分枯燥，这就要求学生增强信心，战胜自我。古人王安石说过："非常之观，常在于险远。"

④ 关于习题。

我国已故的著名数学家华罗庚教授(1910 年—1985 年)说过："学数学如果不做习题就等于入宝山而空返。"学习"高级语言程序设计"也应该如此。不做一定数量和质量的习题，就很难对课程中的基本概念、理论、方法和技术有深入的理解。因此，做习题是学生学好"高级语言程序设计"课程的一个必要而且关键的环节。每一个学生都应该将做一定数量和质量的习题作为自己学好这门课程的自觉行动。没有经过一定数量各种类型习题的解题实践，要学好本课程是不现实的。

任何一个初学者，必须独立自主地做习题。如果学有余力，教材中的习题已经完成，还可以利用闲暇时间或假期找一些教材之外的补充习题来做。在学习中，切忌抄袭或拷贝别人的作业，但可以和同学讨论问题，交流学习心得。

另外，下面三种盲目做题的行为不可取：一是不看书，不复习，就埋头做题。做题应当在理解的基础上做题，通过做题来巩固和加深理解；二是贪多求快，不求甚解。有的习题要精做。一道题用多种方法解，往往比用一种方法解三道题更有收获；三是习题做错了不改正，不会从中吸取教训。在学习中，错了，也要错个明白。习题做错了不改正，就等于轻率地扔掉了一次良好的学习机会。

⑤ 要十分重视实验课程。

计算机科学与技术既是一门理论性很强的学科，也是一门实践性很强的学科。为了深入理解和掌握高级语言及其程序设计的基本概念、基本结构、设施、成分和控制机制，以及基本的程序设计方法、技术和程序调试技术，初学者必须重视实验教学。

本课程的实验教学要达到以下几个目的：

a) 学生应该通过实验教学理解课堂上讲授的原理、方法和技术怎样通过实验反映，即怎样在程序的设计、实现和调试中反映出来；

b) 学生应该通过实验教学了解哪些是高级语言程序设计中最基本的实验技术并掌握这些技术，进而掌握实验技术的一般方法；

c) 学生应该通过实验教学认识到实验方法的重要性。可以从实验目标与技术要求，构思设计实验，实际操作实现步骤，实验数据的统计分析，研究结果的正确陈述，与其他实验的比较，以及思考如何总结和改进实验、构思新实验中获得体会；

d) 学生应该通过实验教学养成良好的实验习惯，重视理论联系实际，正确设计实验，完成基本操作，通过实验和实验报告反映正确的思想方法和实验能力。

在实验课程教学中，当一个单元实验结束后，每一个学生应该独立完成实验报告，这将有助于学生在撰写科技报告和论文方面得到训练，在正规的实验教学中得到基本训练。针对本课程，实验报告应该表现为一个阶段结束后写出一份实验工作总结。

上述科学分析，使读者对计算机科学实验课程在计算机科学与技术专业教学中的作用和地位有了比较清晰的认识。

值得注意的是，学生在上机前必须进行必要的准备，如随身携带一个上机笔记本，设计好待调试的程序，切不可拷贝别人的程序，投机取巧。

⑥ 善于归纳和总结是一种好的学习方法。

华罗庚教授谈论过读书的方法，他说：要善于将厚书读薄，还要善于将薄书读厚。华罗庚教授的一句话说出了读书方法的真谛，很多读书人也都有这个体会。那么，如何将厚书读薄呢？

读者在读书时，要善于归纳和总结。将重要的概念、理论、方法和技术及其中的规律进行归纳和总结，体会"计算机科学与技术导论"课程中介绍的计算机科学与技术学科方法论的内容是如何融入本课程的。读书还需要善于抓住课程内容的重点，了解各知识点相互之间的关系和作用，了解这些知识点产生、发展和得以应用的背景，这样才能由点带面，由表入里地真正掌握课程的主要内容。

较强的归纳和总结能力是学生应该具备的基本功之一。当然，这种能力不是天生的，而是依靠学生后天逐步养成的。如果在学完每一章后，能够用三言两语高度概括一章的内容，并能够理出一条线索，将这一章的知识串联起来；能够归纳总结出一章的核心概念、典型方法、典型技术和典型实例等学科方法论的有关内容；能够归纳总结出这一门课程所要解决的根本问题(请尝试用一句最精练的话高度概括一门课程)、课程的基本结构①和学科方法论的有关内容，那么，随着日积月累，将会最终具有较强的归纳和总结能力。

(2) 关于本课程所要求编写与调试程序的源代码量的问题

要想熟练掌握基本的程序设计方法与技术，并为后续课程的学习打下坚实的基础，学生必须编写与调试一定数量和质量的程序。实践证明，没有足够的源代码量，很多程序设计的概念与技术是很难深入体会和扎实掌握的。经验表明，本课程的源代码量总和不应低于 2000 行，最好能有 3000 行以上，尽可能涉及多种类型的程序设计习题。

本书选用的程序设计实例和习题，大多数属于基本的练习和趣味程序设计的范畴，读者并不需要"数据结构"、"计算方法"、"算法设计与分析"和高深的数学知识随教学的进度，通过认真读书、理解、思考和动手练习就可以完成。少部分习题难度比较大，可供读者选做。但是，要想熟练掌握基本的程序设计方法与技术，仅做完本书中的习题是不够的，读者还必须再找其他一些题目加以练习。

(3) 如何使用本书

本课程的教学内容分两部分。第一部分以 Turbo Pascal 为主介绍高级语言与程序设计的基本概念、基本方法和基本技术(约占 48～50 学时)；第二部分从高级程序设计语言理论(只介绍结论

---

① 课程的基本结构是指由课程的基本内容、各部分之间的内在联系以及贯穿全课程的基本线索构成的理论框架。它是由美国著名的教育心理学家和教育家，当代认知心理学派和结构主义教育思想的代表人物之一的 Jerome Seymour Bruner(杰罗姆·布鲁纳)于 1960 年代初提出的。

而不展开论述)和高级程序设计语言比较学的角度,简要介绍 C 语言及其程序设计的一些基本概念、基本方法和基本技术(约占 18~20 学时)。这是本书为读者提供的一个快速学习和掌握 C 语言及其基本程序设计技术的捷径。本书中带星号的章节供读者选学。

值得注意的是,由于第二部分只是梗概式地介绍 C 语言,因此读者要想学好它,一定要把第 1 至第 10 章中程序设计的例题和习题用 C 语言重新写一遍程序,并加以调试通过,直到最后把一个管理信息系统(C 语言版)(第 11 章习题 8)自己独立做出来。这样,就可以在比较短的时间里,通过理论与实践相结合的方式,更快地掌握 C 语言程序设计。当然,在学习的过程中要注意查阅资料,独立思考,大胆尝试,善于总结,尽可能独立解决学习中遇到的疑难问题。只有这样,才能锻炼读者的自学能力,并最终体会到"做中学(Learning by doing)"的优势与快乐。

第 1 章

引 论

任何课程的学习，都应从最基本的知识出发，由简单到复杂，循序渐进地进行。学习高级语言程序设计也不例外。本章主要介绍 Pascal 语言及其程序设计的一些背景知识，语言的字符集、符号、约定与解释，语言的特点，Turbo Pascal 语言源程序的结构及其特点。

▷▷ 1.1 计算模型、高级语言与程序设计

从绪论中已知，无论是用计算机系统完成一项计算，还是理解一项计算，当问题本身比较复杂时，应该借助计算模型与计算机系统，计算方法、算法、计算机语言、程序来弄清整个计算，因为计算有多个层次和多个侧面。人们讨论计算，离不开计算方法。用计算机求解某个或某一类问题，有了计算方法，还需要考虑在什么样的计算机系统上来进行计算。而且，即使选定了计算机系统，也还需要考虑使用什么样的语言来写程序，最后完成计算任务。由于人们对问题的认识不同，从不同的角度看问题，在分析解决问题的过程中先后发展了多种理论和形形色色的解决问题的方法。于是，从解决问题方法的角度观察和认识问题，又可以把各种问题划分为不同的种类。这样，不同问题种类在实际进行计算时，有可能需要不同的计算模型、算法、计算机系统、计算机语言、程序设计技术和软件开发方法。例如，一些面向过程的高性能科学计算问题，如果计算涉及的数据量和数值很大，精度要求很高，就需要考虑使用超级计算机系统，用 Fortran 语言来编写程序。又如，针对一个人工智能问题，如果这个问题能够经过抽象用一阶逻辑系统中的公式来表达，那么，这个问题的计算方法很可能是一种推理方法，求解程序可能需要一种逻辑推理系统，用逻辑程序设计语言来写程序。

围绕高级程序设计语言，这里所说的计算模型还是狭义的，主要是指能够识别语言的计算模型。现实的计算机系统是依靠 CPU，根据程序来控制和执行它的指令完成计算任务的。指令集是计算机系统与外界进行交流的语言。这种语言属于低级语言，与人们日常使用的自然语言之间存在一定的差别。为了实现人们事先设计好的计算，软件工作者在计算机裸机系统和高级语言程序之间建立了一组软件系统(系统软件)，使得人们可以容易地使用计算机系统。很多人会由此自然联想：是否只要不断地发展人类的各种语言或程序设计语言，进一步发展系统软件技术，就可以不断地、无限地扩展计算机系统的功能呢？

答案是否定的！因为这涉及到计算机的本质属性和能力。什么是可以计算的，什么是不可以计算的？这个问题在 20 世纪 30 年代自"丘奇-图灵"论题提出后就已经基本解决。今天，绝

第1章 引 论

大多数计算机科学家都相信，图灵机是一种充分简单，功能十分强大的机器。所谓可计算等价于图灵机可计算。换言之，无论你发展什么语言，要想让这种语言能够为今天的通用计算机系统自动处理，那么，这种语言的能力已经被图灵机所限定。实际上，20世纪50年代和60年代在计算机科学理论的研究工作中已经指出：不同复杂程度的语言文法分别与某种计算模型在处理（或识别）语言的能力上相等价。计算机的指令系统具有递归性预示着程序设计语言本身具有递归表达能力的属性。有了这些认知之后，就应该能够认识到语言本身也是一种计算模型，它在计算机裸机系统与人的思维、描述方式之间架起了一座沟通的桥梁，只是在描述、刻画、表达计算时所处层面和方便程度不同而已。这就不难帮助读者理解语言是计算模型的外在表现形式。程序设计语言的数据机制刻画了计算模型（抽象计算机）的抽象存储系统，程序设计语言的控制机制决定了语言的类属，而且可以折射出计算机系统的体系结构。所以说，利用程序设计语言编写程序实质上是对这个抽象计算机的扩充。

用高级语言进行程序设计，离不开程序设计语言。程序设计与程序设计语言是一枚硬币的两面，两者之间存在着密切的联系，相融而不可偏废。程序设计语言是用算法和程序的方法描述与表达计算的工具。人们遇到的各种计算问题的类型是五花八门的，各种问题计算的思想方法和算法也不同，为此，科学家和工程师先后发展了诸多程序设计思想、原理、方法和技术。进一步，对各种程序设计思想、原理、方法、技术在实践中进行科学的总结，通过新型程序设计语言更清晰、简洁、有效地表达出来，融入语言的设计之中，能够更好地促进程序设计的发展，解决大量实际问题。于是，在学科的发展历程中，先后产生了许多不同风格的高级程序设计语言，程序设计语言的科学地位也不断得以巩固。

在程序设计语言大发展的同时，由于计算机应用的广泛开展，也促进了程序设计方法和技术的进步。与早期的小规模程序设计不同，随着程序的规模不断增大，程序的复杂程度也在提高。如何开发和设计大型程序和软件系统，使之不仅满足计算要求，而且有利于今后的维护、扩展、移植和交流，就需要有一整套的程序设计方法和技术，同时还要有办法保证程序的正确性。程序设计方法和程序设计技术属于程序设计方法学的范畴，读者可以参考相关的文献。这里简单介绍有关保证计算正确性的问题。

有经验的程序员都知道，一个程序，如果充分简单，不仅编制程序比较容易，调试程序和保证其正确也是容易做到的。但是，如果一个程序比较复杂或非常庞大，要保证程序的正确性就很困难。一般地说，人们不能穷尽所有的可能通过测试程序来保证程序的正确性。著名学者 E. W. Dijkstra 曾经指出："测试只能发现程序有错，但不能证明程序正确。"要保证程序正确，还必须回到程序的正确性证明这条路上来。

针对一个问题的计算，如果计算方法正确，算法正确，程序准确地刻画了算法，那么，这个程序一定是正确的。计算方法的正确性由数学理论来保证，算法的正确性由算法设计与分析中涉及的算法理论来保证，而问题常常是出在程序设计方面。一个程序，是否准确地刻画了算法？如何来保证？不难想象，一个有一定复杂程度的程序，要一眼看出其中可能存在的问题不是一件容易的事情。显然，要弄清楚一个程序是否正确，关键是要弄清楚程序中每一条语句的语义和相互之间的联系。而要表达清楚程序的语义，需要有更严格的语义描述方法。由于高级语言的每一条语句与机器指令并不是完全一一对应的，一条语句往往要用一组指令或一段程序来表示，因此，要表达清楚这条语句的含义，可以用一种能够更严格、更准确、其语义本身是清楚的（数学）语言（也称元语言或元方法）来描述和表达这段程序。于是，解决问题，又需要回到更基本的计算模型层面。历史上，先后发展了多种元语言或元方法来描述语句的语义，其中，有著名的抽象机方法(操作语义)、逻辑方法(公理化语义)、函数方法(指称语义)、逻辑与代数方法(代数语义)。由于这些描述方法和工具位于整个学科比较基础的层面，对高级程序设计语言和程序语义的研究着眼于计算正确性问题的解决，又是对计算问题本质属性的研究，所以，它们也都可以划归为计算模型的研究范畴。

▶▶ 1.2 程序设计语言 Pascal 简介

迄今，人类已经发明了上千种程序设计语言，但只有很小一部分得到了广泛应用。其中，Pascal 语言就是广泛应用的一种。下面介绍这种语言的发展历史、特点、组成及其程序结构。

1.2.1 Pascal 语言的发展及其启示

第一个高级程序设计语言 Fortran 诞生于 1954 年。五年之后，1959 年出现了 Algol 语言，在做了一些修正后，当年年底定名为 Algol 60。与 Fortran 语言相比，Algol 60 语言最初并没有得到许多计算机制造商的使用和支持，但由于 Algol 60 语言的系统化结构及文法的形式化描述深受学术界的青睐与好评。于是，Algol 60 语言被学术界作为科学研究的对象，并着手对它进行扩充、完善和实现，使之应用于更为广泛的领域。为此，IFIP(International Federation for Information Processing，国际信息处理联合会)成立了一个由 24 人组成的工作组来研究 Algol 60 语言，并开始设计 Algol 60 的下一代语言。

随着工作的开展，针对如何设计 Algol 60 的下一代语言，工作组内出现了两种不同的意见，从而形成了两个不同的派别，即激进派和实用派。激进派主张打破 Algol 60 的框架，重新设计一个全新的语言，能够为各类人员使用，从而使新语言能够在程序设计语言发展史上树立一个新的里程碑。而实用派则主张保留 Algol 60 的主体和语言的顺序结构，在新的语言中扩充程序员易理解的结构特征。基于这种思想，除了基本数据类型外，还提出了双精度实数类型、复数类型、枚举类型、以及记录类型等，并将 Algol 60 参数的按名调用扩展为参数的按址调用，循环语句改为更为严格的有效形式。

1965 年，作为实用派的主要人物之一，瑞士的 Niklaus Wirth(以下简称 N. Wirth，沃思)负责提交了反映实用派一方的报告。然而，N. Wirth 的报告并没有引起人们的认真对待，很多人反而欣赏荷兰人 A. R. Wijingaaren(A. R.维京格尔滕)的报告。在 1966 年秋天的华沙会议上，会议决定采用 A. R. Wijingaaren 的报告作为 Algol 60 的下一代语言(被称为 Algol X，也就是后来对程序设计语言发展有着重要意义的 Algol 68)的基础，只有 E. W. Dijkstra 等少数几个学者发表了一个声明，支持 N. Wirth 的结构化程序设计语言 Algol W(W 是 N. Wirth 姓氏的首字母)。遗憾的是，Algol X 由于过分追求功能齐全，适应各行各业的需要，语言设计得十分庞杂，引入了许多新的语言成分，语法表达和语义描述非常复杂，结果导致编译系统迟迟无法推出，读者理解和推广也很困难。因为时间上的延误，该语言的编译系统直到 1970 年代初才得以完成，并交付用户使用。而此时，另一种语言 Algol W 早已推向社会，被程序员广泛接受。与此同时，N. Wirth 仍然坚持自己的初衷，继续完善他的报告，并将英国计算机科学家、后来的图灵奖获得者 G. R. Hoare 教授提出的动态数据结构和指示字约束的概念吸收进去，发展了指针类型，并在美国国家科学基金会的支持下，于 1966 年在斯坦福大学的 IBM 360 机器上实现。N. Wirth 提出的语言称为 Algol W。重要的是 Algol W 在 Algol 60 的基础上增加了表示双精度浮点数和复数等新的数据结构，以及位串和指针链接的动态数据结构，受到了用户的广泛好评。但是，由于 Algol W 缺乏表示复杂数据的类型，使得它没有成为系统程序设计的工具。于是，N. Wirth 教授决心摆脱以前的束缚，设计一种更具有普遍意义的高级语言。

1968 年，N. Wirth 在苏黎世联邦高等工业大学任副教授时发现，该校很多研究人员在进行数值计算时采用 Algol 60 语言编写程序。那时，学校新引进了 CDC 6600 计算机系统，而该机器上运行的 Algol 60 编译系统存在很多错误，使得他们不得不放弃 Algol 60 语言，并且在进行程序设计尤其是系统程序设计的教学中，只好选用 Fortran 语言和汇编语言作为编程工具。当时，计算机科学界正在热议"软件危机"，结构化程序设计风格开始倍受推崇，而他设计的 Algol W 语言在融入了结构化程序设计的思想和成分之后，能够有效缓解"软件危机"带来的矛盾和问题，受到程序员的欢迎。为此，很多大学相继采用该语言进行程序设计教学，使得 Algol W 语言很快流行开来。后来，他将该语言定名为 Pascal。1970 年，N. Wirth 教授发表了具有结构化程序设计风格的 Pascal 语言的定义，同年由 V. Ammann、E. Marmier 和 R. Schild 完成了其编译程序的设计和实现。1971 年，Pascal 语言开始出现在大学高级语言程序设计的课程中。作为语言设计大师，N. Wirth 后来还设计了一个著名的面向模块化程序设计的高级语言 Modula-2，该语言对整个学科的发展影响深远。因为对程序设计语言和程序设计的贡献，N. Wirth 在 1984 年获得图灵奖。

在 Pascal 语言的定义公开以后不久，出现了很多有关 Pascal 语言及其编译程序的文献，其作者大多并非 CDC 6600 计算机系统的用户。这使得 N. Wirth 认识到，必须设计一种合适的新体系结构，采用 V. Ammann 设计的编译程序给这种理想的体系结构产生代码。1973 年，这种体系结构被人们称为 P-machine，代码为 P-Code，编译程序为 P-compiler，而 P-kit 是指 P-Code 的编译程序和 Pascal 源程序的翻译程序。这种 P 系统的出现使得 Pascal 得以运行在其他机器上。但是，由于它的效率不高，使得它在当时只能适用于教学。

1975 年，加利福尼亚大学 K. Bowles 小组(UCSD)接受了 P-Kit 的思想，将 Pascal 语言的编译程序移植到微型计算机上。当时微型计算机也只是刚刚流行，K. Bowles 小组在移植 Pascal 编译程序的同时，建立了包括程序编辑、文件系统和调试工具的一整套系统。1978 年开始，这种 UCSD 的 Pascal 系统就被众多的用户所接受，从此，Pascal 语言开始走进工业界。1980 年，Three Rivers、HP、Apollo、Tektronit 四个主要的工作站生产商都采用 Pascal 作为其系统配置的程序设计语言。

P 系统不仅使 Pascal 语言得以推广，而且向人们展示了一种功能强，可移植性好并且可靠性强的编译程序。很多程序员开始学习 P 系统，并且将这个编译程序移植到其他机器上，如 ICL1990、IBM360、PDP-11、PDP-10 等。到了 1973 年，Pascal 语言已广为人知。

1974 年，Minnesota(明尼苏达)大学计算中心 Pascal 兴趣小组公开出版了有关 Pascal 的刊物，宣传 Pascal 语言的思想和成果。1977 年至 1979 年，英国、美国、ISO(International Organization for Standardization，国际标准化组织)工作组分别召开会议拟订 Pascal 标准。1983 年，美国制定了 ANSI X 3.97 标准，ISO 不久也制定 ISO 7185 标准。与此同时，很多公司也在发展自己的 Pascal 语言。1986 年，完整的 Pascal 语言标准公布于众。

Pascal 语言对于程序设计语言的设计和发展有很大的影响，并激发了众多新语言的产生。1975 年，P. B. Hansen 设计了并发 Pascal 语言，引入了并发进程和同步原语的概念。基于同样的目的，J. Welsh 和 J. Elder 发明了 Pascal Plus 语言，这种语言特别强调了基于并发进程激发分立事件。B. W. Lampson[①]等人又设计了一种大型的语言 Mesa，其目的是要提供现代大型软件工程所需要的所有功能，为此引入了模块化的新概念，它的编译程序采用分块编译的原则。

抽象数据类型（Abstract Data Type）的思想和这种思想的结合也应用于以后的 Modula-2 语言的设计中。与 Mesa 语言不同的是，Modula-2 语言简洁、经济而紧凑。Pascal 语言的另一个分支是 Euclid 语言，它是基于形式化定义的面向数学家的程序设计语言。而 Object Pascal 语言是 Pascal 语言与面向对象程序设计概念相结合的产物，可称之为面向对象的 Pascal 语言。

在 Pascal 语言问世以来的几十年间，主要有 5 个版本的 Pascal，它们分别是 Unextended Pascal、Extended Pascal、Object-Oriented Extensions to Pascal、Turbo Pascal 和 Delphi Object Pascal。其中，Unextended Pascal、Extended Pascal 和 Object-Oriented Extensions to Pascal 是由 Pascal 标准委员会所创立和维护的，Unextended Pascal 类似于瑞士 N. Wirth 教授和 K. Jensen 于 1974 年联名发表的 Pascal 用户手册和报告，而 Extended Pascal 则是在其基础上进行了扩展，加入了许多新的特性，它们都属于正式的 Pascal 标准。Object-Oriented Extensions to Pascal 是由 Pascal 标准委员会发表的一份技术报告，在 Extended Pascal 的基础上增加了一些用以支持面向对象程序设计的特性，但它属于非正式的标准。美国 Borland 公司（宝蓝公司）对 Pascal 语言的推广和发展做出了很大贡献。该公司成功开发了 Turbo Pascal 和 Delphi Object Pascal（简称为 Delphi）两个版本。Turbo Pascal 是基于 CP/M、DOS 和 Windows 3.x 等不同操作系统的 Pascal 语言的系列扩展版本，而 Delphi Object Pascal 是用于 Windows 的 Delphi 和 Linux 的 Kylix（本意是古希腊的一种带耳朵的酒杯）的面向对象程序设计语言，它们都不是正式的 Pascal 标准。

Turbo Pascal 1.0 是由 Borland 公司的创始人 Philippe Kahn（菲利普·卡恩）和 Anders Hejlsberg（安德斯·海尔斯伯格）两人于 1983 年合作开发的，它是 Turbo Pascal 的第一个编译器。1989 年，Borland 公司把面向对象程序设计的思想引入到 Pascal 语言中，推出了 Turbo Pascal 5.5，标志着 Object Pascal 的开端。Turbo Pascal 的最后一个版本是 Turbo Pascal 7.0，它于 1992 年 10 月发布，包含一个增强的 DOS 下的 IDE（集成开发环境）和编译器，可以创建 DOS 和 Windows 程序，后来被 Borland 公司于 1995 年 2 月发布的 Delphi 1.0 代替。

Delphi（这里借用了古希腊神话中一个智慧女神的名字）继承了 Pascal 语言简单易学的特点。它拥有一个可视化的集成开发环境（IDE），采用面向对象的编程语言 Object Pascal 和基于构件的开发结构框架，加上高速的编译器，强大的数据库支持，使之成为第四代编程语言。"真正的程序员用 VC，聪明的程序员用 Delphi"，这句话是对 Delphi 最经典、最实在的描述。可以说 Delphi 同时兼备了 Visual C++功能强大和 Visual Basic 简单易学的特点。Delphi 发展至今，已经从 Delphi1（16 位编译器）、Delphi2（32 位编译器）到现在的 Delphi XE6，不断添加和改进各种特性，功能越来越强大，是目前市场上最流行的可视化编程的主流环境之一。

另外，由于用户不满足当时 Turbo Pascal 这一 16 位机器的编译器，于是人们开发了 32 位计算机上的 Pascal 编译器——Free Pascal。Free Pascal 简称 FPC（原名为 FPK Pascal），是一个 32/64 位计算机上的 Pascal 及 Object Pascal 编译器，属于开源软件。它兼容了 Turbo Pascal 和 Delphi 等系统，并支持多种处理器（例如，Intel x86，AMD 64/x86_64，Power PC，Power PC 64，Sparc，ARM）和多种操作系统（例如，Linux，FreeBSD，NetBSD，Win32，Win64，OS/2，BeOS，SunOS，QNX 等）。Free Pascal 1.0 于 2000 年 7 月正式发布，2014 年 10 月的最新版本是 Free

---

① B. W. Lampson，巴特勒·兰普森，1942 年生于美国华盛顿。1964 年获得哈佛大学物理学士学位，1967 年获得 UC Berkeley 电子工程与计算机科学博士学位。因在分布式计算环境、个人计算环境的研发和实现技术，其中包括工作站、网络、操作系统、程序设计语言、计算机显示、计算机安全和计算机文档排版处理等方面取得的成就而获得 1992 年图灵奖。

Pascal 2.6.4。如今，Free Pascal 已经成为了一个跨平台的编译器，真正实现了自己提出的"写一次代码，在各处编译"的理想。

创立于 1970 年代初期的 Pascal 语言，是第一个体现结构化程序设计思想的高级语言。设计者 N. Wirth 教授的本意是寻求一种有益于教学，且易于高效实现的程序设计语言。由于它语句简明，数据类型丰富，程序结构严谨，因而其效果已远远超出了设计者的初衷，成为程序设计语言发展史上的一个里程碑。时至今日，Pascal 语言已成为世界上最通用的程序语言之一，为各种通用计算机系统所必备。实际上，用 Pascal 语言书写程序，有助于培养良好的程序设计风格，因此，它被公认为计算机科学与技术专业人才培养的最佳入门语言和教学语言。

Pascal 语言的发展，带给读者如下几点启示：

（1）科学研究始于科学问题。要善于从学科的发展和实际工作的需求中发现科学问题；

（2）科学史上的任何发明创造都有其客观背景和演变过程，Pascal 语言的产生和发展也是这样；

（3）计算机科学的方法与技术的发展、软硬件系统性能和程序设计环境的发展推动了程序设计语言的发展；

（4）没有积累就没有创新，没有继承就没有发展。

1.2.2 Turbo Pascal 的特点

与之前的高级程序设计语言相比，Turbo Pascal 7.0 的主要特点是：

（1）是集命令-过程型、面向对象型为一体的多范型程序设计语言；

（2）编译器占用内存少，编译速度快；

（3）操作环境极佳，在同一屏幕内可进行编辑、编译、运行、连接和调试等操作。这样的操作环境被称为集成开发环境(Integrated Development Environment)，简称为 IDE；

（4）支持多种新的数据类型，具有高效的数值运算能力，具有与底层软件和硬件打交道的能力，支持 Windows 程序设计；

（5）提供了几百个内部预定义的标准子程序，具有强大的图形图像处理功能；

（6）引入了单元的概念，支持模块化程序设计；

正是它的以上诸多优点，使得 Turbo Pascal 7.0 已经成为大型软件系统开发的主要工具之一。

1.2.3 Turbo Pascal 的符号、约定

1. Turbo Pascal 的字符集合

Turbo Pascal 7.0 的字符集合(Character Set)由字母、数字和其他一些字符构成。它是 ASCII 码(American Standard Code for Information Interchange，美国信息交换标准代码)的子集。具体如下：

（1）字母(27 个)

26 个英文字母和_(下划线)。除了在字符串中外，Pascal 语言字母的大小写被视为相同的。

（2）数字(10 个)

0 1 2 3 4 5 6 7 8 9

(3) 其他(23 个)

+ - * / = < > . , ' : ; ^ ( ) [ ] { } ⊔(表示空格)# @ $

2. Turbo Pascal 的符号

字符集合中的若干字符可以构成符号(Token)，又被称为单词(Word)，即通常语言中的"字"）。在程序设计语言中，有一些单词已经被预先定义成为具有特定意义的符号，这些单词不允许再被程序员重新定义而另作它用。它们称之为保留字(Reserved Word)或关键字(Key Word)。一般情况下，对保留字和关键字不再加以区分。

在程序设计语言中，关键字和保留字是两个不同的概念。从字面含义上理解，保留字是语言中已经被预先定义过的单词(字)，它可以没有被应用于当前语言版本的语法中，而是为了考虑到今后语言的可扩展性被预先定义。关键字也是语言中预先定义为具有特定意义的单词(字)，但它必须是当前语言版本语法的组成部分。例如，当前版本的 Javascript 有一些未来保留字，如 abstract、double、goto 等，它们并不是关键字。之所以把 goto 定义成保留字，是因为考虑到未来要使 Javascript 增加直接跳转功能。由于当前版本的 Javascript 不支持 goto 的直接跳转功能，而 goto 已被定义成保留字，使得在当前的程序中不允许将 goto 另作它用，这样就做到了使当前版本的程序代码能够向后兼容。

(1) 保留字(特定符号字，51 个)

Turbo Pascal 7.0 共有 51 个保留字，除了标准 Pascal 的 35 个外，还扩充了 16 个。标准 Pascal 的 35 个保留字是：

and array begin case const div do downto else end file for function goto if in label mod nil not of or packed procedure program record repeat set then to type until var while with

扩充的 16 个保留字是：

asm constructor destructor exports implementation inherited inline interface library object shr string shl uses unit xor

(2) 定界符(非字特定符号，26 个)

Turbo Pascal 还有一些不是表示成字的特定符号，这些符号用来确定语法单位，称它们是定界符(分隔符(Separator)，26 个)：

+ - * / < <= > >= = <> ^ . . . : , ; := ' # @ $ （和） [和] (.和.) {和} (*和*)

(3) 标识符

标识符(Identifier)的概念是由英国著名计算机科学家、图灵奖获得者威尔克斯(M. V. Wilkes)提出的。其功能是在程序中用来标识(表示)符号常量、变量、类型、过程、函数、程序、文件的名字。所谓标识符，就是程序员根据自己的需要在程序中自己定义(造)的字(单词)。

Turbo Pascal 规定，标识符是由英文字母或下划线开头，后面是英文字母、数字、下划线的任意组合，且有效长度不超过 63 个字符(大小写相同)的字符序列。Turbo Pascal 中除了字符串(String)之外，不区分大小写字母，所以，标识符 DATA 与 data 是同一标识符。

Turbo Pascal 中的标识符被分为标准标识符和用户自定义标识符两种。

① 标准标识符

标准标识符(Standard Identifier)是 Turbo Pascal 预先定义好的标识符，它们有特定的意义，用来作为常量名、类型名、过程名、函数名、文件名等，因此又称为预定义的标识符。Turbo

Pascal 中常用的标准标识符有：

标准常量名：false、true、maxint、maxlongint；

标准类型名：shortint、integer、longint、byte、word、real、single、double、extended、comp、char、boolean、text；

标准过程名：new、dispose、mark、release、assign、reset、rewrite、seek、truncate、read、readln、write、writeln、close、randomize、delete、insert、str、val；

标准函数名：abs、sqr、sqrt、exp、round、sin、cos、arctan、trunc、succ、pred、chr、ord、ln、odd、eof、eoln、filesize、truncate、filepos、random、copy、concat、length、pos、ptr、sizeof；

标准文件名：input、output。

② 用户自定义的标识符

用户可以根据自己的需要，遵循下面语法定义标识符。这种标识符称为用户自定义的标识符。Turbo Pascal 中标识符的语法图如图 1-1 所示。

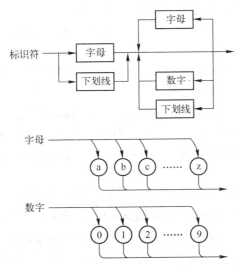

图 1-1　标识符的语法图

用户自定义标识符时，应注意以下几点：

a) 在 Turbo Pascal 的程序中，用户自定义的标识符有两种出现的情况。一种情况是定义性出现，另一种情况是引用性出现。一般情况下，定义性出现必须先于引用性出现，这就是所谓的"先定义，后引用"的原则。如果不定义就引用标识符，编译程序会报告程序错误。

b) Turbo Pascal 中，在一个标识符中不能出现语法上不允许的字符(包括定界符和空格)。例如，a&b、a⊔b、my+name 等作为标识符均是错误的。

c) 由于保留字(含关键字)在程序中具有特定的语法含义，因此禁止使用保留字作为用户自定义的标识符。例如，将 begin、for 等用作表示程序实体的标识符是错误的。

d) 从语法上讲，允许使用标准标识符作为用户自定义标识符。但是，为了保证程序的可读性，避免引起错误，建议不要使用标准标识符作为用户自定义的标识符，许多编译程序也禁止用户将标准标识符另作它用。

e) 标识符的命名风格是程序设计风格(Programming Style)的一个组成部分。程序设计风格中的"风格"是指程序员在创作中喜欢和习惯使用的表达自己作品题材的方式,并形成统一的风尚。通俗地说,程序设计风格是指,为了使写出的程序容易被人们阅读、理解和使用而建立的一整套约定、准则、方法和规定,等等。程序的可读性即可理解性。衡量程序的可读性的原则是理解程序代码时需要关心和记忆的知识越少越好。为了增强程序的可读性,用户自定义标识符时应该遵循以下四个原则:

第一,按义取名的原则,即所定义标识符的名字能够完全而又准确地描述它所代表的问题领域的实体对象,或者说用户命名的标识符最好是看到名字就能知道它所表示的含义。例如,用 Area 表示某程序中用到的面积变量,用 Time_of_Day 表示一天所含有的时间变量。

不过,在程序中使用标识符所代表的问题领域实体对象描述作为标识符名字时,可能带来标识符名字过长的问题。例如,Student_number_of_xiamen_university。标识符名字过长不但使程序的输入变得困难,而且也给程序布局带来不便。为此,**建议标识符的命名最好是在描述其所代表的问题领域实体对象的前提下,尽可能使其长度少于 20 个字符**。为了将过长的标识符的长度缩短到少于 20 个字符,常使用缩写技术。下面是常用的缩写技术:

a) 使用标准的缩写,例如字典缩写表中的标准缩写;
b) 使用每个单词的头一个或几个字母,一般来说,单词的首部比尾部重要;
c) 去掉无用后缀;
d) 保留单词每个音节中最容易引起注意的发音,一般辅音比元音重要;
e) 保留标识符中具有典型意义的单词。

第二,由名字能够区分标识符种类的原则。Turbo Pascal 的标识符有符号常量、变量、类型、过程、函数、程序和文件等七种名字。符号常量、变量、类型、程序和文件的名字应该是名词或名词词组;函数和过程名字应该是动词或动词词组,最好是动宾词组;变量名字最好能够体现其所属的数据类型等等。

第三,体现其作用域的原则。标识符的名字最好能够体现其作用域,特别地,要突出其是否为全局变量。当然,应该在程序中尽可能地少使用全局变量。一旦在程序中使用了全局变量,那么最好能把它们显式地表示出来。例如,每个全局变量均以 global 作为其前缀,等等。

第四,规范化的书写原则。标识符规范化的书写技术是用下划线或大写字母将名字的各单词区分开来。例如,student_name 或 StudentName 显然比 studentname 可读性好得多。

最后,下面列出一些应避免的标识符名字:

a) 应避免容易产生误会的名字或缩写。如果程序同时用 Compact_disk 和 Current_date 两个变量,那么最好不要把任意一个缩写为 CD;
b) 应避免含义相同或相近的名字,如最好不要同时使用 input 和 in_val;
c) 应避免含义不同但拼写相似的名字,如 client_records 和 client_reports,不应该用 client_recs 和 client_reps 来表示;
d) 应避免使用发音相同或相近的名字,如 know 和 now;
e) 应避免在名字中使用数字,如 file1、file2 等,尽量使用其他方法区别这种变量,而不是仅仅在后面加上不同的数字;
f) 应避免同时使用含有难以辨认的字符,如数字 1、字母 l 和字母 I,数字 0 和字母 o 或 O,数字 5 和字母 S 或 s,数字 6 和字母 G 等;
g) 应避免使用汉语拼音作为标识符名字,更不要使用汉语拼音缩写,因为它们破坏程序的协调性。程序设计语言多源自英文,插入一个汉语拼音会显得很不自然,将来程序也难以对外交流。

1.2.4 Pascal 源程序的结构

Turbo Pascal 的源程序(Source Program)结构是有严格规定的，而且也是固定的。为了说明 Pascal 语言源程序的结构，先看一个简单的例子。

例 1-1　下列给出了自动生成杨辉三角形的一个程序。

```pascal
{ 程序名称：YanghuiTriangle1
  文 件 名：YanghuiTriangle1.pas
  作    者：赵占芳
  创建日期：2012-01-20
  程序功能：生成并输出杨辉三角形。
}
Program YanghuiTriangle1(input,output);
Const
  n=10; {The value of n is the line numbers of yanghui's triangle.}
Type
  yht=array [1..n,1..n] of integer;
Var
  row: 1..n ;
  column: integer;
  indent: integer;
  yh: yht;

Procedure generate_yh_Triangle; {生成杨辉三角形}
begin
  for row:= 2 to n do
    begin
      yh[row,1]:= 1;
      yh[row,row]:= 1;
      for column:= 2 to row-1 do
        yh[row,column]:= yh[row-1,column-1]+yh[row-1,column];
    end
end;

Procedure print_yh_Triangle; {打印杨辉三角形}
begin
  indent:=30; {每一行开始打印的空格数}
  for row:=1 to n do
    begin
      write(' ':indent);
      for column:=1 to row do
        write(yh[row,column]:6);
      writeln;
      indent:=indent-3;
    end
end;

Begin {主程序}
```

```
        yh[1,1]:= 1;
        generate_yh_Triangle;
        print_yh_Triangle;
        readln
    End.
```

从上面的程序可以看出，Turbo Pascal 源程序的结构分为两部分：**程序首部**和**程序体**。

1．程序首部

程序首部(Program Heading)是指程序的开头部分，它是由保留字 Program、程序名和程序参数表(Program Parameter List)三部分构成，并以分号结束。程序名是用户自定义的标识符，用于标记程序。用户命名时要严格遵守标识符的有关规则。程序参数表标明程序与外部环境之间的关系。在现代计算机系统中，这个外部环境通常指操作系统(Operating System)。最常用的参数是 input 和 output，它们是两个标准文件(Standard File)，分别表示程序的输入数据是从标准文件——键盘——输入，计算的结果将输出到标准文件——显示器——荧屏上。Turbo Pascal 规定：当程序参数表中的两个参数为 input 和 output 时，可以省略程序参数表。例 1-1 的程序中，程序首部可以简写为：

```
    Program YanghuiTriangle1;
```

另外，Turbo Pascal 7.0 允许在程序首部和程序体之间加 uses 字句，说明被程序直接和间接使用的单元。

2．程序体

程序体(Program Body)是由程序说明部分和程序执行部分构成。

（1）程序说明部分。

程序说明部分(Program Declaration Part)是对程序的计算过程中用到的所有标识符的说明。Turbo Pascal 规定：用户凡是在程序中使用的标号、常量、类型、变量及过程和函数，除了语言本身预先定义的标准量之外，都必须在程序的说明部分说明(定义)之后才能使用。其程序说明部分中，在不违背"先说明(定义)，后引用(使用)"的原则下，标号说明、常量说明、类型说明、变量说明、过程说明和函数说明的顺序是任意的。例 1-1 的程序中，说明部分分别为：常量说明、类型说明、变量说明及过程说明。关于说明语句的详细介绍见第二章和第四章。

（2）程序执行部分。

程序执行部分(Program Executable Part)是指紧跟在程序说明部分之后用 begin 和 end 括起来的部分。end 之后以句点结束，它是整个程序的结束标志。该部分是由一系列语句构成，语句之间用分号隔开；每一行可以写一条语句，也可以写多条语句。程序执行部分描述了程序的计算过程，它是 Turbo Pascal 语言源程序的核心部分，也是程序中不可缺少的部分。

综上所述，Turbo Pascal 源程序的结构如下：

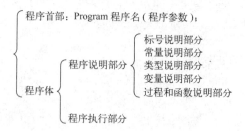

下面的图 1-2 给出了 Turbo Pascal 源程序的语法图。

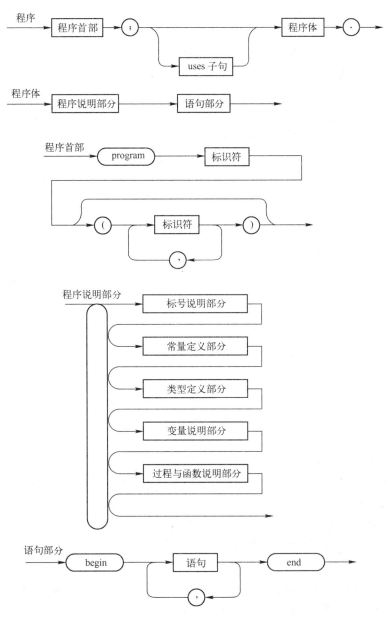

图 1-2 Turbo Pascal 源程序的语法图

3．附注

（1）Turbo Pascal 允许省略程序首部。建议读者书写程序时不省略程序首部为宜。

（2）为了增强程序的可读性（Readability），便于调试（Debugging）程序，程序的书写形式一般采用缩进（Indentation）格式（或称为锯齿格式），它是良好的程序设计风格（Programming Style）的组成部分。建议读者书写程序时一定采用这种格式。本节例题的程序书写时就采用了这种格式。

在程序设计书写时，要注意 Turbo Pascal 不区分英文字母的大小写，但有的编译系统规定了区分大小写。程序中的空格是为了便于语法处理和利于读者的阅读理解而引入的，本身并不是语言的一部分。因此，读者在书写程序时应充分利用这一点，尽可能做到书写的程序美观。

程序的书写形式实质上是程序布局风格的问题。好的程序布局风格应使程序的布局体现程序的逻辑结构，做到不仅内容正确，而且形式也美观。关于程序的布局风格有许多细节问题需要读者在学习和实践过程中慢慢体会和总结。作为初学者，首先要建立一个正确的观念；其次，养成良好的程序设计风格十分重要！

（3）注释

注释（Comment）是程序员为了增强所编写的程序的可读性而在程序的任何两个符号之间添加的一段注解。编译程序对程序的注释不进行任何处理。

Turbo Pascal 的注释是用"{"和"}"这两个配对花括号或者"(*"和"*)"这两个配对的复合括号括起来的任何长度的字符序列。用花括号括起来的注释的语法图如图 1-3 所示。

图 1-3 注释的语法图

在添加注释时应该注意以下几点：
- 注释中的字符不是指 Turbo Pascal 字符集中的字符，而是指字符类型的数据中的字符；
- 为了避免混乱，规定注释内不得包含花括号"{"和"}"；
- 注释可以出现在程序的任何两个符号之间，而不是任何两个字符之间；
- 注释行的多少，以一般人能够读懂为原则。

由于注释对程序的阅读、修改、调试和交流起着十分重要的作用，因此建议读者养成适当添加注释的习惯，它也是良好的程序设计风格的重要组成部分。好的注释风格可用注释来解释程序意图和一些重要的标识符或参数，使程序不仅表达怎样做，而且还表达为什么这样做，并记住这些标识符和参数的作用。本节例 1-1 的程序中就适当地加了一些注释。根据程序开发人员的经验，一般对于稍大一点的程序，程序中被注释的语句数量应该**不低于 50%**。能够规范地书写程序的注释，并具有这样一种能力是职业程序员的一种基本素养。印度软件公司的程序员在这方面有着良好的职业素养。最著名的例子是印度软件职业技术学院的程序设计与软件工程的教学。从那里毕业的程序员在程序设计风格和软件开发规范方面具有高度的一致性，对印度软件业的发展贡献良多。针对相同的算法，他们的程序员不仅在程序设计描述方面高度一致，甚至连程序注释也一样，令人赞叹，受到学术界和产业界的普遍赞赏，成为印度软件业能够迅速崛起、发展的重要基础。

（4）Turbo Pascal 的程序体中，程序说明部分的语义是静态的（Static Semantics），而程序执行部分的语义是动态的（Dynamic Semantics）。也即程序说明部分的语义处理是编译时进行的，而程序执行部分的语义处理是程序运行时进行的。从哲学上讲，动与静是一对矛盾，在程序中两者相互依存，缺一不可，体现了对立统一的思想和规律。

本 章 小 结

由美国著名语言学家 Noam Chomsky（乔姆斯基）创立的转换生成语言学理论可知，语言是某个特定字母集合（表）上的句子构成的集合，进一步说它是由有穷的字（母）、数字、符号按照一定的语法规则组成的语义上正确的句子构成的集合。作为学习 Turbo Pascal 及其程序设计基础的开始，本章介绍了这种语言的字符集、符号、约定与解释，说明了它的特点，并通过一个简单的

Turbo Pascal 源程序的示例,说明了它的结构及其特点。

在学习高级语言程序设计的过程中,就语言部分,读者一定要与学习自然语言的过程加以对比,把高级语言中的基本概念与自然语言中的基本概念加以对比,从中体会和感悟,这样有助于读者对程序设计语言的理解。就程序设计部分而言,读者应经常与日常生活中的思想方法、工作流程等方式加以对比,把程序设计中的基本思想、概念、方法与日常生活中行为方式、处事风格加以对比,这样有助于对程序设计的理解。

习　题

1．下面的字符序列哪些是 Turbo Pascal 的标识符?
(1) exp　　(2) h(x)　　(3) ex_1　　(4) x[1]　　(5) _x*y　　(6) 20021225x
(7) integer-1　(8) $liu　　(9) true　　(10) very good

2．举例说明在 Turbo Pascal 中什么是符号,什么是字符,它们之间有何关系?

3．Turbo Pascal 语言的标准标识符有哪些?保留字有哪些?它们的差别是什么?

4．请你将 Turbo Pascal 语言中的词法、语法、语义、语用、符号、程序与汉语言中的相应的概念作对比,你有什么体会?

第 2 章

基本数据类型与基本运算

任何一种面向过程的高级程序设计语言,均有数据描述和数据运算的功能。本章主要介绍 Turbo Pascal 提供的**数据类型**和其上允许的**基本运算**。在介绍这些内容时,将通过穿插一些实例介绍如何应用数据类型与基本运算来解决一些简单的问题。

▷▷ 2.1 数据类型的概念

物以类聚形成了类型的概念。

2.1.1 为什么程序设计语言中要引入"数据类型"这一概念?

世界是分类型的。譬如,人类在认识客观世界的过程中,采用了划分种类的方法,将世界划分成生物和非生物两种类型,而生物又可以细分为动物、植物和微生物,等等。当然,也可按照生物学的分类方法(界、门、纲、目、科、属、种),进一步将它们分类。这样划分的好处是显而易见的:它可以把原来庞大的、繁杂的世界通过分类,产生一个一个比较小的简单的世界,在一个较小的世界里来研究和处理所面对的事物。只要分别弄清楚事物在各自较小的世界中的变化规律以及它们同这个世界之间的关系,再弄清楚各个不同世界之间的相互关系,也就比较容易认识事物在原来这个庞大、繁杂的世界中的变化规律,最终达到认识事物的目的。这样做,不仅有助于人们认识世界,也有助于人们改造世界。最初,人类在科学研究中就是采用划分类型的方法来认识这个五彩缤纷的世界的。

划分类型(分类)是科学研究的基本方法和途径,是认识世界和改造世界的锐利武器。类型划分其实质是对处理对象的一种分解。**分解是一个具有深刻的哲学意义的概念和方法,在计算机科学与技术学科中属于一种典型方法。**计算机是用来对数据进行计算或处理的一种自动装置,而这些被用于计算或处理的数据来源于人们对现实世界各个领域处理对象的一种认知基础上的观察和抽象,自然地,这些数据也必然是以分类的形式出现。在引入了分类的方法之后,所观察和抽象获得的数据的一个基本的特征就是它的类型。将划分类型的方法引入到程序设计语言中,便产生了"**数据类型**(Data Type)"这一概念。其基本思想是把一个语言所处理的对象按其属性不同,分为不同的子集,对不同的子集规定不同的运算操作。最早使用类型的高级程序设计语言是诞生于 1954 年的 FORTRAN,而 Algol 60 则是第一个明确提出"数据类型"这一概念的高级程序设计语言。

在程序设计语言中引入"数据类型"这一概念带来了明显的好处：

① 有助于程序设计的简明性和数据的**可靠性**(Reliability)

引入数据类型明确了变量的取值范围和其上允许进行的运算操作，可以防止许多错误的发生。编译程序只需要通过一些简单的静态类型检查，就可以发现程序中大部分与数据类型有关的错误，有利于程序员书写程序、理解程序和调试程序，也有利于程序的验证，保证程序的正确性。

② 有助于数据的存储管理

数据在存放时，不同类型的数据所占用的存储单元的个数是不同的。在程序设计中，如果对需要处理的数据事先进行了类型定义，那么，当程序装入计算机系统时，数据按不同的类型分配相应的存储空间，有助于节约系统的存储空间。

③ 有利于提高程序的运行效率

在程序设计语言中引入数据类型这一概念后，程序在编译时将对数据的类型信息和操作进行检查，可以有效地避免程序在运行时操作越界和类型错误等大量检查工作，提高了程序的运行**效率**(Efficiency)

2.1.2 数据类型的概念

数据类型是程序设计语言中一个非常重要的概念。那么，什么是数据类型呢？

数据类型是由该类型的数据的**值域**(即**值集**)和在这些数据上所有施加的运算的集合(即**运算集**或**操作集**)组成。值域指出了每一种数据类型的变量合法的数据取值范围，而运算集合则规定了每一种数据类型的变量和数据其上所允许进行的运算。值域和运算集是数据类型的两个基本属性。在下面介绍 Turbo Pascal 数据类型的有关章节中，对每一种数据类型均将说明这两种属性。

2.1.3* 数据类型的代数理论基础

一个数据类型是一个二元组(D,R)。其中，D 是一个数据类型的值域，R 是建立在 D 上的运算(操作)的集合。这个二元组构成了一个**代数系统**。其中，D 叫做该系统的基集。从本质上说，一个代数系统就是一个带运算的集合，而一个数据类型就是一个代数系统。

从这个概念出发，程序设计语言理论在数据结构的基础上发展了一些数据和类型的代数理论。这些理论属于程序设计语言语义学的范畴，将来，有兴趣的学生在具备了比较深入的基础之后，可以作进一步的了解。

2.1.4 Turbo Pascal 中数据类型的分类

一般地说，每一种程序设计语言都支持一些数据类型，但是，并非所有的程序设计语言都严格地约束数据类型及其上的运算。若编译程序在语法分析阶段就能够严格检查对数据的运算是否满足数据所属类型的要求，这种程序设计语言就称为**强类型**(Strong Typing)语言，否则称为**弱类型**(Weak Typing)语言。例如，Turbo Pascal 和 Ada 都是强类型的语言，Basic 和 C 则是弱类型的语言，而 C++虽然除去了 C 的类型漏洞，但为了保持 C 的灵活性，其类型检查机制处于两者之间。因此，C++不是完全的强类型语言。强类型的语言虽然为编译阶段检查程序中的数据类型错误提供了方便，但与弱类型语言相比，也因为语言对数据类型有更严格的限制而缺乏必要的灵活性和变化，不利于程序员在程序设计中将直观的思维与语言实现精巧的结合，更自然地表达程序设计的思想。

Turbo Pascal 的优点之一是拥有丰富的数据类型。按照其定义的不同可分为下面几类，如图 2-1 所示。

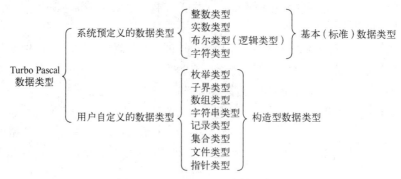

图 2-1 Turbo Pascal 的数据类型

对于以上分类，特作如下几点说明。

（1）Turbo Pascal 的数据类型可以从不同角度进行分类。当然，不同的分类结果也不相同。语言系统预定义的数据类型(Language-defined Dada Type)是指由语言本身在其实现环境中预先定义好的类型。这种数据类型的值域和运算集是由语言系统本身定义并实现的，用户可根据其需要直接引用而无须事先说明。用户自定义的数据类型(User-defined Data type)是指由用户根据其需求按照语言中提供的定义类型的设施在用户程序中自己定义的类型。它与语言系统预定义的数据类型的不同之处是，用户可根据其需要定义类型的名字和这种类型的取值范围或值域，它与语言系统预定义的数据类型的相同之处是类型所允许的运算也是由语言预先规定好并在编译系统中实现的。

（2）之所以将指针类型也归入用户自定义的数据类型之列，是因为用户在使用该类型时，也要根据其需要在程序中按照 Turbo Pascal 提供的定义指针数据类型的设施来定义其类型的名字和类型的取值范围。

（3）可以按照构成每一种类型的数据是否有序，把 Turbo Pascal 的数据类型分为有序类型(Ordinal Type)和无序类型。在 Turbo Pascal 中，有序类型的数据是按一定顺序排列的，其每一个数据都有唯一的**前趋**(Predecessor)数据和**后继**(Successor)数据，可分别由标准函数 pred 和 succ 计算有序类型某个元素的前趋和后继值。整数类型、布尔类型、字符类型、枚举类型、子界类型是有序类型，而实数类型、数组类型、记录类型、集合类型、指针类型是无序类型。

（4）也可以按照构成每一种类型的数据是否可以再分，将 Turbo Pascal 的数据类型分为简单数据类型、结构数据类型和指针数据类型。简单数据类型是指该类型的数据是不可再分的(只有一个标量值，没有成分的概念)，再细分所得是无意义的类型。简单数据类型又被称为**纯量类型**或**标量类型**(Scalar Type)，它包括基本数据类型、枚举类型和子界类型。结构数据类型是指该类型的数据是可再分的类型，它是由其他类型复合而成。结构数据类型又被称为**复合类型**，它包括数组类型、集合类型、记录类型和文件类型。指针数据类型在后面专门介绍。

2.2 基本数据类型

本节介绍四类**基本数据类型**(Elementary Date Type)，它们是整数类型、实数类型、布尔类型(逻辑类型)和字符类型。其中，整数类型和实数类型又可以进一步细分为若干种。基本数据类型又称为**标准数据类型**(Standard Date Type)，我国国家标准中将它改称为需求数据类型。基本数据类型是语言系统预先定义或规定的数据类型。

2.2.1 整数类型

为了节约存储空间和提高程序的运行效率，Turbo Pascal 7.0 预先定义了五种**整数类型**(Integer Date Type)，它们是短整型、基本整型、长整型、字节整型和字整型，分别用 shortint、integer、longint、byte 和 word 作为其标识符。用户在编写程序定义变量类型时，要根据它们的特点选用适当的整数类型，使程序达到较高的质量。整数类型的数据可以是正整数、负整数和零，其中，正整数和零可以省略"+"号。每一种类型规定了相应的整数的取值范围和允许进行的运算。

1. 整数类型的数据的值域

任何计算机系统由于受机器字长的限制，它所能表示的整数类型的数据只是数学中整数集合的一个有穷的子集合。对于上述五种预定义的整数类型，每一种类型规定了相应的整数取值范围以及所占用的内存字节数(如表 2-1 所示)。从中可以看出取值范围大或有效位数多的整数类型占用的内存字节数也多，有些整数类型不包括负数。至于每一种整数类型的整数的上、下界之值与该种整数类型的整数占用的内存字节数之间的具体关系，在后继的"计算机组成原理"课程中将有详细解答。

表 2-1 五种整数类型的数据的取值范围以及所占用的内存字节数

类 型	数 值 范 围	占 字 节 数	格 式
Shortint	−128～127	1	带符号 8 位
Integer	−32768～32767	2	带符号 16 位
Longint	−2147483648～2147483647	4	带符号 32 位
Byte	0～255	1	无符号 8 位
Word	0～65535	2	无符号 16 位

2. 整数类型的数据允许进行的运算

Turbo Pascal 规定，可以对整数类型的数据进行算术运算、关系运算和位运算。

(1) 算术运算

若 a，b 为整数，两者进行算术运算如表 2-2 所示。

表 2-2 整型数据的算术运算

运 算 符	含 义	运 算 规 则	结果的类型
+	加	a+b，与数学相同	整数类型
-	减	a-b，与数学相同	整数类型
*	乘	a*b，与数学相同	整数类型
div 或 DIV	整除	求 a div b 的商的整数部分，若 a,b 同号，其结果为正，否则为负。	整数类型
mod 或 MOD	取余(模运算)	余数的符号与被除数符号相同而与除数无关	整数类型

附注 ① 当整数 a，b 作为两个不同整数类型的操作数(Operand)进行算术运算时，其结果的数据类型是范围较大的类型；

② 利用 div 和 mod 两种运算可以对正整数进行分离。请读者思考一下，如何分离出四位数 2012 的个、十、百、千位呢？

(2) 关系运算

两个整数类型的数据可以进行关系运算，其结果是一个布尔型的数据：***true*** 或者 ***false***。关系运算共有六种运算符(Operator)：=(等于)、<>(不等于)、>(大于)、>=(大于等于)、<(小于)、<=(小于等于)。

例如，① 8<>9 的结果为 ***true***；

② 3>9 的结果为 ***false***。

(3) 位运算

若 a，b 为整数类型的数据，两者进行位运算如表 2-3 所示。

表 2-3 整型数据的位运算

运算符	含义	运算规则	结果的类型	实例
shl	左移	a **shl** b 的结果是将 a 左移 b 位，右边空出的位为 0。	整数类型	86 **shl** 2=344
shr	右移	a **shr** b 的结果是将 a 右移 b 位，左边空出的位为 0。	整数类型	86 **shr** 2=21

说明

① 假设 86 为基本整型(Integer)，86 **shl** 2 的结果是多少呢？

因为 $(86)_{10}=(0000000001010110)_2$，按照左移 2 位的计算规则，则用二进制数表示 86 **shl** 2 的结果为 $(0000000101011000)_2$，即十进制数为 344。

② Turbo Pascal 还允许对整数类型的数据进行逻辑运算。逻辑运算是对整数的二进制形式逐位做相应的逻辑运算。逻辑运算有 **not**(否)，**and**(与)，**or**(或) 和 **xor**(异或) 四种。例如：若 a=2012,b=2,则 **not** a=-2013，a **and** b=0，a **or** b=2014，a **xor** b=2014。这是为什么呢？

2.2.2 实数类型

Turbo Pascal 7.0 预先定义了五种**实数类型**(Real Date Type)，它们是基本实型、单精度实型、双精度实型、扩展实型和十进制组装实型，分别用 real、single、double、extended 和 comp 作为其标识符。用户在编写程序定义变量类型时，要根据它们的特点选用适当的实数类型，使程序达到较高的质量。实数类型的数据可以是正实数、负实数和实数零，其中，正整数和实数零可以省略"+"号。每一种类型规定了相应的实数的取值范围和允许进行的运算。实数在机器内的表示形式总是用浮点数的表示方法来实现的。

1. 实数类型的值域

在数学中，实数集(连续统)是一个无穷集合，其几何意义是数轴。而在计算机系统中，受机器字长的限制，加上不同的机器中实数的表示方式可能不同(虽然都用浮点数表示法表示)，以及编译系统所使用的浮点算术标准的不同，有限的字长位数(二进制数)不但不能表示无穷个实数,而且像无理数这样的实数和有理数中的无限循环小数也只能用与其近似的有理数来表示之(其精度与有效数字有关。表 2-4 列出了上述五种预定义的实数类型,每一种类型的实数取值范围、所占用的内存字节数及其所能达到的精度)。因此,Turbo Pascal 语言的实数类型的数据是不连续的,而且仅仅是数学中有理数集合的一个很小的有穷子集。

表 2-4 五种实数类型的数据的取值范围、所占用的内存字节数和有效数字

类 型	数 值 范 围	占字节数	有效位数
real	$2.9 \times 10^{-39} \sim 1.7 \times 10^{38}$	6	11～12
single	$1.5 \times 10^{-45} \sim 3.4 \times 10^{38}$	4	7～8
double	$5.0 \times 10^{-324} \sim 1.7 \times 10^{328}$	8	15～16
extended	$1.9 \times 10^{-4951} \sim 1.1 \times 10^{4932}$	10	19～20
comp	$-2^{63}+1 \sim 2^{63}-1$	8	19～20

对于每一种实数类型的数据,若其绝对值大于上界,则产生上溢(Overflow),表示已经超过了计算机系统的表示能力;绝对值小于下界,即实数的绝对值过小而在实际的语言编译系统中无法表示,此时它将被计算机系统当作 0(机器 0)来处理,则产生下溢(Underflow),导致结果为 0(机器 0)。也许读者会进一步追究上述种种情况出现的原因,请读者不用着急,"计算机组成原理"课程中将有详细介绍。

附注 十进制组装实型(Comp)数据的取值范围为$-2^{63}+1 \sim 2^{63}-1$,其值大致在$-9.2 \times 10^{18} \sim 9.2 \times 10^{18}$。对于数值很大的整数的计算,这种数据类型很有用。

2. 实数类型的数据允许进行的运算

Turbo Pascal 规定,可以对实数类型的数据进行算术运算和关系运算。

(1) 算术运算

若 a,b 至少有一个为实型数据,两者进行算术运算的结果类型如表 2-5 所示。

附注

① 当实数 a,b 作为两个不同实数类型的操作数进行算术运算时,其结果的数据类型是范围较大的类型;

② 若 a,b 均为整型数据,则 a/b 的结果类型也是实数类型。

表 2-5 实型数据的算术运算

运 算 符	含 义	运 算 规 则	结果的数据类型
+	加	与数学相同	实数类型
-	减	与数学相同	实数类型
*	乘	与数学相同	实数类型
/	除	与数学相同	实数类型

(2) 关系运算

两个实型数据,或一个为整型数据而另一个是实型数据,均可以进行关系运算,其结果是一个布尔型的数据:***true*** 或者 ***false***。关系运算共有六种:

=(等于)、<>(不等于)、>(大于)、>=(大于等于)、<(小于)、<=(小于等于)

例如,① 8.8<>9.8 的结果为 ***true***;

② 3.8>9.8 的结果为 ***false***;

③ 3.0=3 的结果为 ***true***。

附注 在 Turbo Pascal 中，实数类型数据的表示将受到浮点数表示法在表示数据时的精度限制，即对于超出了精度限制的实数(浮点数)，计算机会把它们的精度之外的小数部分或位数截断。这样，本来不相等的两个实数在计算机中可能会被认为相等。因此，在实际计算中，如果两个同符号的实数(浮点数)之差的绝对值小于或等于某一个可以接受的误差(精度)，就认为是相等的，否则认为它们是不相等的。精度根据具体应用要求而定。于是，不要直接使用"="或"<>"对两个实数(浮点数)进行比较，尽管 Turbo Pascal 支持对实数(浮点数)进行"="或"<>"的比较运算，但是由于它们采用的精度往往比实际应用中要求精度高，所以可能导致不符合实际需要的结果，甚至出现错误。关于两个实数比较相等或不等的正确表达方式在后续的章节中介绍。

3．为什么把数区分为整数类型和实数类型

虽然在数学意义上整数是实数的一个子集，但是，在 Turbo Pascal 中还是将整数所属的整型类型从实数所属的实型类型中独立出来，这是为什么呢？

首先，将两者分离出来，在机器中分别采用不同的表示方法，使它们分别表现出不同的特点，便于根据实际问题编写高质量的程序。整型数据采用定点方式表示，优点是精确而且运算快速，缺点是数据的表示范围小；实型数据采用浮点方式表示，优点是其数据的表示范围比整数类型数据的表示范围大得多(这给计算带来了很大方便)，缺点是不精确而且运算速度较慢；其次，便于编译程序生成高效的目标代码；第三，它符合人们的日常思维习惯。

2.2.3 布尔类型

布尔类型(Boolean Date Type)又被称为逻辑类型，在 Turbo Pascal 中用类型标识符 boolean 表示布尔类型。

1．布尔类型的值域

布尔类型的数据仅有两个：***true***（真）和 ***false***（假）。

2．布尔类型的数据允许进行的运算

（1）逻辑运算

在 Turbo Pascal 中，有 not(否)，and(与)，or(或)和 xor(异或)四种逻辑运算。若 a，b 为布尔型数据，两者进行逻辑运算的结果类型也为布尔型数据，其运算如表 2-6 所示。

表 2-6 布尔型数据的逻辑运算

a	b	not a	a and b	a or b	a xor b
false	*false*	*true*	*false*	*false*	*false*
false	*true*	*true*	*false*	*true*	*true*
true	*false*	*false*	*false*	*true*	*true*
true	*true*	*false*	*true*	*true*	*false*

（2）关系运算

在 Turbo Pascal 中，布尔类型是有序类型，并且规定 *false* < *true*。因此，两个布尔类型数据

可以进行关系运算，其结果是一个布尔型的数据：***true*** 或者 ***false***。关系运算一共有六种：=(等于)、<>(不等于)、>(大于)、>=(大于等于)、<(小于)、<=(小于等于)。

例如，***true*** <> ***false*** 的结果为 ***true***。

2.2.4 字符类型

计算机系统所处理的绝大多数数据是以字符形式输入/输出的。各种程序设计语言的编译程序通常都能自动将以字符形式输入/输出的数据与其他数据类型进行转换，但在许多情况下，需要程序员在设计程序时，直接处理字符数据。字符数据类型是构成字符串类型的基础。所谓字符串类型实际上是标准 Pascal 中的压缩的字符数组类型，Turbo Pascal 中引入了专门的字符串数据类型。

字符数据类型(Character Date Type)简称字符型，在 Turbo Pascal 中用类型标识符 char 表示字符类型。在程序中，用单引号将字符类型数据的集合中的一个字符括起来以表示字符类型的数据值，也称字符常数，如′A′、′a′。注意，用单引号括起来的字符序列被称为字符串，也称字符串常数，如′Ab′、′abc′等。字符串不是字符型数据，它是字符型的一种扩展数据类型，将在第六章介绍。

1．字符类型数据的值域

任何计算机系统都是通过输入/输出设备与外部环境进行交互，一台计算机系统输入/输出设备读、写或打印字符的集合就是该计算机系统的字符类型数据的集合。不同的计算机系统所使用的字符集不尽相同，因此，Turbo Pascal 本身没有定义标准的字符类型数据的集合。一般而言，为了输入、输出源程序的方便，字符类型数据的集合包含了本书 1.2.3 节介绍的 Turbo Pascal 字符集中的字符，除此之外，它还包含了 Turbo Pascal 字符集之外的其他字符。因此，切不可把字符类型数据的集合与 Turbo Pascal 字符集混淆了。

目前，计算机系统使用最为广泛的字符集是 ASCII 码字符集。ASCII 码字符集合中共包含 128 字符，其中，可见字符 95 个，不可见的控制字符 33 个，详见附录 4。

2．字符类型数据允许进行的运算——关系运算

在 Turbo Pascal 中，字符类型是有序类型(即该类型的数据是有顺序的)。ASCII 码字符集中字符的顺序规定如下：

① 0~9 十个数字字符的 ASCII 码值依次增大；
② A~Z 二十六个大写英文字母的 ASCII 码值依次增大；
③ a~z 二十六个小写英文字母的 ASCII 码值依次增大；
④ 在 **ASCII** 码字符集中数字、大写英文字母、小写英文字母的 ASCII 码值分别按顺序增大。

两个字符型数据可以进行关系运算，其结果是一个布尔型的值：***true*** 或者 ***false***。关系运算共有 6 种：=(等于)、<>(不等于)、>(大于)、>=(大于等于)、<(小于)、<=(小于等于)。

例如，① 'A'<'b'的结果为 ***true***；
② 'A'='a'的结果为 ***false***。

以上介绍的 Turbo Pascal 的四类基本数据类型中，除实数类型外的其他三种数据类型均属顺序类型，即在该类型的任意两个相邻数据之间不可能插入第三个数据介于这两个数据之间。

2.3 常量与变量

通过上面介绍可知，Turbo Pascal 程序中所处理的任何数据均有其类型。从任何类型的数据在程序运行过程中表现出的性态来看，有的数据在程序运行的过程中其值发生了变化，称之为**变量**(Variable)，有的数据在程序运行的过程中其值始终不发生变化，被称为**常量**(Constant)。下面分别介绍变量和常量的概念。

2.3.1 常量

常量分成字面常量和非字面常量。常量本身有其数据类型。

1．字面常量

字面常量(Literal Constant) 又被称为字面值或直接量，它是某一类型的一个数据的具体值的字面表示。

（1）整数类型的字面常量

在 Turbo Pascal 程序中，数的字面常量一般以十进制表示。整数类型的字面常量就是整数类型数据的集合中不带小数点的整数。例如，1024，2000，0，等等。整数类型字面常量的语法图如图 2-2 所示。

除十进制整数外，Turbo Pascal 还允许使用十六进制表示的整数。十六进制整数用一个$字符作前缀后跟十六进制数字表示。例如，$F1B 是一个十六进制整数，它相当于十进制整数 3867。

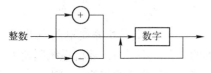

图 2-2　整数类型字面常量的语法图

（2）实数类型的字面常量

实数类型的字面常量就是实数类型数据的集合中的实数，它可以采用十进制表示法(Decimal Notation)或采用科学表示法(Scientific Notation)表示。例如，3.14，1.57E-2，-0.25，等等。

① 十进制表示法

十进制表示法就是人们日常使用的带小数点的数的表示方法，其语法形式如图 2-3 所示。

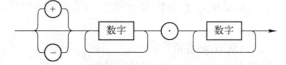

图 2-3　实数字面常量十进制表示法的语法图

例如，2001.28，-35.2，0.88。

② 科学表示法

科学表示法就是采用指数形式的表示方法，其语法图如图 2-4 所示。

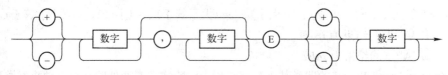

图 2-4　实数字面常量科学表示法的语法图

E 表示以 10 为底的指数，E 的左侧是实数的尾数，E 的右侧是实数的指数，正的尾数或指数包括 0 都可以省略符号位。

例如，1.18E-2，-3.14E8，分别表示 0.0118 和-314000000。

但下列的实数表示是错误的：E14，2.8E-1.2。

无论字面实数常量采用十进制表示法还是采用科学表示法，它在机器内的表示形式是一样的，总是用浮点数表示法来实现。

（3）布尔类型的字面常量

布尔类型的字面常量仅有两个：***true***（真）和 ***false***（假）。

（4）字符类型的字面常量

字符类型的字面常量用单引号将字符类型数据集合中的一个字符值括起来，以避免与之出现的字符混淆。例如，′A′，′a′，′0′，′&′，′o′,等等。特殊地，对于单引号字符，则要表示成′′′′（四个单引号）。字符类型字面常量的语法图如图 2-5 所示，其他类型的字面常量将在相应的后续章节中介绍。

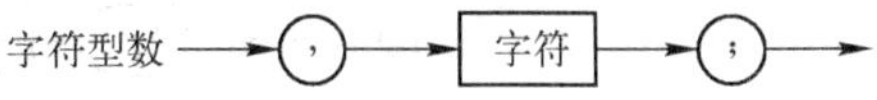

图 2-5　字符类型字面常量的语法图

2．非字面常量

非字面常量又被称为**符号常量**(Symbolic Constant)。Turbo Pascal 为了用户的方便，预定义了一些符号常量，主要有下面几个：

integer 类型的符号常量：**maxint**，其值为 32767。

longint 类型的符号常量：**maxlongint**，其值为 2147483647。

real 类型的符号常量：**pi**，其值为 3.1415926536。

除此之外，Turbo Pascal 允许用户在程序中可以根据需要，自定义符号常量来代表某字面常量。符号常量的引入，可以帮助记忆，便于使用，提高程序的可读性和**可维护性**(Maintainability)。

在 Turbo Pascal 中，符号常量的定义是由常量**说明语句**(Constant Declaration Statement)定义的。下面介绍常量说明语句的语法和语义，并对有关的问题作几点说明。

（1）**语法**　常量说明的语法图如图 2-6 所示。

图 2-6　常量说明的语法图

例如，**Const** year=2012;
　　　　　　t=*false*;
　　　　　　st=′book′;

（2）**语义**　定义一个或多个常量。

（3）**说明**

① 常量说明语句的出现位置只能在程序的说明部分中，标准 Pascal 中规定在标号说明与类型说明之间，但是 Turbo Pascal 中顺序任意。但一个程序中可以不出现常量说明语句，即常量说明是可以缺省的；

② 符号常量是一个标识符，因此，对符号常量的使用必须遵循与标识符有关的规定，如先

定义后使用的规则等；

③ 符号常量的定义具有单一性和不可改变性，即一个符号常量只能唯一地被指派到某一数据，而且不能重复指派。它与变量不同，一经指派，在程序的运行期间，其值在其作用域内不能改变。

2.3.2 变量

1．变量说明

在 Turbo Pascal 中，程序中所用到的(静态)变量必须遵循在变量说明部分中先说明(定义)，然后再引用(使用)的原则。下面先介绍(静态)**变量说明语句**(Variable Declaration Statement)的语法和语义，然后作几点说明。

（1）**语法** 变量说明的语法图如图 2-7 所示。

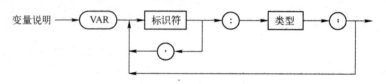

图 2-7　变量说明的语法图

（2）**语义** 上述变量说明的语义是给变量指定名字，并把每个变量与某一确定的数据类型联系起来，这样就规定了该变量的值域和其上允许进行的运算。程序运行前，编译程序在编译时将事先给该变量分配相应的存储空间。

例如，**Var** c1,c2: char;
　　　　　x1,x2: boolean;
　　　　　y: integer;

该例中，定义了 c1,c2 为 char 型变量，x1,x2 为 boolean 型变量，y 为 integer 型变量。

2．说明

（1）变量可以用名字、属性、存储空间和值四个要素来刻画，抽象地描述一个变量可以用一个(名字、属性、存储空间、值)四元组来表示，尽管在程序设计中形式上人们通常只通过变量名来使用变量。正确理解变量的四个要素，是学习数组、指针等类型的基础。

① 在 Turbo Pascal 中，变量是以名字来标识的，变量的命名规则遵循标识符命名规则。

② 变量的**属性**(Attribute)是指变量具有的性质，它包括变量的作用域、生存期、类型、变量作为参数时的传递及引用方式，等等。

③ Turbo Pascal 是以冯·诺依曼计算机逻辑结构为基础设计的语言，因此，属于冯·诺依曼型程序设计语言。这种类型程序设计语言的显著特点是面向过程计算和顺序执行指令，其对应的计算模型是随机存储计算模型。在冯·诺依曼型程序设计语言中，使用变量来仿效计算机存储单元，从本质上说变量就是**存储单元**(Memory Cell，Memory Location)。变量是对一个(或若干个)存储单元的**抽象**(Abstraction)。在高级语言程序中使用变量，就等于在机器语言程序中使用存储单元。荷兰著名的计算机科学家、图灵奖获得者 E. H. Dijkstra 教授曾经说过："一旦你理解了程序设计中变量的使用方法，你就理解了程序设计的精髓。"

④ 在 Turbo Pascal 中，变量被说明之后，其值是尚未定义的，具有不确定性，这与编译实

现有关。因此，在使用它之前应给定其初值。由于在计算机上具体实现 Pascal 时，有些编译系统遵守了这一原则，有些没有遵守这一原则，因此，用户在写程序前，可以查阅具体语言版本的用户手册，明确相应的值的规定。但最好的办法是养成一种习惯，在说明变量之后和使用变量之前，通过赋值语句指派其初值，有助于程序设计和阅读理解。另外，变量的值在程序运行期间可能发生变化，也即变量与其值的**绑定**是动态的，变量与其值的重新**绑定**可以通过**赋值**(Assignment)来完成。

⑤ 一个变量的值有时被称为变量的右值(r-value)，而一个变量的地址有时被称为变量的左值(l-value)。

(2) 在 Turbo Pascal 中，通常变量可以分成简单变量、复合变量和动态变量(引用变量)三类。简单变量是指该数据是一个不可分割的整体，而复合变量是由若干子域数据复合而成的，也可以说是带有某种结构的变量。简单变量可以分为整型变量、实型变量、布尔型变量、字符型变量、枚举型变量、子界型变量、指针型变量。复合变量可以分为数组型变量(下标变量)、记录型变量、集合型变量和文件型变量。动态变量(引用变量)将在第 8 章介绍。

(3) 尽管变量说明中说明的变量的顺序是任意的，但是为了节约内存空间，建议用户**把相同类型的变量放在一起说明**，尽可能不要分散乱序说明。

2.4 标准函数

函数(Function)是数学中的概念。在中学数学中，假设已经定义了一个函数，给出了该函数的解析表达式，如果给定函数自变量的值，那么，利用已经给出的函数解析表达式就可以求出其函数值。不过，该函数值的计算要么是通过人工方式计算出来的，要么是通过查阅数学函数表等方式求得的。在 Turbo Pascal 中，为了用户编写程序的方便，增强程序的可读性、简洁性，编译程序中通常也定义和实现了一批函数，并向程序员开放使用这些函数，即供用户在程序设计时**引用**。这些函数一般是常用函数，与具体的实现语言和程序设计环境无关，其定义具有数学上的客观性。例如，$\sin(x)$，$\cos(x)$，等等。用户编写程序时只要根据自己的需求，按照规定的形式(即语法)在程序中写出函数名，填上或确定自变量的具体值就可以代表该函数的计算及其计算的结果值，而毋须在程序中具体实现它。这种事先由语言和编译程序定义而程序员可以直接使用的函数被称为**标准函数**(Standard Function)。不同的编译系统提供的标准函数的种类和数量可能不同。通常把程序设计语言中提供给用户使用的一组标准函数汇集形成的集合称为该语言的标准函数库。

众所周知，标准函数是指 Turbo Pascal 中预先定义的、用户可以直接使用的函数。这些函数被组织为函数库的形式。函数库的思想是由英国著名计算机科学家、图灵奖获得者 M. V. Wilkes(M. V. 威尔克斯)在他 1951 年编写的《怎样在电子数字计算机上准备程序》一书中首次提出的。它包含了早期软件**复用**或**重用**(Reuse)的思想。软件复用属于后续的"软件工程"课程中的内容。读者应该注意，在计算机科学与技术的发展历程中，程序设计语言中提出的许多概念、方法和技术在学科的诸多方面被广泛应用，程序设计语言的研究在计算机科学与技术学科中具有基础性的地位。

实际上，标准函数名是其在函数库中具体实现的**抽象**，属于函数抽象。**抽象**是计算机科学与技术学科的核心概念。

Turbo Pascal 的标准函数库中有许多标准函数供用户使用，其中包括标准 Pascal 所定义的 17

个标准函数。本节仅介绍这 17 个标准函数，其他 Turbo Pascal 的标准函数请参阅附录 1。

Turbo Pascal 实现的标准 Pascal 所定义的 17 个标准函数均为一元函数，其语法图如图 2-8 所示。其中，函数的自变量可以是任意表达式（下一节介绍），并且函数的自变量一定要写在括号中。

对于每一个标准函数，要注意下面两个与类型有关的问题。

图 2-8　标准函数的语法图

（1）每一个标准函数对自变量的数据类型均有一定要求，使用它们时要遵守函数原型的有关定义要求。例如，odd(x) 为计算 x 是否为奇数的函数，它要求自变量 x 为整型，因此 odd(-10) 是正确的，而 odd(2.3) 是错误的。

（2）每一个标准函数运算后的函数值也有其类型，它关系到该函数能够参加的运算。例如，odd(x) 的值的类型为布尔类型。另外，函数也可以作为自变量构成复合函数，如 sin(cos(2))。

按照标准函数的特点，可将它们分成以下四类分别加以介绍。

1. 算术运算函数（共 8 个）

这些函数可以参加算术运算，如表 2-7 所示。

表 2-7　算术运算函数

函数名称	函数标识符	自变量类型	函数值类型	说明	举例
绝对值函数	abs(x)	integer real	integer real	求 x 的绝对值	abs(-10)=10
平方值函数	sqr(x)	integer real	integer real	求 x 的平方值	sqr(10.00)=100.00
平方根函数	sqrt(x)	正的整数 正的实数	正的实数	求 x 的平方根值	sqrt(25)=5
正弦函数	sin(x)	integer real	real real	求 x 的正弦值 （x 是弧度值）	sin(30)=-0.9880
余弦函数	cos(x)	integer real	real real	求 x 的余弦值 （x 是弧度值）	cos(30)=0.1543
反正切函数	arctan(x)	integer real	real real	求 x 的反正切值 （函数值是弧度值）	arctan(1.7321)=1.0472
指数函数	exp(x)	integer real	real real	exp(x)=e^x	exp(2)=7.389
自然对数函数	ln(x)	正的整数 正的实数	real real	求 x 的自然对数	ln(30)=3.4012

附注

（1）sin(x)，cos(x) 的自变量为弧度值，若给出角度值，则可以按照下面转换公式转换为弧度值。弧度值 = (3.1416/180)×角度值。反正切函数的值为弧度值，为了直观起见，可利用上面公式的逆公式转换为角度值。

（2）在三角函数计算中，只给出了 sin，cos，arctan 三个函数，其他三角函数可以利用它们导出，例如，arccos(x)=arctan($\sqrt{1-x^2}/x$)。

（3）上述 8 个函数没有提供幂函数，可利用下面的复合函数来实现：x^n=exp(n×ln(x))。

（4）上述 8 个函数也没有提供常用对数函数，可利用对数的换底公式来实现。

2. 逻辑判断函数（共 3 个）

逻辑判断函数是指其函数值类型为布尔值的函数。逻辑判断函数如表 2-8 所示。

表 2-8 逻辑判断函数

函数名称	函数标识符	自变量类型	函数值类型	说明	举例
奇数函数	odd(x)	integer	boolean	x 为奇数时，函数值为 *true*，否则为 *false*	odd(-10)=false
行结束函数	eoln(x)	文件	boolean	当文件指针指向行结束符时，函数值为 *true*，否则为 *false*	见第九章
文件结束函数	eof(x)	文件	boolean	当文件指针指向最后一行结束符时，函数值为 *true*，否则为 *false*	见第九章

3．转换函数（共 4 个）

转换函数是指能对数据进行数据类型转换的函数。转换函数如表 2-9 所示。

表 2-9 转换函数

函数名称	函数标识符	自变量类型	函数值类型	说明	举例
截尾函数（取整函数）	trunc(x)	Real	integer	去掉实数的小数部分，函数值为整数部分	trunc(6.3)=6 trunc(-6.9)=-6
舍入函数	round(x)	Real	integer	函数值为小数四舍五入后的整数值	round(125.5)=126 round(-5.8)=-6
序数函数	ord(x)	integer char boolean 枚举型	integer integer integer	函数值为字符在 ASCII 码中的序号；对布尔型，规定 *false* 的序号为 0，*true* 的序号为 1；枚举型例子见第六章	ord('a')=97 ord(true)=1
字符函数	chr(x)	Integer	char	x 表示 ASCII 码中的序号，函数值是该序号代表的字符值	chr(48)='0'

附注

（1）round(x)是舍入函数，对于正数，舍小数后函数值比原数要小；入小数后函数值比原数要大。对于负数正好相反。

（2）trunc(x)和 round(x)有如下的对应关系：

$$\text{round}(x)=\begin{cases} \text{trunc}(x+0.5) & x \geq 0 \\ \text{trunc}(x-0.5) & x < 0 \end{cases}$$

$$\text{trunc}(x)=\begin{cases} \text{round}(x-0.5) & x \geq 0 \\ \text{round}(x+0.5) & x < 0 \end{cases}$$

（3）trunc(x)和 round(x)都是将实数类型转换成整数类型。由于实数的表示范围大于整型数，所以，函数计算时注意不要**溢出**(Overflow)。

（4）chr(x)和 ord(x)在字符范围内构成了一对反函数。例如，
chr(ord('A'))='A', ord(chr(61))=61。

（5）数字字符和数字是不同的。ord('6')=54，ord(6)在 TurboPascal 7.0 中的值是 6。同样，字符常量和字符变量也是不同的。字符常量是指单一的括在单引号内的字符，如'A'，而字符变量经变量说明之后可以赋值为任何单一字符。如 A 是一个字符变量，A 可以赋值为字符'B'，则

ord('A')=65，而 ord(A)=ord('B')=66，所以，此时 ord(A)≠ord('A')。

4．顺序函数（共 2 个）

顺序函数是指在一个**有序类型**中求某个数据的前一项或后一项。顺序函数如表 2-10 所示。

表 2-10 顺序函数

函 数 名 称	函数标识符	自变量类型	函数值类型	说　　明	举　　　例
前趋函数	pred(x)	integer char boolean 枚举型	integer char boolean 枚举型	求 x 的前驱值	pred(5)=4 pred('d')='c' pred(true)=false 枚举型例子见第六章
后继函数	succ(x)	同上	同上	求 x 的后继值	succ(17)=18 succ('a')='b' 枚举型例子见第六章

附注

① pred(x)和 succ(x)构成了一对反函数。

② 由表 2-10 可知，pred(x)和 succ(x)可接受几种有序类型的自变量，它们是 Pascal 中函数**重载**(Overloading)的一个**实例**(instance)。所谓重载是指同一个过程(函数)或运算符本身兼不同的功能。**重载是面向对象程序设计语言**(Object-Oriented Programming Language，简称 OOP)**中的重要概念。**

作为本节的结束，值得说明的是，Turbo Pascal 的标准函数在其编译系统中是以目标代码的形式保存在库函数文件中。编译系统在编译时，自动从指定的库函数文件中提取所需要的函数的目标代码，并与编译后源程序的目标代码链接在一起，最终形成一个逻辑上完整，可以独立运行的目标代码程序。对于最常用的库函数文件，多数 Pascal 编译系统都把它们作为默认值，自动地从中搜索和提取所需要的函数；而对于不常用的库函数的使用，多数 Pascal 编译系统并没有把它们作为默认值，需要程序员在编写程序时在源程序中以正确的方式予以说明，具体方法要查看有关的用户手册。

2.5 表达式

表达式(Expression)是 Turbo Pascal 中的重要部分。表达式的概念与数学中的解析表达式的概念是一致的。表达式是由常量、变量、函数、运算符和**括号**(Parentheses)等组成的有一定意义的式子。在表达式中，核心是运算符(Operator)，它规定了表达式求值的顺序；运算符将运算对象(Operand,运算数)连接起来，运算对象本身是有类型的；任何一个表达式的值也是有数据类型的。单个变量、单个常量或单一函数都可以看成是一个表达式的特例。

根据运算符的特点，在 Turbo Pascal 中把表达式分为四种，即：算术表达式、布尔表达式、关系表达式和集合表达式。若把赋值也看作为一种运算，则还有一种赋值表达式。但 Turbo Pascal 中没有赋值表达式。下面先介绍算术表达式、关系表达式和布尔表达式，集合表达式将在第六章中介绍。

2.5.1 算术表达式

算术表达式(Arithmetic Expression)是指用算术运算符及括号将运算对象(包括常量、变量和函数等)连接成的有一定意义的式子。例如,若变量 x, y 的类型为整型,则 $(3*x+1)/2 - \text{sqrt}(y+1) * \sin(x)+1$ 就是一个算术表达式。

算术表达式运算的规则如下:
(1) 运算的优先级次序是:先做括号内的;其次是函数;再次是 *、/、div、mod;最后做 +、-;
(2) 同一优先级(Precedence)的运算,按照从左到右的次序进行。

值得注意的是,算术表达式在求值时,运算对象的类型要相容,否则会出错。算术表达式的值的数据类型一般为整型或实型。

根据上述运算规则,读者不难给出算术表达式:

$$(3*x+1)/2 - \text{sqrt}(y+1) * \sin(x)+1$$

的计算次序。

2.5.2 关系表达式

关系表达式(Relational Expression)是指用关系运算符将两个表达式(算术表达式或关系表达式或逻辑表达式等)连接成的有一定意义的式子。例如,若变量 x, y 的类型为整型,则 $(x>9)<(y<>1)$ 就是一个关系表达式。

附注:关系表达式的定义是一个**递归**定义。递归是计算机科学与技术学科中的典型方法,在第七章中有详细的介绍。

关系表达式运算的规则如下:
(1) 六种关系运算符(=、<>、>、>=、<、<=)属于同一优先级的运算符,按照从左到右的次序进行;
(2) 关系运算符的优先级低于算术运算符。

例如,若变量 x, y 的值分别为 3 和 8,根据关系表达式运算的规则,计算关系表达式:$(x>9)<(y<>1)$ 的计算过程及结果如下:

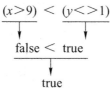

值得注意的是,关系表达式在求值时,运算对象的类型要**等同**,否则会出错。关系表达式的值的数据类型为布尔类型。另外,在一个表达式或括在括号内的表达式中,最后只允许出现一个关系运算符,即两个关系运算符不得连用。例如,不允许出现 $1<x<10$ 的形式(尽管数学上允许),则应该写成 $(1<x)$ and $(x<10)$,不能用 $1<x<10$ 表示。这是因为在所有的运算符中,关系运算符的运算级别最低(如表 2-11 所示)。

2.5.3 布尔表达式

布尔表达式(Boolean Expression)又称为**逻辑表达式**(Logical Expression)。布尔表达式是指用布尔运算符将布尔型运算对象连接成的有一定意义的式子。例如,若变量 x, y 的类型为整型,则 $((x+1)>9)$ and $(y<>1)$ or $(\text{not } (x=y))$ 就是一个布尔表达式。

值得注意的是,在计算布尔表达式的值时,运算对象的类型要等同,否则会出错。布尔表达式的值的数据类型为布尔型。

至此,已介绍了 Turbo Pascal 的算术表达式、关系表达式和布尔表达式,下面总结一下当一个表达式中出现两个以上的运算符时,Turbo Pascal 规定的运算符的运算优先级别和运算次序。

Turbo Pascal 规定的运算符的运算优先级别如表 2-11 所示。

表 2-11 运算符的运算优先级别

优先级	运算符
4	@, not
3	*, /, div, mod, and, shl, shr
2	+, -, or, xor
1	=, <>, <, >, <=, >=, in

说明

① 表 2-11 中运算符的优先级别越高,越优先运算;

② 同一优先级别的运算,按照从左到右的次序进行;

③ 表 2-11 中的运算符不包括括号。若表达式中含有括号,则括号优于任何运算符。此时,应先计算括号内的表达式。若有多层括号时,按照自内向外的次序运算;

④ 在一个表达式中出现多个有不同优先级的运算符时,提倡通过加圆括号的方式规定运算次序,这样有利于程序的阅读。

例如,若变量 x 的值为 4,y 的值为-3,a 的值为 7.5,b 的值为-6.2,计算布尔表达式 $((x+y)>(a+b/2))$ and $(not\ y<b)$ 的计算过程及结果如下:

① 计算 $x+y$ 得:1;

② 计算 $b/2$ 得:-3.1;

③ 计算 a-3.1 得:4.4;

④ 计算 1>4.4 得:*false*;

⑤ 计算 not y 得:2[①];

⑥ 计算 2<-6.2:*false*;

⑦ 计算 false and false 得:*false*,即为布尔表达式的值。

作为本节的结束,为了正确地书写程序,对表达式的书写做下面几点说明。

(1)数学中的下面几种习惯写法在 Turbo Pascal 程序中是行不通的。

① 数学中的分子、分母、指数、下标等不写在同一行上的习惯写法在 Turbo Pascal 程序是不允许的,即 Turbo Pascal 程序中的表达式的所有运算数和运算符必须写在同一行上;

② 数学式子中的两个运算符可以连写,以及表达式中的乘法符号可以省略的习惯写法在 Turbo Pascal 程序中是行不通的,即 Turbo Pascal 中两个运算符不能连写,以及表达式中的乘法符号不能省略。例如:若表示数学中的-1<x<1,则应该写成(x>-1) and (x<1);若表示数学中的 2x+1,则应该写成 2*x+1;

③ 在数学中,函数解析式的书写中其自变量部分可以不写在括号内,但 Turbo Pascal 要求函数的自变量一定要写在括号中。例如:若表示数学中的 sin$x$,则应该写成 sin(x)。

(2)书写表达式时,若运算符的优先级不清楚,应该使用圆括号加以明确。

2.6 数据类型的自动转换

通过本章前面几节的介绍可知类型是数据的一个非常重要的特征。在 Turbo Pascal 中,每个

---

① not y 中的 not 运算是对整数 y 的二进制形式逐位求反。

常量、变量、函数、表达式等**实体**(Entity)都有其类型。对于任何一个 Turbo Pascal 的程序，在编译时编译程序均要对程序中有类型的实体依据它出现的位置和环境进行**类型检查**(Type Checking)，检查实体类型的合法性和合理性。例如，若有下列变量说明：

```
Var x: char;
    y: integer;
```

则表达式 $x+y$ 中两个运算对象 x 和 y 的类型在做加法运算时理论上是不合理的，这就出现了类型不一致的问题。

在类型检查中，当运算所希望的表达式类型与实际表达式的类型不一致时，通常有两种处理的办法。一是把类型的不一致标记为出错；二是自动进行类型转换，把实际表达式的类型改变为所希望的类型。

类型转换(Type Conversion)是一种一元运算，它把一种类型的数据对象作为运算对象转换成等值的另一种类型的数据作为结果。Turbo Pascal 在设计时提供了类型转换的功能，它有两种方法。

（1）**显式转换**(Explicit Conversion)。Turbo Pascal 提供了标准类型转换函数，用户可以显式地进行类型转换。例如，把实数类型转换为整数类型的标准函数 trunc 和 round，这种方式由程序员自己在程序设计时使用。除此之外，Turbo Pascal 还提供了强制类型转换设施，使得一种**纯量类型值**可以转换为另一种**纯量类型值**，但要求这两个值在各自的类型中有相同的序数值。类型的强制转换的语法图如图 2-9 所示。

图 2-9 强制转换的语法图

值得注意的是，Turbo Pascal 并不是任意两个基本数据类型之间都能进行类型的强制转换，允许有意义的两个基本数据类型之间的类型强制转换如下：

① 若原类型为 integer，目标类型为 char 的转化

转化规则：最有意义的转化是要求被转换的整数在 0～127，此时转化的结果为 ASCII 码值为该整数值所对应的那个字符。

例如，若变量 a 的值为 97，则 char(a) 的结果为 ′a′。

② 若原类型为 integer，目标类型为 boolean 的转化

转化规则：非 0 整数转化为 ***true***，整数 0 转化为 ***false***。

例如，若变量 *a* 的值为 205，变量 *b* 的值为 0,则 boolean(*a*) 的结果为 ***true***，boolean(*b*) 的结果为 ***false***。

③ 若原类型为 char，目标类型为 integer 的转化

转化规则：转化的结果为与该字符对应的 ASCII 码的十进制整数值。

例如，若变量 *a* 的值为 ′a′，则 integer(*a*) 的结果为 97。

④ 若原类型为 char，目标类型为 boolean 的转化

转化规则：若被转换的字符的 ASCII 码为非 0 值，则转化的结果为 ***true***，否则转化的结果为 ***false***。

例如，若变量 *a* 的值为 ′a′，变量 *b* 的值为 chr(0)，则 boolean(*a*) 的结果为 ***true***，boolean(*b*) 的结果为 ***false***。

⑤ 若原类型为 boolean，目标类型为 integer 的转化

转化规则：***true*** 转化为整数 1，***false*** 转化为整数 0。

例如，若变量 a 的值为 ***true***，变量 b 的值为 ***false***，则 integer(a) 的结果为 1，integer(b) 的结果为 0。

附注：以上转换规则是 Turbo Pascal 的语法规则。若实验环境是 Delphi7 时，把整型或字符型转换为布尔型时，转换可以完成，但是得到的转换结果不能输出。

（2）**隐式转换**（Implicit Conversion）。Turbo Pascal 允许在类型不一致的情况下，由编译系统自动进行类型转换，即隐式转换。例如，在 Turbo Pascal 程序中，若一个算术运算的两个运算对象分别为实数类型和整数类型时，那么相应的算术运算在执行之前系统会先把整数类型数据转换为实数类型的数据，然后才进行运算。

一般地说，程序设计语言中仅对基本数据类型提供相应的类型转换，而对用户自定义的类型则不提供类型转换。最后，还要说明两点。

（1）无论显式转换还是隐式转换，都是在运算时对转换对象的运算值进行相应的等值类型转换，而该对象在存储单元中的内容并没有改变。当然，这属于编译系统的范畴。

（2）程序员在编程时，应该尽量使参加运算的各个对象类型一致，以减少程序运行时，要增加进行判别和转换的额外开销。

2.7* 计算机科学与技术学科中核心概念讨论之一——抽象概念

抽象（Abstract）是一种思维模式，是哲学和数学的全部基础，同时，它也是人类认识世界所使用的最基本、最有力的思维方式之一。

所谓抽象，包含下面三方面的含义和意义：一是强调对象的主要部分，突出本质属性，忽略次要部分，为形成各种概念、数学模型等提供帮助，有助于人们理解对象；二是从一类对象中抽象出覆盖这类对象的概念、通用模型，可以有效地实现对一类对象的分类。例如，前面所述的标准函数库中的标准函数和 Turbo Pascal 中用户自定义的函数或过程就属于这种抽象；三是通过对处理对象的属性和行为进行分层，把处理的对象分割开来，并尽量减少它们之间的广泛、无序的联系，进而建立有序的联系。例如，动物的分类过程就属于这种抽象，有助于分类处理对象。

抽象是计算机科学与技术学科的核心概念之一，它在程序设计活动中普遍存在，人们常常无意识地使用它。例如，变量是计算机存储单元或寄存器的抽象。**流程图**（Flow Chart）是程序语句级别控制结构的抽象。

程序设计语言一般都从以下两个方面支持了抽象概念：

首先，每一种语言都向用户提供了比基本计算机硬件更简单、更易直接使用且功能更强大的**虚拟计算机**（Virtual Computer）系统，每一种语言都提供了虚拟计算机系统上表达计算的抽象概念集合，如有关说明、语句、表达式等，这是可以直接使用的抽象概念。

其次，一般高级语言都提供了一定的设施，使用户可以构成自己的抽象概念，用程序定义新的抽象机概念。例如，分（子）程序、程序库、类型设施等就属于这一类。

程序设计语言中的抽象，从控制抽象和过程抽象发展到抽象数据类型（Abstract Data Type），是一个不断从低级向高级**演化**（Evolution）的过程。有关抽象数据类型的知识，将在"数据结构"课程或"程序理论"课程中介绍。整个程序设计语言的发展过程就是**抽象层次**（Levels of

Abstraction)不断提高的过程。

本 章 小 结

本章主要介绍了 Turbo Pascal 所提供的数据描述和基本的数据操作功能。数据描述功能是通过数据类型这个概念加以刻画的，数据操作功能是通过数据对象其上按类型允许进行的运算进行刻画的。数据类型是高级程序设计语言中的一个**核心概念**，用以刻画程序中运算对象的特征。数据类型是一个二元组：值集，运算集，它决定了数据的表示方式、取值范围和在数据上可以进行的运算。高级程序设计语言中在介绍每一种具体数据类型时，均要介绍该类型数据的值域，其意义在于为数据的运算提供一个平台，也为用户在程序设计时进行数据描述提供依据。本章所介绍的 Turbo Pascal 的四种基本数据类型是整型、实型、字符型和布尔型，之所以称它们是基本的数据类型，是因为它们可直接由机器硬件实现。

对数据进行操作是通过运算来完成的，数据能够进行的运算取决于其类型。运算符与操作数可构成多种表达式。一个表达式的值取决于其运算符的语义和表达式中运算符的运算次序，而运算次序取决于运算符的优先级以及结合性。一个表达式的值是有其类型的。

类型机制是程序设计语言中最基本的机制。程序设计语言中引入类型的概念，把数据对象的抽象意义与其实现细节分离开来，不仅提高了程序的可读性与可维护性，而且也提高了可靠性。

习 题

1．下列常数哪些符合 Pascal 的规定，并指出其类型。

(1) 2,340　　(2) .234　　(3) 2.1e+2　　(4) 2^{10}　(5) ′′′　(6) ′good′　(7) 25e

(8) 0.0　　(9) 12.15E2.002　　(10) 15.

2．下列函数哪些是合法的，为什么？对于合法的函数请指出其类型。

(1) pred(chr(ord(chr(′a′))))

(2) succ(chr(9))

(3) odd(sqrt(100))

(4) chr(trunc(sqrt(3300)))

(5) succ(ord(′9′))

3．下列表达式是什么类型？请给出其值。

(1) sqr(9)

(2) sqr(9.0)

(3) sqrt(9)

(4) sqrt(9.0)

(5) −25/6

(6) −25 div 6

(7) trunc(-1.5E-6)

(8) round(-1.5E-6)

(9) odd(i) or odd(i+1)

(10) not (p and q)=not ((not p) and (not q))（若 p,q 为布尔型数据）

(11) ′2012′<′2012′+′0206′

(12) not boolean((chr(10 mod 2))) and (′2′<′A′) or (boolean(pred(ord(true))))

4. 用 Turbo Pascal 的表达式表达下面的语义。

(1) i 被 j 整除

(2) n 为小于正整数 g 的偶数

(3) y 不属于[-100,-10]，并且 y 不属于[10,100]

(4) $|3-e^x \ln(1+x)|$

(5) $\left(\dfrac{ab}{cd}\right)^{f-2}$

(6) 判断公历中某年为闰年(Leap Year)必须满足下列条件中的任意一个：

① 年号能被 4 整除但不能被 100 整除；

② 年号能被 400 整除。

附注 历法学是天文学中专门研究历法的一个分支学科。历法是用年、月、日等时间单位计算时间的方法。主要分为阳历(即太阳历)、阴历和阴阳历(Lunisolar Calendar)三种。阳历的历年是指地球绕太阳运行一周(天文学上测定，其时间为 365 天 5 小时 48 分 46 秒，合 365.24219 天)的时间，即一个回归年(Tropical Year)。现时国际通用的**公历**(格里历)即为太阳历的一种，亦简称为阳历(因为它为西方各国所通用，故又名"西历"。我国从辛亥革命后，即 1912 年开始采用阳历)；阴历亦称月亮历，或称太阴历，其历月是一个朔望月，历年为 12 个朔望月，其大月 30 天，小月 29 天，伊斯兰历即为阴历的一种；阴阳历的平均历年为一个回归年，历月为朔望月，因为 12 个朔望月与回归年相差太大，所以阴阳历中设置闰月，因此这种历法与月相相符，也与地球绕太阳周期运动相符合。历法中包含的其他时间元素(单位)尚有：节气、世纪和年代。

现行的公历(阳历)中，其平年只有 365 日，比回归年短约 0.2422 日，所余下的时间约为四年累计一天，故四年于 2 月加 1 天，使当年的历年长度为 366 日，这一年就为闰年。现行公历中每 400 年有 97 个闰年。按照每四年一个闰年计算，平均每年就要多算出 0.0078 天，这样经过四百年就会多算出大约 3 天来，因此，每四百年中要减少三个闰年。所以规定，公历年份是整百数的，必须是 400 的倍数的才是闰年，不是 400 的倍数的，虽然是 4 的倍数，也是平年，这就是公历中通常计算闰年的方法：四年一闰，百年不闰，四百年再闰。例如，2000 年是闰年，1900 年则是平年。

我国旧历农历作为阴阳历的一种，每月的天数依照月亏而定，一年的时间以 12 个月为基准，平年比一回归年少约 11 天。为了合上地球围绕太阳运行周期即回归年，每隔 2 到 4 年，增加一个月，增加的这个月为闰月。闰月加到哪个月，以农历历法规则推断，主要依照与农历的二十四节气相符合来确定。在加有闰月的那一年有 13 个月，历年长度为 384 或 385 日，这一年也称为闰年。如 1984 年鼠年的农历中，有两个十月，通常成为前十月和后十月(即闰月)。农历闰年闰月的推算，3 年一闰，5 年二闰，19 年七闰；农历基本上 19 年为一周期对应于公历同一时间。如公历的 2001 年 5 月 27 日、1982 年 5 月 27 日和 1963 年 5 月 27 日这个日子，都是闰四月初五。

5. 请给出下面程序的运行结果，并说明程序的功能。

Program Ex2_1(input,output);

```
Var
   n,k:integer;
      digital:read
Begin
   n:=12345;
   k:=2;
   if trunc(exp(k*ln(10)))>n  then
      digital:=0
   else
      digital:=(n div trunc(exp((k-1)*ln(10)))) mod 10;
   writeln('digital(',n,',',k,')=',digital:6:2)
End.
```

第3章

输入与输出

利用计算机解题时，人们首先是将解题的程序装入机器的内存中，运行程序并输入所要用到的初始数据，待程序对数据处理完成后，再要求机器将计算的结果输出。初始数据也可以事先存放在某个文件中或指定的位置，或以某种预定的生成方式产生。显然，一个能解决实际问题的程序是不可能没有输入(Input)和输出(Output)的。

程序与外部设备(Peripheral Equipment)的通信是通过操作系统中的文件系统来实现的。文件系统(File System)中提供了一系列系统调用接口(System Call Interface)，程序利用这些接口与外界进行通信。由于两方面的因素，高级程序设计语言在设计中一般并不具体规定输入/输出设施及其功能。一方面，系统调用接口位于软、硬件相连接的层面，而用户使用的高级语言一般在操作系统的支撑下以程序设计环境的形式出现，导致在高级程序设计语言中直接使用这些系统调用太复杂，也不方便，而且书写的程序可移植性较差；另一方面，输入和输出太依赖于具体的计算机和外部设备的结构，要在高级程序设计语言中提出一套被大家所接受的简单、通用的输入/输出设施是很困难的，而且这样做在**效率**(Efficiency)上要付出较高的代价。因此，输入与输出在Turbo Pascal 和其他后来设计的大多数高级语言文本中，一般并不给出具体的规定，而是由编译程序的软件开发者针对各种计算机系统的条件作为扩展语言的部分来处理。例如，Turbo Pascal 中，实现输入/输出功能均是通过调用子程序库中的标准过程(Standard Procedure) read、write 等来完成的。

在 Turbo Pascal 中，定义了两个标准文件 input 和 output。它们可以作为程序参数写在程序首部，表示程序的输入数据是从标准文件——键盘——输入的，计算的结果将输出到标准文件——显示器——上。Turbo Pascal 规定：当程序参数表中的两个参数为 input 和 output 时，可以省略程序参数表。另外，input 和 output 还可以重新定向到其他设备，编程环境有具体的说明和规定。关于文件的详细内容，将在第九章介绍。本章仅介绍如何输入和输出数据。

▶▶ 3.1 输入语句

Turbo Pascal 中提供了两种输入语句(Input Statement)，即 read 语句和 readln 语句。在程序设计语言中，若程序员在输入语句中为每一个不同类型的待输入的数据规定输入所占用的列数，则这种输入称为格式输入(Formating Input)，否则称为无格式输入(Format-free Input，Unformating Input)。在 Turbo Pascal 中，没有提供格式输入，仅有无格式输入。

3.1.1 read 语句

1．语法

read 语句的语法图如图 3-1 所示。
例如：read(x,y,z);
　　　read(m,n);

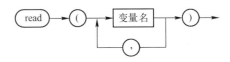

图 3-1　read 语句的语法图

2．语义

执行 read 语句，将从标准文件 input 中依次读入一串数据，把它存储到相应变量所对应的存储空间中。例如：

read(m,n);

表示从键盘上输入两个数，并把它们依次存储到相应变量 m,n 所对应的存储空间中。值得注意的是，当程序执行到 read(m,n)语句时，程序就停了下来，等待从键盘输入数据，然后存入到变量 m 和 n 中，若此时不从键盘输入数据，程序就一直等下去。

3．说明

（1）read 语句中的变量可以是整型、实型、字符型、子界型，而不能是布尔型和枚举型。例如，若 m 为布尔型变量，则试图用以下语句：

read(m);

从键盘输入一个布尔值是错误的。至于布尔型和枚举型的数据的输入，只能采用间接的方法进行，具体方法在后面的有关章节中介绍。

（2）read 语句中至少要有一个变量。当有多个变量时，整型和实型变量可以同时出现在一个 read 语句中，但字符型变量与整型和实型变量同时出现在一个 read 语句时，字符型变量必须置于整型和实型变量之前，否则会出错。

（3）read 语句执行时，需要输入数据的类型必须与该语句中变量的类型**一致或相容**，而需要输入的数据的顺序必须与该语句中变量的顺序一致。

（4）read 语句允许有多个变量。当输入的数据是整数或实数，而且多于一个时，数据之间要用空格（Space）或回车作分隔符；当输入的数据是字符型数据，而且多于一个时，一般在一行内全部输入完所有字符，而且不用任何分隔符，系统将自动处理。

（5）允许输入数据个数多于变量个数。输入的多余数据或者被忽略，或者被下一个 read 语句读入。对于整型和实型数据的输入，当输入数据个数少于变量个数时，系统将处于等待状态，接着输入的数据无论是换行输入还是不换行输入都是有效的；而对于字符型数据的输入，当输入数据个数少于变量个数时，换行时系统处于等待状态，可继续输入数据。当输入字符型数据时，遇见回车换行，系统把回车换行符视为#13 和#10 两个字符，后续输入字符依然有效。

例 3-1　设有下列变量说明：

```
Var
   a,b,c: integer;
   d,e:real;
   ch1,ch2: char;
```

问执行相应的输入语句后的结果是什么？

(1) read(a,b,c);

若键盘输入：1 2 3↙

则执行结果为：a=1,b=2,c=3

说明："↙"表示回车符号，在没有敲回车键之前，程序不执行任何操作，可以使用退格键进行修改，键入回车符后，程序继续执行，输入的数据才开始被读入。

若键盘输入：1 2 3 4 5↙

则执行结果为：a=1,b=2,c=3（输入数据个数多于变量个数，输入的多余数据被忽略）

若键盘输入：1 2↙

则此时：a=1,b=2（因输入数据个数少于变量个数，后面的变量没有输入值，程序将等待用户继续输入数据）

若键盘输入：1 2↙
　　　　　3 4↙

则执行结果为：a=1，b=2，c=3（输入数据个数少于变量个数时，换行输入的数据输入给后面尚未输入数据的变量，但输入的多余数据仍被忽略）

(2) read(a);
　　 read(b,c);

若键盘输入：1 2 3↙

则执行结果为：a=1，b=2，c=3。

若键盘输入：1 2 3 4 5↙

则执行结果为：a=1,b=2,c=3（4，5被忽略）。

若键盘输入：1 2↙

则此时：a=1,b=2（因c没有输入值，系统将等待用户继续输入数据）。

若键盘输入：1↙
　　　　　2↙
　　　　　3 4↙

则执行结果为：a=1,b=2,c=3（4被忽略）。

(3) read(a,d,e);

若键盘输入：1 2.1 3.1↙

则执行结果为：a=1,d=2.1,e=3.1。

若键盘输入：1 2 3.1↙

则执行结果为：a=1,d=2,e=3.1。

若键盘输入：1.1 2.1 3.1↙

则执行时会出现错误。

(4) read(ch1,ch2);

若键盘输入：ab↙

则执行结果为：ch1='a'，ch2='b'

若键盘输入：a↙

则此时：ch1='a'，因等待后续输入而无法确定变量ch2的值。

若键盘输入：a　b↙

则执行结果为：ch1='a',ch2='␣'，'b'则没有产生作用。

(5) read(ch1);
　　read(ch2);
　若键盘输入：ab↵
则执行结果为：ch1='a'，ch2='b'
　若键盘输入：a↵
则此时：ch1='a'，因等待后续输入而无法确定变量 ch2 的值。
(6) read(ch1,a,b);
　若键盘输入：a 1 2↵
则执行结果为：ch1='a',a=1,b=2。

附注　在同一个输入语句中，若变量表中的变量类型除了字符型变量之外，还有其他类型变量时，则在该输入语句的变量表中字符型变量的位置一定要置于其他类型变量的前面，否则数据输入会出现错误。

3.1.2　readln 语句

1．语法

readln 语句的语法图如图 3-2 所示。
例如：readln(x,y,z);
　　　readln(m,n);

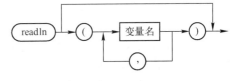

图 3-2　readln 语句的语法图

2．语义

执行 readln 语句，将从标准文件 input 中依次读入一串数据，把它存储到相应变量所对应的存储空间中，之后 readln 自动跳到下一行的第一个输入数据处。以后再执行输入语句时，将从这第一个数据开始读入。若原来行中还有未读入的数据，则忽略掉。

例如：readln(m,n);
表示从键盘上输入两个数，并把它们依次存储到相应变量 m,n 所对应的存储空间中，然后光标跳到下一行的第一个输入数据处。

3．说明

(1) readln 语句中的变量可以是整型、实型、字符型及其子界型，而不能是布尔型和枚举型。

(2) readln 语句中可以没有变量。即语句："readln;"是合法的，其语义是等待输入一个回车后，程序继续执行。

(3) readln 语句执行时，需要输入数据的类型必须与该语句中变量的类型一致或相容，而需要输入的数据的顺序必须与该语句中变量的顺序一致。

(4) readln 语句可以输入一串数据，这一串数据必须能够相互区分开来。当输入的数据是整数或实数而且多于一个时，数据之间要用空格或回车作分隔符；当输入的数据是字符型数据而且多于一个时，不用任何分隔符。

(5) 允许输入数据个数多于变量个数，readln 的多余数据被忽略；对于整型和实型数据的输入，当输入数据个数少于变量个数时，系统将处于等待状态，接着输入的数据无论是换行输入还是不换行输入都是有效的；而对于字符型数据的输入，当输入数据个数少于变量个数时，换行后系统处于等待状态接着输入的数据依然有效,只不过是把换行符视为#13#10,后续的继续读入。

(6) 一般情况下,语句:

readln(x,y,z);

等价于

read(x,y,z);

readln;

例 3-2 设有下列变量说明:

```
var
    a,b,c:integer;
    ch1,ch2:char;
```

问执行下列相应的输入语句后的结果分别是什么?

(1) readln(a); read(b,c);

若键盘输入: 1　2　3↵

则此时:a=1(b,c 没有输入值),系统处于等待继续输入数据状态;

若键盘输入: 1　2↵

　　　　　　3↵

　　　　　　4　5↵

则执行结果为:a=1,b=3,c=4(2,5 被忽略)。

若键盘输入: 1　2↵

则此时:a=1(b,c 没有输入值),系统处于等待用户继续输入数据状态;

(2) read(a,b); readln; read(c);

若键盘输入: 1　2　3↵

则此时:a=1, b=2(c 没有输入值),系统处于等待用户继续输入数据状态;

若键盘输入: 1　2　3↵

　　　　　　4　5↵

则执行结果为:a=1,b=2,c=4(3, 5 被忽略)。

若键盘输入: 1↵

则此时:a=1(b, c 没有输入值),系统处于等待用户继续输入数据状态;

(3) readln(ch1); read(ch2);

若键盘输入: abc↵

　　　　　　de↵

则执行结果为:ch1='a',ch2='d'。

若键盘输入: a↵

　　　　　　b↵

则执行结果为:ch1='a',ch2='b'。

附注 若单独给字符型变量输入数据时,为了保证在第一个之后给每个字符型变量输入的数据都是正确的,则第一个输入语句之后的每一个给字符型变量输入数据的输入语句的前一个输入语句一定是 readln 语句,否则数据输入容易出现错误。

3.2 输出语句

Turbo Pascal 中提供了两种将计算的结果输出到显示器(Display Device)或打印机(Printer)的语句，即输出语句(Output Statement)：write 语句和 writeln 语句。若程序员在输出语句中为每一个不同类型的待输出数据规定输出所占用的列数(对于实数型数据，也可以规定小数部分的位数)，则这种输出称为格式输出(Formating Output)，否则，就称为无格式输出(Format-free Output，Unformating Output)。

3.2.1 write 语句

1．语法

write 语句的语法图如图 3-3 所示。
例如：write('x,y=',x,y);
　　　write(z);

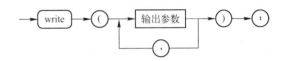

图 3-3　write 语句的语法图

2．语义

执行 write 语句，将输出参数的值依次输出到标准文件 output 中。例如：
write('x, y=',x,y);
表示从屏幕上输出字符串'x, y='后，再输出变量 x，y 的值。但 x，y 的值会过于紧密靠拢。

3．说明

(1) write 语句中至少要有一个输出参数，且每个输出参数的形式为下列形式之一：
① E
② E:E1
③ E:E1:E2

(2) 在每个输出参数中，E 是要输出的值，它可以是常量、变量、函数、表达式、或字符串(用单引号括起来的字符序列)，其数据类型可以是整型、实型、字符型、布尔型和字符串型。若输出参数为常量，则直接输出该常量的值；若输出参数为变量，则输出该变量的当前值；若输出参数为函数或表达式，则先计算函数或表达式的值，然后再输出该值；若输出参数为字符串，则直接输出该字符串本身。无论 E 是何种类型，均使用 write 语句来表示输出结果。这就是说，一个 write 标准过程同时表示了几个不同的过程，各个过程都有其自己的参数和类型，这里包含了**重载**的思想。

(3) E1 是整型表达式，结果为整数，它指明了输出数据的最小**域宽**(Field Width)。域宽在有的文献中称为场宽。一般地，对于非负实数，输出该实数前总是先输出一个空格，而对于负实数，负号占住该位置。若 E1 缺省，则在 Turbo Pascal 中，E1 的缺省值是：字符型为 1，整型为实际整数长度，实型为 17，布尔型为 4 或 5，字符串为其实际串长。若 E1 为正整数且输出数据的宽度小于 E1 的值，则加前导空格以补齐要求的域宽(即按照右对齐方法输出)，若输出数据的宽度大于 E1 的值，则强行将域宽扩展到所需要的位数；若 E1 为负整数，则输出的数据左对齐，即使输出数据的宽度小于域宽，也不会补齐要求的域宽，若输出的数据的宽度大于域宽，则强行将域宽扩展到所需要的位数。

(4) E2 是整型表达式,结果为正整数。此项选择仅用于 E 是实型表达式的情况,此时它指明小数点后的数字位数。当小数点后的实际位数较多时,值被舍入到规定的小数位以内。若 E2 缺省,即对输出的实型数据没有指明小数点后的实际位数,则按照 E1 的列宽认科学表示法的形式输出此实数。

(5) 若表达式 E 为布尔型,则将输出常量 ***true*** 或 ***false***。

3.2.2 writeln 语句

1.语法

writeln 语句的语法图如图 3-4 所示。

例如:writeln(x,y);
　　　writeln('z=',z);

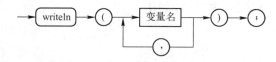

图 3-4　writeln 语句的语法图

2.语义

执行 writeln 语句,将输出参数的值依次输出到标准文件 output 中,之后,writeln 自动跳到下一行的第一个待输出的数据位置处。以后再执行输出语句时,将从这第一个位置开始输出。例如:

writeln('x, y=',x,y);

表示从屏幕上输出字符串'x, y='后,再输出变量 x,y 之值,并将光标跳到下一行的第一个数据处。

3.说明

writeln 语句中可以没有任何输出参数,此时语句为 writeln;,其语义是换行。若有输出参数,其形式为下列形式之一:

① E
② E:E1
③ E:E1:E2

关于 E,E1,E2 的说明同 write 语句,这里不再赘述。

例 3-3　下面程序的执行结果是什么?

```
Program ReadWrite(input,output);
Const
    s='abcdef';
Var
    i: integer;
    r: real;
    c: char;
    b: boolean;
Begin
    i:= 2001;
    r:= 2001.0211;
    c:= '#';
    b:= true;
    writeln(i,i:6,i:3);
```

```
        writeln(r,r:12:5,r:8:5);
        writeln(c,c:5);
        writeln(s,s:10,s:5);
        writeln(b,b:5,b:3);
        writeln(i:5,r:5:2,c:5);
        writeln(i:-5,r:-5:2,c:-5);
        readln
    End.
```

根据 writeln 语句的输出规则，可得到如下结果（Turbo Pascal 编程环境）：

2001␣␣20012001
␣2.0010211000E+03␣␣2001.021102001.02110
#␣␣␣␣#
abcdef␣␣␣␣abcdefabcdef
TRUE␣TRUETRUE
␣20012001.02␣␣␣␣#
20012001.02#

说明

① 本书在输出空格符时，为了清楚起见，用一个"␣"符号表示一个空格符；
② 布尔值的输出用大写；
③ 程序首部的参数表（input,output）可以省略；
④ 实型数据的默认域宽在 Delphi 7.0 中与 Turbo pascal 7.0 中不同。

3.3 程序设计举例

例 3-4 请写一个程序，其功能是从键盘任意输入一个字符，输出其序号、前趋字符和后继字符。

（1）分析

根据题意，设输入字符变量为 ch，利用 ord、pred 和 succ 三个函数来计算 ch 的序号、前趋字符和后继字符。

（2）算法

① 输入字符 ch；
② 输出字符 ch；
③ 输出字符 ch 的序号；
④ 输出字符 ch 的前趋字符；
⑤ 输出字符 ch 的后继字符。

（3）源程序

```
            { 程序名称：CharacterComputing
              文 件 名：CharacterComputing.pas
              作   者：赵占芳
              创建日期：2012-01-20
```

程序功能：完成任意字符的序号、前趋字符和后继字符的计算。
}
```
Program CharacterComputing(input,output);
Var
   ch: char;
Begin
   writeln('please input ch:');
   read(ch);
   writeln('ch=',ch);
   writeln('ordch=',ord(ch));
   writeln('predch=',pred(ch));
   writeln('succch=',succ(ch));
   readln;
   readln
End.
```

(4) 附注

① 本例说明了程序员编写程序的过程。首先进行分析，弄清楚题目要求"做什么"，题目有什么性质，找到求解的思想；然后进行算法设计(必要时，因为问题比较复杂，还需要先给出计算方法)，给出解决问题的算法，该算法说明了"如何做"；最后将算法写成程序。这是程序设计应该遵循的思维模式和工作流程。限于低年级学生的数理基础知识，本书所涉及的程序设计问题，一般在读者直觉思维可以到达的深度和运用已有的知识就可以给出解决问题思路的程度，所以，往往淡化了对于问题求解的分析、计算方法和算法设计。随着读者逐步接触比较深入的程序设计问题和求解比较复杂的问题，计算方法和算法设计将成为一个重要的基础。读者从一开始就应该牢固树立这样一种程序设计工作流程的基本认识，在今后的学习中有意识地加强相关的训练。

② 由于执行 read 语句或 readln 语句时，系统不会提供任何提示信息，常常使得用户不知所措。因此，用户在使用输入语句时，最好在其前面加一个输出语句以输出提示信息，提示用户准备输入相关的数据，这是通常所提倡的。例如，本例程序中，在 read 语句之前加了输出语句：
   writeln('please input ch:');
这样，程序执行时，当屏幕上显示: please input ch: 时，用户会自觉按照提示行事。

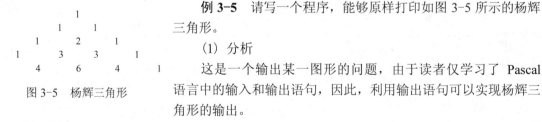

图 3-5　杨辉三角形

例 3-5　请写一个程序，能够原样打印如图 3-5 所示的杨辉三角形。

(1) 分析

这是一个输出某一图形的问题，由于读者仅学习了 Pascal 语言中的输入和输出语句，因此，利用输出语句可以实现杨辉三角形的输出。

(2) 算法

① 原样输出杨辉三角形的第一行；
② 原样输出杨辉三角形的第二行；
③ 原样输出杨辉三角形的第三行；
④ 原样输出杨辉三角形的第四行；

⑤ 原样输出杨辉三角形的第五行。
(3) 源程序

```
{ 程序名称：YanghuiTriangle2
  文 件 名：YanghuiTriangle2.pas
  作    者：赵占芳
  创建日期：2012-01-20
  程序功能：原样打印杨辉三角形。
}
Program YanghuiTriangle2(input,output);
Begin
   writeln('write yanghui''s triangle');
   writeln('          1');
   writeln('        1   1');
   writeln('      1   2   1');
   writeln('    1   3   3   1');
   writeln('1   4   6   4       1');
   readln
End.
```

(4) 附注

杨辉三角形历史悠久，它揭示了二项展开式各项的系数，是我国古代劳动人民对数学的贡献。其实，杨辉三角并非北宋时期的杨辉首次发明，而是由在杨辉之前约 200 年的贾宪所创造。因此，杨辉三角形，也叫贾宪三角形。这一发现比十七世纪的法国数学家、物理学家、哲学家 Blaise Pascal(布莱士·帕斯卡)早了六百年左右。除了上述利用输出语句直接原样形成杨辉三角形之外，杨辉三角形还可以利用数之间的规律自动生成。自动生成的方法有许多种，本书的第一章例 1-1 和第七章例 7-7 和例 7-24 给出了三种不同的自动生成方法。

简单图形的输出，是一类比较简单的程序设计题目。这种题目的程序设计有两种方法：一是利用输出语句直接原样形成，二是分析图形的规律，编写程序自动生成。

▷▷ 3.4* 关于输入输出的进一步讨论

通过前面的介绍，已知在本书描述输入语句和输出语句时，没有完全避免涉及具体的计算机系统，原因是在简单性、**通用性**(Generality)、**可移植性**(Portability)以及效率之间取了**折衷**(Tradeoffs)。这是目前各种高级语言及其实现方案中普遍采用的方法，是实用化的产物。这种输入语句和输出语句与具体计算机系统的**相关性**(Dependence)，要求在使用它们时一定要查阅具体计算机系统或编译系统的使用手册。

在 Pascal 中，read、readln、write、writeln 等标准过程或输入/输出语句在调用时，有两个特点：一是参数 E 的个数是任意的，二是各个参数的类型可以是整型、实型、字符型、布尔型，等等。这就是说，一个标准过程同时表示了几个不同的过程，各个过程都有其自己的参数个数及其类型，这就是**重载**的思想。重载是后来的面向对象程序设计语言的重要概念，有关内容将在与面向对象程序设计有关的课程中介绍。

从最初的含义上讲，输入/输出指计算机系统与用户(User)之间的信息传送。用户把数据输入到机器中进行计算，计算的结果又被输送出来交给用户。现在，输入/输出的含义已经发生了延展，它除了指计算机系统与用户之间的数据传送外，还指计算机主机与外部设备之间的数据传输，甚至包括计算机程序(系统)与计算机程序(系统)之间的数据传输。

由于并行计算机(Parallel Computer)系统和网络计算机(Network Computer)系统的出现，并发程序和并行程序之间的通信(Communication)实质上也是一种输入/输出。也就是说，在某种意义上，**进程**(Process)或**线程**(Thread)之间的通信也是一种输入/输出。于是，程序中输入/输出便成了一个相对的、广义的概念。

另外，还应该指出的是，输入/输出不一定必须通过输入/输出语句才能完成。在串行程序设计中，程序模块之间的参数传递可以实现输入/输出，而在并发程序和并行程序的设计中，通过**消息传递**(Message Passing)、**共享变量**(Shared Variable)的方式也可以实现输入/输出。输入/输出具有广泛的含义，这些，将会在今后深入学习计算机科学与技术的过程中，逐步在一系列课程中涉及，读者应有更灵活理解的思想准备。

本 章 小 结

任何高级程序设计语言及其编译系统在设计时都需要考虑一个问题，用户在使用这种语言编程时，所需要的一些功能是由语言本身来实现，还是由语言之外的 API(Application Program Interface)即应用程序接口或程序设计语言环境来实现。所谓"由语言本身来实现"，就是该功能被包括在语言文本当中，语言设计时有对应的程序语句，该功能由编译程序处理后提供。API 可以表现为不同的形式，如传统的面向过程的语言环境以开发软件包方式所提供的函数形式(这些标准函数的集合称为函数库)，面向对象的语言环境所提供的标准类(这些类的集合称为类库)，系统程序设计语言环境所提供的系统调用等。理论上，对同一功能由语言本身实现或由外部的 API 实现在逻辑上是等价的，如最常见的输入/输出功能。有些语言将输入/输出功能包含在语言文本当中，像早期的 BASIC、ALGOL 6 就提供了输入/输出语句。但是，现在大多数语言多采用由外部的 API 机制对输入/输出功能提供支持，如 Turbo Pascal 中实现输入/输出功能均是通过调用子程序库中的标准过程(Standard Procedure)read、write 等来完成。第 11 章将要介绍的 C 语言是通过调用标准函数库中的标准函数来实现的。这就是说，Turbo Pascal 语言和 C 语言是利用**过程抽象机制**来实现**输入/输出机制**的。将很多功能特别是与系统平台密切相关的功能安排由 API 来实现，可以降低编译程序的复杂性，将与平台相关的功能要素排除在语言本身之外，有利于提高语言环境的适应性和语言的标准化。

本章主要介绍 Turbo Pascal 所具有的基本数据传输功能。Turbo Pascal 的输入/输出设施是语言中最基本的，其涵义是狭义的。随着计算机科学与技术的发展，输入/输出概念的内涵也在不断地丰富，延展出了广义的涵义。

习　　题

1. 已知 i=20，r=5.5，ch1=′y′，ch2=′x′，j=7，s=13E-2。若输入语句形式如下，应该怎样组织输入数据？

(1) read(ch1,i,r);
　　 read(ch2,j,s);

(2) readln(ch1,i);
　　read(ch2,j,r,s);
(3) readln(ch1,ch2,r,s);
　　read(ch1,ch2);
　　read(i,j);

2．已知整型变量 *i,j,l* 的值分别为 30,71 和 2，实型变量 *k* 的值为 0.5，试问以下各组输出语句，在机器屏幕上的输出形式如何？

(1) write(i);
　　write(j);
　　write(k,l);
(2) write(i:2,j:2);
　　write(k:4:1,l);
(3) write(i:1,j);
　　write(k:6:3,l);
(4) write(i:3);
　　write(j,k:4:3);
　　write(l:1);

3．请写一个程序，使得其运行结果能够在机器屏幕上显示十七世纪匈牙利著名诗人 Sandor Petofi（善朵尔·裴多菲）的如下诗句：生命诚可贵，爱情价更高；若为自由故，两者皆可抛。

Life is dear indead,
love is priceless too;
But for freedom's sake,
I may part with the two.

第4章

语句与控制流程

任何一种高级程序设计语言,均由若干语句(句子)组成。这些语句用于定义数据,完成各种存储和计算,控制程序的执行流程等。本章主要介绍 Turbo Pascal 中各种基本语句和程序的控制流程,其中,结合语言的介绍穿插了若干程序设计实例。在学习时,读者应首先认真阅读理解语言的各种语句和控制流程,然后结合实例理解语言各种成分的功能和作用,同时学习如何运用这些基本语言成分来进行程序设计。

▷▷ 4.1 语句概述

在计算机上解题时,需通过智力劳动,构造出待解决问题的算法(Algorithm)和程序(Program)。所谓算法实际上就是解决某一特定问题的运算序列,这个运算序列刻画了解决该问题的一个本质的计算过程。由于算法本身还不能直接在计算机上执行,因此,必须用计算机能够理解的程序设计语言将设计好的算法描述成程序,然后才能在计算机上运行、解题。用程序设计语言将算法描述成程序,实际上就是将算法中每一步的运算用计算机能够懂得的语言——程序设计语言表示出来。程序设计语言中的语句(Statement)主要用于描述运算和控制程序执行的流程,而每一个运算又对应着计算机的一个或一组动作。通常,程序设计语言的一条语句对应一组机器指令。由于一条机器指令(Instruction)与计算机中的一个操作对应,因此,执行程序设计语言的一条语句,就是完成了一组有逻辑意义的操作。

目前,计算机还不能完全理解自然语言(Natural Language),而且,作为人工语言(Artificial Language)的程序设计语言既不属于自然语言层面上非常高级的程序设计语言,也不是机器指令层面上的低级语言,而是介于两者之间的一类语言。高级语言中之所以出现语句,实际上是人思考问题、求解问题,与计算机运算操作相结合描述计算,将自然语言层面与机器指令层面**拟合**(Fitting)的产物,也可以看成是**折衷**(Tradeoffs)的结果。在描述计算时,直接使用自然语言固然好,但计算机系统很难准确理解。计算机理解自然语言目前还处于研究阶段,而直接使用机器指令描述计算,意味着程序员必须了解机器将要用到的全部硬件部件的状态和计算描述的每一个细节,令程序员负担过重。于是,**折衷**就成为一种自然的选择。**折衷是一种典型的哲学思想方法**,其实质是圣人孔子的**中庸**(Mean)哲学,它是中国许多老百姓为人处世的基本原则与方法,在计算机科学与技术学科中有着广泛的应用。

Turbo Pascal 中的语句,可以分为可执行语句(Executable Statement)和不可执行语句(即说明语句)。可执行语句是指那些在执行时,需要完成特定的操作(或动作),并且在可执行程序中构成执行序列的语句。不可执行语句不是程序执行序列的部分，它们只是用来描述某些对象如数据、子程序等的特征，将这些有关的信息通知编译程序，使编译程序在编译源程序时，按照所给定的信息对这些对象作相应的处理。Turbo Pascal 的语句分类如图 4-1 所示。

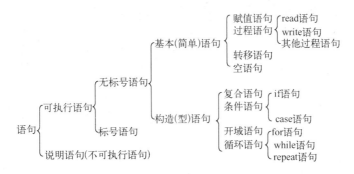

图 4-1 Pascal 的语句分类表

4.2 说明语句

Turbo Pascal 有一个基本的特点：凡是程序中要用到的标号、常量、变量、类型、过程和函数都必须经说明语句（Declaration Statement）先说明之后才能在程序中使用（标准的项除外）。说明语句一共有六种。从程序的结构上分析，说明语句位于分程序的开始。下面介绍六种说明语句中的标号说明语句和类型说明语句。常量说明语句和变量说明语句已在第二章中介绍，过程和函数的说明将在第七章中介绍。

4.2.1 标号说明语句

1．语法

Turbo Pascal 的标号说明语句（Label Declaration Statement）的语法图如图 4-2 所示。

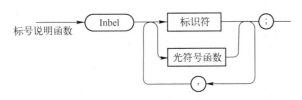

图 4-2 标号说明语句的语法图

例如：**label** 10,20,lab1,lab2;

2．语义

一些无符号整数和标识符被定义为语句标号。上例中，通过标号说明语句，10,20,lab1,lab2 均可作为程序中的标号。

3．说明

（1）凡是程序中要用到的语句标号均要在标号说明中说明。语句标号可以为 1 到 9999 之间的整数或者为标识符。

(2) 标号和无条件转移的 **goto** 语句配合使用才有意义。在程序的执行部分，标号仅起标志作用，没有大小顺序上的关系。

(3) Turbo Pascal 允许定义多余的标号，但有的 Pascal 版本不允许。

有关实例请参阅第 4.7 节。

4.2.2 类型说明语句

用户除了使用标准(基本)数据类型之外，还可以自己定义数据类型，如第六章介绍的构造型数据类型。用户定义数据类型必须通过类型说明语句(Type Declaration Statement)定义。

1．语法

类型说明语句的语法图如图 4-3 所示。

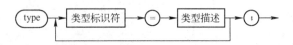

图 4-3　类型说明语句的语法图

例如：**Type** sr=10..20;
　　　　　 re1=integer;
　　　　　 re2=real;

2．语义

定义一个或多个数据类型。上例中，sr 定义为子界类型，re1 和 re2 分别被定义为整数类型和实数类型。

3．说明

(1) 类型标识符由用户(程序员)自己定义，但要遵守标识符命名的规则。

(2) 类型描述定义了类型标识符所代表的数据类型，它可以是基本数据类型，也可以是构造型数据类型。

4.2.3 几点说明

(1) Turbo Pascal 中，在不违背"先说明(定义)，后引用(使用)"的原则下，标号说明、常量说明、类型说明、变量说明、过程说明和函数说明的顺序是任意的。

(2) 程序员可以根据编写程序的实际需要来定义每种说明语句，有的可以不出现，也可以出现多次。

例如，有下列正确的程序片段：

```
Label 10,20;
Label 30;
Const x=10;
Const x=20;
```

```
Var i,j: real;
```

(3) 说明语句是 Turbo Pascal 采用**静态绑定**的最好的例证。Turbo Pascal 是一种强类型语言（Strongly-typed Language）。所谓强类型语言是指每个表达式的类型都在编译时就确定的语言。

4.3 赋值语句

赋值语句（Assignment Statement）是 Turbo Pascal 中最重要、最常用的一种语句。可以说大多数其他语句都是为这个语句服务的，因为程序的执行就是一种改变程序状态的过程。所谓程序状态是指程序在运行中某一时刻所有变量值的集合。显然，用赋值语句可以改变程序状态。下面介绍这个语句。

4.3.1 赋值语句的定义

1．语法

赋值语句的语法图如图 4-4 所示。

图 4-4　赋值语句的语法图

其中，赋值号（:=）左边的部分称为赋值语句的左部，右边的部分称为赋值语句的右部。

例如：x:=2;
　　　x:=x+1;

2．语义

先计算赋值语句右部的表达式的值，然后将该值写入左部的变量所对应的存储空间中。上例中，第一个赋值语句是把常数 2 赋给变量 x，之后，x 的当前值是 2。第二个赋值语句是先计算表达式 $x+1$ 的值，因 x 的当前值为 2 而得到计算结果值 3，然后把 3 赋给 x。现在，这两条语句执行完毕时，x 的当前值为 3。

3．说明

（1）在使用赋值语句时，一定要遵守该语句的语法。因此，赋值号的左部必须是一个变量，而不能是常量或带运算符的表达式。例如，下面的赋值语句是非法的：
① x,y:=y+1;
② 5*x:=1;
③ 若有常量说明：**const** pi=3.14;，则"pi:=6.28;"是错误的。

（2）赋值号左部的变量可以是 integer、real、char、boolean 类型的变量，也可以是后面章节中介绍的下标变量、成分变量和指针变量。

（3）需要考虑赋值相容的问题。

所谓赋值相容（Assignment-compatible）是指赋值号左部的变量 V 的类型必须保证能够接受右部表达式的结果 E 的类型。关于赋值相容的概念请参阅第 6.7 节。

4.3.2 有关赋值语句的讨论

1．对赋值语句的剖析

赋值语句是冯·诺依曼型语言的典型语句。在程序中程序员就是使用它来模拟存(写)、取(读)操作的。因此，它是修改存储单元内容的**抽象**。**赋值语句**也是冯·诺依曼型机器体系结构(Von Neumann Architecture)的最好体现，它被称为程序设计语言中的冯·诺依曼瓶颈(Bottleneck)，利用该瓶颈给变量的赋值仅能以逐字方式(串行方式)进行，从而揭示了冯·诺依曼型机器的局限性。这说明，要想大幅度地提高计算机的**效率**，必须突破冯·诺依曼型机器(Von Neumann Machine)的限制，发展非冯·诺依曼型机器。有关非冯·诺依曼型机器内容，读者今后在学习了"计算机系统结构"课程之后，将有机会接触这方面的内容。

2*．赋值语句的数理逻辑基础

赋值语句中的赋值的方法与数理逻辑(Mathematical Logic)中对公式赋值、或解释、或指派的思想方法是完全一致的，为以后程序语义描述提供了依据和技术方法。

4.3.3 程序设计举例

下面举例说明顺序程序设计技术(Sequential Programming Techniques)。

例 4-1 交换器的设计。请写一个程序，其功能是从键盘任意向两段存储容量相等的存储空间中输入两个整数，交换这两段存储空间中的数据，并输出它们。

（1）分析

由题意知，该问题主要解决如何交换存储在两段存储空间内的数据。由于内存的特点，因此必须引入另外一段相等的存储空间作为辅助以实现交换，交换的方法与现实生活中交换两个容器内的不同液体的方法相同。由此，不难设计出下面的算法。

（2）算法

① 从键盘上任意向两段存储空间 x 和 y 中输入两个整数；
② 引入辅助存储空间 z，将 x 存储空间中的数据放入 z 存储空间中；
③ 将 y 存储空间中的数据放入 x 存储空间中；
④ 将 z 存储空间中的数据放入 y 存储空间中；
⑤ 输出 x 存储空间和 y 存储空间中的数据。

（3）源程序

```
{ 程序名称: Exchanger1
  文 件 名: Exchanger1.pas
  作   者: 赵占芳
  创建日期: 2011-10-20
  程序功能: 实现两段存储空间中的数据的交换。
}
Program Exchanger1(input,output);
Var
    x,y,z: integer;
```

第4章 语句与控制流程

```
Begin
    writeln('Input x,y =');
    read(x,y);
    z:= x;
    x:= y;
    y:= z;
    writeln('x =',x,' y =',y);
    readln;
    readln
End.
```

(4) 附注

① 通常把三个赋值语句：

  z:=x;

  x:=y;

  y:=z;

称为交换器，初学者切莫把其顺序搞错。交换器是在今后的程序设计中经常用到，它是程序的一个基本**构件**(Component)。

② 虽然读者可能尚未学习过计算机组成原理和组织结构，但依然可以也应该注意到计算机存储单元的结构和特点。一般地说，计算机的内存由许多存储单元构成，存储单元越多，其存储容量越大；每一个存储单位都有唯一的编号地址，存储单元的地址是线性编址的；存储单元本质上是由具有记忆能力的磁性材料或电子元器件构成，因此，它在通电的条件下才能工作，断电后将失去记忆能力；存储单元具有"取之不尽，一冲即失"的特点。所谓"取之不尽"是指某一存储单元一旦存放了数据，在通电以及不改变它状态的前提下，该数据可以从该存储单元被任意读出多次。而"一冲即失"是指该存储单元中的数据一旦被写入新的数据，那么原来的数据就被新数据**覆盖**(Cover)了。因此，本题目中，在给辅助存储空间 z 赋值时，z 中有没有数据都是无关紧要的。

③ 该题目深刻地揭示了变量的本质及赋值的语义，读者应该认真体会。

④ 该问题的生活原型是交换大小相等的两个容器内的不同液体。只要联想到这一原型，很容易设计出这个问题的算法。**这一事实有力地说明了算法设计的思想与方法来源之一是人们的生活。生活是算法设计思想与方法的源泉。**例如，算法设计中的分治方法、贪心方法、回溯方法等思想与方法均来源于现实生活。关于这些方法，目前不是学习的重点，有关内容将在后续的"算法设计与分析"课程中介绍。因此，要认真观察生活，善于思考问题，将计算机科学中的问题与现实生活中的一些简朴的思想联系起来，从科学方法的角度，去认识和解决计算机科学与技术中的问题。

⑤ 事实上，完全可以节约一个存储空间 z，而仅使用 x 和 y 两个存储空间完成交换器的设计。实现如下：

  x:=x+y;

  y:=x-y;

  x:=x-y;

显然，这个交换器的可读性比前一种交换器的可读性要差。这种以牺牲程序的可读性来换取程序**效率**的观点是早期程序设计所追求的目标，这与当时计算机硬件设备比较原始，存储器件价格昂贵，存储空间很小，程序员在工作中不得不"精打细算"有关，故那时人们把程序设计视为一种技艺（Art）。而今天，由于硬件的快速发展，存储空间已经不再是制约程序设计的一个主要因素，而程序的正确性、可扩展性、可维护性成为需要认真考虑的问题。这些问题促使人们考虑把程序的可读性，良好的结构作为程序设计需要关注的重点，把程序设计所追求的目标从"效率第一"转变为"结构第一"，因为好的结构有助于设计可读性良好的程序，也易于保证程序的正确性。由此，程序设计逐步从一种技艺（Art）转变为一门科学（Science）。这一过程反映出人们对程序设计的认识发生了质变，程序设计方法学的形成与深化推动了计算机科学与技术学科的深入发展。

另外，尽管第二种交换器比前一种交换器节约了一个存储单元，但是由于第二种交换器引入了加法和减法运算，使得其运行效率低于第一种交换器。这里包含了将时间和空间看成一组对偶，在程序设计中**将时间与空间进行互换，由此形成了计算机科学与技术学科中的一种典型的思想方法**。

例 4-2 鸡兔同笼问题。若干鸡和兔子同时放在一个笼子中，已知鸡头和兔头的总数为 heads，全部鸡兔脚的总数为 feet。请写一程序，求鸡兔各有多少只？

（1）分析

首先找到处理该问题的数学方法。设鸡的数量为 cock 只，兔的数量为 rabbit 只。依题意得到下列方程组：

$$\begin{cases} cock + rabbit = heads \\ 2cock + 4rabbit = feet \end{cases}$$

这就是描述该问题的一个数学模型。解方程组得到：

rabbit=(feet−2heads)/2

cock=(4heads−feet)/2

从而得到下面的算法。

（2）算法

① 输入鸡兔总头数 heads 和总脚数 feet；
② 计算鸡和兔子的数目；
③ 输出鸡和兔子的数目。

（3）源程序

```
{ 程序名称：CockRabbitCoop
  文 件 名：CockRabbitCoop.pas
  作   者：赵占芳
  创建日期：2012-01-20
  程序功能：求解鸡兔同笼问题。
}
Program CockRabbitCoop(input,output);
Var
   heads,feet,rabbit,cock: integer;
Begin
   writeln('input heads,feet=');
   read(heads,feet);
   rabbit:=(feet - 2 * heads) div 2;
```

```
        cock:=(4 * heads - feet) div 2;
        writeln('cock=',cock,' rabbit=',rabbit);
        readln;
        readln
    End.
```

(4) 附注

鸡兔同笼问题是我国古算书《孙子算经》中著名的数学问题，属于数值计算问题。解决这类问题首先要构造出表示这个问题的数学模型(Mathematical Model)；其次是找到该数学模型的计算方法(Computational Method)或数值分析方法，进而设计出解决这类问题的算法；最后再将算法转化成程序。通常，把解决数值计算问题的算法称为数值算法。

到目前为止，在计算机上所要解决的问题中数值计算问题仅是一小部分，而大量的问题是非数值计算问题。例如，本章例 4-5 就是一个典型的非数值计算问题。通常，把解决非数值计算问题的算法称为非数值算法。这样，从应用范围来看，计算机算法就分成数值算法(Numerical Algorithm)和非数值算法(Non-Numerical Algorithm)两大类，而从算法运算操作的工作方式和对应的支撑算法运行的计算模型来看，计算机算法分成串行算法(Serial Algorithm)和并行算法(Parallel Algorithm)两大类。

4.4　复合语句

复合语句(Compound Statement)是由若干语句组成的序列，语句之间用分号"；"隔开，并以保留字 **begin** 和 **end** 将这些语句括起来，整体上作为一条语句。**begin** 和 **end** 起着语句括号的作用。下面介绍复合语句。

4.4.1　复合语句的定义

1．语法

复合语句的语法图如图 4-5 所示。

例如：Begin
　　　　write('input x=');
　　　　read(x);
　　　　x:=x+1;
　　　　writeln(x)
　　　End;

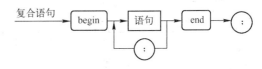

图 4-5　复合语句的语法图

2．语义

Begin 和 **End** 之间定义了一个复合语句。程序运行时，通常按书写顺序执行复合语句内各个成分语句。

3．说明

(1) 复合语句可由若干语句组成，其组成语句可以是 Pascal 中除说明语句之外的任何语句。

(2) 复合语句的最后一条组成语句的结束与 **End** 之间可以没有分号"；"。但如果加上了分号，也不算错，相当于在 End 之前有一条空语句。

（3）可进一步推广到整个程序。注意到整个程序体中的执行部分，实际可看成只有一条复合语句，一对 **Begin/End** 把所有的语句全部括了起来，但 End 结尾认 "." 结束为了区分整个程序体中执行部分的复合语句和其中可能包含的复合语句，可以把程序体中执行部分最外面的复合语句 **Begin/End** 的第一个字母用大写表示，这样便于阅读和区分。因为语言本身并没有规定和区分英文字母的大小写，这样的书写约定仅仅只是为了阅读理解上的方便，不影响语言的使用。

4.5 条件语句

在程序设计中，往往要根据某一条件决定执行哪一个语句，这就是程序的控制转移。控制**转移**是冯·诺依曼型语言与冯·诺依曼型机器体系结构最基本的功能特点。Turbo Pascal 中有两种条件语句(Conditional Statement)可以实现控制转移：if(条件)语句和 **case**(情况)语句。下面分别给出条件语句的定义。

4.5.1 if 语句

1．语法

if 语句有两种形式，第一种形式称为 if 子句，第二种形式称为 if 语句。在不需要严格区分的时候，统称为 if 语句。

（1）if 子句

其语法图如图 4-6 所示。

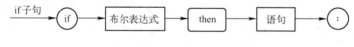

图 4-6 **if** 子句的语法图

（2）if 语句

其语法图如图 4-7 所示。

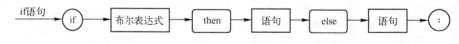

图 4-7 **if** 语句的语法图

例如：**if** (x>2) **and** (x<8) **then**
　　　　begin
　　　　　read(y);
　　　　　x:=x*y+8
　　　　end;
　　　if y<>0 **then** y:=y **mod** 2 **else** write(y);

2．语义

（1）**if** 子句的语义是先计算 **if** 与 **then** 之间的布尔表达式的值，然后判定该布尔表达式的值

是否为 *true*。若为 *true*，则执行 **then** 后面的语句，执行完之后，再执行这条 **if** 子句之后的其他语句；若为 *false*，则直接执行这条 **if** 子句之后的其他语句。

（2）**if** 语句的语义是先计算 **if** 与 **then** 之间的布尔表达式的值，然后判定该布尔表达式的值是否为 *true*。若为 *true*，则执行 **then** 后面的语句，执行完之后，再执行这条 **if** 语句之后的其他语句；若为 *false*，则执行 **else** 之后的语句，执行完之后，再执行这条 **if** 语句之后的其他语句。

3．说明

（1）**if** 子句或 **if** … **then** … **else** … 语句是一条完整的语句，因此，在 **else** 之前不能有分号。

（2）上面两种形式的 **if** 语句中，**then** 和 **else** 之后的语句可以是一条简单语句，也可以是一条复合语句。

（3）上面两种形式的 **if** 语句中，**then** 和 **else** 之后的语句可以是任何可执行的语句。当然，它也可以是 **if** 语句本身，这就是 **if** 语句的嵌套（Nest）形式。

历史上，由于语言设计时语义描述和表达没有及时跟上，条件语句曾经出现过语义问题。例如，考虑下面两个语句：

① **if** x>0 **then if** y>0 **then** x:=y+1;

② **if** x>0 **then if** y>0 **then** x:=y+1 **else** y:=x+1;

例①中，对 **if** 语句的嵌套理解没有任何异议。但在例②中，对 **if** 语句的嵌套却存在这样一个问题：后面的 **else** 到底与前面的哪一个 **if** 组成 **if** … **then** … **else** … 语句？显然，它与前面的不同的 if 组成的 if 语句的语义是不同的。这就是 if 语句的嵌套的**二义性**（Ambiguity）**问题，也称为垂悬 else（Dangling Else）问题**。在程序设计语言中是不允许任何语句的语义有二义性的，否则，编译系统将无法确保翻译的正确性。为了解决该问题，Pascal 语言中规定，else 部分总是与它最近的 if … then … 语句配对组成 if … then … else … 语句。这就是解决垂悬 else 问题的**最近匹配原则**。

因此，有了这一规定，例②的语义读者会自明。为了便于阅读，可以填加 **begin/end**。

4.5.2　case 语句

if 语句是在二者中作出选择，而 case（分情况）语句则是在多种情况中作出选择。case 语句（Case Statement）首先是由英国著名计算机科学家、图灵奖获得者 C.R.Hoare（Tony Hoare，托尼·霍尔）教授提出的。

1．语法

标准 Pascal 的 case 语句的语法图如图 4-8 所示。

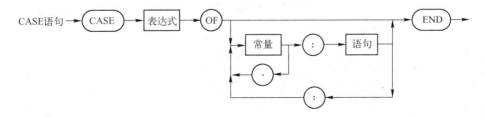

图 4-8　**case** 语句的语法图

例如：

```
case i of
  1,3: write(i);
  2: x:= x + 1;
  4: begin
       read(y);
       y:= i * 2 + 1
     end
end;
```

2. 语义

首先计算保留字 case 之后情况选择表达式的值，然后进行选择。若某情况常量的值等于所计算表达式的值，则执行以该情况常量为标号的那个语句，并且在该语句执行完成后，控制转移到 case 语句的末尾。

3. 说明

（1）称 case 之后的表达式为情况选择表达式，它通常是一个变量。其类型为整型、字符型、布尔型、子界型、枚举型等有序类型，不能是实型等无序类型。

（2）保留字 of 之后的常量称为情况常量或情况标号，其类型必须与情况选择表达式的类型保持一致，但各个情况常量的值应该互不相同。标准 Pascal 的情况常量在 case 语句中的次序是任意的，不一定按照其大小次序排列。

（3）在标准 Pascal 的 case 语句中，若情况选择表达式的值与各个情况常量的值均不相等，那么 case 语句的动作没有定义，各个编译系统一般在此情况下视为等同于执行一条空语句，控制将转到 case 语句的末尾。

（4）Turbo Pascal 中除了兼容标准 Pascal 中的 case 语句外，还对它进行了扩展：可以使用保留字 else 作为一种"排它性"的标号。当情况选择表达式的值与分情形标号表中所有标号不一致时，则执行 else 标号后的那个语句。在使用 else 时，切记其位置必须出现在 case 语句的最后，不可插入在其中。此时，case 语句的语法形式是：

```
case <表达式> of
  <分情形标号1>: <语句1>;
  <分情形标号2>: <语句2>;
  ……
  <分情形标号n>: <语句n>;
  else <语句>;
end;
```

（5）由 case 语句和 if 语句的语义可知，case 语句是一个多路分支选择器，而 if 语句为一个二路分支选择器。当执行多路分支控制时，使用 case 语句实现比使用 if 语句嵌套实现程序结构较简洁、清晰，而且不易出错。

4.5.3 程序设计举例

下面举例说明选择程序设计技术。

例 4-3 布尔表达式的求值。请写一个程序，从键盘任意给布尔类型的变量 a,b,c 输入数据，求布尔表达式 $a\wedge b\vee \neg c$ 之值。

(1) 分析

根据题意，当布尔类型的变量 a,b,c 的值确定后，布尔表达式 $a\wedge b\vee \neg c$ 之值很容易计算出来。但是由于布尔类型的变量之值不能使用 read 语句或 readln 语句直接输入，因此需要采用间接的办法对它输入数据。这种间接的办法是引入三个整型变量 x,y,z，它们分别与布尔型变量 a,b,c 一一对应，然后给 x,y,z 分别输入整数 1 或 0；当输入的值为 1 时，对应的布尔型变量之值为 **true**，否则为 **false**。于是，有下面的算法。

(2) 算法

① 输入整型变量 x,y,z 之值；
② 若 $x=1$，则 $a\leftarrow$ **true**，否则 $a\leftarrow$ **false**；
③ 若 $y=1$，则 $b\leftarrow$ **true**，否则 $b\leftarrow$ **false**；
④ 若 $z=1$，则 $c\leftarrow$ **true**，否则 $c\leftarrow$ **false**；
⑤ ValueOfExpression$\leftarrow a$ and b or (not c)；
⑥ 输出变量 ValueOfExpression 之值。

(3) 源程序

```pascal
{ 程序名称: CalculateValue
  文 件 名: CalculateValue.pas
  作   者: 赵占芳
  创建日期: 2012-01-20
  程序功能: 计算布尔表达式 a∧b∨¬c 之值。
}
Program CalculateValue(input,output);
Var
   x,y,z: integer;
   a,b,c,ValueOfExpression: boolean;
Begin
   writeln('input x,y,z:');
   readln(x,y,z);
   if x =1 then a:= true else a:= false;
   if y =1 then b:= true else b:= false;
   if z =1 then c:= true else c:= false;
   ValueOfExpression:= a and b or (not c);
   writeln('The value of boolean expression is ',ValueOfExpression);
   readln
End.
```

(4) 附注

① 对于布尔类型的变量，不能直接使用输入语句对它输入数据。本程序给出了对布尔类型的变量间接输入数据的方法。

② 对于布尔表达式的求值，可以根据该表达式的具体特点，只计算部分表达式，便可以求出整个表达式之值。请你按照这一思想，设计一个求布尔表达式之值的较为高效的算法。

例 4-4 身高预测问题。根据人体生理知识和数理统计分析表明，影响小孩成人后身高的因素有遗传、饮食习惯与坚持锻炼等。小孩成人后身高的计算公式为：

男性成人后身高 =（父亲身高 + 母亲身高）× 0.54（cm）
女性成人后身高 =（父亲身高 × 0.923 + 母亲身高）/2（cm）

此外，若坚持体育锻炼可增加身高 2%，营养及良好的卫生饮食习惯可增加 1.5%。请写一个程序，输入你父母的身高，然后预测出你个人的身高。

（1）分析

根据题意，只要输入需要的数据，分情况计算即可。但要引入表示"坚持体育锻炼"的 char 型变量 TakeExercise 和表示"营养良好并且有良好的卫生饮食习惯"的 char 型变量 GoodHabit。

（2）算法

① 输入父亲身高 FatherStature、母亲的身高 MotherStature 及你的性别 sex（sex 的值为 1 表示男性）；

② 若 sex = 1，则 ChildStature←(FatherStature + MotherStature)*0.54；否则 ChildStature←(FatherStature×0.923+MotherStature)/2；

③ 输入坚持体育锻炼参数 TakeExercise；

④ 若坚持体育锻炼，则 ChildStature ← ChildStature×1.02；

⑤ 输入营养良好并且有良好的卫生饮食习惯参数 GoodHabit；

⑥ 若营养良好并且有良好的卫生饮食习惯，则 ChildStature ← ChildStature×1.015；

⑦ 输出 ChildStature。

（3）源程序

```pascal
{ 程序名称：ForecastStature
  文 件 名：ForecastStature.pas
  作    者：赵占芳
  创建日期：2012-01-20
  程序功能：完成身高预测问题的计算。
}
Program ForecastStature(input,output);
Var
   FatherStature,MotherStature,ChildStature: real;
   sex: integer;
   GoodHabit,TakeExercise: char;
Begin
   writeln('Input FatherStature,MotherStature:');
   readln(FatherStature,MotherStature);
   writeln('Input sex:');
   readln(sex);
   if sex =1 then
      ChildStature:=(FatherStature + MotherStature) * 0.54
   else
      ChildStature:=(FatherStature * 0.923 + MotherStature)/2;

   writeln('TakeExercise? Y/N');
   readln(TakeExercise);
```

```
    if (TakeExercise='y') or (TakeExercise='Y') then
       ChildStature:= ChildStature * 1.02;

    writeln('GoodHabit? Y/N');
    readln(GoodHabit);
    if (GoodHabit='y') or (GoodHabit='Y') then
       ChildStature:= ChildStature * 1.015;

    writeln('ChildStature =',ChildStature:4:2);
    readln
End.
```

(4) 附注

算法中出现的"←"符号相当于程序中的赋值号,这在算法设计中被广泛使用。

例 4-5 三个数的排序(Sorting)问题。请写一个程序,能够从键盘输入任意三个不同的整数,并以升(正)序的形式输出。

(1) 分析

根据题意可知,本题目应该先输入三个数 a,b,c 之值,按照日常生活中将三个大小不同的东西进行排序的方法进行算法设计,不难给出以下算法。

(2) 算法

① 输入 a,b,c 之值;

② 若 $a>b$,则 [若 $b>c$,则 输出 c,b,a 之值

　　　　　　　否则 [若 $a>c$,则 输出 b,c,a 之值;

　　　　　　　　　　否则 输出 b,a,c 之值。

　　　　　　　　]

　　　　　]

　否则 [若 $a>c$,则 输出 c,a,b 之值;

　　　　否则 [若 $c>b$,则 输出 a,b,c 之值;

　　　　　　　否则 输出 a,c,b 之值;

　　　　　　]

　　　]

(3) 源程序

```
{ 程序名称:Sorting
  文 件 名:Sorting.pas
  作    者:赵占芳
  创建日期:2012-01-20
  程序功能:将三个整数以升序方式输出。
}
Program Sorting(input,output);
Var
   a,b,c: integer;
Begin
   writeln('a,b,c=');
```

```
        readln(a,b,c);
        if a > b then
          begin
            if b > c then
              writeln(c,' ',b,' ',a)
            else
              begin
                if a > c then
                  writeln(b,' ',c,' ',a)
                else
                  writeln(b,' ',a,' ',c)
              end
          end
        else
          begin
            if a > c then
              writeln(c,' ',a,' ',b)
            else
              begin
                if c > b then
                  writeln(a,' ',b,' ',c)
                else
                  writeln(a,' ',c,' ',b)
              end
          end;
        readln
    End.
```

(4) 附注

本题目是用条件语句的嵌套结构来实现的，也可以不用它来实现。如果不用嵌套结构来实现，可能就需要改造算法。你能否给出仅使用条件语句但属于非嵌套结构的程序吗？

上例中使用了多重条件语句的嵌套结构来表达计算，而且多处使用 **Begin** 和 **End** 等配对方式着重标识结构。实际上，多对 **Begin** 和 **End** 并不是必须的。可是，如果删除，表面上可缩短程序长度，但阅读程序时容易出错。

(5) 思考问题

如果你通过改造算法，用自己非嵌套结构的程序实现了求解上述排序问题，那么，对照算法和程序，考虑两者之间的关系，你能得到什么启示呢？

例 4-6 求解一元二次方程。请写一个程序，其功能是任意输入一元二次方程 $ax^2+bx+c=0$ 的系数 a、b 和 c，求其根。

(1) 分析

根据题意，只要从键盘输入一元二次方程的 a、b 和 c 三个系数，分情况计算，然后输出计算结果即可。

(2) 算法

① 从键盘任意输入三个系数 a,b 和 c；

② 若 $a = 0$，则 [若 $b \neq 0$，则 $x \leftarrow -c/b$ 否则 输出"出错"；]
   否则 [$d \leftarrow b^2 - 4 \times a \times c$;
        $r \leftarrow -b/(2 \times a)$;
        $q \leftarrow \sqrt{|d|}/(2 \times a)$;
        若 $d = 0$，则计算并输出 $x1 = r$，$x2 = r$；
          否则 若 $d > 0$，则计算并输出 $x1 = r+q, x2 = r-q$；
               否则 若 $d < 0$，则计算并输出 $x1 = r+q \times i, x2 = r-q \times i$;
       ]

(3) 源程序

```pascal
{ 程序名称：CalculateRoots
  文 件 名：CalculateRoots.pas
  作   者：赵占芳
  创建日期：2012-01-20
  程序功能：从键盘任意输入一元二次方程的三个系数a、b和c，求其根。
}
Program CalculateRoots(input,output);
Var
    a,b,c,d,r,q,x,x1,x2: real;  {a、b和c分别表示一元二次方程的三个系数}
Begin
    writeln('Please input your a,b,c=');
    readln(a,b,c);
    if abs(a) < 1e-6 then    {a 为 0 表示该方程为一次方程}
      begin
        if b <> 0 then
          begin
            x:= -c/b;
            writeln('x =',x:-6:2)
          end
        else
          writeln('Error!');
      end
    else    { 计算并输出该一元二次方程的根 }
      begin
        d:= sqr(b)-4*a*c;   {d 表示 b*b-4*a*c}
        r:= -b/(2*a);
        q:=sqrt(abs(d))/(2*a);
        if abs(d) < 1e-6 then    {d 为 0 表示该一元二次方程有一个根}
          writeln('x1,x2=', r: -6:2)
        else
          begin    { 若 d > 0，则输出两个实根，否则输出两个虚根 }
            if d > 0 then
              writeln('x1=',r+q:-6:2,' x2=',r-q:-6:2)
            else
              begin
```

```
                    writeln('x1=',r:-6:2,'+',q:-6:2,'*i');{-6表示左对齐}
                    writeln('x2=',r:-6:2,'-',q:-6:2,'*i')
                end
            end
         end;
    readln
End.
```

附注 解代数方程是古典代数学研究的核心问题。经研究发现：五次以下代数方程有根式解（其解为由代数方程的系数经加、减、乘、除及开方所构成的公式来表示）。而五次及五次以上的代数方程是否有根式解呢？答案是否定的。然而，这个问题自提出后一直困扰着人们，直到1832年法国年轻数学家Variste Galois（伽罗瓦，1811-1832）利用一元高次方程的根的置换群给出了方程有根式解的充要条件之后才得以彻底解决，从此代数学研究进入了一个新时代——以研究各种代数系统的结构及其态射（即保持运算的映射）为核心问题的现代代数学时代。

例4-7 模拟计算器问题。请写一个程序，模拟简单的计算器，其功能是能够进行两个操作数的加、减、乘、除四则运算。例如，当输入"543.2 × 12"时，计算器显示计算结果"6518.40"。

(1) 分析

根据题意，只要从键盘输入两个操作数和一个运算符，分情况计算，然后输出计算结果即可。

(2) 算法

要模拟计算器的加、减、乘、除四则运算，除了要输入操作数外，关键是要对输入的运算符号进行判别，弄清楚它属于四个算术运算中的哪一个，然后分别处理。算法设计如下：

① 从键盘输入操作数Number1、运算符ch和操作数Number2；

② 根据输入的运算符ch分情况进行下面的运算：

● 若ch为加法，则 计算 result ← Number1+Number2；

● 若ch为减法，则 计算 result ← Number1−Number2；

● 若ch为乘法，则 计算 result ← Number1*Number2；

● 若ch为除法并且除数不为0，则计算 result ← Number1/Number12，否则输出溢出信息；

③ 输出两个操作数Number1和Number2的运算结果result。

(3) 源程序

```
{ 程序名称：SimulationCalculator
  文 件 名：SimulationCalculator.pas
  作   者：赵占芳
  创建日期：2012-01-20
  程序功能：模拟一个简单的计算器，能够进行加、减、乘、除四则运算。
}
Program SimulationCalculator(input,output);
Var
   result,Number1,Number2: real;
   ch: char;
Begin
   writeln('input Number1,operator(+、-、*、/),Number2: ');
```

```
      readln(Number1);
      readln(ch);
      readln(Number2);
      result:=0;
      case ch of
      '+': result:= Number1 + Number2;
      '-': result:= Number1 - Number2;
      '*': result:= Number1 * Number2;
      '/': if Number2 <> 0.0 then
              result:= Number1/Number2
           else
              writeln('divide overflow!')
           end;

      if not( not(Number2 <> 0.0) and (ch='/')) then
         writeln(Number1:6:2,ch:2,Number2:6:2,' = ',result:-6:2);
      readln
    End.
```

(4) 附注

以上是利用程序技术实现的两个操作数的加、减、乘、除四则运算的简单计算，而在日常生活中用到的计算器是利用电子技术实现的。**这有力地说明了程序技术和电子技术是实现计算的两种技术形式。进一步，在实现同一计算时，软件实现与硬件实现在逻辑上是等效的。**至于在具体实现计算时采用哪一种技术，则取决于实现计算的成本、效率、运算速度、可靠性、复杂性、用户需求等多种因素。

4.6 循环语句

循环或重复是普遍存在的自然现象和社会现象，在程序设计中也大量存在。根据程序设计的需要，程序中往往需要重复执行一系列操作，直到满足某个给定的条件或达到重复执行的次数，等等。这就需要在高级程序设计语言中引入循环语句(Loop Statement)来描述这样的计算。Turbo Pascal 中有三种循环语句可以实现指令序列的重复执行：**for** 循环语句、**while** 循环语句和 **repeat** 循环语句。能够执行**循环**(loop)**指令**是冯·诺依曼型语言与冯·诺依曼型机器体系结构中最基本的功能特点。下面分别介绍这几种循环语句。

4.6.1 for 循环语句

Turbo Pascal 中提供了一种用于循环次数已知的循环语句，称为计数(Counted)型循环语句，这就是 **for** 语句(For Statement)。

1. 语法

(1) 递增型

其语法图如图 4-9 所示。

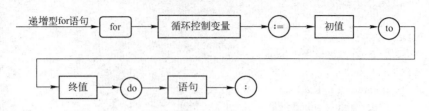

图 4-9　递增型 for 语句的语法图

(2) 递减型

其语法图如图 4-10 所示。

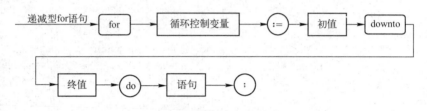

图 4-10　递减型 for 语句的语法图

```
例如：for i:= 1 to 10 do
         x:= x + 1;
      for j:= 10 downto 1 do
         begin
            read(x);
            x:= x + j;
            write(x)
         end;
```

在 for 循环语句中，保留字 **for** 和 **do** 之间（包括它们）的部分称为其入口语句（Entry Statement），而保留字 **do** 之后的语句部分称为其循环体（Loop Body）。

2．语义

执行 for 循环语句时，首先给循环控制变量赋初值，然后进入循环控制，将控制变量与终值比较。若循环控制变量的值**越过**终值则结束该循环语句，否则执行循环体中的语句，然后使循环控制变量赋的当前值变为其后继值（对于递增型）或变为其前趋值（对于递减型），再把控制重新转到循环控制重复执行。即将循环控制变量与终值比较，若此时循环控制变量的值越过终值，则结束该循环语句，否则执行循环体中的语句，如此继续执行下去。

3．说明

对 **for** 循环语句，可做如下几点说明。

(1) **for** 循环语句的初值和终值是表达式，其类型必须与循环控制变量的类型是赋值相容的。循环控制变量的类型不仅可以为整型，而且可以是字符型、布尔型、枚举类型、子界类型等有序类型，但不可以为实数类型。

例如，在屏幕上输出 26 个小写英语字母，可以使用下面一条 **for** 语句完成：

```
for ch:='a' to 'z' do
    write(ch);
```

若不用字符型的循环控制变量,则必须先计算好'a'到'z'有多少个字符。可以用 **for** 语句实现如下:

```
for i:=1 to 26 do write(chr(ord('a')+i-1));
```

显然,后一种实现比前一种要麻烦一些,效率也要低一些。

(2) 尽管 Turbo Pascal 允许在 **for** 语句的循环体中修改循环控制变量的值,但程序员修改时要格外小心谨慎,避免出错。

(3) **for** 循环语句执行完毕后,循环控制变量的值是不确定的。这就意味着在 **for** 循环语句的后继语句中不要直接引用循环控制变量的值,除非它被重新定值。若要在 **for** 循环语句的后继语句中引用循环控制变量的值,则必须在循环体中用另外一个变量记住循环控制变量的值,然后再引用这个变量。

(4) 由 **for** 语句的语义可知,循环执行的次数取决于循环控制变量的初值和终值。当循环控制变量的值和终值相等时,仍要执行一次循环体。只有当循环控制变量越过终值时,才跳出循环。另外,对于初值就已经越过终值的情况,循环体一次也不执行。

(5) **for** 循环语句的入口语句的执行次数与其循环体的执行次数是两个不同的概念。**for** 语句的入口语句的执行次数总比其循环体的执行次数多一次。

例如: ①   **for** i:=1 **to** n **do**
      ②   write(i);

入口语句①的执行次数为 *n*+1 次,循环体②的执行次数为 *n* 次。

(6) **for** 语句的循环体可以含有一条语句,也可以含有多条语句。当含有多条语句时,必须采用复合语句的形式。

4.6.2 while 循环语句

Turbo Pascal 中提供了一种用于循环次数未定而又需要循环的情况的语句,这就是 **while** 语句(While Statement)。它是先判断循环是否满足某条件,当满足时则重复某件事情,直到不满足某条件后退出循环为止。

1.语法

while 循环语句的语法图如图 4-11 所示。

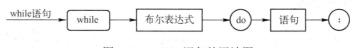

图 4-11 **while** 语句的语法图

```
例如: i:=1;
      while i<=10 do
        begin
          write(i);
```

```
        i := i + 1
    end;
```

在 **while** 循环语句中,保留字 **while** 和 **do** 之间(包括它们)的部分称为其入口语句,而保留字 **do** 之后的语句部分称为其循环体。

2. 语义

首先执行循环的入口语句,即计算 **while** 之后的布尔表达式的值,然后进行判断和选择。若其值为 *true*,则执行循环体,循环体执行完毕后,再去执行循环的入口语句;若其值为 *false*,则退出循环,控制转到 while 循环语句的后继语句。

3. 说明

对 **while** 循环语句,可做如下几点注记。

(1) 由 **while** 语句的语义可知,其循环体可能一次也不执行,因为它是先测试循环结束条件之后再决定是否执行循环体。

(2) **while** 语句的循环体可以含有一条语句,也可以含有多条语句。当含有多条语句时,必须采用复合语句。

(3) **while** 语句的循环体中要有能影响循环结束条件的语句,否则,**while** 循环就成了死循环(Infinite Loop)(即永远结束不了的循环)。程序设计应避免死循环的产生。

例如,下面的 **while** 循环语句构成了一个死循环。

```
    i := 1;
    while i<=10 do write(i);
```

(4) 当已知循环的初值和终值时,**while** 语句可以代替 for 语句。

```
    例如: i:=1;
    while i<=10 do
        begin
            write(i);
            i := i + 1
        end;
```

与该 **while** 循环语句等价的 **for** 循环语句为:

```
    for i:=1 to 10 do write(i);
```

4.6.3 repeat 循环语句

Turbo Pascal 中还提供了一种不同于 **while** 循环语句的 **repeat** 循环语句(Repeatitive Statement)。它与 **while** 循环语句的不同之处在于,它是先重复做某件事情,直到某个条件满足时才结束循环。**repeat** 循环语句也是用于循环次数未知而又需要循环的情况。

1. 语法

repeat 语句的语法图如图 4-12 所示。

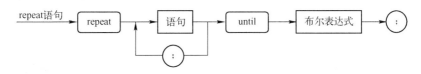

图 4-12 **repeat** 语句的语法图

```
例如：i:=1;
     repeat
       read(x);
       x:= x + 1;
       i:= i + 1
     until i=10;
```

在 repeat 循环语句中，保留字 repeat 和 until 之间的语句部分称为其循环体。

2．语义

首先进入循环体并执行一次，然后计算布尔表达式的值。若其值为 *false*，则继续循环并执行循环体，否则退出循环，控制转到 repeat 循环语句的后继语句。

3．说明

（1）由 **repeat** 语句的语义可知，其循环体至少执行一次。因为它是先执行循环体后测试循环结束条件。

（2）**repeat** 语句的循环体可以含有一条语句，也可以含有多条语句。当含有多条语句时，不必采用复合语句，因为 **repeat** 和 **until** 已经相当于一对语句括号。在比较大的程序设计中，有可能出现多重循环嵌套结构，为了便于阅读程序，建议程序员使用复合语句。

（3）**repeat** 语句的循环体中也要有能影响循环结束条件的语句，否则，循环体要么执行一次，要么执行无数次。使用 **repeat** 语句要避免产生死循环。

例如：下面的 **repeat** 语句就是死循环。

```
i:=1;
repeat
   read(x);
   x:= x + 1
until i=10;
```

（4）**repeat** 语句可以用 **while** 语句来代替。例如：

```
repeat                      S1; S2; S3;
  S1;                       while not C do
  S2;         相当于          begin
  S3                          S1;S2;S3
until C;                      end;
```

实际上，只要在程序设计中多练习，各种语句之间的联系和小窍门是可以逐步总结和感悟出来的。进一步，对程序性质的认识和对程序设计方法与技术的掌握，可以在"程序设计方法学"课程中去了解。

4.6.4 多重循环

当 **for** 语句、**while** 语句和 **repeat** 语句的循环体中嵌套了它们中的任何一个，则构成了二重循环，称外层的循环语句为外循环(Outer Loop)，外循环的循环体中包含的循环语句为内循环(Inner Loop)。若在第二(内)层的循环语句中又嵌套了循环语句，则构成三重循环。从第二层循环开始，继续嵌套下去，便构成了多重循环(Nested Loop)。为了清楚地理解"多重循环"的含义，下面给出一个生活中的例子来说明"三重循环"的含义。

人们日常生活中所用到的时钟，其秒针、分针和时针的运动就是一个非常生动的"三重循环"的实例。在时钟的运行中，最里层的秒针走一圈，分针前进一格；分针走一圈，时针前进一格。如果要设计一个模拟时钟运行的程序，就会用到"三重循环"。

使用多重循环时，应该注意以下几点：

(1) 外层循环必须要能够完全嵌套住内层循环，内层与外层的循环语句及同层的循环语句不得交叉，否则将出现错误。

例如：下面的程序段是不允许的。

```
for i:=1 to 10 do
  begin
    j:=1;
    repeat
      x:= x + 1;
      write(x)
  end;
    j:= j + 1
    until j = 10;
```

(2) 对于嵌套的 **for** 语句而言，内外层循环的循环控制变量不能同名。

例如：下面的程序段是不允许的。

```
for i:= 1 to n do
  begin
    ……
    for i:= 1 to n do
      begin
        ……
      end;
    ……
  end;
```

类似的情况还可以举出许多例子，关键是程序设计中不能破坏每一条语句的完整性。

4.6.5 循环程序设计举例

下面举例说明循环程序设计。

例 4-8 求和问题。请写一程序，求 $\text{sum}=\sum_{i=1}^{100}i$ 之值。

(1) 分析

下面分析手工计算该问题的过程，并分析其中的规律。手工计算的过程是这样的：首先，将前两项求和得到当前的部分和，然后将下一项与当前的部分和相加又得到新的部分和，如此继续直到最后一项为 100，再与前 99 项之和的部分和求和得到最终的结果。其计算的方法和部分和规律为：

$sum_i=sum_{i-1}+i$，其中 $sum_0=0$，$i=1,2,\cdots,100$。

由此分析不难写出下面的算法。

(2) 算法

① $i \leftarrow 1$; $sum \leftarrow 0$;
② 计算 $sum \leftarrow sum+i$;
③ 计算 $i \leftarrow i+1$;
④ 若 $i \leq 100$，则 转②;
⑤ 输出 sum 的值。

(3) 源程序

```
{ 程序名称：SumOfNaturalNumbers
  文 件 名：SumOfNaturalNumbers.pas
  作   者：赵占芳
  创建日期：2012-01-20
  程序功能：计算前100个自然数之和。
}
Program SumOfNaturalNumbers(input,output);
Var
   i,sum: integer;
Begin
   i:= 1;
   sum:= 0;
   while i <= 100 do
     begin
       sum:= sum + i;
       i:= i+1
     end;
   write('sum=',sum);
   readln
End.
```

(4) 附注

对于用循环程序计算求和问题，可以给出如下几点注记。

① 该问题的程序中，循环语句的循环体内有一个被称为累加器的语句：

sum:=sum+i;

其中，i 为求和的项，sum 为累加器变量。程序执行时，该语句总是将累加器变量的新值取代其原来值，这就是迭代(Iterate)的思想，语句中相应的累加变量又被称为迭代变量。**迭代方法是计算机科学与技术学科中的典型方法，属于构造性方法。**

通常，把语句：

```
i:=i+1;
```
称为计数器语句,用于对循环次数进行计数。

② 该问题是一个典型的求和问题。累加求和问题的程序结构是一个循环结构,循环体内有累加器的语句。该问题对应的算法称为迭代算法。设计迭代算法的关键是确定迭代变量并建立迭代关系式。迭代关系式的构造常采用数学中递推的方法。迭代变量和循环控制变量初值的设定一定要慎重。

③ 循环程序的正确性与循环不变式。一个循环表示一种反复进行的计算过程,根据实际执行中所涉及的计算对象,循环体可能执行多次。在这种情况下,怎样保证对各种可能数据,每个循环都能正确完成计算(即程序具有正确性)呢?显然,循环过程中总要涉及一些每次循环都变化的变量。仔细观察和分析可以发现,写循环程序时实际上总要考虑一些变量间的某种内在关系,设法保证这些关系在循环体执行中保持不变。一旦这些关系在循环体执行中发生改变,循环就将终止,循环体也不再继续执行下去,循环控制将转到循环语句的下一个语句。在程序理论中,循环语句执行过程中能保持不变的这类关系被称作**循环不变式**。

在本例的循环中,所维持的不变关系就是:"在每次判断循环条件时,变量 sum 保存的总是前 i-1 个正整数之和",这里的 i 指当时变量 i 的值。实际上,要写好一个循环程序,最重要就是要弄清楚"循环过程中应当维持什么东西不变"。读者应当思考在循环中需要维持变量间的什么关系,才能保证当循环结束时,各有关变量都能处在所需的状态。这是设计一个循环程序时的关键。

程序的正确性与循环不变式理论属于程序理论中的内容,学习有一定的难度。读者将来可以通过"程序设计方法学"课程进行学习。也正是在那里,可以深入理解程序设计是一门科学。由于这些内容超出了本书的范畴,这里就不再深入讨论了。

④ E.F.Gauss(E. F. 高斯)算法

著名数学家 E. F.高斯[①]9 岁时就给出了一个求前 100 个自然数和的算法。要解决的问题可以表达如下:

sum=1+2+...+98+99+100。

上述式子也可以表示如下:

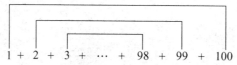

把 1 和 100 相加得到 101,把 2 和 99 相加,又可得到 101,……,如此继续,直到把 50 和 51 相加,得到 101,然后,把这些 101 再累加起来,也可以用乘法的方法计算出累加值,就可以得到最终的结果。用这种办法相加时,每次相加的结果总是为 101,总共有多少次这样的加法呢?从 1 到 50 分别对应加上 100 到 51,共有 50 对。于是从 1 加到 100 的结果为 50×101＝5050。

按照高斯的思想,该问题的算法为:

[①] Johann Carl Friedrich Gauss(高斯,1777-1855),德国著名数学家、天文学家和物理学家。幼时家境贫困,但聪敏异常,受一贵族资助才进学校接受教育。1795-1798 年在哥廷根大学学习,1798 年转入黑尔姆施泰特大学,翌年因证明代数基本定理获博士学位。从 1807 年起担任哥廷根大学教授兼哥廷根天文台台长直至逝世。高斯的成就遍及数学的各个领域。他与阿基米德、牛顿、欧拉被认为是数学史上最伟大的四位数学家。

a. max ← 100；
b. 计算 sum ← (max/2)×(1+max)；
c. 输出 sum 的值。

高斯算法对应的程序请读者给出。另外，从高斯算法中读者可以体会到好的解题思路是多么重要啊！这也难怪许多科学家在科学研究的道路上深有感触地说："好的思想等于科研成功了一半！"。高斯之所以能够发现一种更简洁的计算方法，源于他对事物的细致观察，首先发现了这个问题中数的加法存在的某种规律，从而为找到更好的计算方法奠定了基础。在计算机科学中，大量的问题和事实已经反复说明和证实了这样一条规律，按照直观的想法给出的计算方法、算法和程序一般不是最好的，最好的计算方法、算法和程序往往是建立在对事物内在变化规律的揭示基础之上的方法、算法和程序，而揭示事物内在变化规律的工具，不是其他，恰恰就是各具特色的各类数学工具和思想方法。所以，读者在学习程序设计课程时，还需要不断地在数学基础课程方面打下坚实的基础。

例4-9 请写一程序，表达"九层之台，起于累土"的思想。

（1）分析

本题是一个利用程序技术表达人文思想的一个题目。这个思想的精髓是**通过一定的积累，方可达到一定的高度**。那么，如何巧妙地设计一个程序，反映出这一思想精髓呢？

要想设计出一个程序，首先要自己设计出能够反映上述思想的一个具体待计算的问题，然后再构造算法，最后编码实现之。一般地，反映上述思想的具体待计算的问题不是唯一的，下面给出其中的一个：

有一张纸，其厚度为 0.1 毫米，将它对折多少次，其厚度将超过珠穆朗玛峰的高度。

根据题意，不难给出对纸张手工对折过程中包含的数学规律为：

$$thickness_i = thickness_{i-1} \times 2，其中 thickness_0 = 0.0001，i=1,2,\cdots$$

由此不难写出下面的算法。

（2）算法

① counter←0; thickness← 0.0001；
② 循环：当 thickness≤8848.13 时，做
　　[thickness← thickness*2；
　　 counter ← counter+1；
　　]
③ 输出折叠次数 counter 的值。

（3）源程序

```
{ 程序名称：Accumulate
  文 件 名：Accumulate.pas
  作   者：赵占芳
  创建日期：2012-01-20
  程序功能：本程序表达"九层之台，起于累土"的思想。
}
Program Accumulate(input,output);
Var
  counter: byte;
  thickness: real;
```

```
Begin
    counter:= 0;
    thickness:= 0.0001;
    while thickness <= 8848.13 do
      begin
        thickness:= thickness*2;
        counter:= counter+1
      end;
    writeln('Folded in half times is ',counter,' times.');
    readln
End.
```

(4) 附注

① 本题程序运行结果为 27 次。乍一想，好像不对。其实，这个结果没有错误，原因是一张纸对折一次，厚度变成原来的 2 倍，再对折第二次，变为原来的 2 的 2 次方倍即 4 倍，…，以此类推，假设这张纸足够大，对折 50 次，厚度将变为原来的 2^{50} 倍（2^{50} 等于 1,125,899,906,842,624）。由此可以看到纸的厚度是按照指数增长速度增加的，这就是对折次数不多而纸的厚度增加很多的原因。这样分析看来，对折 27 次后纸的厚度超过珠穆朗玛峰的高度就不足为怪了。

对折 27 次是一个计算值，但实际上是难以做到的，也难怪有："世界上没有一张纸可以对折超过 9 次" 的说法，这是为什么呢？原因是：假设一张纸为常见的 A4 大小的普通书写纸，而"折"是指类似通常手工操作的对折，对折九次后纸的总厚度是单张的 512 倍，也就是这时纸的厚度远大于其宽度（宽度已经变成原来的 512 分之 1），那么由于这张纸的材料力学的弯曲和弹性等特性，在不破坏(撕裂)纸的条件下是无法做到的。但如果这张纸非常大，而且其弯曲特性也非常好，那么这张纸对折超过九次是完全可以做到的。

② 关于数据类型的选择。在程序设计时，由于 Turbo Pascal 提供了丰富的数据类型可供选择，那么到底如何选择数据类型呢？

在选择数据类型时，一般要考虑两点，一是要避免类型溢出。在程序设计时应先估算运算结果的可能取值范围，使得估算的结果落在所选类型允许的取值范围内，否则应选取值范围更大的类型定义变量；二是要尽可能节约存储空间。在避免类型溢出的条件下，选占用存储空间小的数据类型。请读者分析一下，本题变量 counter 为什么最好定义成 byte 类型呢？

③ 按照某一思想，自己构作一个待求解的具体问题并给出解答，是培养学生创新意识和能力的一种很好的训练形式。为了培养这种能力，学生一定要反复尝试这种题目，不怕失败。

④ 在计算机科学研究中，当面临一个科学问题时，人们首先经过分析和思考，找到解决问题的思想，并采用自己最熟悉的自然语言表达这个思想，然后再运用数学方法和计算机科学的方法表达科学研究过程中使用自然语言表达的科学思想、概念、方法和技术，从而进一步实现问题的求解。由此不难看出，加强数学方法和计算机科学的方法的学习对本学科创新人才培养的重要意义。

⑤ 本题程序所表达的"九层之台，起于累土"的思想对于指导学生的学习是十分重要的。在大学的低年级，学生一定要打好基础(对于学习计算机科学与技术专业的低年级的学生来说，这里的"基础"主要是数学和物理课程)，"基础不牢，地动山摇"，今天扎实的基础积累是明天创新的前提。因此，学生切勿以机会主义的态度来对待大学的低年级基础课程的学习，这一点教训十分深刻！

例 4-10 韩信点兵问题。汉朝将军韩信有一队士兵，他想知道有多少人，便让士兵排队报数：按 1 至 5 报数，记下最末一个士兵报的数为 1；按 1 至 6 报数，记下最末一个士兵报的数为 5；按 1 至 7 报数，记下最末一个士兵报的数为 4；最后按 1 至 11 报数，记下最末一个士兵报的数为 10。问韩信至少有多少兵？请写一个程序，求解之。

(1) 分析

设士兵数为 NumberOfSoldier，则 NumberOfSoldier 满足下面的不定方程组（方程组中的 y,z,u,v 分别表示按照每次报数时整循环报数的次数）：

$$\begin{cases} \text{NumberOfSoldier}=5y+1 \\ \text{NumberOfSoldier}=6z+5 \\ \text{NumberOfSoldier}=7u+4 \\ \text{NumberOfSoldier}=11v+10 \end{cases} \quad \begin{array}{l} (\text{NumberOfSoldier}=1 \quad (\bmod\ 5)) \\ (\text{NumberOfSoldier}=5 \quad (\bmod\ 6)) \\ (\text{NumberOfSoldier}=4 \quad (\bmod\ 7)) \\ (\text{NumberOfSoldier}=10 \quad (\bmod\ 11)) \end{array}$$

先引入士兵数的最大值 max，其值由程序员根据实际情况在程序中自己定义（例如，假设 max=10000）。于是，利用穷举法，NumberOfSoldier 从 1 到 max 之间穷举，找到满足上述不定方程组的最少的士兵数即可。于是，得到下面算法。

(2) 算法

① NumberOfSoldier ← 1; max ← 10000；

② 循环：当 NumberOfSoldier<max 时，做

　　[若 NumberOfSoldier 除 5 余 1 且 NumberOfSoldier 除 6 余 5

　　　且 NumberOfSoldier 除 7 余 4 且 NumberOfSoldier 除 11 余 10，则

　　　　[输出 NumberOfSoldier 之值；

　　　　　退出循环；

　　　　]

　　　否则，NumberOfSoldier ← NumberOfSoldier+1；

　　]

③ 结束。

(3) 源程序

```pascal
{ 程序名称：ChineseRemainder
  文 件 名：ChineseRemainder.pas
  作     者：赵占芳
  创建日期：2012-01-20
  程序功能：实现韩信点兵问题的计算。
}
Program ChineseRemainder(input,output);
Const
    max = 10000;
Var
    NumberOfSoldier: integer;
Begin
    NumberOfSoldier:= 1;
    while NumberOfSoldier < max do
      begin
        if ((NumberOfSoldier mod 5)=1)and((NumberOfSoldier mod 6)=5)and
```

```
            ((NumberOfSoldier mod 7)=4)and((NumberOfSoldier mod 11)=10)then
         begin
            write('NumberOfSoldier=',NumberOfSoldier);
            NumberOfSoldier:=max    {找到NumberOfSoldier最小值后，退出循环}
         end;
         NumberOfSoldier:= NumberOfSoldier + 1
      end;
      readln
End.
```

(4) 附注

① 韩信点兵问题是一个有趣的猜数游戏，其本质是解同余式组问题。这类题目看起来是很难计算的，可是我国春秋末期的军事家、数学家孙武发明了被后人称为孙子定理的计算方法，该定理在西方数学史中被称为中国剩余定理(Chinese Remainder Theorem)。该计算方法的名称很多，宋朝周密叫它"鬼谷算"，又名"隔墙算"；杨辉叫它"剪管术"；而比较通行的名称是"韩信点兵"。最初记述这类算法的是一本名叫《孙子算经》的书，后来在宋朝经过数学家秦九韶的推广，又发现了一种算法，叫做"大衍求一术"。至于它的算法，在《孙子算经》上就已经有了说明，而且后来还流传着这么一道歌诀："三人同行七十稀，五树梅花廿一枝，七子团圆正半月，除百零五便得知"。这就是韩信点兵的计算方法。

中国剩余定理是为数不多的古老而深刻的算法之一，它在快速计算、计算机设计、密码设计、数值分析、数据库设计及查询检索中有重要应用。A.V.Aho(A. V. 阿霍)、J.E.Hopcroft(J. E. 霍普克罗夫特)、J.D.Ullman(J. D.厄尔曼)合著的《The Design and Analysis of Computer Algorithms》(Addison-Wesley Publishing Company,INC,1974)一书第八章的第六节和第七节中介绍了这个定理及其应用。其实，孙子定理还对近代数学如环论，赋值论都有重要影响。另外，俄罗斯数学家马蒂亚塞维奇受"中国剩余定理"的启发，于1970年代解决了希尔伯特第十问题——判定丢番图方程的可解性。关于"中国剩余定理"将在"离散数学"类课程中介绍。

② 上述韩信点兵问题的程序是借助**穷举方法**(Exhaustive Method)解决的。**穷举方法(又称蛮力法)**是程序设计经常使用的方法，所谓穷举(或称为枚举)法是一一列举出待解题目给定的所有数据或条件，进而考察它们是否为满足问题解的数据或条件的方法。实现穷举思想的程序结构是循环结构。

一般说来，利用穷举方法设计的程序效率不高，如何提高穷举程序的效率是一个很重要的问题，这是"算法设计与分析"课程的重要内容。另外，从本质上说，穷举方法是一种**外延**的定义方法。所谓外延是指概念所界定的所有对象的集合。**外延方法是计算机科学与技术学科的典型方法**。典型方法之所以重要是因为它不仅能深刻地揭示出计算机科学与技术学科的基本规律和各个主要科目之间的内在联系，而且在于它能启发人们更深入地思考学科的一些基本问题，培养读者的创新能力和科学研究能力。

③ 该问题的算法中用到了一个非常重要的运算，即求模运算(Modular Arithmetic)。它是处理受限整数的一种运算和方法。可将 x 模 N 的结果定义为 x 除以 N 的余数，也即，若 $x = qN + r$ 且 $0 \leqslant r < N$，则 x 模 N 等于 r。它强调了数与数之间的一个等价概念：说 x 与 y 模 N 同余(Congruent Modulo)，当且仅当，它们相差 N 的倍数。**模运算在数论和计算机科学中有着广泛的应用。**

④ 关于程序中循环的出口问题。根据结构化程序设计方法，要求每一个程序中的顺序、选择和循环三种基本程序单元要具有单入口单出口的特点，因此在本程序中当找到 NumberOfSoldier 的最小值后，并没有使用 break 语句退出循环，而是使用 "NumberOfSoldier:=max;" 语句以保证循环结构的单入口单出口的特点。除此方法外，还可以使用标志变量的方法，即引入一个布尔类型的变量 find，令其初值为 **true**，将 while 语句中的布尔表达式："NumberOfSoldier<max" 改为（(NumberOfSoldier<max) and (find=true)），并且将循环体中的 "NumberOfSoldier:=max;" 语句改为语句："find:=flase;" 即可。

⑤ 虽然穷举法容易联想到，但是其效率并不高。实际上，可以寻找该问题的规律，使得穷举次数降下来。

- 注意到 NumberOfSoldier 除 11 余 10，于是可设置 NumberOfSoldier 从 21 开始，以步长 11 递增。此时，只要判别前三个条件即可；
- 注意到 NumberOfSoldier + 1 为 11 的倍数，也是 6 的倍数。而 11 与 6 互素，因而 NumberOfSoldier + 1 必为 66 的倍数。于是可设置 NumberOfSoldier 从 65 开始，以步长 66 递增。此时，只要判别 mod 5 与 mod 7 两个条件即可。

基于以上分析，不难得出下面的算法。

a. NumberOfSoldier ← 65; max ← 10000;

b. 循环：当 NumberOfSoldier<max 时，做

    [NumberOfSoldier ← NumberOfSoldier+66;

      若 NumberOfSoldier 除 5 余 1 且 NumberOfSoldier 除 7 余 4，则

        输出 NumberOfSoldier 之值；

    ]

c. 结束。

从上面这个例子的求解中可以看出，若从直观认识的角度出发，而不是深入分析问题的性质，所设计的程序往往不是最好的。类似的例子还可以举出很多。这就促使人们深入思考，究竟如何才能设计出好的程序？什么样的算法是一个好的算法？很明显，程序的效率与算法有关，事实确实如此！

例 4-11 一元 n 次多项式求值问题。请写一个程序，其功能是从键盘任意输入 n、x、a_i 的值，计算多项式 $F = \sum_{i=0}^{n} a_i X^i$ 的值。

（1）分析

最容易联想到的解决问题的方法是输入 n、x、a_i 的值，然后利用赋值语句完成。但这种方法的效率较低。令人自豪的是我国宋代数学家秦九韶提出了一个解决该问题的好算法，后人称之为秦九韶算法，其基本思想是先对多项式进行如下变换：

$$F = \sum_{i=0}^{n} a_i X^i = (a_n x + a_{n-1})x^{n-1} + a_{n-2}x^{n-2} + a_{n-3}x^{n-3} + \cdots + a_0$$

$$= ((a_n x + a_{n-1})x + a_{n-2})x^{n-2} + a_{n-3}x^{n-3} + \cdots + a_0$$

$$= (\cdots(((a_n x + a_{n-1})x + a_{n-2})x + a_{n-3})x + \cdots + a_1)x + a_0$$

令 $s_n = a_n$，则得到下列递推关系：

$$\begin{cases} S_n = a_n \\ S_k = S_{k+1}x + a_k \quad (k = n-1, n-2, \cdots, 1, 0) \\ F = S_0 \end{cases}$$

这样 n 次多项式求值的问题可以利用上述递推关系求得，递推过程在程序中可以利用循环程序实现。

(2) 算法

① 输入 n、x 之值；

② $s \leftarrow 0.0$; $i \leftarrow n$;

③ 输入多项式的第 i 项的系数 a_i 之值；

④ 利用 s_{i+1} 计算 s_i 之值，即 $s \leftarrow s \times x + a_i$；

⑤ $i \leftarrow i-1$;

⑥ 若 $i \geq 0$,则转③；

⑦ $F \leftarrow s$;

⑧ 输出多项式 F 的值。

(3) 源程序

```pascal
{ 程序名称：QinJiuShaoAlgorithm
  文 件 名：QinJiuShaoAlgorithm.pas
  作   者：赵占芳
  创建日期：2012-01-20
  程序功能：利用秦九韶算法求一元 n 次多项式的值。
}
Program QinJiuShaoAlgorithm(input,output);
Var
    i,j,n: integer;
    x,s,a,F: real;
Begin
    writeln('Input n,x:');
    readln(n,x);
    s:= 0.0;              {当程序首次执行 for 语句的循环体后可计算出 sn 之值}
    for i:= n downto 0 do
      begin
        read(a);          {输入多项式的第 i 项的系数 ai 之值}
        s:= s * x + a     {利用 si+1 计算 si 之值}
      end;
    F:= s;                {将最终求得的 s0 之值赋给变量 F}
    writeln('F=',F:0:6);
    readln;
    readln
End.
```

(4) 附注

① 该问题是一个典型的递推程序设计的问题。秦九韶算法包含了数值算法设计的规模缩减

技术，其基本思想可以用"大事化小，小事化了"这句俗话概括，算法设计的详细内容将在"计算方法"课程或"数值分析"课程或"数值算法设计"课程中介绍。

多项式求值的秦九韶算法是人类历史上较早提出的经典算法之一，它是我国宋代数学家秦九韶最先提出的。国外文献将这一算法归功于英国数学家 William George Horner（威廉·乔治·霍纳），其实 W. G. Horner 的工作(1819 年)较秦九韶晚了五、六个世纪。

在数千年的漫长岁月中，一代又一代天才的数学家和计算机科学家矗立起一座又一座优秀算法的丰碑，为人类留下了十分宝贵的算法遗产。在进行算法设计时，应该坚持的原则是首先要选择优秀算法，其次是若没有优秀算法可选择，则再进行算法研究和设计。当然，如果前人的算法存在不足，应该改进和发展它，使之趋于完善。吸收前人的成果，创造新的成果，是进行科学研究应该坚持的原则。因为只有站在巨人的肩膀上，才能看得更远；只有创新，才能使科学研究走向深入，并使之具有生命力和价值。

② 如果你对一个科学问题的求解创造性地提出了一个新的算法并较好地解决了这个问题，那么，这将是在学术上对计算机科学与技术做出的实质性贡献。

③ 在学习了后面的 7.6 节之后，请你给出本例题的递归程序。

例 4-12 请写一个程序，计算 $sum=\sum_{i=1}^{n} i!$ 之值。n 的值从键盘输入。

(1) 分析

显然，这是一个累加求和问题。由例 4-8 可知，本题的算法结构与例 4-8 相同，是一个循环结构。与例 4-8 的不同点在于，本题源程序中的循环语句的循环体中的累加器语句为："sum ← sum + i!;"。由于 Turbo Pascal 程序中不能直接计算 $i!$，因此算法设计时，必须对它分解而求精，设计一段实现求 $i!$ 的累乘算法。基于这些认识，不难给出下面的算法。

(2) 算法

① 输入整数 n 之值；

② $i←1; sum←0;$

    循环：当 $i≤n$ 时，做

      [$j←1; k←1;$

        循环：当 $k≤i$ 时，做

          [$j←j×k;$

           $k←k+1;$

          ]

        sum ← sum+j；

        $i ← i+1;$

      ]

③ 输出 sum 的值。

(3) 源程序

```
{ 程序名称：FactorialSum1
  文 件 名：FactorialSum1.pas
  作   者：赵占芳
  创建日期：2012-01-20
```

程序功能：计算前 n 个自然数的阶乘之和。
}
```
Program FactorialSum1(input,output);
Var
   n,i,j,k,sum: integer;
Begin
   writeln('Input n=:');
   readln(n);
   sum := 0;
   for i:= 1 to n do
     begin
        j := 1;
        for k:= 1 to i do
          j := j*k;
        sum := sum + j
     end;
   writeln('sum=',sum);
   readln
End.
```

(4) 附注

① 在本题中，求 N! =1×2×…×N 的问题被称为累乘问题。它也是程序设计中常见的一类问题。该类问题的算法与例 4-8 介绍的求和问题的算法类似，其算法也是迭代算法，不同之处在于其迭代关系式为一个被称之为累乘器的语句：

mp:=mp*i;

其中，i 为累乘的项，mp 为累乘变量(迭代变量)。

② 本题算法是从直觉出发而设计的。事实上，对该问题深入分析后发现：完全可以利用已经求得的前一项 i!来求下一项(i+1)!。这样程序的双层循环嵌套结构就可以简化为单层的循环结构，从而提高了程序的效率。请读者给出简化后的算法和程序。

③ 当输入的 n 值较小(n≤8)时，该程序运行结果是正确的。但是，当输入的 n 值大于 8 时，例如 n=10，那么这个程序还正确吗？

当运行程序时，发现 sum= -25319，这是为什么呢？原因出在变量 sum 的类型 integer 上。在 Turbo pascal 中，最终的 sum 之值已经超出了 integer 类型所能表示的数的上界，导致了类型溢出(Type Overflow)[①]。为了避免类型溢出，在程序设计时应先估算运算结果的可能取值范围，采取取值范围更大的类型定义变量，这就是数据类型的选择问题。请读者思考一下，在本例中如何修改程序才会得到正确的结果呢？

例 4-13 请写一个程序，用牛顿迭代法求方程 $2x^3-4x^2+3x-6=0$ 在 1.5 附近的根。

(1) 分析

牛顿迭代法(Newton's Method)又称牛顿切线法，它采用以下的方法求 $f(x)=0$ 的根：先任意设定一个与真实的根接近的值 x_0 作为第一次近似根，由 x_0 求出 $f(x_0)$，过 $(x_0, f(x_0))$ 点做 $f(x)$ 的切线，交 x 轴于 x_1，把它作为第二次近似根，再由 x_1 求出 $f(x_1)$，再过 $(x_1, f(x_1))$ 点做 $f(x)$ 的切

[①] 据说，1996 年 4 月欧洲航天局的阿丽亚娜 5 型火箭发射失败的原因是其导航软件中将一个 64 位浮点数转换为 16 位有符号整数时出现了类型溢出的错误。

线，交 x 轴于 x_2，再求出 $f(x_2)$，再作切线……如此继续下去，直到足够接近真正的根 x^* 为止，如图 4-13 所示。

从图 4-13 可以看出，$f'(x_0)=\dfrac{f(x_0)}{x_0-x_1}$，所以 $x_1=x_0-\dfrac{f(x_0)}{f'(x_0)}$。这就是著名的牛顿迭代公式。利用该公式可以由 x_0 求出 x_1，然后再由 x_1 求出 x_2，……，直到 $|x_{k+1}-x_k|$ 满足精度要求为止。

(2) 算法

① 适当提供迭代初始值 x_0 和计算精度 ε；

② 按照下面的牛顿迭代公式做：

$$x_1 \leftarrow x_0-\dfrac{f(x_0)}{f'(x_0)};$$

图 4-13 用牛顿迭代法求方程的根

③ 若 $|x_1-x_0|$ 不满足精度要求，则

  [$x_0 \leftarrow x_1$；

   转 ②；

  ]；

  否则 输出计算结果.

(3) 源程序

```
{ 程序名称: Newton_Method1
  文 件 名: Newton_Method1.pas
  作   者: 赵占芳
  创建日期: 2012-01-20
  程序功能: 利用牛顿迭代法求方程的根。
}
Program Newton_Method1(input,output);
Const
    epsilon=1e-6;
Var
    x0,x1,funx0,defunx0,tempx0: real;
Begin
    writeln('Input x0:=');
    readln(x0);
    repeat
       funx0:=2*x0*x0*x0-4*x0*x0+3*x0-6;
       defunx0:=6*sqr(x0)-8*x0+3;
       x1:=x0-funx0/defunx0;
       tempx0:=x0;
       x0:=x1;
    until abs(x1-tempx0)<=epsilon;
    writeln('Root of the equation is x1=',x1:6:2);
    readln
End.
```

(4) 附注

① 牛顿迭代法又称为牛顿-拉夫逊方法(Newton-Raphson Method)，它是牛顿在 17 世纪提出的一种在实数域和复数域上近似求解方程的方法。多数方程不存在求根公式，因此求精确根非常困难，甚至不可能，从而寻找方程的近似根就显得特别重要。该方法使用函数 $f(x)$ 的泰勒级数的前面几项来寻找方程 $f(x)=0$ 的根。牛顿迭代法是求方程根的重要方法之一，其最大优点是在方程 $f(x)=0$ 的单根附近具有平方收敛，而且该法还可以用来求方程的重根、复根，此时线性收敛，但是可通过一些方法变成超线性收敛。除了牛顿迭代法外，方程求根还有弦截法等其他方法。这些方法隐含的数学思想是以近似逼近精确。

② 方程求根在数值计算中占有重要地位。**迭代法是方程求根的一类重要方法，也是计算机科学与技术学科中的典型方法，属于构造性方法。**它通过反复执行一个迭代公式 $x_{k+1}=\phi(x_k)$ 逐步逼近所求方程 $f(x)=0$ 的根，因此迭代公式的设计是迭代法的**关键所在**。迭代公式的设计常用到校正技术，这属于后续的"数值分析(计算方法)"或"数值算法设计"课程的内容。

另外，本例的程序结构是典型的迭代程序的结构，请读者总结出迭代程序的一般框架，以便今后使用。

③ 在本程序中，$f(x)=0$ 的初始根 x0 是利用 readln 语句从键盘输入的。除此之外，可以使用系统已定义的或用户自定义的伪随机数函数产生。请读者查阅文献资料，解决这个问题。

④ 两个实数类型变量的比较问题。在 Turbo Pascal 语言中，由于实数采用了浮点数表示法，为了保证计算的正确性，若 x 和 y 是两个 real 类型的数据，精度要求为 epsilon=1e-6，x 和 y 两个实数类型的数据的比较，正确的表达方式是：

表达式：abs(x-y)<=epsilon 表示 x 等于 y，而表达式：abs(x-y)>epsilon 表示 x 不等于 y。同理，x 与 0 的比较的正确的表达方式是：表达式：abs(x)<=epsilon 表示 x 等于 0，而表达式：abs(x)>epsilon 表示 x 不等于 0。

⑤ 关于进一步提高程序效率的问题。当算法经过编码得到程序后，为了提高程序的运行速度，还可以对程序进行优化。例如，循环中循环体内的优化就是一种重要的局部优化。在循环体中，可以采用降低运算强度的方法来提高程序的运行速度，即将乘除运算变为加减运算，等等。例如，该程序的循环体中的 sqr(x0) 改为 x0*x0 就是一种降低运算强度的技术。不过，程序优化技术将在后续的"汇编语言程序设计"、"编译原理"和"程序设计方法学"课程中有详细介绍。

⑥ 迭代算法与贪心算法和演化算法之间的关系。贪心算法和演化算法都属于迭代算法。而这里的迭代算法的每一次迭代计算均是确定的，若是把它改为按照一定的概率(小于 1)去计算，那么这个算法就是演化算法(Evolutionary Algorithm)了。至于它与贪心算法的区别和联系，等学习了"算法设计与分析"课程后读者自然就清楚了。

例 4-14 在如图 4-14 所示的环中，不重复地填入数字 1、2、3、4、5、6，要求每条边上三个数之和都相同。请写一个程序，打印输出各种填法。

图 4-14 数字环

(1) 分析

根据题意，要求数字环中的每个数字不同，因此这是一个数字组合问题。又因为要求每条边上三个数之和都相同，所以这是一个在不同的数字组合中查找满足约束条件的组合问题。下面采用穷举的思想与方法来求解。实现时，程序的结构是一个多层的循环嵌套结构。假设数字环的最高顶点用 a 表示，其他数字按照顺时针方向依次以 b、c、d、e、f 编号。基于这些认识，不难给出下面的算法。

(2) 算法

循环：a 从 1 到 6，步长为 1，做

　循环：b 从 1 到 6，步长为 1，做

　　若 $b \neq a$，则

　　　循环：c 从 1 到 6，步长为 1，做

　　　　若 $c \neq a$ 且 $c \neq b$，则

　　　　　循环：d 从 1 到 6，步长为 1，做

　　　　　　若 $d \neq a$ 且 $d \neq b$ 且 $d \neq c$，则

　　　　　　　循环：e 从 1 到 6，步长为 1，做

　　　　　　　　若 $e \neq a$ 且 $e \neq b$ 且 $e \neq c$ 且 $e \neq d$，则

　　　　　　　　　[$f \leftarrow 21-a-b-c-d-e$;

　　　　　　　　　　$s \leftarrow a+b+c$;

　　　　　　　　　　若 $(c+d+e=s)$ 且 $(a+f+e=s)$，则

　　　　　　　　　　　[输出 a;

　　　　　　　　　　　　输出 f,b;

　　　　　　　　　　　　输出 e,d,c;

　　　　　　　　　　　]

　　　　　　　　　]

(3) 源程序

```
{ 程序名称：CombinatorialProblem
  文 件 名：CombinatorialProblem.pas
  作   者：赵占芳
  创建日期：2012-01-20
  程序功能：用前六个自然数组合成每条边含三个数的三角形，使得每一条边上的三个数之和相等。
}
Program CombinatorialProblem(input,output);
Var
    s,n,a,b,c,d,e,f: integer;
Begin
    n:=0;
    for a:=1 to 6 do
      for b:=1 to 6 do
        if b<>a then
          for c:=1 to 6 do
            if (c<>a) and (c<>b) then
              for d:=1 to 6 do
                if (d<>a) and (d<>b) and (d<>c) then
                  for e:=1 to 6 do
                    if (e<>a) and (e<>b) and (e<>c) and (e<>d) then
                      begin
                        f:=21-a-b-c-d-e;
                        s:= a+b+c;
```

```
                    if (c+d+e = s) and (a+f+e = s) then
                      begin
                        n:= n+1;
                        writeln('No.',n:2,' : ',a:4);
                        writeln(f:10,b:4);
                        writeln(e:8,d:4,c:4);
                        readln;
                      end
                 end;
        readln
End.
```

(4) 附注

当编程求解一个问题时，头等大事是分析问题，因为它是算法设计的基础。分析问题主要任务是，首先分析待求解的问题属于哪一类问题，它有什么性质，然后给出其求解的思想与方法。有了解决问题的思想与方法，算法设计也就不难了。由此可知，分析问题是多么重要啊！初学者切不可忽视之。

从本节列举的几个程序设计的实例不难看出，根据对问题求解的直觉理解设计的算法往往不是高质量的算法。实例中所涉及的高斯算法、秦九韶算法等均属于高质量的算法，对初学者来说可能一下子设计不出来或者根本设计不出来，**这是正常的，不值得大惊小怪和忧虑，更不能陷入冥思苦想之中，并在这方面投入过多的时间和精力**。在计算机科学中，理论计算机科学的发展已经表明，针对一个问题，能否设计出一个好的算法，关键在于对问题的科学认识，在于算法设计的科学方法。必须通过对问题本身的深入分析，发现或找出问题的内在规律，才能找到解决问题的正确方法。这正是计算机科学与技术和程序设计的魅力所在！有了好的算法，采用科学的程序设计方法，就能够设计出好的程序。这就要求学生必须具有良好的数学基础和理解科学的悟性，而数学基础和理解科学的悟性并非是天赋的，与生俱来的，而是通过后天严格的训练逐步提高的。

本书在介绍各种程序设计实例时，采用了将程序设计分为问题分析、设计算法、设计源程序(编码，Coding)、程序注释等几个步骤，这样可以比较清晰地勾画出解题的步骤，完成程序设计的任务。希望读者能够按照这样的步骤来完成相关练习，形成比较规范地做程序设计题的良好习惯。

4.7 转向语句

转向语句分为无条件转向语句和有条件转向语句两种，在大多数早期的高级程序设计语言中一般只设置了无条件转向语句，即为 **goto** 语句，Turbo Pascal 也是这样。有条件转向语句可通过条件语句和无条件转向语句的配合使用实现其功能。下面，介绍它的语法和语义，并对它作进一步的讨论。

1. 语法

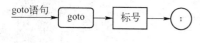

图 4-15 goto 语句的语法图

goto 语句的语法图如图 4-15 所示。

2. 语义

将程序的执行控制无条件地转移到标号所标志的语句处。

3. 说明

goto 语句只有与标号语句配合使用才有意义，而且其标号必须遵循先定义(说明)后使用的原则。关于标号说明语句请参阅第 4.2.1 节。标号语句(带标号的语句)的语法图如图 4-16 所示。

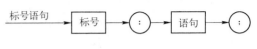

图 4-16　标号语句的语法图

例如，可以将第 4.6 节例 4-13 的利用牛顿迭代法解一元三次方程的源程序利用 **goto** 语句改写如下。

```
Program Newton_Method2(input,output);
Label
    2011;       {定义下面程序中要用到的标号 2011}
Const
    epsilon=1e-6;
Var
    x0,x1,funx0,defunx0,tempx0: real;
Begin
    writeln('Input x0:=');
    readln(x0);
    2011:
        funx0:=2*x0*x0*x0-4*x0*x0+3*x0-6;    {带标号 2011 的赋值语句}
        defunx0:=6*sqr(x0)-8*x0+3;
        x1:=x0-funx0/defunx0;
        tempx0:=x0;
        x0:=x1;
    if abs(x1-tempx0)>epsilon then goto 2011;
    writeln('Root of the equation is x1=',x1:6:2);
    readln
End.
```

显然，上述这个改写的源程序就是利用带标号的赋值语句和 **goto** 语句配合使用，实现了 repeat 循环语句的功能。同理，也可以实现其他循环语句的功能。

另外，通过对比百鸡百钱问题的两个源程序，可以初步说明：在 Pascal 的程序中，似乎可以不使用 **goto** 语句来编写程序。事实上，计算理论已经证明，一个程序，无论多么复杂，不使用 **goto** 语句是完全可以的。那么，引入 **goto** 语句有什么意义呢？

无条件转向语句(**goto** 语句)不仅是 Pascal 中的一个语言成分，也是许多程序设计语言共有的语言成分。因为灵活方便，没有限制，初学者在程序设计中十分喜欢使用。然而，无节制地使用它会破坏程序的结构。1965 年，荷兰著名计算机科学家、图灵奖获得者 E. H. Dijkstra(戴克斯特拉)教授在美国纽约举行的国际信息处理联合会会议上指出："应当从高级程序设计语言中取消 **goto** 语句"，"程序的质量与程序中所包含的 **goto** 语句的数量成反比"。然而，在当时，他的观点并没有引起人们的重视。那时，由于 Dijkstra 正在主持大型计算机系统软件的研制和开发，程序规模的迅速扩大和复杂程度的大大提高，使程序员习惯使用 **goto** 语句而影响程序调试和正确性的问题一下子暴露无条件转移语句带来的隐患。1967 年春天，E. H. Dijkstra 教授给

《Communication of ACM》杂志编辑部写了一封著名的题为"**goto** 语句是有害的(Goto Statement Considered harmful)"的信。编辑部收到来信后,《Communication of ACM》很快刊登了这封信。在信中,E. H. Dijkstra 教授指出了 **goto** 语句是程序复杂性难以控制的主要原因,建议在程序设计语言中取消转向语句。他的这封信由此引发了计算机科学界长达近十年之久的关于 **goto** 语句的论战。这场旷日持久的论战,最后在 1974 年以著名计算机科学家、图灵奖获得者 Donald Ervin Kunth(唐纳德•欧文•克努特,中文名高德纳)教授的"Structured Programming With Goto Statement(带 **goto** 语句的结构化程序设计)"一文作了结论性的总结而平息下来。该文的主要论点是:

(1) 滥用 **goto** 语句是有害的,应该尽量少用;

(2) 完全避免使用 **goto** 语句并不明智。某些程序中的某些地方用了 **goto** 语句后更自然,流程更清楚,效率也更高;

(3) 争论的焦点不应该放在要不要 **goto** 语句上,而应该放在采用什么样的程序结构上。

D. Knuth 教授建议继续保留 goto 语句,但对 goto 语句的使用作出一定的限制。例如,允许程序员在程序设计中沿一个方向使用 goto 语句,不破坏程序的结构。显然,从平息这场争论所采用的思想方法来看,上述观点无疑又是一个**折衷**的结果。

对待 goto 语句,应该坚持的原则是:

(1) 对 goto 语句在功能上仍然保留,但严格限制其使用范围(特别是对回转的 **goto** 语句);

(2) 在硬件技术迅速发展和机器成本大幅度下降的今天,除了系统核心程序部分以及一些有特殊要求的程序以外,一般情况下,宁可牺牲一些程序的效率,也要保证程序有一个良好的结构,在程序设计中尽量少用或不用 **goto** 语句。

具体地,在 Turbo Pascal 中,使用 goto 语句应该注意以下两点:

(1) **goto** 语句只能从一个语句结构中转出来,而不允许转向一个构造语句(复合语句、条件语句、重复性语句)的结构内部。下面几种情况是不合适的。

```
① for i:= 初值 to 终值 do          ② while 布尔表达式 do
     begin                              begin
       ...                                ...
       lab1: S1;                          lab1: S1;
       ...                                ...
     end;                              end;
   goto lab1;                        goto lab1;

③ goto 10;
   if 布尔表达式 then 10: S1;
```

(2) 不可以用 goto 语句从过程外转向过程内。goto 语句不得跳出当前分程序。

(3) 应该从一开始就练习和考虑采用结构化程序设计的思想方法,避免用 **goto** 语句,以此形成良好的程序设计的习惯。

从今天看那场旷日持久的 goto 语句的论战,不难看出其重要意义在于它引发了程序设计方法学的诞生,促进了软件工程学的发展。这个令人回味的历史故事让人们看到了学术讨论乃至于学术争论的重要性,也难怪德国著名物理学家海森伯(Werner Heisenberg,1901-1976)指出:"**学术根植于讨论中**"。

4.8* 关于语句的进一步讨论

从 1950 年代起,高级程序设计语言的研究风起云涌,在短短的三、四十年里先后设计和发明了几千种程序设计语言。这其中,既有通用程序设计语言,也有一些自动化程度较高的装置上使用的专用程序设计语言,如面向科学计算和数值分析的 **FORTRAN**,通用程序设计语言 **Algol-60**,面向银行、商业领域信息处理的 **COBOL**,主要面向电信领域程序设计的 **SNOBOL**,支持构件式程序设计的 **PL/1**,主要用于算法研究的 **APL**,支持数据掩蔽与操作封装的类程序设计语言 **SIMULA**,支持结构化程序设计的 **Pascal**,适合于军队各方面应用的大型通用程序设计语言 **Ada**,支持并发和模块化程序设计的 **Modula-2**、并发 **Pascal** 和 **Java**,支持逻辑程序设计的 **Prolog** 和 **Gödel**,支持人工智能程序设计的 **LISP**,支持面向对象程序设计的 **Forth**、**Smalltalk**、**Beta**、**C++**、**Java**,支持系统软件开发和程序验证的 **XYZ**,等等。而且,伴随着这些语言的出现和发展,产生了一大批为解决语言的编译和应用中所出现的问题而发展的理论、方法和技术,如 **CSP** 和 **CCS** 等。事实上,每一种程序设计语言都有其产生的背景,其中,一些被广泛使用、沿用至今的程序设计语言对这个学科的发展作出了重要贡献。也有一些程序设计语言,虽然今天已经很少有人使用,但其最初提出的新思想、新概念等对计算机科学的发展产生了深远的影响,如 **Algol-68、PL/1、SIMULA** 等。

每一种程序设计语言中都设计了一组语句,不同的程序设计语言由于理论基础、应用领域、设计思想等不同,语言中语句的种类和形式也不同。那么,一种语言应该设计多少语句,至少应该包括那些语句才是合适的,或比较完整的呢?要回答这个问题,需要对程序设计有一个比较深入的认识,非得从理论上去进行深究才能真正弄清楚。

实际上,一种程序设计语言应该包含哪些语句,与这种语言的理论基础和程序设计语言的类型有关。首先,由于语言的理论基础不同和程序设计类型的差异,面向过程程序设计语言 **Pascal** 与面向对象程序设计语言 **Beta** 在语句设计方面是不同的,基于一阶逻辑理论的说明性程序设计语言 **Prolog** 与基于递归函数理论的说明性程序设计语言 **LISP** 在语句设计方面相去甚远,顺序程序设计语言和并发、并行程序设计语言也存在本质的区别。其次,还应该看到,语句的设计还与语言设计者希望在多大程度上向用户提供应用语言的方便性有关。按照可计算性理论,象 **Pascal** 这类面向过程的程序设计语言,只要设计与图灵机基本动作在功能上一致的几条语句,即可使语言拥有很强的描述计算和算法的程序表达能力。但是,从用户使用方便的角度来看,这样的设计显然不足于满足用户对于高级程序设计语言的要求。因此,要真正弄清楚应该如何设计一个高级程序设计语言,如何欣赏、评价、选择一个程序设计语言,还需要从计算模型与计算理论、程序设计语言理论、程序设计方法学、程序理论等更深入的层面和角度去认识这个问题,从各类用户对计算机系统的要求的角度去考察,才能得到比较客观、正确的认识。

4.9* 计算机科学与技术学科中核心概念讨论之二——绑定概念

"绑定"是程序设计语言语义中的重要概念。它是英语中 Binding 单词的音译。有些文献中把它翻译成"联编"、"关联"、"汇集"、"拼接"或"约束"，等等。这里之所以把它译成"绑定"一词，除了 Binding 的音译之外，更重要的是因为"绑定"一词形象地表达了 Binding 这一英语词汇在计算机科学与技术学科中的语义。

一个对象(或事物)与其某些属性建立起某种联系的过程称为绑定。一个程序中往往要涉及若干对象(实体)，如变量、分程序、子程序和语句等。对象(实体)具有某些特性，即对象(实体)的属性。例如，变量的属性有名字、类型、作用域、生存期、变量作为参数时的传递及引用方式等。子程序的属性有名字、某些类型的形式参数和某些参数传递方式的约定等。语句的属性是与之相关的一系列动作。对象(实体)的属性是由其描述符(Descriptor)来描述的。例如，变量的类型属性是用类型说明语句来描述的，类型说明语句就是一个描述符。一个数组的属性，在编译时是由内情向量(Dope Vector)来描述的，内情向量就是一个描述符。

值得注意的是，在对象(实体)被处理之前，必须将它与有关的属性建立联系，即绑定。一旦把某些属性与一个对象(实体)绑定，这个联系就一直存在下去，直到对这个对象(实体)重新绑定。重新绑定后，该对象(实体)与原来属性的联系才会改变。

绑定是计算机科学与技术学科中的核心概念，借助于它可以阐明计算机科学与技术学科中的许多其他概念。把对象(实体)与属性联系起来的时刻称为绑定时(Binding Time)。若一个绑定在编译时完成，且在程序运行时不再改变，则此绑定称为静态绑定(Static Binding)。若一个绑定在程序运行时完成(此后，可能在程序运行中被改变)，则此绑定称为动态绑定(Dynamic Binding)。静态绑定运行效率高，但修改和维护工作量大；而动态绑定运行效率低，但它所带来的好处符合现代软件对可重用、可修改及可扩充等的要求。

例如，在 Turbo Pascal 的程序中，通过变量的类型说明语句，将所定义的变量绑定到一种数据类型之上。这种绑定的意义在于指定类型的方式(显式声明)和绑定发生的时间(静态绑定)；而通过 new 过程产生的动态变量与其对应的内存空间的绑定则是动态绑定。

本 章 小 结

与自然语言一样，高级程序设计语言也有其字和句子(语句)。本章主要介绍了 Turbo Pascal 的基本语句。其中，较为重要的是赋值语句和实现程序控制结构的语句，它们都是冯·诺依曼型语言的典型语句。

分支语句和循环语句实现了高级语言中语句控制的功能。语句控制是高级语言中实现程序控制结构的一种控制，其他控制结构还有子程序控制、并发控制和异常处理控制，等等。其他控制结构将在后续的章节或后续课程中介绍。

应该指出，本书主要用于"高级语言程序设计"课程教学，课程本身有特定的教学任务，而且，考虑到读者还没有系统地学习"离散数学"、"数据结构"类课程，学习高级语言和程序设计正处于起步阶段，综合各种因素，从多方面考虑，教材主要是围绕介绍高级程序设计语言及其程序设计最基本的知识、方法和技术，选择一些趣味程序设计问题作为实例，其解题方法和难度都没有超出读者已有的知识和直觉思维能够到达的深度，避免"喧宾夺主"。对于算法设计、程序设计方法等内容更深入的了解，随着学习的深入，读者今后可以通过"算法设计与分析"、"计算方法"、"程序设计方法学"等课程内容的学习，进一步深入掌握算法设计与复杂性分析、程序设计方法和技术。

习　　题

1. 请给出下面程序的运行结果。

   (1) ```
       Program Ex4_1;
       Var
         r,c,i:integer;
       Begin
         i:=20;
         for r:=1 to 5 do
           begin
             write('␣':i);
             for c:=1 to r*2-1 do
               write(c:1);
             writeln;
             i:=i-1
           end
       End.
       ```

   (2) ```
       Program Ex4_2;
       Var  i,p,q,roll:integer;
       Begin
           p:= 2;
           q:= 3;
           for i:= 1 to 3 do
             begin
               if p mod 2 = 0 then
                 if q mod 2 = 0 then
                   roll:= p + q + 1
                 else
                   roll:= q + 2 * p
               else
                 if q mod 2 = 0 then
                   roll:= p + q
                 else
                   roll:= p + 2 * q;
               if i mod 2 = 0 then
                 q:= roll
               else
                 p:= roll;
               writeln(p:3,q:3)
             end;
           readln
       End.
       ```

2. **闰年判断问题**。请写一个程序，任意输入一年号，判断其是否为闰年。

3. 请写一个程序，使之计算并输出下列分段函数之值。

$$y = \begin{cases} |x|+1 & x<0 \\ 2\ln x + \sqrt{x} & 0<x\leqslant 10 \\ e^x & 10<x\leqslant 20 \\ \sin(x) & 20<x\leqslant 40 \end{cases}$$

4. **体型判定问题**。医务工作者经调查和统计分析，根据身高与体重因素给出了以下按"体指数"进行体型判断的方法：

体指数 t＝体重 w/(身高 h)^2，（w 单位为千克，h 单位为米）

当 $t<18$ 时，为低体重；当 t 介于 18 和 25 之间时，为正常体重；当 t 介于 25 和 27 之间时，为超重体重；当 $t\geqslant 27$ 时，为肥胖。

请写一个程序，从键盘输入你的身高和体重，计算体指数，并输出你的体重属于何种类型。

5. **求解一元三次方程**。请写一个程序，任意输入一元三次方程 $ax^3+bx^2+cx+d=0$ ($a,b,c,d\in R$，且 $a\neq 0$) 的系数 a、b 和 c，求其根。

附注 解代数方程是古典代数学研究的核心问题。公元 628 年，印度数学家婆罗摩笈(Brahmagupta)发现了一元二次方程的求根公式，之后人们便开始了寻找一元高次方程的求根公式。遗憾的是，求解一元高次方程不如求解一元二次方程那么简单！直到 16 世纪人们才找到了一元三次方程和一元四次方程的求根公式。在求解一元三次方程的求根公式中，最著名的是卡当公式(即塔塔利亚公式)。然而该公式比较复杂，缺乏直观性。我国业余数学爱好者范盛金于 1988 年推导出一套直接用 a、b、c、d 表达的较简明形式的一元三次方程的新求根公式——盛金公式，下面介绍之。

对于上述一元三次方程，令 $A=b^2-3ac$，$B=bc-9ad$；$C=c^2-3bd$，总判别式：$\Delta=B^2-4AC$。

(1) 当 $A=B=0$ 时，方程有一个三重实根：$x_1=x_2=x_3=-\dfrac{b}{3a}=-\dfrac{c}{b}=-\dfrac{3d}{c}$。

(2) 当 $\Delta=B^2-4AC>0$ 时，方程有一个实根：$x_1=\dfrac{-b-\sqrt[3]{y_1}-\sqrt[3]{y_2}}{3a}$ 和一对共轭复根：$x_2=\dfrac{-2b+\sqrt[3]{y_1}+\sqrt[3]{y_2}}{6a}+\sqrt{3}\times\dfrac{\sqrt[3]{y_1}-\sqrt[3]{y_2}}{6a}i$，$x_3=\dfrac{-2b+\sqrt[3]{y_1}+\sqrt[3]{y_2}}{6a}-\sqrt{3}\times\dfrac{\sqrt[3]{y_1}-\sqrt[3]{y_2}}{6a}i$。其中，$y_1=Ab+\dfrac{3a(-B+\sqrt{B^2-4AC})}{2}$，$y_2=Ab+\dfrac{3a(-B-\sqrt{B^2-4AC})}{2}$，$i^2=-1$。

(3) 当 $\Delta=B^2-4AC=0$ 时，方程有三个实根。其中，有一个两重根。这三根为：$x_1=-\dfrac{b}{a}+K$，$x_1=x_2=-\dfrac{K}{2}$。其中，$K=-\dfrac{B}{A}$，($A\neq 0$)。

(4) 当 $\Delta=B^2-4AC<0$ 时，方程有三个不相等的实根：$x_1=\dfrac{-b-2\sqrt{A}\cos\dfrac{\theta}{3}}{3a}$，$x_2=\dfrac{-b+\sqrt{A}\left(\cos\dfrac{\theta}{3}+\sqrt{3}\sin\dfrac{\theta}{3}\right)}{3a}$，$x_3=\dfrac{-b+\sqrt{A}\left(\cos\dfrac{\theta}{3}-\sqrt{3}\sin\dfrac{\theta}{3}\right)}{3a}$。其中，$\theta=\arccos(T)$，$T=$

$$\frac{2Ab-3aB}{2\sqrt{A^3}}, \quad (A>0, \ -1<T<1)。$$

6. 请写一程序，求正整数 a 和 b 的最小公倍数 $[a,b]$ (Lowest Common Multiple)。

7. **$3x+1$ 问题（Carlitz 问题，或角谷猜想）**。从 1950 年代开始，在国际数学界广泛流行着这样一个奇怪有趣的数学问题：对于任意给定一个自然数 x，如果是偶数，则变换成 $x/2$，如果是奇数，则变换成 $3x+1$。此后，再对得数继续进行上述变换，最后总可以得到数 1。例如，$x=52$，可以陆续得出 26,13,40,20,10,5,16,8,4,2,1。这一论断既不能严格证明是正确的，也不能举出反例说明是错误的。许多人猜想它是正确的。又由于日本数学家角谷静夫教授把这一问题介绍到日本，因此日本人称之为角谷猜想。请你写一个程序，验证这个猜想。

附注 角谷猜想是一个著名的数学猜想。它最早是由数学家 L.Collatz（克拉茨）在 1950 年召开的一次国际数学家大会上最早提出的，因而许多人称之为 Collatz 问题。但是后来也有许多人独立地发现过这个问题，所以，从此以后也许为了避免引起问题的归属争议，许多文献称之为 3x+1 问题。

令人遗憾的是，尽管该问题题意如此清晰，明了，连小学生都能看懂的问题，却难倒了 20 世纪许多大数学家。直到 2006 年，美国芝加哥大学的研究人员证明了该问题是递归不可判定的（Recursively Undecidable）或不可解的，即无法证明该猜想为真，也无法证明它为假。

8. **百鸡百钱问题**。公元前五世纪末，我国数学家张丘建在《算经》中提出了该问题。问题是这样的："鸡翁一值钱五，鸡母一值钱三，鸡雏三值钱一。凡百钱买百鸡，问鸡翁、鸡母、鸡雏各几何？"请写一个程序，求解之。

9. 请写一个程序，计算 $e \approx 1 + \frac{1}{1!} + \frac{1}{2!} + \cdots\cdots + \frac{1}{n!}$ 之值，要求累加所有不小于 10^{-6} 的项。

附注: e 是一个超越数——是不能满足任何整系数代数方程的实数。1727 年，欧拉给这个超越数起了一个名字叫做 e。1844 年，法国数学家 Joseph Liouville（刘维尔，1809-1882）最先推测 e 是超越数，一直到 1873 年才由法国数学家 Charles Hermite（爱尔米特，1822-1901）证明了 e 是超越数。超越数的证明，给数学带来了大的变革，解决了几千年来数学上的难题——规尺作图三大问题，即倍立方问题、三等分角问题和化圆为方问题。

10. **判定肇事者问题**。一个汽车司机肇事后驾车逃离现场，只有三个目击者甲、乙和丙记住了该车的部分车号特征，其他目击者不能提供任何有用的信息。甲提供的信息是汽车车号的前两位数字是相同的；乙提供的信息是汽车车号的后两位数字是相同的，但与汽车的前两位数字不同；丙提供的信息是汽车的车号是四位数，而且车号值正好是一个整数的平方。请你写一个程序，给出肇事车可能的车号。

11. **Einstein（爱因斯坦）阶梯问题**。有一个长梯，若每步跨 2 阶，则最后剩 1 阶；若每步跨 3 阶，则最后剩 2 阶；若每步跨 5 阶，则最后剩 4 阶；若每步跨 6 阶，则最后剩 5 阶；只当每步跨 7 阶时才正好走完，一阶不剩。问这条阶梯最少具有多少阶。请写一个程序，求解之。

12. **猴子吃桃问题**。1979 年，著名物理学家李政道教授在访问中国科技大学时给少年班的学生出了一道题。有一天猴子摘下若干个桃子，当即吃掉一半，还不过瘾，又多吃了一个。第二天接着吃了剩下桃子的一半，仍不过瘾，又多吃了一个。以后每天都吃掉尚存桃子的一半零一个。到第十天早上，猴子再去吃桃时，见只剩下一个桃子了。问猴子第一天共摘下多少个桃子？

请写一个程序，求解之。

13. **图形打印问题**。请分别按照图 4-17 所示的三种形式，编程输出九九乘法表。

```
1 2 3 4 5 6 7 8 9           1                       1 2 3 4 5 6 7 8 9
2 4 6 8 10 12 14 16 18      2 4                       4 6 8 10 12 14 16 18
3 6 9 12 15 18 21 24 27     3 6 9                       9 12 15 18 21 24 27
4 8 12 16 20 24 28 32 36    4 8 12 16                     16 20 25 28 32 36
5 10 15 20 25 30 35 40 45   5 10 15 20 25                    25 30 35 40 45
6 12 18 24 30 36 42 48 54   6 12 18 24 30 36                    36 42 48 54
7 14 21 28 35 42 49 56 63   7 14 21 28 35 42 49                    49 56 63
8 16 24 32 40 48 56 64 72   8 16 24 32 40 48 56 64                    64 72
9 18 27 36 45 54 63 72 81   9 18 27 36 45 54 63 72 81                    81
        (a)                         (b)                         (c)
```

图 4-17 九九乘法表

附注 九九乘法表又称"小九九"，是我国春秋战国时代筹算中进行乘法、除法、开方等运算中的基本计算规则，沿用到今日，已有两千多年。直到十三世纪，传入高丽、日本，经过丝绸之路西传印度、波斯，继而流行全世界。它是古代中国对世界文化的一项重要的贡献。

14. **整数之林**。请写一个程序，找出小于 1000 的所有勾股数，亲和数，同构数(自守数，或自生数)，自方幂数，等等。

提示 这类问题常利用穷举策略进行程序设计。勾股数是指满足 $x^2+y^2=z^2$ 的整数 x、y、z。若整数 a 的真因子之和为 b，而 b 的真因子之和为 a，则称 a、b 为亲和数。若正整数 n 是它的平方数的尾部，则称数 n 为同构数。一个 n 位正整数若等于它的 n 个数字的 n 次方和，则该数称为 n 位自方幂数（三位自方幂数为水仙花数）。

图 4-18 方格图

15. 在如图 4-18 所示的方格中，不重复地填入数字 1、2、3、4、5、6。要求右边的数字比左边的数字大，下边的数字比上边的数字大。请写一个程序，打印输出各种填写方法。

16. 根据如图 4-19 所示的程序流程图，请写出对应的程序。要求不使用 goto 语句。a,b 和 c 均为整型数。

17. **组合问题**。某人去邮局寄邮件，邮资大于 8 角。现邮局只有面值为 3 角和 5 角的邮票。问此人应购买 3 角和 5 角的邮票各多少？试设计一个程序，从键盘输入邮资之值，给出所有组合数及张数最少的买法。

18. **谁做了好事？** 有 A、B、C、D 四位学生，其中有一位做了好事，但是不知道是哪一位。经过询问得知如下情况：

　　A 说：不是我。
　　B 说：是 C。
　　C 说：是 D。
　　D 说：C 胡说。

已知上述四位学生中有三位说的是真话，一位说的是假话。请写一个程序，根据上述信息计算出是谁做了好事。

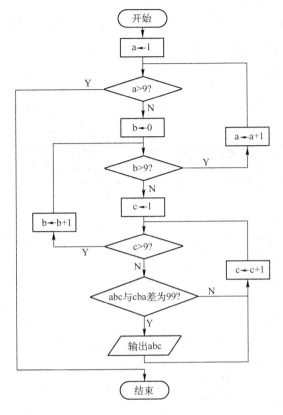

图 4-19 一个程序的流程图

19．(选做题)**着色问题**。下面的如图 4-20 所示的地图共有 12 个区域，用四种不同的颜色去着色，要求相邻区域的颜色不可相同。请写一个程序，打印输出各种不同的着色方案。

20．(选做题)**人机对弈游戏**。有一堆东西，个数为 n，你与计算机轮流拿取，每次不超过 k 个，谁最后将东西拿完则谁为输。请写一个程序，使得在大多数情况下计算机总能取胜。

21．(选做题)假设计算机不能直接读入十六进制数(其字符包括 0、1、2、3、4、5、6、7、8、9、A、B、C、D、E、F)，请写一个程序，从键盘输入一个十六进制数，把它翻译成十进制数。要求：

(1) 若输入的十六进制数正确，则输出翻译结果，并输出信息说明该数是整数还是实数；

(2) 若输入的十六进制数错误，则输出错误信息。

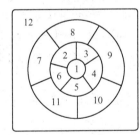

图 4-20 地图

第5章 程序的结构与类型

从前面 1.1 节的介绍知道，程序设计语言本身是一种**计算模型**，不同的程序设计语言可能对应不同的计算模型。在程序设计中，各种计算模型常呈现出不同的程序设计范型(Paradigm)。相应地，计算模型所对应的程序设计语言也被视为属于相应特点的范型语言。所谓程序设计范型是指使用程序设计语言设计和实现程序的一种风范。不同的计算模型、程序设计范型导致了不同的程序设计方法和技术，进而产生不同类型的程序，程序的结构和运行机制也会有差别。尽管至今已经发明了上千种程序设计语言，但它们大致可归结为六种基本的程序设计范型：命令型、过程型、面向对象型、函数型、逻辑型和关系型。例如，Turbo Pascal 5.5 之前的版本，均是一种命令-过程型语言。命令-过程型语言是目前最常见、应用最广泛的一种高级程序设计语言。程序设计语言在设计时对范型的考虑往往与语言面向的领域、程序设计表达计算时的思维方式和使用的数学理论有关。值得注意的是，早期，程序设计语言的设计一般多采用单一范型，但随着程序设计语言研究的深入和成熟，目前单一范型的语言并不多见，而能够支持多范型程序设计的语言较多。例如，Turbo Pascal 7.0 就是支持多范型程序设计的语言。不过，能同时兼有六种范型的语言还没有，也不是人们追求的目标。多范型的语言有利于拓展程序员设计程序时的思路，也有利于程序设计中集成不同类型的程序和软件系统，但这样做有可能增加系统软件的复杂性，甚至破坏某些范型的特性。1980 年代中期以后，有一些研究试图构造统一各种范型的程序设计语言，一度成为程序设计语言研究的发展方向之一，但后来放弃了。

▷▷ 5.1 程序的基本结构

由于不同范型的程序设计语言编写的程序结构存在差别，由此极大地丰富了程序设计的内涵。下面仅介绍命令-过程型语言的程序结构，其他语言的程序结构将在 5.4 中讨论。命令-过程型语言属于传统的程序设计语言，这类语言的程序实际上是对所要求解问题的计算过程的描述，即描述了"如何做"(How to do)的过程。宏观上，其程序反映了由传递参数过程或函数描述的一个计算。每个过程或函数处理它的参数，有时更新它们并有可能返回一个值。即过程或函数实现了计算抽象。微观上，过程或函数是由数据说明(数据结构)和决定其控制流程的语句组成的一个操作序列或计算过程。

这里所说的一个程序的基本结构是指一个程序的流程和数据的基本组织形式(数据结构)的总和，也即一个程序由数据说明(数据结构)和决定其控制流程的语句组成(简称数据和控制)，这两部分决定了程序的结构。其中，数据用于表示求解问题所需要的问题域知识和处理对象的抽象描述，而控制用于表示求解问题的过程。从问题域角度看，程序的数据总是属于某种类型，而类型是对问题域知识的划分和对处理对象的抽象描述，其作用是确定属于该类型数据的取值范围、可能的操作及内部表示方法。早在 1960 年代初至中期，我国著名计算机科学家唐稚松教授（1925.7-2008.9）和国外学者 S. C. Kleene（S. C. 克林），以及 C. Bohm（C. 布赫姆）、G.Jacobini（G. 雅可比）等先就后对程序的结构进行了研究，提出了程序结构的基本定理。该定理指出：任何一个顺序程序均可以由顺序（Sequencing）、选择（Selection）和循环（Repetition）三种基本控制结构构成。这三种基本控制结构有一个共同的特征，就是单入口和单出口。今天，有关**软件体系结构**（Software Architecture）的研究最初就是源于对程序组织与结构的研究。从**抽象**的角度看，**顺序**是对计算机程序计数器提供的顺序获得指令的一种抽象，选择和循环是对计算机硬件显式修改程序计数器的值从而实现无条件转移和条件转移的一种抽象。由于这些抽象是用于控制程序流程的，因此称它们为**控制抽象**。

5.1.1　顺序结构

顺序结构是最简单的一种结构，如图 5-1 所示。这种结构的特点是单入口和单出口。顺序结构在 Pascal 中表现为语句序列，即顺序地执行一串语句（可以是复合语句）。图 5-1 中的语句序列是：$S_1, S_2, S_3, \ldots, S_N$。

5.1.2　选择结构

选择结构是一种条件分支结构，如图 5-2(a)、(b)、(c)所示。这种结构的特点也是单入口和单出口。选择结构在 Pascal 中可表达为下列语句形式：

(a) **if** A **then** S_1　　　　　　（条件子句）；
(b) **if** A **then** S_1 **else** S_2　　（条件语句）；
(c) **case** 语句　　　　　　　　（分情形条件语句）。
　　case <情况选择表达式 E> **of**
　　　<情况标号 1>: S_1;
　　　<情况标号 2>: S_2;
　　　　……
　　　<情况标号 N>: S_N;
　　end;

图 5-1　顺序结构

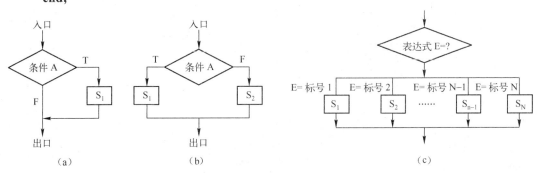

图 5-2　选择结构

图 5-2 中，S_1，S_2，S_3，…，S_N 为语句(可以是复合语句)，**T** 和 **F** 分别代表真值和假值。

5.1.3 循环结构

循环结构是一种条件分支结构，如图 5-3 所示，这种结构的特点是单入口和单出口。循环结构在 Pascal 中表现为：

(a) **for** 循环语句；

(b) **while** 循环语句；

(c) **repeat** 循环语句。

在图 5-3 中，S_1 为语句(可以是复合语句)。

说明：

(1) 图 5-1、图 5-2 和图 5-3 是程序的三种基本控制结构的流程图(Flow Chart)。流程图是一种用来描述程序控制流程和指令执行情况的有向图，可以使用它来描述算法。早期，由于程序比较简单，程序员在编程中普遍使用流程图来描述算法。使用流程图来描述算法的优点是直观，便于程序员设计和调试程序，缺点是所占篇幅较大。另外，流程图中表示控制流程转向的流程线类似于程序中的 **goto** 语句，程序员写程序时往往不受约束而灵活使用，但结果是不利于结构化程序设计。因此，以今天的观点来看，不提倡学生使用它来描述算法。需要指出的是，前述三种基本控制结构中出现的控制转向与 **goto** 语句有本质的不同，因为每一个基本控制结构是一个整体，其单入口和单出口特征决定了它的控制流程本身是清楚的。

(2) 从语言角度来看，流程图也是一种语言。这是为什么呢？读者可以从聋哑人用手语表达思想和情感这样一种现象得到启发，自己通过思考和感悟理解这一点。

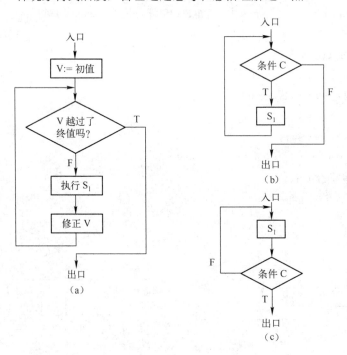

图 5-3 循环结构

5.2* 程序的类型

由于存在不同的程序设计范型，不同的计算模型（范型）导致了不同的程序设计语言、技术和方法学，进而也就有了不同类型的程序。程序的类型可以按照程序设计语言的范型进行分类，也可以按照内涵（特征属性）分类的方法进行分类。按照内涵分类的方法可将程序的类型分为递归程序、迭代程序（递推程序）、结构化程序、并发程序、并行程序、逻辑型程序、函数型程序、面向对象程序，等等。下面对它们作一个简要介绍。这些内容读者可能一时看不明白，难以理解。不过，没有关系，读者只要对此有一个大致的了解即可，今后将在后续的一系列课程中学到具体而详细的相关知识。

递归程序（Recursive Program）是指一类在程序中直接或间接调用了自身的程序。

迭代程序（Iterative Program）是指一类在程序中通过周期性的重复操作以得到所期望的计算结果的程序。迭代程序有时又被称为递推程序。

结构化程序（Structured Program）是指一类具有下列三个特点的程序：

① 程序设计的过程通常是一个自顶向下，逐步求精的演化过程，见5.3.1介绍；

② 程序的构造由若干个块结构组成，即按照块结构组装的方法编程；

③ 在微观层面，程序均由顺序、分支和循环三种基本控制结构构成。这三种基本控制结构有一个共同的特征，就是单入口和单出口。

结构化程序也可以用其他方法设计得到，不过这需要更多的专门知识、方法和技术。

并发程序（Concurrent Program）是由若干可同时执行的称为进程的程序单元组成。程序在一个数据集合上的一次执行称为进程（Process）。进程由数据集合和有关的一组语句序列组成。程序是静态的概念，进程是动态的概念。不同的程序在同一个数据集合上的执行生成不同的进程，同一个程序在不同的数据集合上的执行也生成不同的进程。从程序动态运行的角度观察，一个程序执行的计算任务可以由若干个程序产生的一组进程的执行来完成。完成一个程序计算任务的多个进程可以在多个处理机上并行地执行，也可以在一个处理机上随时交替地执行。通常，并发程序是指单个处理机上的多进程程序。并发程序中必须处理好进程间的同步和死锁问题。进程同步是指若干个进程对它们访问公共数据时的一种约束，以防止数据出错，或者指若干个进程为协同完成一项任务而相互之间协调操作行为。死锁（Deadlock）是指进程之间因为竞争资源而产生的无休止的等待现象。

并行程序（Parallel Program）是指一类可以同时在多个处理器上并行执行程序指令的程序。

逻辑程序（Logic Program）是指一类以形式化的逻辑理论（即一种数学理论）为基础的逻辑程序设计语言所写的程序。现有的逻辑程序是指一类由单元逻辑子句（又称为事实）和条件逻辑子句（又称为规则）组成的程序。该程序用单元逻辑子句和条件逻辑子句来描述领域知识中的事实和规则，作为求解问题的前提，然后根据提问和推理规则求解问题。这种程序实质上是对所求解问题的一种定义性描述，而非算法过程，通常被视为说明性程序。

函数型程序（Functional Program）是一类由一些原始函数、定义函数和函数型算子组成的函数表达式序列。函数型程序执行的重要特征是变量仅与值有关，与物理存储地址无关，变量与环境一一对应，程序的执行过程是一种函数变换的过程。这种程序实质上也是对所求解的问题的一种定义性描述，而非算法过程，通常也被视为说明性程序。

面向对象程序（Object-oriented Program）是一类以数据为中心的程序，其编程过程体现对物理世界的自然描述。程序由对象组成，对象之间通过消息进行传递和联系，对象是外部属性数据和这些属性数据上所允许的操作的**抽象封装**，体现数据掩蔽与操作封装的特点。对象的母体通过类进行抽象描述，对象是类的实例。

高级程序设计语言是程序设计发展的产物。在计算机出现的早期，人们直接使用低级语言即机器指令进行编程，但由于低级语言的可读性差以及难学、难记，程序也难以编写、调试、修改、移植、交流和维护，于是，催生了高级程序设计语言。高级语言的出现，促进了编译程序、连接程序等不同种类的程序应运而生。早期，受不同应用目标的驱动，还产生了其他不同种类的程序，如管理程序(它是今天操作系统的雏形)。在成功地推出了一批高级程序设计语言之后，1960年代中后期以来，程序设计语言的研究和发展开始受到程序设计思想、方法和技术的影响，也开始受到程序理论、软件工程、人工智能、新型计算机系统等许多方面特别是实用化方面的影响。在"软件危机"的争论逐渐平息的同时，一些程序设计语言的设计准则开始被大多数人接受，并在后续出现的各种高级程序设计语言中得到体现。例如，用于支持结构化程序设计的Pascal、C，适用于军方的大型通用程序设计语言Ada，支持并发程序设计的Modula-2、C++、Java、并发Pascal，支持逻辑程序设计的Prolog、Gödel，支持函数式程序设计的Lisp，支持面向对象程序设计的Forth、Beta、Smalltalk、C++和C#，支持软件开发和程序验证的XYZ等。

伴随着这些程序设计语言的出现和发展，也产生了不同的程序类型。例如，伴随着并发程序设计语言的出现和发展产生了并发程序，伴随着逻辑程序设计语言的出现和发展产生了逻辑程序，等等。另外，随着并行计算机系统的问世，并行程序设计语言及并行程序也就产生了。这充分地说明了这样一个事实：不同的程序类型是新型计算机系统、程序理论和程序设计技术发展的产物。

5.3 程序设计技术

在计算机科学与技术半个多世纪的发展过程中，人们在不同的层面已经发展了多种程序设计技术。例如，结构化程序设计技术(Structured Programming Technology)、模块化程序设计技术(Modularized Programming Technology)、递归程序设计技术(Recursive Programming Technology)、程序变换技术(Program Transformation Technology)、程序推导技术(Program Derivation Technology)、程序综合技术(Program Synthesizing Technology)、函数式程序设计技术(Functional Programming Technology)、逻辑程序设计技术(Logic Programming Technology)、面向对象程序设计技术(Object-Oriented Programming Technology)、面向方面的程序设计技术(Aspect-Oriented Programming Technology)、面向构件的程序设计技术(Component-Oriented Programming Technology)、面向领域的程序设计技术(Domain-Oriented Programming Technology)、程序验证技术(Verification Technology of Program)、约束程序设计技术(Constrained Programming Technology)、并发程序设计技术(Concurrent Programming Technology)、并行程序设计技术(Parallel Programming Technology)、分布式程序设计技术(Distributed Programming Technology)、实时程序设计技术(Programming Technology in Run-Time)、遗传程序设计技术(Genetic Programming Technology)，等等。下面重点介绍结构化程序设计技术，并概要说明模块化程序设计技术。递归程序设计技术将在第7.6节中详细介绍。

5.3.1 结构化程序设计技术

结构化程序设计是一种程序设计的原则和方法，按照这种原则和方法设计的程序具有结构清晰，容易阅读，易于修改和验证的特点，从根本上易于保证程序的正确性。结构化程序设计技术的基本思想可以归纳为以下几点：

（1）采用顺序、选择和循环三种基本结构作为程序的基本单元进行程序设计。利用这三个基本单元编写的程序流程具有如下三个特性：
- 单入口；
- 单出口；
- 稍加控制，能保证程序无死循环。

（2）尽量不要使用多于一个的 **goto** 语句标号。即使非要使用 **goto** 语句，也只允许在一个"单入口单出口"的模块内部使用 **goto** 语句向前跳转，但不允许回跳，或只允许在模块内部单向跳转。因为，导致程序结构不良的原因不在于使用了较多的 **goto** 语句，而在于使用了较多的 **goto** 语句标号和无序跳转。例如，在程序的多个地方，使用 **goto** 语句转向同一目标处进行相同的错误处理，这种做法不但不会影响程序结构的清晰，有时反而会使程序变得更加简洁。

（3）通常，结构化程序设计技术采用自顶向下(Top-down)、逐步求精(Stepwise Refinement)的程序设计方法和模块化程序设计方法。下面介绍自顶向下、逐步求精的程序设计方法，模块化程序设计方法将在 5.3.2 中介绍。

自顶向下、逐步求精的程序设计方法由图灵奖的获得者 E. W. Dijkstra 与 N. Wirth（尼克莱斯·沃思）等人在 1970 年代末提出，其基本思想是将程序设计的过程看成一系列的步骤 $S_1, S_2, S_3, \cdots, S_N$，每一步设计出关于该程序的一种描述。作为设计的第一步，S_1 是该程序的一些最基本特征的概要性描述。之后的每一步，总是在前面一步的基础上对描述进行细化。所谓细化，实质上是一个结构化分解的过程，它应保持细化前后的描述在语义上一致。最后一步 S_N 得到的描述，即为最终的程序步骤，得到完整的程序。简言之，它是一种先全局后局部，先整体后细节，先抽象后具体的**展开方法**。

特别地，近几年提出的"**软件进化**"的概念与思想就是在"自顶向下、逐步求精"思想的基础上扩充而来。

下面举例说明自顶向下、逐步求精的程序设计方法。

例 5-1 请用自顶向下、逐步求精的程序设计方法写一个程序，模拟编译程序中将以字符形式输入的数字序列转换成实数的小程序。例如，将 $'1''2''0''1''.''2''8'$ 转换为 1201.28。

（1）分析

在计算机上解题时，任何程序中需要的数值型数据，都是从键盘上通过一个字符一个字符的输入的。显然，输入数据的类型都是字符型的。而这些程序在运行之前必须使用编译程序将其转化为数值型数据。承担翻译功能的编译程序是如何将键盘输入的字符序列转化为实数的呢？下面以将 $'1''2''0''1''.''2''8'$ 转换成 1201.28 为例，说明其转化方法。

输入字符 $'1'$，对应的实数为：result=ord($'1'$)-ord($'0'$)=1；接着输入字符 $'2'$，对应的实数为：result=result×10+ord($'2'$)-ord($'0'$)=1×10+2=12；继续输入字符 $'0'$，对应的实数为：result=result×10+ord($'0'$)-ord($'0'$)=12×10+0=120；再输入字符 $'1'$，对应的实数为：result=result×10+ord($'1'$)-ord($'0'$)=120×10+1=1201。

若有小数点，例如′1′′2′′0′′1′′.′′2′′8′，则可以先按整数转化成 120128，然后再除以 10^2 得到 1201.28。

假设读入的字符型数据为 ch，转化的结果为实型数据 result，遇到小数点后应除的因子为实型数据 scale。

(2) 算法

① 处理整数部分；

② 处理小数部分；

③ 输出结果。

(3) 程序设计

对①的求精。处理整数部分如下：

result←0;

输入一个字符 ch;

repeat

  result←result×10+ord(ch)-ord(′0′);

  输入下一个字符 ch;

until ch 不是数字;

对②的求精。处理小数部分如下：

若 ch 是小数点，则

  [scale←1;

    输入一个字符 ch;

    repeat

      result←result×10+ord(ch)-ord(′0′);

      scale←scale×10;

      输入下一个字符 ch;

    until ch 不是数字;

    result←result/scale;

  ]

由上面的设计不难写出其完整程序，这一任务留给读者完成。

(4) 附注

该例题是一个典型的非数值计算问题，其功能是编译程序必须具备的。编译程序是软件技术的集大成者，其理论、方法、技术内容丰富。

例 5-2 请用自顶向下、逐步求精的程序设计方法，给出 $n(n>2)$ 之前的所有素数(质数)的程序。

(1) 分析

该问题是一个寻找素数的问题。显然，问题的核心是素数的判定方法。素数的判定方法最简单的是试商法。由于要计算 n 个素数，因此可以利用**穷举**的思想实现之。

(2) 算法

① 输入 n 之值；$x←2$;

② 循环：当 $x<n$ 时，做

  [判断 x 是否为素数;

    若 x 是素数，则 输出 x;

求下一个 x;
］
③ 结束。

（3）程序设计

第 S_1 步：依题意容易按照上面设计的算法写出如下的总体程序，将子问题"判断 x 是否为素数"留在下一层抽象完成。

```
Begin
  read(n);
  x:=2;
  while x < n do
  begin
    判断 x 是否为素数;
    if x 是素数 then write(x);
    取下一个 x;
  end
End.
```

第 S_2 步：利用素数的定义方法，将子问题"判断 x 是否为素数"精细化为：

```
k:=2;                    {k=2,3,……, x-1}
repeat
  if x 能被 k 整除 then
    prime:=false
  else
    begin
      k:=k+1;
      prime:=true
    end;
until x 不是素数或者 k=x;
```

这里引入了逻辑（布尔型）变量 prime，用来表示 x 是否为素数。当 prime=*false* 时，x 不是素数，否则 x 是素数。

于是，得到比第 S_1 步较为精细的第 S_2 步程序：

```
Begin
  read(n);
  x:= 2;
  while x < n do
    begin
      k:= 2;
      repeat
        if x 能被 k 整除 then
          prime:= false
        else
          begin
            k:= k + 1;
            prime:= true
          end;
```

```
         until x 不是素数或者 k = x;
         if x 是素数 then write(x);
         取下一个 x
      end
   End.
```

第 S_3 步：将第 S_2 步得到的程序中的汉语描述形式化如下：
① 用 "x mod k=0" 表示语义 "x 能被 k 整除"；
② 用 "(prime=*false*) or (k=x)" 表示语义 "x 不是素数或者 k=x"；
③ 用 "prime=*true*" 表示语义 "x 是素数"；
④ 用 "x:=x+1" 表示语义 "取下一个 x"；
⑤ 考虑具体情况，2 是最小的素数，x 从 3 开始判断是否为素数。
于是得到最终的程序体部分如下：

```
Begin
   read(n);
   x:= 2;
   write(x:5);            {1 不是素数，2 是素数，打印之}
   x:= x+1;               {从 3 开始判断}
   while x < n do
   begin
     k:= 2;               {k = 2,3,……, x-1}
     repeat
       if x mod k= 0 then
         prime:= false
       else
         begin
           k:= k + 1;
           prime:= true
         end;
     until (prime = false) or (k = x);
     if prime = true then write(x:5);
     x:= x + 1
   end
End.
```

由这一程序体部分，不难写出其完整程序。这一任务留给读者完成。

(4) 附注

该例题是一个寻找素数的问题，也是一个有趣而富有挑战性的问题。上述算法设计的思想是根据对问题求解的直觉理解出发，采用素数的定义，利用**穷举**的思想(外延方法)设计的，这种方法也被称为寻找素数的试商法。具体说来，判断 x 是否为素数，只要用 x 逐个去除 2,3,…,x-1，若全都除不尽，则 x 为素数，否则(只要其中一个除尽)x 不为素数。事实上，可以使用数学方法证明：只需要用 2,3,…,$\sqrt{x}$ (取整数)之间的整数去除即可，而不必再考虑 $\sqrt{x}$，$\sqrt{x}$ +1,…,x-1 间的整数了。这是因为，若小于等于 $\sqrt{x}$ 的整数都不能除尽 x，则大于 $\sqrt{x}$ 的整数也除不尽 x[①]。

---

① 证明：假设有大于 $\sqrt{x}$ 的数 k 能除尽 x，则它的商 q 必小于 $\sqrt{x}$，且 q 能除尽 x(其商为 k)。这与小于等于 $\sqrt{x}$ 的整数都除不尽 x 相矛盾。于是，所证结论成立。

这说明，要设计出高质量的求素数的算法，取决于对"数论"知识的掌握程度，以及对问题本身的深入理解与分析。这也从一个侧面说明了要设计出一个高质量的算法或程序，仅仅通过这门课程的学习是不够的。

例 5-3 请用自顶向下、逐步求精的程序设计方法写一个程序，验证费马命题：一个素数，若被 4 除余 1，且它能够表示成两个自然数的平方和，如，$5 = 1^2 + 2^2$，$13 = 2^2 + 3^2$，则费马命题成立，否则费马命题不成立。

（1）分析　由于无法穷尽测试所有的满足费马命题的素数，因此，只能测试某一范围内的素数。假设选择 200 以内的素数进行验证。验证费马命题的方法是：利用穷举的策略，判定 200 以内的每一个素数。若它能够被 4 除余 1，并能够分解成两个自然数的平方和，则费马命题成立，否则费马命题不成立。

（2）算法

① 输入 x 之值；{例如，x 为 200}

② 循环：n 从 1 到 x，步长为 1，做

　　　[若 n 为素数，则 prime 为真；否则 prime 为假；

　　　　若 prime 为真并且 n 能够被 4 除余 1，则

　　　　　　[若 n 能够分解成两个自然数的平方和(穷举判定)，则费马命题成立，否则不成立；

　　　　　　]

　　　]

③ 结束。

（3）程序设计

第 S_1 步：根据上述验证费马命题的算法，容易设计出如下总体程序。

　　输入 x 之值；

　　循环：n 从 1 到 x，步长为 1，做

　　[① 若 n 为素数，则 prime 为真；否则 prime 为假；

　　　② 若 prime 为真并且 n 能够被 4 除余 1，则

　　　　[穷举判定 n 是否能够分解成两个自然数的平方和，若能够，则费马命题成立，

　　　　　否则不成立；

　　　　]

　　]

第 S_2 步：将①精细化。该步与本节例 5-2 的 S_2 步相同。

第 S_3 步：将②精细化。

● 条件语句的条件表达式精细化为：(prime=*true*) 且 (n mod 4=1)。

● 把"穷举判定 n 是否能够分解成两个数的平方和，若能够，则费马命题成立，否则不成立"精细化为：

mark←*false*；{为了判定费马命题成立与否，需要引入布尔变量 mark}

循环：j 从 1 到 (n div 2)，步长为 1，做

　　循环：k 从 j 到 (n div 2)，步长为 1，做

　　　　若 ($n=j\times j+k\times k$)，则

　　　　　　[输出 "Fiema proposition is true."；

　　　　　　　mark←*true*；

];
若 mark=*false*，则 输出 "Fiema proposition is false."；
于是，得到如下细化后的程序体部分。

```
Begin
    循环：n 从 1 到 200，步长为 1，做
    [m←2;
     循环：
        若 n mod m=0，则 prime←false
        否则 [ m←m+1; prime←true; ]
     直到 prime=false 或 m=n 为止；
     若 (prime=true)且(n mod 4=1)，则
     [ mark←false;
        循环：j 从 1 到 (n div 2)，步长为 1，做
        循环：k 从 j 到 (n div 2)，步长为 1，做
            若 (n=j×j+k×k)，则
            [ 输出 "Fiema proposition is true."；
              mark←true;
            ];
        若 mark=false,则 输出 "Fiema proposition is false."；
     ]
    ]
End.
```

由这一程序体部分不难写出其完整程序，这一任务留给读者完成。

(4) 附注

① 注意，例 5-3 设计的程序远没有达到最优。例如，对于给定的一个自然数 n，判断其是否为素数的计算，采用了从定义出发来进行判断。这样，算法和程序的效率就比较低。实际上有许多更好的判断方法，这需要更多的数学知识。判断给定的素数 n 是否能够分解成两个自然数的平方和的方法也不是最好的，要改进也需要更多的数论知识。而且，在程序设计中，两重循环

循环：j 从 1 到 $(n\,\text{div}\,2)$，步长为 1，做
　循环：k 从 j 到 $(n\,\text{div}\,2)$，步长为 1，做

中，每次循环都将重复计算 $(n\,\text{div}\,2)$，这将使得程序的效率很低。为了提高程序的效率，可以另外引入 1 个变量，在循环开始前先计算 $(n\,\text{div}\,2)$，然后存入这个变量中，就可使程序的实际执行效率更高。因为，在计算机系统中，获取一个变量的值相当于从内存读取一个单元的值，所花费的时间比这个运算要快得多。

② 费马命题是由被誉为近代数论之父的法国数学家 Pierre Fermat(皮埃尔·费马，1601～1665)提出的。这个研究结果被他记录在古希腊数学家 Diophante(丢番图，246～330)的著作《算术》一书的空白处，后来，瑞士大数学家 Leonhard Euler(莱昂哈德·欧拉，1707-1783)花了 7 年的时间才找到了该命题的证明。

其实，费马对数论的研究是从阅读丢番图的著作《算术》一书开始的，他对数论的大部分贡献都批注在这本书页的边缘或空白处，有些则是通过给朋友的信件传播出去的。在数论这个领域中，费马具有非凡的直觉能力，他提出了数论方面许多重要的定理。其中，最为著名的是费马大定理。

费马大定理又称费马最后定理(Fermat's Last Theorem)。自17世纪费马提出该定理后，这个数论难题直到1994年才被普林斯顿大学的英国数学家Andrew Wiles(安德鲁·怀尔斯,生于1953年)和他的学生理查·泰勒成功证明①。Andrew Wiles也因此获得了1998年的菲尔兹奖(Fields Medal Prize，数学领域中的最高奖,每4年颁奖一次)特别奖以及2005年度邵逸夫奖的数学奖。

费马出生于皮革商人家庭，他在家乡上完中学后，考入了图卢兹大学，1631年获奥尔良大学民法学士学位，毕业后任律师，并担任过图卢斯议会议员。数学只是他的业余爱好，但他对解析几何、微积分、数论、概率论都作出了杰出的贡献，被誉为"业余数学家之王"。那么，作为一个业余研究人员，为什么会取得如此大的成就呢？

费马应主要归结为"**兴趣**"这两个字。因为**兴趣是最大的力量，爱好是最好的老师。**另外，Andrew Wiles证明费马大定理的历史故事也值得人们深思。

Andrew Wiles是在1963年从Eric Temple Bell(E·T·贝尔)所著的《The Last Problem(大问题)》一书中得知"费马大定理"这个世界难题的。当时他还是刚10岁的孩子，好奇心使得他对这个问题产生了浓厚的兴趣，并立志要解决它。他于1977年在英国剑桥大学克莱尔学院获得博士学位，1980年到普林斯顿大学任教。从1986年开始，除了参加日常的教学外，他专心致志于"费马大定理"的研究工作。在随后的8年间，他没有急功近利的浮躁心态，怀着"板凳要坐十年冷,文章不写一句空"的信念，没有发表一篇论文，这在科学史上是不多见的。尽管有普林斯顿大学宽松的学术环境，但仍然受到了他人的冷嘲热讽。凭着对数学的兴趣与执着，他忍住寂寞，尝尽了其中的深奥、枯燥与抽象，终于在1994年9月证明了"费马大定理"这一旷世难题，谱写了人类智力活动的又一曲凯歌。Andrew Wiles的成功之路，深刻地诠释了明末清初著名思想家顾炎武的一句名言："**学问始于兴趣，终于毅力**"。

作为5.3.1的结束，下面给出小结供读者思考。

本节上述三个程序设计的实例使用了展开方法。所谓展开方法是从一个较为抽象的目标(对象)出发，通过一系列的过程操作或变换，将抽象的目标(对象)转换为更为具体的细节的描述，直到最后的目标为止。**展开方法是计算机科学与技术学科的典型方法**，读者应该认真体会其内涵。展开方法广泛地出现在计算机科学与技术学科的许多后续课程中，读者要反复思考，善于总结，最后掌握它。展开方法是计算机科学与技术学科的核心概念——**分解**概念最有力的体现。

从数理逻辑(大学低年级的读者可以参考《计算科学导论》(赵致琢著，科学出版社)中布尔代数的内容理解)**的抽象层次上看，自顶向下、逐步求精的程序设计过程的每一步 S_i 所设计出的是关于该问题的程序的一种描述。这种描述本质上可以表达为一个形式系统，所设计的程序是这个形式系统从程序规范(已知条件)出发，经过变换或推导出来的一个结果。因此，程序设计的过程就是这个形式系统进行变换或推导的过程，相应地将产生一个序列，这个形式系统的序列保持了语义上与程序规范的一致性(Consistency)。有关程序变换和推导的内容，将来可以在形式化的程序设计方法中去了解。

5.3.2 模块化程序设计技术

模块化程序设计是基于"分解"思想的一种程序设计技术，其基本思想是将一个大任务分

---

① 费马在给出其大定理时声称，他确信已发现了一种美妙的证法，可惜这里空白的地方太小，写不下。这就是费马制造的数学史上最深奥的谜。正是这个没有记录下来的证明，留给了后人无限的遐思和向往，演绎了近360年的该定理的证明史。

解成若干功能相对独立的小任务，每个小任务的意义单一，职责明确，各个任务之间的联系简单明了。这种小任务由一种称之为模块的程序来执行。每个模块最好只有一个入口和一个出口。每个小任务还可以继续划分为更为细小的任务，以模块群的方式形成层次结构。最高层称为主控模块，它控制整个程序流程。高层模块可以引用低层模块，反之则不然。

对于模块化的程序，应该满足如下要求：

（1）具有可修改性

只要模块之间的接口关系不变，模块内部的修改不影响其他模块，也不致于影响全局程序。

（2）具有可读性

每个模块的意义和职责明确。模块之间的接口关系清晰，使得阅读和理解整个程序方便。

（3）具有可验证性

每个模块都有独立于其他模块的性质，据此可以验证每个模块实现的正确性，从而有助于确定整个程序的正确性。

模块化程序设计的关键是模块的划分。模块划分的原则是**高耦合、低聚合以及信息隐蔽**。信息隐藏（Information Hiding）是一种数据抽象技术，高耦合是对模块个体的要求。符合高耦合的模块其功能必须单一，不能"身兼数职"。低聚合又称为弱耦合，它是对模块之间关系的要求。这一要求使得模块之间的联系越弱越好。

高耦合、低聚合以及信息隐蔽不仅是模块化程序设计的基本原则，而且也是后续介绍的面向对象程序设计，面向组件、智能体（Agent）等程序设计技术所应遵循的原则。它们看上去很简单，但真正做到、做好是很困难的，这需要大量的计算机科学与技术理论的学习和经验积累。

模块的划分方法很多，主要有两种：功能分解法和面向对象的方法。面向对象的方法是目前的主流方法，但是在结构化程序设计方法中，则采用功能分解法。而且，面向对象的程序设计在每个对象内部还是使用功能分解法进行模块划分。所以功能分解法是面向对象程序设计的基础。

模块化程序设计带来了如下好处：

（1）在管理方面，软件开发时间将缩短。因为不同的模块可以由不同的程序员来完成，使得人尽其才，并行工作，加快了软件开发速度；

（2）软件的开发将更加灵活，局部的问题可以通过对一个模块进行修改而不影响其他模块；

（3）系统更容易被理解。

关于模块化程序设计技术的实例，请见第 12 章例 12-3。

Pascal 并不是最理想的模块化程序设计语言，但在一定程度上具有构成模块的机构和特性，如 Pascal 中的函数和过程，详见第 7.7 节。

5.4* 关于程序结构的进一步讨论

每一种程序设计语言都对应一种计算模型。这些模型有些是抽象的数学机器，有些可用硬件来表示，对应于开关电路。5.1 节讨论了命令-过程型语言的程序结构。这类语言本质上都是以冯·诺依曼体系为计算模型的算法语言，其逻辑基础是统一的。由于这类语言直接反映了冯·诺依曼体系计算模型的逻辑结构，其程序结构与计算模型一致。利用这类语言设计复杂程序时，需要程序员设计非常复杂的数据结构或利用已有的复杂算法，利用变量来模拟机器的存储单元，并通过赋值语句改变其值。程序的控制流分解为顺序、选择和循环三种基本结构，程序的流程准确地反映了问题的处理过程、计算方法和算法。

函数式程序设计语言和逻辑程序设计语言均属于说明性程序设计语言。它们在其程序中将问题的逻辑与控制分离。程序只需指明"做什么"（What to do），而"如何做"（How to do）则是由执行系统处理。程序是问题的形式描述，是以函数的观点来刻画问题及其函数处理过程中的表现形式和内在机理。

函数型程序以简单统一的结构化数据（如序列、表、数组）为处理对象，使数据结构的设计摆脱了存储单元的限制。这些数据对象通常是非重复、非递归而且可以分层次构造。程序中没有变量，也没有赋值，函数值可以由函数作用产生且直接传递给其他函数。由于函数式程序是针对问题给出形式描述，因此，程序结构比基于冯·诺依曼体系计算模型的命令-过程型语言简单得多。显然，这种程序结构与冯·诺依曼体系的计算模型不一致，它是以 Lambda 演算为计算模型的。

逻辑程序设计语言是以某种逻辑为计算模型的程序设计语言。例如，Prolog 是以一阶逻辑中的 Horn 子句逻辑为其计算模型的，Gödel 是以多态多类一阶逻辑（Many-sorted Logic）为其计算模型的。以一阶逻辑为其计算模型的语言，其程序是所求解问题的形式描述，由事实和规则构成，是以逻辑的观点来刻画问题及其推理过程中的表现形式和内在机理。程序所用数据结构都较简单，程序由语言系统实现控制操作，从程序本身看不出程序的执行流程。因此，逻辑程序的结构比基于冯·诺依曼体系计算模型的命令-过程型语言要简单得多。这种程序结构与冯·诺依曼体系计算模型也是不一致的，它以一阶逻辑（以后可能还有其他逻辑）为其计算模型。

通过 4.7 节的介绍可知，正是由于计算机科学界关于 **goto** 语句的论战，催生了结构化程序设计和程序设计方法学，促进了软件工程作为一个新的分支学科的出现。

程序设计方法学主要是从良好结构程序的定义出发，通过对构成程序的基本结构的研究，讨论设计和保证高质量程序的各种程序设计方法。它指出了一个良好程序的标准首先应是一个好结构、便于检查错误的程序，其次是具有较高的效率。一个好结构的程序应该满足程序结构的基本定理，尽可能不包含 **goto** 语句。

程序设计能力是计算机科学与技术专业学生的基本功之一，也是科班学生在大学阶段学习与训练的一个重点。要设计出一个高质量的程序，不仅要熟练掌握各种程序设计方法和技术，大胆实践，熟能生巧，不断总结经验，而且还需要围绕计算模型、算法、程序理论等内容，提高理论修养，从深层次理解计算的本质，这样才能逐步使自己的程序设计水平达到较高的水准。仅仅通过"高级语言程序设计"课程的学习，要达到很高的程序设计水准是不够的，也是不现实的。作为一个科班学生，只有在大学阶段经过数学、高级语言程序设计、离散数学、算法设计与分析、程序设计方法学、操作系统、编译原理、程序理论等课程的学习和编程实践，才能逐步提高，并在毕业后的长期工作和实践中获得进一步的提高。

之所以指出这一点，是因为目前许多计算机科学与技术专业的学生在学习"高级语言程序设计"时，不重视理论修养，把过多的时间和精力投入到简单的程序设计和上机练习上，这是令人遗憾的。这样做已经影响了其他更为重要的基础课程（例如，数学和英语）的学习，妨碍了今后自己独立走向学科的深入。

5.5* 计算机科学与技术学科中核心概念讨论之三——分解概念

分解（Decomposition）是一个具有深刻的哲学意义的概念和方法，在计算机科学与技术学科中属于一种典型方法。

所谓分解就是将复杂事物分成若干较简单的事物以便进行处理，可以用"分而治之"的前奏这样一句话来概括。分类、展开、分层是体现分解思想的几种具体形式。

程序设计语言中划分数据类型就是分类方法的例证。自顶向下、逐步求精的程序设计方法体现了展开的思想。分层在计算机科学中有着更为广泛的应用。例如，计算机系统的分层结构；计算机网络体系结构的分层；操作系统的分层结构；关系数据库理论中关系模式规范化程度的分层，以及分布式数据库系统的分层体系结构；形式语言理论中乔姆斯基关于语言分层的理论；等等。另外，计算理论中，可计算函数的分层，以及对 P=NP？难题的研究所提出的"多项式时间分层"，对"NP 类问题的难度的分层"等新概念、新思想、新方法，都是分层方法的很好应用。

本 章 小 结

本章首先介绍了过程性程序的结构和计算机科学中各种程序类型，随后指出了在计算机科学与技术中存在着非常丰富的程序设计技术，并重点介绍了过程性程序设计中使用的自顶向下、逐步求精的程序设计技术和模块化程序设计技术，说明了不同的程序设计语言和程序类型是新型计算机系统、程序理论和程序设计技术发展的产物，初步向读者展示了程序设计技术的广阔天地。可以将程序、算法设计、程序设计的概念与汉语语文中的文章、谋篇、作文的概念进行类比，这样可以加深对程序、算法设计、程序设计概念的理解。程序是由人利用程序设计语言对设计好的算法进行描述而得到的结果，而算法是由人设计的解决某一特定问题的本质的计算过程。类似地，人们熟悉用自然语言写文章，这个过程与程序设计很相象。一篇文章的创作过程，首先应是作者为了说明文章的主题而进行的构思，之后将这个构思用自然语言进行描述或表达，最终成文。构思相当于之前所说的"谋篇"，相当于"算法设计"，而"程序设计"类似于用汉语进行"作文"。

在这一章，不仅介绍了程序设计语言的类型和程序的类型，也通过实例给出了如何针对问题，从流程、方法和技术的角度，通过问题分析、算法描述和程序设计开展工作。但是，应该看到，作为程序设计的基础性课程，由于读者可能尚未学习计算机科学与技术专业的一系列后续基础课程，如"数据结构"、"算法分析与设计"、"计算方法"等，对高等数学和离散数学类课程的学习正在进行之中，因此，作为开端，暂时还不涉及到复杂问题的求解和程序设计。在校大学生若不是特别地学有余力，完全不必花费过多时间，痴迷地去寻找更多难题来进行程序设计的练习，而是应该按部就班，循序渐进，在完成本教材和课程学习任务，达到要求的前提下，尽可能把精力集中在其他重要基础课程和外语的学习上，注重全面发展。将来，随着后续课程的推进和自己的不懈努力，一定能够在程序设计能力和水平方面取得长足的进步。

习 题

1. 请用自顶向下、逐步求精的程序设计方法写一个程序，要求从键盘输入 x 之值，实现

$$\sin(x) = x - \frac{x^3}{3!} + \frac{x^5}{5!} - \frac{x^7}{7!} + \cdots$$

的计算。要求最后一项的绝对值小于 10^{-7} 时停止计算。

附注 sin(x)的展开式是基于在微积分中占有重要地位的泰勒定理而展开的。泰勒定理(泰勒公式)是18世纪早期英国牛顿数学学派最优秀代表人物之一的英国数学家泰勒(Brook Taylor, 1683-1731)的重要发现。他开创了有限差分理论,使任何单变量函数均可以展成幂级数(泰勒级数)。泰勒定理本质上是将复杂函数近似地表示为简单的多项式函数,**即以近似逼近精确,实现化繁为简。这是一个重要的数学思想,也是贯穿整个数学分析的基本思想与方法。**

2. 若整数 a 的因子和等于 b,整数 b 的因子和等于 a,且 $a \neq b$,则称 a,b 为亲密数对。请你用自顶向下、逐步求精的程序设计方法写一个程序,找出 2~1000 之间的亲密数对。

3. 请用自顶向下、逐步求精的程序设计方法写一个程序,验证哥德巴赫猜想(Goldbach's Guess)。对于任意一个充分大的偶数 n,可以找到两个素数 p 和 q,使得 n=p+q。即"1+1"问题。

附注 (1) 哥德巴赫(C. Goldbach,1690-1764),德国业余数学家。生于德国哥尼斯堡。曾在牛津大学学习;原学法学,由于在欧洲各国旅游期间结识了伯努利家族的数学家们,所以对数学研究产生了兴趣。1725 年到俄国,同年被选为彼得堡科学院院士;1728 年起担任俄国沙皇彼得二世的教师;1742 年移居莫斯科,并在俄国外交部任职。1742 年 6 月 7 日,他在给好友欧拉的一封信里陈述了他著名的猜想——哥德巴赫猜想,引发了关于数学的一场革命。他在信中指出:"我发现:任何大于 5 的奇数都是三个素数之和。"欧拉回信说,这个命题看来是正确的,但他也给不出严格的证明。同时欧拉又提出了另外的一个命题:"任何大于 4 的偶数都是两个奇素数之和。"但对于这个命题欧拉也没有给出严格的证明。

很容易证明哥德巴赫的命题是欧拉命题的推论。事实上,任何一个大于 5 的奇数都可以写成如下形式:2N+1=3+2(N-1),其中,2(N-1)≥4。若欧拉命题是正确的,则偶数 2(N-1) 可以写成两个素数之和。故对于大于 5 的奇数,哥德巴赫命题是正确的。

但假设哥德巴赫命题正确,并不能保证欧拉命题正确,所以两者之中欧拉命题是基本的。现在习惯上将两个命题统称为哥德巴赫猜想,而且主要是指欧拉命题。

哥德巴赫猜想的略经修改的较严格的现代表述为:任何不小于 9 的奇数都可以表示成 3 个奇素数之和,任何不小于 6 的偶数都可以表示成 2 个奇素数之和。由于存在无穷多个偶数,因此用计算机只能验证有限范围内的偶数,不是命题的严格证明。

哥德巴赫猜想已经让人类猜了整整 272 个年头了,许多数学家费尽心血,试图攻克它,但都没有取得最后的成功。不过在解决该难题的道路上,也取得了令世人惊奇的结果。1920 年,挪威数学家布朗证明了:每个大偶数等于九个素因子之积加九个素因子之积(简称 9+9)。1924 年,德国数学家拉德马哈尔布朗证明了"7+7"。1932 年,英国数学家爱斯瑟尔曼证明了"6+6"。1938 年,前苏联数学家布赫斯塔勃证明了"5+5",两年后又证明了"4+4"。1956 年,前苏联数学家维诺格拉多夫证明了"3+3"。1958 年,我国数学家王元证明了"2+3"。1962 年,我国数学家潘承洞证明了"1+5",王元又证明了"1+4"。1965 年,前苏联数学家布赫斯塔勃等又证明了"1+3"。值得一提的是,1965 年我国数学家陈景润证明了"任何一个充分大的偶数都可以表示成两个数之和,其中一个是素数,另一个是不超过两个素数的乘积,简称"1+2",被国际上誉为"陈氏定理"。这是至今证明哥德巴赫猜想之路上的最好结果,也就是说该问题至今未给出严格的证明。

写到这里,人们仿佛听到了科学先贤们朝圣科学"麦加"那艰难而又充满希望的脚步声。他们只管耕耘,不问收获,在科学创新的道路上始终与孤独相伴,这种献身科学的精神永远激励着后辈学人"在崎岖的小路上"向科学的高峰攀登……

(2) 正是哥德巴赫猜想语义的通俗性以及其巨大的诱惑力,一些人选择它作为自己的研究课题,并义无反顾地走上了哥德巴赫猜想的研究之路。令人遗憾的是,有的研究人员根本不了解其难解性,致使他们浪费了大量的时间和精力,结果一无所获。其实,陈景润、王元和潘承洞三位教授都曾说过:没有大学本科数学专业的知识基础和数学素养,不可能攻克哥德巴赫猜想难题。这实际上告诉人们,在选择科研课题时,应该在对课题全面了解的基础上,结合自己的实际情况,量力而行,切不可盲目行事!明知山有虎,偏向虎山行,死钻"牛角尖"的选择,绝大部分情况下是徒劳的。

4. 请写一个程序,验证算术基本定理:任意一个整数都能够分解成一些素数的连乘积。

附注 在数论中,因子分解是一个最古老的问题,它在密码学中有着重要的应用。到目前为止,人类发明了很多该问题的算法,主要有:试商法、数域筛选法、二次筛选法、椭圆曲线法、蒙特卡罗法、连分式算法,等等。

5. 请用自顶向下、逐步求精的程序设计方法写一个程序解决交通流量问题。为了调查统计交通流量,在路边设置了一个车辆自动探测器,并将它用线路连接到计算机上。凡是有一辆车通过时,探测器自动传送一个数字信号 1 给计算机。探测器中有一个时钟,统计开始时,启动时钟,此后每一秒钟自动传送一个数字信号 2 给计算机。统计结束时,探测器向计算机发送一个数字为 0 的终止信号。写一个程序,以处理探测器送来的这一系列信息,并输出下列结果:

(1) 进行了多长时间的调查统计;
(2) 记录到的车辆总数;
(3) 在车辆之间最长的时间间隔是多少。

6. 设有一个 $N \times M$ 方格的棋盘$(1 \leqslant N \leqslant 100,1 \leqslant M \leqslant 100)$。求出该棋盘中包含有多少个正方形、多少个长方形(长方形不包括正方形)。

第 6 章 构造型数据类型

第 2 章概要地介绍了 Turbo Pascal 的数据类型，并详细地介绍了其中四类标准数据类型。由于在解决实际问题时所涉及的数据远非上述四种类型所能表达，还需要用除标准数据类型之外的其他数据类型来表示数据，为此，Turbo Pascal 提供了构造新数据类型的功能和设施。这使得语言的数据类型更加丰富，使用也更方便。可以把在 Turbo Pascal 中构造的新数据类型称为构造型数据类型，或称为用户自定义数据类型(User-defined Data Type)。这些构造型数据类型有枚举类型、子界类型、数组类型、字符串类型、集合类型、记录类型。其中，枚举类型和子界类型属于纯量类型(标量类型)。当然，四类标准数据类型也属于纯量类型。数组类型、字符串类型、集合类型和记录类型属于结构类型(复合类型)。关于标准数据类型与构造型数据类型之间的区别请参见 2.1 节。这一章主要介绍 Turbo Pascal 的构造型数据类型。

▷▷ 6.1 枚举类型

枚举类型体现了在数据类型定义时引入枚举的思想方法。

6.1.1 引言

在程序设计中，人们会发现，使用四种标准数据类型在描述所要处理的数据时，常常很困难或很不自然。例如，在设计模拟扑克牌的游戏程序中，扑克牌的四种花样(梅花、方块、红桃、黑桃)的表示虽可以用整型数 1、2、3、4 表示，也可以用字符型数′A′、′B′、′C′、′D′表示，但都不能清晰地表示其含义。若要用 club、diamond、heart、spade 四个字符串常量表示，则程序实现起来很不方便。Turbo Pascal 针对这类问题的处理，提供了一种用户自定义的数据类型——枚举类型(Enumerated Type)，为处理这类数据提供了方便。枚举类型的引入增加了程序的可读性，节约了存储空间。

6.1.2 枚举类型及其变量说明

1. 枚举类型说明

(1) 语法

枚举类型说明的语法图如图 6-1 所示。

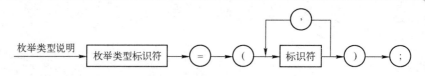

图 6-1　枚举类型说明的语法图

例如：**Type** operator=(plus,minus,times,divide);

（2）语义

定义一个枚举类型。

例如：**Type** cards=(club,diamond,heart,spade);

表示定义一个含有 4 个枚举值（枚举类型的字面量），名字为 cards 的枚举类型。

2．枚举类型的变量说明

枚举类型变量说明的语法图如图 6-2 所示。

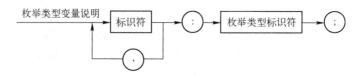

图 6-2　枚举类型变量说明的语法图

例如：有变量说明：

```
Var op1,op2: operator;
    mycards: cards;
```

该变量说明定义了 op1,op2 为 operator 型的枚举类型变量，mycards 为 cards 型的枚举类型变量。

另外，枚举类型说明与枚举类型变量说明可以合并。例如，上面的枚举类型说明与枚举类型变量说明的例子可以合并为：

```
Var op1,op2:(plus,minus,times,divide);
    mycards:(club,diamond,heart,spade);
```

3．说明

（1）枚举类型说明中枚举值的使用规定

枚举类型说明中的枚举值（枚举字面量或常量）必须是标识符。例如，下面枚举类型说明是错误的：

```
Type days =(1,2,3,4,5,6,7);
     operator =(+,-,*,/);
```

枚举类型说明中的枚举值（常量）的定义采用了穷举方法，它是一种外延的定义方法。外延方法是计算机科学与技术学科的典型方法。

（2）枚举类型字面量标识符的使用规定

枚举类型的字面量标识符不能重复出现在枚举类型说明中，也不能与常量说明中的常量标识符同名。例如，下面的枚举类型说明是错误的：

```
Const apple ='fruit';
Type fruit =(apple,orange,tomato,lemon);
     vegetable =(tomato,pea,potato,carrot);
```

但是，枚举字面量标识符可以在内层的过程或函数(过程或函数的概念见第 7 章)中重新说明，不过重新说明后该枚举字面量的语义发生了变化，而代之以重新定义的语义。这里包含了**多态(Polymorphic)的思想。此处所谓多态是指同一个标识符同时具有多种语义**。多态是面向对象程序设计语言的核心概念之一。

(3) 枚举类型常量的次序规定

枚举类型的字面量标识符是有序的，这是枚举类型的数据进行关系运算的基础。Turbo Pascal 规定：枚举类型的字面量标识符的序号从 0 开始，按照定义中排列先后为序，逐个增加 1。因此，可以将枚举类型的数据作为标准函数 pred、succ 和 ord 的自变量。

例如：succ(plus)=minus，pred(minus)=plus，ord(minus)=1。

6.1.3 枚举类型数据的运算

1．赋值运算

允许将枚举类型的数据值赋给同类型的枚举类型变量。例如，下面的赋值语句是正确的：

```
op1:= times;
op2:= plus;
mycards:= heart;
```

2．关系运算

同一枚举类型的数据可以进行关系运算，运算的结果是布尔类型的数据。例如，若有赋值语句：

```
op1:= times;
op2:= plus;
```

则关系表达式：op1<>op2 的值为 *true*，op1<op2 的值为 *false*。

6.1.4 枚举类型数据的输入/输出方法

Turbo Pascal 规定：不允许用输入/输出语句直接读/写枚举类型变量的值。例如，下面的语句是错误的：

```
read(op1);
read(mycards);
```

即使给枚举类型变量 op1，mycards 赋值后，下面的输出语句也是错误的：

```
write(op1,mycards);
```

枚举类型变量的输入和输出必须采用间接方法进行。具体地，输入数据时可以采用输入枚举类型的元素对应的序号，然后在 case 语句(或条件语句)中根据输入的序号，将某一枚举类型的元素赋给枚举类型的变量。这时输入的是序号，不是枚举类型的元素本身。枚举类型元素的输出也可采用与输入类似的方法，首先得到要输出的枚举类型的元素的序号，然后在 case 语句中，根据这一序号输出对应的字符串。注意：这时输出的不是枚举类型元素本身，而是对应于枚举类型元素的字符串。关于枚举类型变量值的输入/输出的实例见本节例 6-1 等。

6.1.5 枚举数据类型的本质

综上所述，枚举数据类型是一种具有不同值的有序数据列表。

6.1.6 程序设计举例

下面举几个使用枚举数据类型描述数据的程序设计的例子。

例 6-1 模拟简单收款机的计算问题。一家水果店出售四种水果，每公斤价格是苹果 1.5 元，橘子 1.40 元，香蕉 1.48 元，菠萝 1.08 元。请编写一个程序，使售货员只要在键盘上打入货品的代码及重量，计算机将显示货品名、单价、重量及总价。

(1) 分析

本题属于分情况计算问题，与第 4 章的例 4-7(模拟计算器问题)非常类似。若把四种水果定义为枚举类型的数据，只是要解决这种类型数据的输入/输出问题。根据本节介绍的枚举类型数据的输入/输出方法，给定以下算法。

(2) 算法

① 在键盘上打入货品的代码 code 和重量 weight；
② 将货品的代码 code 转化为枚举类型字面量标识符的序号 fruit；
③ 按照 fruit 之值分情况计算每种货品的总价，并输出其货品名、单价、重量及总价。

(3) 源程序

```
{ 程序名称：CashRegister
  文 件 名：CashRegister.pas
  作    者：赵占芳
  创建日期：2012-01-20
  程序功能：模拟简单收款机的计算。
}
Program CashRegister(input,output);
Const
  ApplePrice=1.50;
  OrangePrice=1.40;
  BananaPrice=1.48;
  PineapplePrice=1.08;
Type
  FruitType=(apple,orange,banana,pineapple);
```

```
Var
  code:integer;
  weight:real;
  fruit:FruitType;
Begin
  repeat
    writeln('1.apple; 2.orange; 3.banana; 4.pineapple');
    writeln('input code and weight: ');
    readln(code,weight);
  until (weight>0) and ((code=1) or (code=2) or (code=3) or (code=4));
  case code of
    1: fruit:=apple;
    2: fruit:=orange;
    3: fruit:=banana;
    4: fruit:=pineapple;
  end;
  case fruit of
    apple: writeln('apple: ',ApplePrice:6:2,'*',weight:6:2,'=',
           ApplePrice*weight:8:2);
    orange: writeln('orange:',OrangePrice:6:2,'*',weight:6:2,'=',
           OrangePrice*weight:8:2);
    banana: writeln('banana',BananaPrice:6:2,'*',weight:6:2,'=',
           BananaPrice*weight:8:2);
    pineapple: writeln('pineapple',PineapplePrice:6:2,'*',weight:6:2,'=',
           PineapplePrice*weight:8:2)
  end;
  readln
End.
```

(4) 附注

由于 Turbo Pascal 不允许直接使用输入/输出语句读/写枚举变量的值，所以，枚举类型的变量值的输入/输出只能利用间接的方法进行，本例就是这方面的一个典型实例。请读者认真思考，并上机运行一下源程序，做到熟练掌握。

例 6-2 组合问题。请写一个程序，求从红、橙、黄、绿、蓝五种颜色的球中，取三种颜色的球的可能的取法。

(1) 分析

本题属于组合数学中的组合问题。根据组合数学，该问题对应的程序设计方法为穷举方法。下面，先引入一个表示红、橙、黄、绿、蓝五种颜色的球的枚举类型，用变量 i,j,k 分别表示当前所取五种颜色的球中的一种。于是，求解问题的穷举方法可以如下描述：

(2) 算法

① 取法计数器初始化：$n \leftarrow 0$；
② 循环：i 从 red 到 blue，步长为 1，做
　　循环：j 从 red 到 blue，步长为 1，做
　　　　若 $i \neq j$，则

循环：k 从 red 到 blue，步长为 1，做
　　若 i≠k 且 k≠j，则
　　　　[输出一种取法；
　　　　　n←n+1;　　　　{取法计数一次}；
　　　　]
③ 输出所有取法的数目 n。

(3) 源程序

```pascal
{   程序名称：Combination
    文  件  名：Combination.pas
    作     者：赵占芳
    创建日期：2012-01-20
    程序功能：求从红、橙、黄、绿、蓝五种颜色的球中，取三种颜色球的可能取法。
}
Program Combination(input,output);
Type
    colour =(red,orange,yellow,green,blue);
Var
    i,j,k,pri: colour;
    loop,n: integer;
Begin
    n:= 0;
    for i:= red to blue do
      for j:= i to blue do
        if (i <> j) then
          for k:= j to blue do
            if (i <> k) and (k <> j) then
              begin
                n:= n+1;
                write(n:4);
                for loop:= 1 to 3 do
                  begin
                    case loop of
                      1: pri:= i;
                      2: pri:= j;
                      3: pri:= k
                    end;
                    case pri of
                      red: write(' red ');
                      orange: write(' orange ');
                      yellow: write(' yellow ');
                      green: write(' green ');
                      blue: write(' blue ')
                    end
                  end;
                writeln
```

```
            end;
    writeln('total number=',n);
    readln
End.
```

(4) 附注

① 本题属于组合数学中的组合问题。这类问题常用的算法设计策略可以是穷举(蛮力)策略，具体实现时程序结构常为循环结构。使用回溯策略解决这类问题比穷举策略要好，回溯策略将在"算法设计与分析"课程中介绍。

② 由于 Turbo Pascal 中不允许用输入/输出语句直接读/写枚举变量的值，所以，枚举变量值的输入/输出只能利用间接的方法进行。本例给出了枚举变量值的间接输出方法。

例 6-3 源程序文件中注释的删除问题。请写一个程序，把从键盘输入的某一 Pascal 源程序文件中的注释全部删除，并输出删除注释后的源程序(假设输入 Pascal 源程序时没有输入错误)。

(1) 分析

众所周知，Pascal 程序中的注释是用 "{" 和 "}" 括起来的部分。它是用来供用户阅读和理解程序之用的，无语法意义，编译时会被自动删除。

为了处理方便，可以在程序中定义一个状态变量 action，它的值是一个枚举类型的数据，枚举字面量为：复制状态 copying 和删除注释状态 decomment。在不同的状态下程序将进行不同的处理。

① 复制状态 copying。将它作为程序的初始状态。在此状态下，字符从输入文件 input 复制到输出文件 output。当程序读到 "{" 时，意味着注释开始，即转入删除注释状态 decomment。

② 删除注释状态 decomment。在此状态下，从输入文件 input 读入的字符不复制到输出文件 output 中，一直读到 "}" 时，意味着当前注释段的结束，程序应该转入复制状态。

另外，为了控制输入文件的结束，以及处理回车换行，还需要两个标准函数 eof 和 eoln，下面简单介绍这两个标准函数，详细内容见第 9 章的 9.2 节。

① 文件结束函数 eof(f)：参数 f 代表文件名。当文件 f 结束时，该函数值为 ***true***，否则为 ***false***。当 f = input 时，input 代表输入文件。

② 行结束函数 eoln(f)：参数 f 代表文件名。当文件 f 的行结束时，该函数值为 ***true***，否则为 ***false***。当 f = input 时，input 代表输入文件。

根据以上分析和题意，从直觉上不难写出下面的算法。

(2) 算法

① 设置初始状态为复制；
② 循环：当文件未结束，做
　　[循环：当行未结束，do
　　　　[输入 ch;
　　　　　复制状态: 若 ch='{',则 改为删除注释状态；否则 输出 ch;
　　　　　删除注释状态: 若 ch='}',则 改为复制状态;
　　　　]
　　换行处理;
　　]

(3) 源程序

{ 程序名称：RemoveComments

```pascal
    文  件  名：RemoveComments.pas
    作      者：赵占芳
    创建日期：2012-01-20
    程序功能：删除源程序文件中的注释。
}
Program RemoveComments(input,output);
Type
  states =(copying,decomment);
Var
  action: states;
  ch: char;
Begin
action:= copying;
while not eof(input) do
begin
while not eoln(input) do
begin
read(ch);
case action of
copying: if ch='{' then
                    action:= decomment
else
                    write(ch);
decomment: if ch='}' then
                    action:= copying
end;
end;
readln;
writeln
end;
readln
End.
```

(4) 附注

① 本题是一个典型的非数值计算问题。如果学生输入源程序时打字出错，如连续或中间经过多个字符输入了两个以上的"{"，后面再输入一个"}"，那么，该问题的程序又如何编写呢？

② 源程序文件中注释的删除程序是预处理器(Preprocessor)的一个组成部分。预处理器是在源程序真正被翻译开始之前由编译器调用的一个独立程序。至于一个源程序如何被翻译成目标代码，正是后续的"编译原理"课程所要解决的问题。

▷▷ 6.2 子界类型

6.2.1 引言

在解决实际问题中，有些数据的变化范围只局限在某一数据类型的值域的某一确定的区域内。例如，某学校一个班的学生人数和学生年龄。它们虽然都是整数，但仅局限于整数类型的值域的部分范围中变化。Turbo Pascal 中，对只取某一定义的有序类型的值域的某一范围的问题，专门引入了子界类型(又称子域类型)。采用子界类型(Subrange Type)不但可以更接近实际，增加程序的可读性，而且有助于程序检查，还可以节省内存空间。

6.2.2 子界类型及其变量说明

1．子界类型说明

(1) 语法

子界类型说明的语法图如图 6-3 所示。

图 6-3 子界类型说明的语法图

例如：**Type** age=15..30;

(2) 语义

定义了一个从常量 1 到常量 2 的子界类型。例如，下面的类型说明定义了一个从'A'到'Z'的子界类型 letter：

> **Type** letter ='A'..'Z';

(3) 附注

① 子界类型说明的语法中，常量 1 称为子界类型的下界(Lowerbound)，常量 2 称为子界类型的上界(Upperbound)，它们必须属于同一有序类型(Ordinal Type)，即整型、布尔型、字符型或同一枚举型，但不能是实型。子界类型的上界和下界规定了子界类型数据的取值范围。

② 下界必须小于上界。

③ 常量 1 和常量 2 所属的类型称为子界类型的基类型(Base Type)或宿主类型。

④ 子界类型是有序类型，其元素的序号是该元素在基类型中的序号。

2．子界类型的变量说明

子界类型的变量说明语法图如图 6-4 所示。

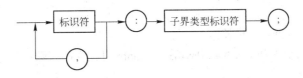

图 6-4 子界类型的变量说明语法图

> 例如：**Type** age=15..30;
>   **Var** age1,age2: age;

这个变量说明定义了 age1,age2 为 age 型的子界变量。

另外,子界类型说明与子界类型的变量说明可以合并。例如,以上的子界类型说明与子界类型的变量说明可以合并为:

```
Var age1,age2: 15..30;
```

6.2.3 子界类型的数据允许进行的运算

子界类型的数据允许进行的运算取决于其基类型,遵守基类型的数据允许进行的一切运算,即子界类型**继承**了其基类型所允许进行的运算。例如,基类型为整数类型时,允许进行的运算是算术运算和关系运算。若把赋值看作为一种运算,子界类型当然也允许做赋值运算。**继承**(Inheritance)是面向对象程序设计语言的重要概念,以后,读者在"面向对象程序设计"课程中将有机会接触到。

6.2.4 子界数据类型的本质

综上所述,**子界数据类型是不同值的有序表的子表。**

6.2.5 程序设计举例

下面举例说明在程序设计时,如何使用子界数据类型来描述数据。

例 6-4 请写一个程序,按月、日、年的顺序读入一个日期,输出该日期是这一年中的第几天。

(1) 分析

本题属于累加求和问题。由于不同月份包含的天数不同,因此必须按照月份分情况求和。累加器语句设计为:

dayth ← dayth + 第 month 月包含的天数;

问题的难点是,由于不同年份的第二月份包含的天数不同,因此必须借助第 2 章习题 4(6)给出的判定是否为闰年的方法,来决定该年的第二月份包含的天数。而其他月份包含的天数是一定的。

下面给出以下算法。

(2) 算法

① 从键盘上输入 month,day,year;

② dayth ← 0;

循环:i 从 1 到 month-1,步长为 1,做

  按照月份分情况求和:dayth ← dayth+第 month 月包含的天数;

dayth ← dayth+day;

③ 输出计算结果 dayth.

(3) 源程序

```
{   程序名称:DaythYear
    文 件 名:DaythYear.pas
    作   者:赵占芳
    创建日期:2012-01-20
```

程序功能：按月、日、年的顺序读入一个日期，输出该日期是这一年中的第几天。
}

```
Program DaythYear(input,output);
Var
  year: 0..2050;
  month,i: 1..12;
  day: 1..31;
  dayth: integer;
Begin
  writeln('input month,day,year: ');
  readln(month,day,year);
  dayth:=0;
  for i:=1 to month-1 do
    case i of
        1,3,5,7,8,10,12: dayth:=dayth+31;
        2:if((year mod 4=0)and(year mod 100<>0)) or (year mod 400=0) then
             dayth:=dayth+29
          else
             dayth:=dayth+28;
        4,6,9,11: dayth:=dayth+30
    end;
  dayth:=dayth+day;
  writeln(year,'/',month,'/',day,'/',' = ',dayth:-5,'th day.');
  readln
End.
```

(4) 附注

① 本题是一个与历法有关的计算问题。这类问题的数据描述中经常用到子界数据类型。请读者认真思考，做到熟练掌握。

② 该题目的反问题的程序如何设计呢？即已知某一年的第几天，请你设计一个程序，能够输出该天的具体日期。

6.3 数组类型

6.3.1 数组的概念

从下面问题的解决，可以看出引入数组(Array)的必要性。

问题：从键盘任意输入 50 个实数，按照相反的次序输出这些数。

解决问题的方法：显然，为了解决该问题，可以引入 50 个实型变量 $x1,x2,\cdots,x50$ 用来存放从键盘任意输入的 50 个实数，然后按照 $x50,x49,\cdots,x1$ 顺序打印。于是，有如下算法：

```
read(x1);
read(x2);
read(x3);
```

```
……
read(x50);
write(x50);
write(x49);
……
write(x1);
```

实现上述算法时,要使用 50 个读语句和 50 个写语句。如果该问题输入的数据为 100 个时,用到的读语句和写语句的数目还要增多。显然,这是一种非常拙笨的编程方法。Turbo Pascal 中,对具有一定数目相同数据类型的数据按照一定的顺序排列的问题,专门引入了数组类型。例如,对于上述问题,可以定义一个名字为 x 含有 50 个元素的数组,其中的元素 $x[1]$, $x[2]$, …, $x[50]$(方括号中的数字称为**下标**(Subscript)或索引(Index))分别存放输入的 50 个数据,它们分别对应 $x1,x2,…,x50$ 变量,称它们为**下标变量**。这样可以用下面的算法实现上述问题。

```
for i:= 1 to 50 do read(x[i]);
for i:= 50 down to 1 do write(x[i]);
```

显然,这种方法是十分有效的。

在数学上,常用一个向量(Vector)来表示一些相关数据组成的序列(Sequence),用矩阵(Matrix)表示具有行、列结构的数据表格。在 Turbo Pascal 中,引入了数组类型(Array Type),用数组来表示向量和矩阵等。数组类型是 Turbo Pascal 语言中最常见的构造型数据类型。数组是数据项的有序列表,这些数据项称为数组元素。Turbo Pascal 中的数组有以下特点:

① 数组中的每个元素均属于同一类型,称这种类型为数组类型的基类型;
② 每个数组中的元素个数一经确定后就保持不变,称它们为数组的长度;
③ 数组中每个元素用数组名和下标表示。标识数组元素的下标的个数称为该数组的维数(Dimension)。含有一个下标的数组称为一维数组,含有两个下标的数组称为二维数组;
④ 数组中每个元素还允许是数组类型,从而产生二维数组、多维数组(Multi-dimensional Array)。

数组类型的数据排列的数学基础是集合论中函数(映射)的概念。一个数组可以看成从一个下标的有穷集合到数组元素的有穷集合的一个函数。

6.3.2 数组类型及其变量说明

1. 数组类型说明

(1) 语法

数组类型说明的语法图如图 6-5 所示。

```
例如: Type score1 = array [1..30] of real;
      score2 = array [1..30,'a'..'j'] of real;
      score3 = array [-1..28,1..10,1..10] of real;
```

(2) 语义

定义一个数组类型。例如,上例定义了一个 score1 的一维数组类型、一个 score2 的二维数组类型和一个 score3 的三维数组类型。

(3) 附注

① 数组类型说明实际上描述的内容有：数组类型的类型名字，一个维数表(用来说明数组的下标个数、类型和上下界)，数组元素的类型。

② 数组下标的类型必须是整型、布尔型、字符型、枚举型、子界型等有序类型，但不能是实型或其他构造型数据类型。**下标的上界和下界规定了下标的取值范围。**一般地，下界≤上界。数组的下标可以是一个表达式，由表达式的值确定数组的下标值。

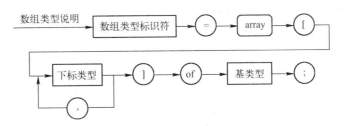

图 6-5　数组类型说明的语法图

③ 数组元素的类型(基类型或宿主类型)是除文件类型之外的任何其他类型。

2. 数组类型的变量说明

数组类型的变量说明的语法图如图 6-6 所示。

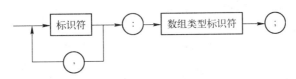

图 6-6　数组类型的变量说明的语法图

例如，有变量说明：

```
Var sc11,sc12: score1;
    sc21,sc22: score2;
    sc31,sc32: score3;
```

该变量说明定义了 sc11,sc12 为 score1 型的一维数组变量，sc21,sc21 为 score2 型的二维数组变量，sc31,sc32 为 score3 型的三维数组变量。

另外，数组类型说明与数组类型的变量说明可以合并。例如，上面的数组类型说明与数组类型的变量说明可以合并为：

```
Var sc11,sc12: array [1..30] of real;
    sc21,sc22: array [1..30,'a'..'j'] of real;
    sc31,sc32: array [-1..28,1..10,1..10] of real;
```

6.3.3　数组元素的访问方法及存储方式

对数组的访问是通过访问数组的元素进行的，而对数组元素的访问则是通过数组变量名和

其后的方括号括起来的下标(或下标表达式)进行访问的。访问方式是:

数组名[下标表达式 1,下标表达式 2,…,下标表达式 n]

这里 n 为数组的维数。下标表达式的类型必须与数组类型说明中的下标类型一致。当且仅当下标表达式的值不超出下标类型所定义的取值范围时,才能确定一个对应的数组元素。

对数组访问的方法有顺序访问和随机访问两种。所谓顺序访问是指当对数组的所有元素进行处理时,通常要从数组的第一个元素开始,依次处理数组的每个元素,直到访问了最后一个元素后结束。而随机访问是指根据需要按下标直接访问数组中待访问的元素。通常,数组在机器内存中的存放是以数组元素为单位顺序存放的。由于数组元素的类型相同,因此,每个元素在内存中占用的存储空间是相同的。对于一维数组而言,它占用内存中一段连续的区域,而对于二维数组,数组元素是按照行序的次序存放在内存的一段连续的区域中的。例如,下面定义的两个数组经过编译后,其在内存中的存放如图 6-7 所示(为了方便,这里的内存单元的二进制数地址用十进制数表示)。

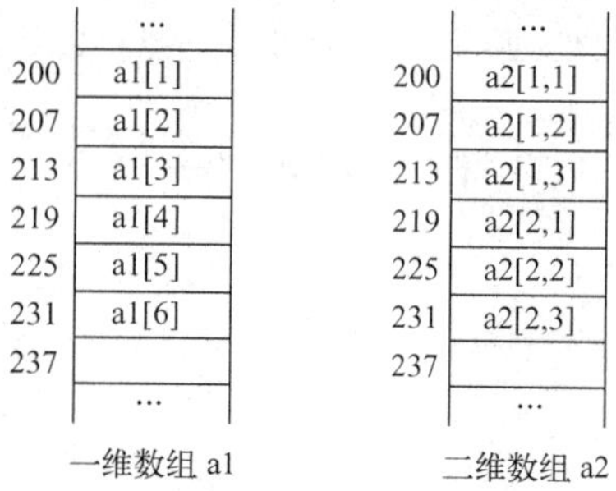

图 6-7 数组的存储方式

```
Var a1: array [1..6] of real;
    a2: array [1..2,1..3] of real;
```

6.3.4 数组类型允许进行的运算

在 Turbo Pascal 中,对数组的整体运算仅允许三种。第一种是相同类型的数组可以进行的赋值运算,第二种是紧缩字符数组(字符串)可以进行关系运算,第三种是数组作为过程或函数的参数。关于第二种运算将在第 6.4 节中介绍,第三种将在第 7.4 节中介绍,下面仅举例说明第一种运算。

例如,假设有变量说明:

```
Var sc11,sc12: array [1..30] of real;
```

并且 sc11 已经初始化,则赋值语句:

```
sc12:=sc11;
```

是正确的。

关于数组的应用处理都是通过数组元素进行的。至于数组元素能参与什么运算,则取决于数组元素的类型。即数组类型**继承**了其元素类型(基类型)所允许进行的运算。例如,对于整型数组来说,其元素可以参加算术运算、关系运算和赋值运算。

6.3.5 数组的初始化

Turbo Pascal 允许在书写程序时采用定义数组常量对数组进行初始化,即给数组的每个元素在内存中存放初始数据。数组常量一旦定义后,其使用与数组变量相同。因此,数组的初始化只是提供了给数组元素赋初值的一种方法。

数组常量由一个常数标识符后跟一个冒号和一个类型标识符，再加上一个等号和常量值构成。其中，类型标识符必须是前面已定义的数组类型，常量值必须是用逗号隔开的，且括在圆括号中的常量来表示。例如：

```
Type
    artp = array [1..4] of integer;
Const
    a:artp =(1,3,5,7);
```

定义了一个数组常量 a，其元素的值分别为 1,3,5,7。当然，两者可以合并为等价的下面描述：

```
Const a:array [1..4] of integer =(1,3,5,7);
```

数组常量的元素类型可以是除文件类型和指针类型以外的任何类型。字符数组常量可以是单个字符，也可以写成字符串。因此，定义

```
Const
    digits: array [0..5] of char =('0','1','2','3','4','5');
```

可以更方便地表示成

```
Const
    digits: array [0..5] of char='012345';
```

多维数组常量是通过把每一维的常量作为一组，用圆括号括起来，每组之间用逗号隔开来定义的。在多维数组定义中，处在最内层的常量对应最右面维的变化。例如：

```
Type
    artp23 = array [0..1,0..2] of integer;
Const
    y:artp23 =((1,3,5),(2,4,6));
```

相当于将 1,3,5 分别赋给 y[0,0],y[0,1],y[0,2]；将 2,4,6 赋给 y[1,0],y[1,1],y[1,2]。

6.3.6　数组的输入与输出

数组类型的变量不能直接用 read、write 语句进行输入/输出，而只能对数组元素直接进行输入与输出。给数组元素直接输入初值也是对数组进行初始化的一种方法。

若数组元素的类型为枚举类型时，不能直接用 read、write 语句进行输入/输出，而必须像如下程序那样先读入其序号，再用赋值语句对其元素进行赋值。

例 6-5　请写一个程序，实现数组元素的类型为枚举类型的数据的输入/输出。

```
{   程序名称：EnumReadWrite
    文 件 名：EnumReadWrite.pas
    作    者：赵占芳
    创建日期：2012-01-20
    程序功能：数组元素的类型为枚举类型的数组数据的输入/输出。
```

```
}
Program EnumReadWrite(input,output);
Type
  week=(sun,mon,tue,wed,thu,fri,sat);
  weekarray=array [0..6] of week;
Var
  w: weekarray;
  wd: week;
  i: integer;
Begin
  for i:=0 to 6 do      {数组元素的下标从 0 开始}
    case i of
      0: w[i]:=sun;
      1: w[i]:=mon;
      2: w[i]:=tue;
      3: w[i]:=wed;
      4: w[i]:=thu;
      5: w[i]:=fri;
      6: w[i]:=sat
    end;
  i:=0;
  for wd:=sun to sat do    {枚举类型的数据作为数组元素的下标}
    begin
      case wd of
        sun: writeln('w[',i,']=','sun',', ',ord(w[i]));
        mon: writeln('w[',i,']=','mon',', ',ord(w[i]));
        tue: writeln('w[',i,']=','tue',', ',ord(w[i]));
        wed: writeln('w[',i,']=','wed',', ',ord(w[i]));
        thu: writeln('w[',i,']=','thu',', ',ord(w[i]));
        fri: writeln('w[',i,']=','fri',', ',ord(w[i]));
        sat: writeln('w[',i,']=','sat',', ',ord(w[i]))
      end;
      i:=i+1
    end;
  readln
End.
```

附注 ① 访问数组元素时,其下标的取值范围为定义数组时的下标的下界到上界范围内。一般地,最好不要越界;

② 当然,在本程序中可以使用条件语句替代 case 语句来实现,只不过其结构不如本程序的结构清晰而已。

6.3.7 程序设计举例

下面举例说明数组类型的应用。

例 6-6 查找问题。请写一个程序,从键盘任意输入 n 个学生的身高,查找其中身高最大值并打印。

(1) 分析

现实生活中,如果要在某班中查找身高最高的人,那么应该怎样查找呢?有的学生自然会想到:让该班所有的学生聚集到一起,一眼就可以看到身高最高的人。其实,扫描聚集在一起的全班学生,查找身高最高的学生的过程是一个穷举比较的过程,这个过程实际上可以用擂台赛的方式来类比。数组是数据聚集的一种机制,因此,借助它可以将全班身高的数据聚集起来。为此,引入数组 heigh,下面给出其算法。

(2) 算法

① 输入学生身高的数组 heigh;
② 将 max←heigh[1];
③ 将 max 与 heigh[2]到 heigh[n]中的数据逐一进行比较,找出身高的最大值 max;
④ 输出身高的最大值 max。

(3) 源程序

```
{ 程序名称:Search
  文 件 名:Search.pas
  作   者:赵占芳
  创建日期:2012-01-20
  程序功能:查找 n 个学生的身高最高的学生。
}
Program Search(input,output);
Const
  n = 50;
Type
  stuheigh = array [1..n] of real;
Var
  heigh: stuheigh;
  i: integer;
  max: real;
Begin
  for i:= 1 to n do
    read(heigh[i]);
  max:= heigh[1];
  for i:= 2 to n do
    if max < heigh[i] then
      max:= heigh[i];
  writeln('max=',max:4:2);
  readln;
  readln
End.
```

(4) 附注

在给定的数据集合中,查找最小数或最大数问题的生活原型是擂台赛。武术的擂台赛过程生动地说明了这一查找过程。该过程是一个**穷举**比较的过程,又是一个循环控制的过程,因此,在程序中表达**穷举**过程往往是用循环控制方式来实现的,循环体中"比较"语义的实现显然用条件语句表达。

对于该问题，可以使用**分治方法**设计出比穷举方法更好的算法，但这属于"算法设计与分析"课程的内容，这里不作深入的介绍。

将该问题进一步推广可以得到一般的查找问题。该问题的原型是：给定一个数据的集合，在其中查找满足某一特定条件的数据。

查找(Searching)问题是计算机科学与技术学科的典型问题之一。查找也是计算机程序设计中的一个重要的运算，在数据处理中有着广泛的应用(许多问题的算法都是在查找算法的基础上修改而成的)。到目前为止，人们已经发现和建立了许多查找算法，如顺序查找(Sequential Search)、二分查找(Binary Search)、分块查找(Block Search)，等等。这些查找算法将在"数据结构"课程中有详细的介绍。

例 6-7 排序(Sorting)问题。请写一个程序，从键盘任意输入 10 个整数，按照升序(或正序)将它们排序。

(1) 分析

欲解决这个问题，可以将题目中给出的数据聚集(汇集)到一起，利用数组机制实现。那么，如何实现 10 个数据的排序呢？下面介绍最容易联想到的且被称为选择排序(Selection Sort)的方法。

选择排序的基本思想是：首先从待排序的数中选择最小数，将它放在第一个位置上，然后从剩下的数中选择最小数并将它放在第二个位置上，以此下去，直到最后从剩余的两个数中选择较小的数放在倒数第二个位置上，剩下的一个数放在最后位置上即可完成排序。由此，不难给出下面的算法。

(2) 算法

① 将 10 个数输入到数组 Number 中；
② 循环：i 从 1 到 9，步长为 1，做　　{从小到大排序数组 Number}
　　　　循环：j 从 i+1 到 10，步长为 1，做
　　　　　　若 Number[i]>Number[j]，则交换 Number[i]和 Number[j]两个元素；
③ 输出排序后的数组 Number。

(3) 源程序

```pascal
{   程序名称：SelectSort
    文  件  名：SelectSort.pas
    作     者：赵占芳
    创建日期：2012-01-20
    程序功能：n 个整数的升序排序。
}
Program SelectSort(input,output);
Const
    n=10;
Type
    data=array [1..n] of integer;
Var
    Number: data;
    i,j,temp: integer;
```

第 6 章 构造型数据类型

```
Begin
    for i:=1 to n do
        read(Number[i]);
    for i:=1 to n-1 do
        for j:=i+1 to n do
            if Number[i] > Number[j] then
                begin
                    temp:= Number[i];
                    Number[i]:= Number[j];
                    Number[j]:= temp
                end;
    for i:=1 to n do
        write(Number[i]:6);
    readln
End.
```

(4) 附注

排序(分类)问题是计算机科学与技术学科的典型问题之一。排序是计算机程序设计中的一种重要的运算,在数据处理中有着广泛应用。据统计,一些商用计算机系统中,15%~17%的 CPU 时间花费在排序上。到目前为止,人类已经发现了许多排序算法,如快速排序(Quick Sort)、希尔排序(Shell Sort)、归并排序(Merging Sort),等等。排序算法在"数据结构"课程中有详细介绍。正因为排序算法有着广泛的应用和极为重要的意义,因此,排序算法至今仍然是计算机科学工作者的研究方向。本学科的一些学术刊物上不时地会有新的排序算法问世。

例 6-8 矩阵相乘。请写一个程序,求矩阵 $A_{m \times p}$ 和 $B_{p \times n}$ 的乘积 $C_{m \times n}$。

(1) 分析

由高等代数的知识可知 $C = A \times B$,其中,C 的每个元素 $C[i,j]$($1 \leqslant i \leqslant m, 1 \leqslant j \leqslant n$)用高级语言表示,可以把定义写成为:

$C[i,j] = A[i,1] \times B[1,j] + A[i,2] \times B[2,j] + \cdots + A[i,p] \times B[p,j]$。

不难给出下面的算法。

(2) 算法

① 输入矩阵 $A_{m \times p}$ 和 $B_{p \times n}$;
② 循环:i 从 1 到 m,步长为 1,做
    循环:j 从 1 到 n,步长为 1,做
        计算 $C[i,j]$;
③ 输出矩阵 $C_{m \times n}$。

(3) 源程序

```
{ 程序名称:MatrixMultiplication
  文 件 名:MatrixMultiplication.pas
  作   者:赵占芳
  创建日期:2012-01-20
  程序功能:两个矩阵的相乘。
}
Program MatrixMultiplication(input,output);
```

```
Const
    m = 5;
    n = 5;
    p = 4;
Var
    MatrixA: array [1..m,1..p] of real;
    MatrixB: array [1..p,1..n] of real;
    MatrixC: array [1..m,1..n] of real;
    i,j,k: integer;
Begin
    writeln('Input matrix MatrixA:');
    for i:=1 to m do
      for j:=1 to p do
        read(MatrixA[i,j]);
    writeln('Input matrix MatrixB: ');
    for i:=1 to p do
      for j:=1 to n do
        read(MatrixB[i,j]);
    for i:=1 to m do
      for j:=1 to n do
        begin
          MatrixC[i,j]:= 0;
            for k:=1 to p do
              MatrixC[i,j]:= MatrixC[i,j] + MatrixA[i,k] * MatrixB[k,j]
        end;
    writeln('Output matrix MatrixC: ');
    for i:=1 to m do
      begin
        for j:=1 to n do
          write(MatrixC[i,j]:6:1);
        writeln
      end;
    readln
End.
```

(4) 附注

① 矩阵相乘是一个典型的数值计算问题，也是计算机科学与技术学科的典型问题之一。它不仅是数值计算问题的基础，而且也是许多非数值计算问题的基础。例如，求图的最短路径、图的传递闭包、图的连通分支(量)等非数值计算问题均可借助矩阵相乘将这些问题转化为数值计算问题而加以解决。这些问题是将图论问题转化为代数问题的典型实例。这也从一个侧面说明了数值计算问题和非数值计算问题的统一。

② 在数学学科中，利用矩阵来研究图论问题的学问，属于叫做代数图论的范畴。

③ 在本题的算法中，若把第②步改为：

循环：j 从 1 到 n，步长为 1，做

  循环：i 从 1 到 m，步长为 1，做

计算 C[*i*,*j*];

则求解本题的算法并没有发生变化，但是算法修改前后其分别对应的程序性能相差很大，这是为什么呢？这是因为高级语言程序的性能除了与其算法有关外，还与机器的硬件结构有关，有关内容将在"计算机组成与系统结构"课程中学习。因此，要想设计出高效程序，除了学好数学和算法有关的课程外，还必须把与硬件有关的课程学好。

④ 矩阵相乘问题在"算法设计与分析"、"计算复杂性理论"课程中占有极为重要的地位。自 20 世纪 60 年代发明矩阵相乘的高效算法以来，至今还有许多人对该问题进行深入研究。这些在后续的"算法设计与分析"课程中有详细介绍。

例 6-9 Josephus（约瑟夫）问题。设有 *n* 个人围坐在圆桌周围形成一个圆圈，从某个位置起顺序编号为 1,2,3,…,*n*。编号为 1 的位置上的人从 1 开始报数，数到 *m* 的人便出圈；下一个人（第 *m*+1 个）又从 1 开始报数，数到 *m* 的人便是第二个出圈的人，依此进行，直到最后一个人出圈为止。于是，便得到一个出圈顺序。请写一个程序，输出这个出圈顺序。

（1）分析

一般地，取 $m \leq n$。为了便于报数，引入 DataRing[1..*n*]数组，其元素初始值均为 1，它表示对应下标 *i* 位置上有人，当 DataRing[*i*]= 0 时，表示对应下标 *i* 位置上的人已经出圈。同时，引入计数器变量 *s*，用于报数；再引入另一个计数器变量 *p* 来记录已出圈的人数（即 *p* 为出圈人数计数器变量）。若 *p* = *n*，则表示圈中已无人，全部出圈完毕。该问题的解决方法是从数组 DataRing[1..*n*]的第一个元素开始，依次取数组元素相加，当其和为 *m* 时，输出该元素的下标 *i*，然后将该元素清 0（DataRing[*i*]←0），以表示该位置上的人出圈；同时将 *s* 也清 0（*s*←0），以准备继续往下报数。再次开始报数从下一个元素开始，依次按数组元素相加，当其和为 *m* 时，再输出该元素的下标 *i*，如此继续，直到输出 *n* 个值（*p*=*n*）以后结束为止。

（2）算法

① 给数组 DataRing[1..*n*]赋初值 1，表示每个人已经坐好，准备报数；

② 循环：当圈中还有人未出圈时（*p*≠*n*），做

　　循环：*i* 从 1 到 *n*，步长为 1，做　　　{从 1 到 *n* 报数}

　　　[报数并计数；

　　　　若数到 *m*，则

　　　　　[计数器 *s* 重新计数；

　　　　　　位置 *i* 上的人出圈；

　　　　　　出圈人数计数器 *p* 加 1；

　　　　　　输出出圈人数 *p* 及位置号 *i*；

　　　　　　若出圈人数为 *n*，则程序结束；

　　　　　]

　　　]

（3）源程序

```
{  程序名称：Josephus1
   文 件 名：Josephus1.pas
   作    者：赵占芳
   创建日期：2012-01-20
   程序功能：求解 Josephus 问题。
```

```pascal
}
Program Josephus1(input,output);
Const
  n = 13;
  m = 5;              {m是一个可以变动的数，也可以从键盘读取作为输入}
Type
  PeopleNO = array [1..n] of integer;
Var
  DataRing: PeopleNO;
  s,p,i: integer;
  flag: boolean;      {flag是一个标志圈中是否有人的布尔型变量}
Begin
  for i:= 1 to n do
    DataRing[i]:= 1;
  s:= 0;
  p:= 0;
  flag:= true;
  while flag = true do    {当flag为true值时，表示圈中还有人}
    for i:= 1 to n do
      begin
        s:= s + DataRing[i];
        if s = m then
          begin
            s:= 0;
            DataRing[i]:= 0;
            p:= p + 1;
            writeln('p=',p ,i:4);
            if p = n then
             flag:= false    {当flag = false时，表示圈中无人了}
          end
      end;
  readln
End.
```

(4) 附注

① 如果本题中对人员报数时位置下标的计算除了使用加法外，还可以使用求模(MOD)运算，那么该问题的源程序该如何编写呢？

② 该问题由公元1世纪的犹太著名历史学家 Flavius Josephus 提出，后人称它为 Josephus 问题，是组合数学的发展源头之一。Josephus 问题的描述形式很多，这里就不赘述了。

③ 到目前为止，有许多求解 Josephus 问题的算法。本例中所采用的算法并不是最好的，该方法借助数组实现。你能给出更好的算法吗？此外，第8章例8-4给出了借助指针实现的算法。值得一提的是，基于数组的算法和基于指针的算法都是对报数出圈过程的一种模拟，即算法设计的思想方法为模拟法。在计算机算法中，所谓模拟法就是利用计算机算法机械地模仿题目中已经明显给出的问题的计算过程的一种算法设计策略。在利用计算机待求解的问题中，若对问题很难设计出穷举、递归等算法，甚至其数学模型都难以建立，而且题目中已明显给出了其计算的思

想，则常常采用模拟法来设计其算法。模拟法是一种常用的算法设计策略。另外，从科学方法角度来说，模拟法也是一种重要的科学方法。它以真实的自然环境或客观事实为原型，创造出和自然环境或客观事实相同或相近的实验环境对具体的问题进行研究的一种方法。关于作为科学方法的模拟法的详细介绍，请读者参考有关科学方法论方面的著作。

④ Josephus 问题是计算机科学中的典型问题，有着广泛的应用背景。例如，将 Josephus 问题应用于通用试题库的组卷问题和找出一组数据中某个指定范围的数据序列（随机数的产生）等。

⑤ 到目前为止，先后出现了一些 Josephus 问题的扩展问题。其中，**双向 Josephus 问题**就是最著名的扩展问题。双向 Josephus 问题中有两个交替进行的报数进程，其中一个按顺时针方向每第 m 个人出圈，另一个进程则逆时针方向每第 m 个人出圈。两个进程交替进行，直到最后只剩一人为止。假如 $n = 10$，$m = 3$，第一个出圈的人是#3，第二个出圈的人是#8，第三个出圈的人是#6，以后分别是 4,10,9,5,1,7，最后剩下的人是 2。用 $S(n,m)$ 来表示在相应的 n 值和 m 值的情况下最后剩下的那个人的编号，对于每个固定的 m 值，函数 S 的图像竟然都是一个**分形图形**(Fractal Figure)！它们都是数学中的分形艺术图案。分形使人们感悟到科学与艺术的融合，搭起了科学与艺术的桥梁。

例 6-10 鞍点问题。在一个 $m×n$ 的矩阵 a 中，元素 $a[i,j]$ 满足下述条件：$a[i,j]$ 既是第 i 行元素中的严格最大值，又是第 j 列元素中的严格最小值，则称 $a[i,j]$ 为矩阵 a 的一个鞍点(Saddle Point)。请编写一个程序，求出数组 a 中所有的鞍点。若不存在鞍点，则给出"不存在鞍点"提示信息。

(1) 分析

根据题意可知，该问题是在矩阵中查找鞍点，因此属于查找问题。查找的策略仍然是穷举策略。为了简单起见，假设矩阵中没有相同的元素。不难设计出以下算法。

(2) 算法

① 输入 $m×n$ 矩阵 MatrixA；

② $i←1$；SaddlePointCounter←0；

　　循环：当 $i≤m$，做

　　[• 找第 i 行上最大元素 max，并记下它所在的列号 c；
　　　• 在第 c 列上，把 max 与该列上的其它元素比较，判断在该列上 max 是否为最小的元素。只要发现有一个元素小于 max，则说明在该列上 max 不是最小元素，此时，打印输出第 i 行上没有鞍点，然后退出第 c 列循环；
　　　• 若 max 是第 c 列上的最小元素，则找到鞍点，并输出其值和下标位置，然后记录下目前鞍点的数量；
　　　• $i←i+1$
　　]

③ 若 SaddlePointCounter=0，则输出"该矩阵没有鞍点"。

(3) 源程序

```
{ 程序名称：SaddlePoint
  文 件 名：SaddlePoint.pas
  作   者：赵占芳
  创建日期：2012-01-20
  程序功能：求 m×n 矩阵中的鞍点。
```

```pascal
}
Program SaddlePoint(input,output);
Const
  m = 5;
  n = 6;
Type
  Matrix = array [1..m,1..n] of integer;
Var
  MatrixA: Matrix;
  i,j,k,r,c,max: integer;
  find: boolean;
  SaddlePointCounter: integer;
Begin
  Writeln('Input ',m,'*',n,' array:');
  for i:= 1 to m do
    begin
      for j:= 1 to n do
        read(MatrixA[i,j]);     {按行读入矩阵的数据}
      readln
    end;
  find:= false;
  i:= 1;
  SaddlePointCounter:= 0;
  while (i<= m) and (not find) do
   begin
     max:= MatrixA[i,1];
     c:= 1;
     for j:= 2 to n do
      if max < MatrixA[i,j] then
        begin
          max:= MatrixA[i,j];
          c:=j                       {c表示i行中最大值的列下标}
        end;
     find:= true;                    {表示i行找到最大值}
     k:= 1;
     while (k<= m) and find do
       begin
         if k <>i then
           begin
             if MatrixA[k,c]<= max then
               begin
                 writeln('There is no saddle point in ',i:1,' row');
                 find:= false        {表示i行没有鞍点}
               end
            end;
         k:= k+1
       end;
```

```
            if find then
              begin
                writeln('The saddle point is ');
                writeln('MatrixA[',i:1,',',c:1,']=',MatrixA[i,c]:3);
                SaddlePointCounter:= SaddlePointCounter+1;
                find:= false
              end;
              i:= i+1
          end;
      if (SaddlePointCounter=0) then
        writeln('SaddlePoint not be found!');
      readln
    End.
```

(4) 附注

① 请读者总结一下本题属于哪一种类型的问题，其程序设计的策略是什么？

② 鞍点问题是计算机科学与技术学科的典型问题，有着广泛的应用背景。请读者在老师的指导下，通过查阅文献，阅读文献，试着写一篇有关鞍点问题的应用背景的小论文。

6.4 字符串类型

对字符串(String)，人们并不陌生，在前面的程序中经常用到由单引号"'"括起来的字符序列，这就是字符串常量(这种常量中的字母的大小写是不同的。例如，'Pascal'与'pascal'是不同的)。而字符串变量到目前的程序设计中还没有涉及。其实，字符串作为一种数据类型，它在程序设计中是非常有用的，尤其在非数值计算问题的求解中。

在标准 Pascal 中，使用**压缩的一维字符数组类型**来表示字符串类型。而在 Turbo Pascal 中，为了使用方便，引入了专门的构造数据类型——字符串类型。它的使用特征与字符数组类型[①]有许多相似之处，但是也有一定的差别。下面介绍之。

6.4.1 字符串类型及其变量的说明

1．字符串类型说明

(1) 语法

字符串类型说明的语法图如图 6-8 所示。

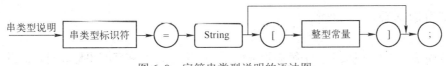

图 6-8　字符串类型说明的语法图

---

① 若数组元素的类型为 char 类型，则该数组的类型为字符数组类型。在标准 Pascal 中，使用**压缩的一维字符数组类型**来表示字符串类型。例如，用压缩的一维字符数组类型来定义(说明)字符串变量 st 如下：

　　Var st:packed array [1..5] of char;

图 6-8 中 string 为保留字，整型常数指明了字符串的最大长度，其值不能超过 255。当长度及其外方括号省略时，表示长度为 255。

例如：

```
Type
  FileName=string[15];
  TexLine=string[80];
```

(2) 语义

定义了一个字符串类型。例如，上例定义了最大长度分别为 15 个字符和 80 个字符的两个字符串类型。

2．字符串类型的变量说明

字符串类型的变量说明的语法图如图 6-9 所示。

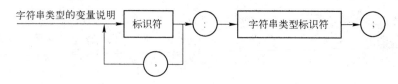

图 6-9　字符串类型的变量说明的语法图

例如，有变量说明：

```
Var
  Name:FileName;
  Book: TexLine;
```

它定义了 Name 和 Book 均为字符串类型变量。

字符串类型变量在内存中所占的空间是它的最大长度加 1 个字节。第一个字节用来存放所给字符串变量的实际有效长度(≤最大长度)，可用 0 下标去访问。例如，对上述说明 Name 字符串变量，ord(Name[0]) 即指出了 Name 字符串中实际字符的个数。

字符串变量中的实际有效字符，从第二个字节开始存放，每个字符占一个字节。在实际长度值加"1"以外的字节单元中是随机信息。

字符串变量为其中每个字符都规定了相应的下标。串中实际字符的下标从 1 到串的长度值。即通过字符串下标可以访问字符串中单个字符。这可以通过在字符串变量标识符后面加上用方括号括起来的整型下标表达式来实现，这一点很像字符数组。

6.4.2　字符串运算

字符串常量、字符串变量、字符串函数引用(值为串类型)和字符串运算符组成的表达式称为字符串表达式。利用字符串表达式可以对字符串数据进行运算或操作。

1．字符串的连接运算

字符串的运算符主要是字符串连接运算符"+"，所谓连接运算就是把第二个字符串并接在第一个字符串的后面，结果是一个新的字符串。加号可以进行字符串的连接，尽管也可以用后面将要介绍的连接函数 concat 完成同样的操作，但运算符"+"通常更为方便。如果连接后得到新串的长度超过 255，那么将会产生运行错误。例如：

```
'Turbo'+' Pascal'='Turbo Pascal'
```

值得注意的是，这里的"+"是重载的，因为在 Turbo Pascal 中，它可以表示算术运算，还可以表示集合的并。**重载**是面向对象程序设计语言的重要概念。

2．字符串的关系运算

六个关系运算符(<、<=、>、>=、<>、=)可以用于字符串数据之间的比较运算。关系运算符的优先级低于连接运算符的优先级。字符串关系运算的结果是一个布尔值。当两个字符串进行比较时，是从左到右逐个比较两个字符串中每个字符的 ASCII 码，直到找到不相同字符为止。此时，ASCII 码值大的字符所在串就大。如果两个字符串长度不同，且直至较短串的最后一个字符处两者都相同，则认为较长串值大，较短串值小。只有当两个字符串长度相等且对应字符完全一致(字母的大小写是不同的)时，这两个字符串才被认为是相等的。总之，字符串的比较是按字典顺序进行的，排在前头的字符串值较小，后面的字符串较大。

例如，在下列表达式中，'ABC'<'ABCDE'，'ABCMN'>'ABCDNP'，'Pascal Compiler'<'Pascalcompiler'的值均为 ***true***。

3．字符串的赋值运算

赋值运算符用来把一个字符串表达式的值赋给一个字符串变量。当然被赋值的变量其最大长度要大于等于字符串表达式值的字符个数。所赋的字符串表达式可以是一个字符串常数，也可以是一个已赋过值的字符串变量，还可以是一个字符串函数引用。例如，在执行语句：

```
str0:= 'Spring Festival';
Line:=str0+'good!';
```

后，Line 的最后值是' Spring Festival good! '。

如果字符串变量被赋予过长的值(即赋予一个比定义说明时最大长度还多的字符)，那么多出的字符将被截掉。如在上面例子中，如果 str0 被定义为 string[3]，那么执行上述赋值语句后，str0 中只含有最左边的三个字符'Spr'。

6.4.3 字符串类型与字符数组类型之间的关系

在 Turbo Pascal 中，字符数组可以出现在字符串表达式中，在这种情况下，字符数组被转换成具有该数组长度的字符串。因此，字符数组可以用和字符串同样的方式进行比较运算(因为两者是**类型相容**的)，并且只要长度相同，就可以把字符串常数赋给字符数组，而字符串变量和字符串表达式计算得到的值不能赋给字符数组。因为它们是不同类型的数据，并且字符数组中的元素的个数是固定的，而字符串变量和字符串表达式计算出来的值其长度是可变的。例如，假设有下面的变量说明：

```
Var
  st:array [1..5] of char;
  st1:string[5];
```

```
    str2:string[7];
```

则下面的程序片段是正确的。

```
    st:='2012.';
    str2:=st+'02';
    writeln('str=',str2);
    if st<str2 then writeln('st<str2');
    st1:='abcde';
```

而下面的赋值语句时错误的。

```
    st:=st1;
```

但是，字符串 st 和 st1 是可以进行比较运算的。

另外，字符数组可以赋给字符串变量，当数组元素个数少于字符串变量所能容纳的最大长度时，取数组中全部字符，当多于时，多余的字符在赋值时被截掉。

其次，字符串变量和字符数组一样都可通过下标访问其中的单个字符。因此，可以把字符串变量看成带有长度字节（由零下标指示）的字符数组。

6.4.4 字符串的输入/输出

在程序设计中，经常要给字符串变量输入/输出数据，那么如何做呢？

1．逐个字符输入/输出方法

由于可以把字符串看成带有长度字节（由 0 下标指示）的字符数组，因此字符串变量的输入/输出与一般一维数组变量的输入/输出相同。

2．整体输入/输出方法

允许对字符串变量整体进行输入/输出。例如：若有变量说明：

```
    Var ch:string[5];
```

则使用下列语句：

```
    read(ch);
    write(ch);
```

可以直接对字符串 ch 整体进行输入和输出。

6.4.5 字符串运算的标准函数和过程

Turbo Pascal 中提供了一些预定义的标准字符串运算的标准函数和过程（其原型请参阅附录1）。

1．删除子串过程 delete

语法：delete(st,pos,num)

语义：st 是串变量，pos 和 num 是两个整型表达式。delete 过程将删除 st 中从 pos 开始的

num 个字符的子串。若 pos 大于串 st 的长度，则不删除任何字符。若企图删除多于串长度的子串（即 pos+num 大于串长度），则仅删除串内的字符。如果 pos 超过 1..255 这个范围，则产生运行时错误。

例如，若 st 的值为'ABCDEFG'，那么 delete(st,2,4) 结果为'AFG'，delete(st,2,10) 结果为'A'。在 Delphi 7.0 和 Turbo Pascal 中，超过范围不产生运行时错误，不再删除，原样输出。

2．插入子串过程 insert

语法：insert(obj,target,pos)

语义：obj 是串表达式，target 是串变量，pos 为整型表达式。insert 过程将 obj 插入到串 target 的 pos 位置上。若 pos 大于 target 的长度，则将 obj 联接到 target 上；若结果大于 target 的最大长度，那么截去超过部分。如果 pos 超过 1..255 这个范围，就发生运行时错误。在 Delphi 7.0 和 Turbo Pascal 中，若超过 255，则将 obj 联接到 target 后面。如果 pos 是负数，则 obj 联接到 target 的前面。

例如，若 st 的值为'ABCDEFG'，则 insert('mm',st,3) 的结果为'ABmmCDEFG'。

3．数值型数据转换为字符串类型的数据的过程 str

语法：str(value,st);

语义：str 将带域宽的整型或实型数 value 按给出的格式转换成字符串，并把该字符串存入到串变量 st 中。

例如，若 i 的值为 1234，则 str(i:5,st) 给 st 的值为'␣1234'。若 x 的值为 2.5E4，则 str(x:10:4,st) 给 st 的值为'25000.0000'。

4．字符串类型的数据转换为数值型数据的过程 val

语法：val(st,var,code)

语义：val 过程将串表达式 st 转换为与 var 同类型的值，并将这个值赋给 var。st 必须是一个按照数值常量规则来表示的数值串，其尾部不允许有空格。在 Turbo Pascal 和 Delphi 7.0 中，均允许 st 首部可以有空格，但尾部不能有空格。若有，code 的值被修改，会出错。以上这些均说明，编译系统在具体实现时，与标准 Pascal 之间常存在有些差异。为此，下面不再一一评注。var 为一个整型或实型变量，code 必须为一个整型变量，作为过程执行的出错检查代码。如果检测时未出错，则变量 code 置 0；否则 code 置为出错的第一个字符的位置，同时转换结果值为无定义。

例如，st 的值为'234'，i 经变量说明为整型变量，则 val(st,i,result) 中 i 的值为 234，result 的值'0'。若 st 内含有非数值字符，例如 st 的值为'12x'，则执行 val(st,i,result) 后，i 的值无定义，且 result 的值为 3，表示在第 3 个字符处出错。

5．截取子串的函数 copy

语法：copy(st,pos,num)

语义：st 为串表达式，pos 和 num 为整型表达式。copy 函数返回一个子串，它包含串 st 中从 pos 开始的 num 个字符。若 pos 的值超出了串 st 的长度，则返回一个空串。若得到的字符在 st 串尾之外（即 pos+num 大于串 st 长度），则仅返回串里的那一部分字符。若 pos 之值超出了 1..255 范围，在标准 Pascal 中则产生运行时错误。在 Turbo Pascal 7 和 Delphi 7 中不产生运行期错误。若 pos 值超过 255，返回空串。若 pos 为负数，则返回这个串本身。

例如，若 st 的值为'ABCDEFG'，则 copy(st,2,3) 的结果为'BCD'。而 copy(st,5,5) 的结果为 'EFG'。

6．字符串的联接运算函数 concat

语法：concat(st1,st2,…,stn)

语义：将 st1,st2,…,stn 这 n 个字符串按照顺序联接起来构成一个整串。若联接起来的整串长度大于 255，在标准 Pascal 中则产生运行时错误。它与运算符"+"功能相同。引入之只是为了使用方便，且与其他版本兼容。

7．求字符串长度的函数 length

语法：length(st)

语义：这个函数返回串表达式 st 的长度，即串中字符的个数。其结果类型为整型。

例如，若 st 的值为'123456789'，则 length(st) 的值为 9。

8．求子串在主串中位置的函数 pos

语法：pos(obj,target)

语义：obj 和 target 均为字符串表达式，pos 的类型为整型。pos 函数的语义是扫描字符串 target，寻找字符串 target 中第一次出现的 obj 子串的位置值，并返回该值。若没有找到，则返回值为 0。target 字符串的第一个字符位置是 1。

例如，若 st 的值为'ABCDEGG'，则 pos('DE',st) 的返回值为 4，而 pos('H',st) 的返回值为 0。

下面举一个字符串函数应用的实例。

例 6-11 假设下面程序中，给字符串变量 letters 输入的串为：'Passed the exams'，请分析下面程序的功能。

```pascal
Program Reverse(input,output);
Var
  i,j:integer;
  letters:string[255];
  ch:string[1];
Begin
  writeln('Enter a string to letters:');
  readln(letters);
  j:=length(letters);
  for i:=1 to j do
    begin
      ch:=copy(letters,j,1);
      delete(letters,j,1);
      insert(ch,letters,i)
    end;
  writeln(letters);
  readln
End.
```

请读者将该程序走一遍，不难分析出其功能为：将长度不超过 255 个字符的输入字符串 letters 逆置。

6.4.6 程序设计举例

下面设计几个程序，来说明字符串类型的应用。

例 6-12 回文问题。当一个字符串从左到右的排列顺序与从右到左的排列顺序相同时，则称该字符串为回文字符串，简称为回文（Palindrome）。请写一个程序，判定从键盘输入的字符串是否为回文。

(1) 分析

根据题意，可采用下面方法判定字符串是否为回文。首先引入两个下标 i 和 j，分别指向字符串的第一个字符和最后一个字符。若相同，则下标 i 向右移动一个位置，而下标 j 向左移动一个位置。继续比较两个下标所指的字符是否相同，若相同，则继续移动两个下标，直到下标 i 超过下标 j 为止，说明该串为回文。在比较过程中，若两个下标所指的字符不同，则停止比较，说明该串不是回文。

(2) 算法

① 输入字符串 palindrome；

② $i \leftarrow 1$;

$j \leftarrow n$;

循环：当 palindrome[i]=palindrome[j]且 $i \leqslant j$，做

  [$i \leftarrow i+1$;

  $j \leftarrow j-1$;

  ];

③ 若字符串 palindrome 为回文，则输出 yes，否则输出 no。

(3) 源程序

```
{   程序名称：Palindrome_Judge
    文 件 名：Palindrome_Judge.pas
    作    者：赵占芳
    创建日期：2012-01-20
    程序功能：求解回文判定问题。
}
Program Palindrome_Judge(input,output);
Const
    n = 100;
Var
    i,j: integer;
    palindrome: string[n];
Begin
    writeln('Input a string: ');
    readln(palindrome);
    i:= 1;
    j:= length(palindrome);
    while (palindrome[i]= palindrome[j]) and (i<=j) do
      begin
        i:= i + 1;
```

```
        j:= j - 1
      end;
  if i < j then
    writeln('no')
  else
    writeln('yes');
  readln
End.
```

(4) 附注

① 回文反映出对称性，表现了其美学价值。回文现象广泛地出现在不同科学、文学和艺术之中。在音乐中，被称为西方音乐之父的音乐大师 J.S.Bach（约翰·塞巴斯蒂安·巴赫）在其著名的作品《音乐的奉献》之中，有一段专为两把小提琴而写的一支被称为《螃蟹卡农》的曲子。这支曲子正着演奏和倒着演奏听起来一模一样，这就是音乐中著名的一支回文曲子。在文学作品中，回文现象不胜枚举。我国有一个著名的古典回文：叶落天落叶。另外，厦门鼓浪屿鱼腹浦有一副回文对联：

正读　雾锁山头山锁雾，天连水尾水连天。

反读　天连水尾水连天，雾锁山头山锁雾。

唐代诗人陈子昂的回文诗：

正读　纤纤乱草平滩，冉冉云归远山，帘卷堂空日永，鸟啼花落春残。

反读　残春落花啼鸟，水日空堂卷帘，山远归云冉冉，滩平草乱纤纤。

唐代大诗人苏东坡的回文诗——七律《题金山寺》：

潮随暗浪雪山倾，远浦渔舟钓月明。

桥对寺门松径小，槛当泉眼石波清。

迢迢绿树江天晓，蔼蔼红霞晚日晴。

遥望四山云接水，碧峰千点数鸥轻。

这是一首从内容到形式都非常美的作品，无论正读还是反读都生动地描绘出金山寺外破晓与月夜的江上优美景色，它的对称性使人叹息不止。反读则为如下诗句：

轻鸥数点千峰碧，水接云边四望遥。

晴日晚霞红霭霭，晓天江树绿迢迢。

清波石眼泉当槛，小径松门寺对桥。

明月钓舟渔浦远，倾山雪浪暗随潮。

宋朝著名文学家王安石的回文诗——《泊雁》，更是匠心独运，使后人望尘莫及：

泊雁鸣深渚，收霞落晚川。

柝随风敛阵，楼映月底弦。

漠漠汀帆转，幽幽岸火然。

壑危通细路，沟曲绕平田。

反读则为如下诗句：

田平绕曲沟，路细通危壑。

然火岸幽幽，转帆汀漠漠。

弦底月映楼，阵敛风随柝。

川晚落霞收，渚深鸣雁泊。

清朝大词人纳兰性德的《菩萨蛮·雾窗寒对遥天暮》：

雾窗寒对遥天暮，暮天遥对寒窗雾。

花落正啼鸦，鸦啼正落花。

袖罗垂影瘦，瘦影垂罗袖。

风翦一丝红，红丝一翦风。

难道从这些回文现象中体会不到在不同的学科之间，科学与艺术之间，科学与文学之间在更高层面上是相通的吗？

② 艺术，是人们为了满足自己对主观缺憾的慰藉需求和情感器官的行为需求而创造出的一种文化现象，这种文化现象的本质特点是用语言(例如，口头语言、文字语言、绘画语言、形体语言、音乐语言及现代的电影电视语言等)创造出虚拟的人类现实生活。生活是科技创新思想的源泉。因此，要从艺术中寻找科技创新的思想。关于艺术对科学创新的作用，已故的钱学森院士(1911—2009)有着深刻的感悟。他指出："艺术上的修养不仅加深了我对艺术作品中那些诗情画意和人生哲理的深刻理解，也学会了艺术上大跨度的宏观形象思维。我认为，这些东西对启迪一个人在科学上的创新是很重要的。科学上的创新光靠严密的逻辑思维不行，创新的思想往往开始于形象思维，从大跨度的联想中得到启迪，然后再用严密的逻辑加以验证。"

另外，从各种有关的历史文献分析可知，数学中的布尔巴基学派诞生于第二次世界大战前的世界艺术交流中心的巴黎并非偶然，抽象主义画派的主张与布尔巴基学派的思想是相通的。

例 6-13 验证卡布列克常数。印度数学家卡布列克(D. R. Kaprekar，1905—1986)在1949年研究数字时发现：任意一个不是用完全相同的数字组成的4位数，如果对它们的每位数字重新排序，组成一个最大数和一个最小数，然后用最大数减去最小数，其差不够4位数时补零，类推下去，最后将变为一个固定的常数：6174，这就是卡布列克常数，又称为数学"黑洞"。请写一个程序，从键盘任意输入一个4位数，验证4位数的卡布列克常数为6174。例如

输入：$n=5346$

输出：

    6543−3456=3087

    8730−378 =8325

    8532−2358=6174

    7641−1467=6174

(1) 分析

根据题目要求和卡布列克常数的性质，不难给出下面算法。

(2) 算法

① 从键盘任意输入一个4位数 n;

② 循环：当 $n \neq 6174$，做

    [将 n 中的4位数字排序组合成最大的4位整数 $n1$;

    将 n 中的4位数字组合成最小的4位整数 $n2$;

    $n \leftarrow n1-n2$;

    输出式子：$n1-n2=n$;

    若 n 不是4位数，则 补零($n \leftarrow 10 \times n$;);

    ];

(3) 源程序

```pascal
{   程序名称：KaprekarConstant
    文 件 名：KaprekarConstant.pas
    作   者：赵占芳
    创建日期：2012-01-20
    程序功能：验证卡布列克常数。
}
Program KaprekarConstant(input,output);
Var
  s: string;
  n,n1,n2,i,j,e: integer;
  c: char;
Begin
  repeat
    write('Input a number(1000-9999) : ');
    readln(n);
  until (n>1000) and (n<9999);
  while n<>6174 do
    begin
      str(n,s);    {将 n 转化为字符型数据 s}
      for i:=1 to 3 do   {使用冒泡排序法形成最大数值的新串 s}
        for j:=i+1 to 4 do
          if s[i]<s[j] then
            begin
              c:=s[i];
              s[i]:=s[j];
              s[j]:=c
            end;
      val(s,n1,e);   {形成最大 4 位数 n1}
      for i := 1 to 2 do   {形成最小数值的新串 s}
        begin
          c:=s[i];
          s[i]:=s[5-i];
          s[5-i]:=c
        end;
      val(s,n2,e);   {形成最小 4 位数 n2}
      n:=n1-n2;
      writeln(n1,'-',n2,' = ',n);
      if n<1000 then
        n:= n*10
    end;
  readln
End.
```

(4) 附注

① 200 多年来，数学家们一直在寻找不同位数的卡布列克常数，终于在 1983 年得出了这样一个结论：除 3、4 位数外，别的多位数都不存在这种卡布列克常数。

② 卡布列克常数在计算机密码学中有着重要应用。

③ 6174 这个 4 位数的卡布列克常数，也许与黄金数有很大的关系，因为 6174/10000=0.6174，非常接近 0.816。前苏联科普作家高基莫夫在其著作《数学的敏感》中，把 6174 列为"没有解开的秘密"。

④ 由于每次运行上述程序仅仅是任意输入了一个 4 位数，因此本题程序是验证卡布列克常数的程序。由于 4 位整数是有限的，完全能够设计一个程序使之成为证明卡布列克常数的程序，这个程序如何设计呢？如果你能够设计出这个程序，你对**证明**和**计算**两者之间的关系有何认识？

例 6-14 排序问题。某班共 30 人，参加了"数学分析"课程的考试，假设 30 人的考试成绩可以随机生成，学生姓名从键盘输入。请写一个程序，要求按照成绩的升序顺序打印学生名单及其成绩和全班的平均成绩。

（1）分析

本题属于排序问题。为了实现数据的聚集，需要引入存放全班姓名的一维字符串数组 Name 和存放全班考试成绩的一维数组 Score。排序使用选择排序算法。下面给出求解该问题的算法。

（2）算法

① 给姓名数组输入数据；

② 随机产生成绩数组，并求出平均成绩 AverageScore；

③ 循环：*i* 从 1 到 29，步长为 1，做

　　[small←*i*;

　　循环：*j* 从 *i*+1 到 30，步长为 1，做

　　　　若 Score[*j*]<Score[small]，则

　　　　　　small←j;

　　交换 Score[*i*]和 Score[small];

　　交换 Name[*i*]和 Name[small];

　　]

④ 按照成绩的升序顺序打印学生名单及其成绩和全班的平均成绩。

（3）源程序

```
{ 程序名称：SortingPrint
  文 件 名：SortingPrint.pas
  作    者：赵占芳
  创建日期：2012-01-20
  程序功能：按照成绩的升序顺序打印学生名单及其成绩和全班的平均成绩。
}
Program SortingPrint(input,output);
Type
  NameArray =array [1..30] of string[10];
  ScoreArray =array [1..30] of integer;
Var
  Name:NameArray;
  Score:ScoreArray;
  tempst:string[10];
  i,j,small,temp:integer;
  sum,AverageScore:real;
```

```
Begin
  for i:= 1 to 30 do
    readln(Name[i]);
  sum:= 0;
  randomize;
  for i:=1 to 30 do
    begin
        Score[i]:=random(100);
        sum:=sum+Score[i]
    end;
  AverageScore:=Sum/30;
  for i:=1 to 29 do
    begin
      small:=i;
      for j:=i+1 to 30 do
        if Score[j]<Score[small] then
          small:=j;
      temp:=Score[small];
      Score[small]:=Score[i];
      Score[i]:=temp;
      tempst:=Name[small];
      Name[small]:=Name[i];
      Name[i]:=tempst
   end;
   for i:= 1 to 30 do
     writeln(Name[i]:10,Score[i]:8);
   writeln('AverageScore=',AverageScore:8:2);
   readln
End.
```

(4) 附注

本题的重点在于，为了实现数据的聚集，需要引入两个数组——Name 和 Score。实际上，可以引入一个记录数组来实现数据的聚集，进而完成程序设计。等学习了第 6.6.6 节的记录数组知识后，请读者编程实现。

6.5 集合类型

6.5.1 引言

集合(Set)是数学中的一个最基本但又是最难精确定义的概念。通常只是采用描述的方法给予其定义。把一组对象(个体)看成一个整体来考虑时，这个整体便称为一个集合。其中，每个对象(个体)称为集合元素(Element)。集合具有其元素无序性和互异性的特点。

Pascal 语言是第一个引入集合数据类型(简称集合类型)的程序设计语言。**集合类型(Set Type)的数学基础是集合论**。Turbo Pascal 的集合与集合论中的集合是有区别的，主要有：

① Turbo Pascal 中的集合只能是有穷集合，不能是无穷集合；

② Turbo Pascal 中集合的元素必须属于同一种数据类型，而且只能是有序类型。这样规定是为了简化语言设计，便于编译程序实现集合类型。

6.5.2 集合类型及其变量说明

1. 集合类型说明

(1) 语法

集合类型说明的语法图如图 6-10 所示。

图 6-10 集合类型说明的语法图

```
例如：   Type letters = set of 'a'..'z';
             numbers = set of '0'..'9';
```

(2) 语义

定义一个集合类型。例如，上面的集合类型说明中定义了 letters 和 numbers 两个集合类型，它们分别由 26 个小写英文字母和 10 个数字构成。

(3) 附注

① 由于 Turbo Pascal 中集合元素的类型(基类型)只能是有穷、有序类型，因此，基类型可以是字符型、布尔型、枚举型、子界型等类型，不能是无穷、无序的类型或其他构造类型。

② 集合类型常量是一个具体的集合。Turbo Pascal 中集合表示的语法图如图 6-11 所示。

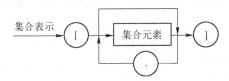

图 6-11 集合表示的语法图

根据上述语法，集合的表示是在方括号中列举(穷举)出集合中的所有元素，各个元素之间用逗号分开。空集合用[]表示。集合的表示仍然保持了集合元素的无序性和互异性。例如，集合 L1=[a,b,c]，L2=[1,2,3,4,5]；[a,b,c]与[b,a,c]是同一集合。若集合由值的一个整体或一部分组成时，集合的表示可以用缩写形式。例如，[1,2,3,4,5]可以缩写为[1..5]。

值得注意的是，集合的表示采用了计算机科学与技术学科的典型方法——外延方法。

③ 集合类型的数据的值域是由其基类型的值域所决定的。一般地说，若基类型具有 n 个值，与它相联系的集合类型就有 2^n 个值。即集合类型的数据的值集(域)为其基类型集合的幂集(Powerset)。

例如，若有集合类型说明：

```
Type M = set of 1..3;
```

则 M 的值域由下列 8 个集合组成。

[],[1],[2],[3],[1,2],[1,3],[2,3],[1,2,3]。

④ 在 Turbo Pascal 中，集合的基类型(元素的类型)只能是有穷、有序类型，而整型是有序类型，但为什么整型不能作为集合类型的基类型呢？

集合类型是一种离散数据类型，计算机的字长限制了对这类数据的表示只能是有穷的。Turbo Pascal 不仅限制了集合的基类型，而且限制了集合的元素个数。不同的 Pascal 系统，对集合的大小限制也不同。一般地，集合的元素个数在 0～255 之间。显然，Turbo Pascal 中整型数据的值域远远超过了集合类型中集合允许的最多元素个数。因此，整型不能作为集合类型的基类型。当实际问题所需要的集合元素的个数大于 Turbo Pascal 所规定的集合的最大元素个数时，可以用布尔数组来取代集合类型。

2. 集合类型的变量说明

集合类型的变量说明的语法图如图 6-12 所示。

集合类型的变量说明

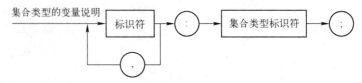

图 6-12　集合类型的变量说明的语法图

例如，有变量说明：

```
Var letter1,letter2: letters;
    number1,number2: numbers;
```

该变量说明定义了 letter1,letter2 为 letters 集合类型的变量，number1,number2 为 numbers 集合类型的变量。

另外，集合类型说明与集合类型的变量说明可以合并。例如，上面的集合类型说明与集合类型的变量说明的例子可以合并为：

```
Var letter1,letter2: set of 'a'..'z';
    number1,number2: set of '0'..'9';
```

6.5.3　集合类型的数据允许进行的运算

集合类型的数据允许进行的运算有赋值运算、关系运算和集合运算。

1. 赋值运算

经变量说明后的集合类型的变量只有赋值运算之后才能获得具体的值，但赋值运算要遵守赋值相容的原则。

例如，若有如下变量说明：

```
Var
    se1,se2: set of 1..10;
    x: set of 1..5;
```

```
y: set of '1'..'5';
```

则下面的赋值是正确的：

```
x:=[ ]; x:=[1..5];
se1:=[1,3,5,7,9];
se2:=[2,4,6,8,10];
se2:= se1;
```

而下面的赋值是错误的：

```
x:= se1;
y:= x;
```

2. 关系运算

两个集合通过关系运算进行比较，结果为布尔型数据（*true* 或 *false*）。集合的关系运算符有五种：=,<>,>=,<=,in。注意，关系运算符"<"和">"不能用于集合运算。

运算符"="和"<>"用于检查两个集合的相等和不等关系。若集合 S1 与 S2 中的元素相同，则称为相等，记为 S1=S2；否则称为 S1 与 S2 不等，记为 S1<>S2。

运算符">="和"<="用于检查两个集合的包含关系。若集合 S2 的每个元素都是集合 S1 的元素，则称 S1 包含 S2 或 S2 被包含于 S1，记为 S1>=S2 或 S2<=S1。

in 是集合类型中特殊的关系运算，用于判断某些元素是否属于这个集合。若属于则运算结果为 *true*，否则为 *false*。它相当于集合论中的属于运算∈。

例如：

[1,2,3] = [2,1,3]	结果为 true
[1,2,3] <> [2,4,3]	结果为 true
[1] <= [1,2,3]	结果为 true
[1,2,3,4] <= [1,2,3]	结果为 false
1 in [1,2,3]	结果为 true

3. 集合运算

在 Turbo Pascal 中，对集合类型还提供了并、交、差三种集合运算，分别用+、*、- 等三个运算符表示。但是进行运算的集合必须是**类型相容的**。运算的规则与集合论中集合的并、交、差三种运算相同。例如：

① [1,2,3]+[3,4,5]=[1,2,3,4,5]
② [1,2,3]*[3,4,5]=[3]
③ [1,2,3]-[3,4,5]=[1,2]

6.5.4 集合类型的进一步说明

关于集合，还要注意以下几点：
1. 集合中的元素不能作为常量加以定义
例如，程序中若有下面的常量说明：

```
Const m = 1;
```

而程序中出现的集合变量 n 的值为[1,2,3]，则不能认为此时集合变量 n 的值为[m,2,3]。

2．可以使用常量说明语句定义集合常量

Turbo Pascal 允许在程序中通过常量说明语句定义集合常量，语法如下：

Const 集合常量名:set of 基类型=[常量元素表];

其中，常量元素表中可以指定 0 个或多个常量元素，它们用方括号括起来，由逗号分开，常量元素是一个常量或是两个常量之间的一个范围，两个常量之间由 '..' 分开。

例如，程序中若有下面的常量说明：

```
Const hexdigits:set of char=['0'..'9','A'..'F','a'..'f'];
```

其语义是，常量 hexdigits 是一个字符集合常量，该集合常量的元素为方括号中各字符组成的十六进制数码（Hexadecimal Digits）。

3．集合类型的变量不能进行算术运算，也不允许用读/写语句直接对集合进行输入/输出。Turbo Pascal 没有提供专门的语句对集合进行输入和输出，要实现集合的输入与输出，只能采用间接转换的方法。见本节例 1。

4．由于集合的元素具有无序性，因此 ord、pred、succ 三个标准函数对集合类型来说是无效的。集合类型属于无序类型。

5．Turbo Pascal 表达式中的运算符常常是重载的，而重载是面向对象程序设计语言的重要概念。例如，运算符 "+" 可以是整数加，也可以是实数加，又可以是集合加。只有从与运算符相关联的左右两个运算对象（量）的类型才能确定究竟是哪一种运算操作。

6.5.5 程序设计举例

下面举例说明集合类型的应用。

例 6-15 集合的建立与输出。已知两个集合 s1 为[2,3,5,10]，s2 为[12,7,15,9,1,5]，请写一个程序求 s3=s1∪s2，并输出之。

（1）分析

由于不允许用读/写语句直接对集合进行输入/输出，因此要实现集合的输入与输出，只能采用间接的方法。

（2）算法

① 初始化 s1 和 s2；

② 求 s3←s1∪s2；

③ 输出 s3。

（3）源程序

```
{   程序名称：SetFoundOut
    文 件 名：SetFoundOut.pas
    作   者：赵占芳
    创建日期：2012-01-20
    程序功能：求两个集合的并集。
}
```

```
Program SetFoundOut(input,output);
Type
  s = set of 1..15;
Var
  s1,s2,s3: s;
  i: 1..15;
Begin
  s1:=[2,3,5,10];
  s2:=[12,7,15,9,1,5];
  s3:= s1 + s2;
  write('[');                    {开始输出数字集合 s3}
  for i:=1 to 15 do
    if i in s3 then
      write(i:4);
  writeln(' ]');
  readln
End.
```

(4) 附注

尽管本程序很简单,但说明了集合的建立和输出方法。可作如下说明:

① 集合的建立常采用的方法是,第一种方法是利用集合的赋值语句;第二种方法是先将集合初始化后,通过集合的运算形成新的集合。

② 对于元素为数字或字母的集合的输出,常采用本程序的方法。

例 6-16 Eratosthenes(埃拉托色尼)筛法求素数。请写一个程序,求 2 到 n 之间的素数。

(1) 分析

在第 5 章例 5-2 中介绍了试商法求素数,这个方法的效率不高。下面介绍公元前 3 世纪希腊学者 Eratosthenes(曾兼任亚历山大图书馆馆长)提出的筛法求素数:当时,Eratosthenes 把自然数 n 以内的自然数依次写在一块硬方格板上,由于 1 不是素数,因此用刀子剜掉;此时最小素数是 2,然后用 2 试除各数,将能被整除的数都用刀子剜掉;继 2 之后的最小素数为 3,再用 3 来如此而行;3 之后的最小素数为 5,再用 5 来如此而行,……,这样一直进行到无法进行而为止。于是,剩下的没有被剜掉的自然数便是 n 以内的素数。由于上述硬方格板最后被剜成了筛子底状,因此这一算法被称为 Eratosthenes 筛法,又被称为"希腊人的筛子"。该算法是基于初等数论的如下定理:

合数 n 的不等于 1 的最小正因数不大于 $\sqrt{n}$ 。这是为什么呢?请读者思考。

(2) 算法

用筛法求 2 到 n 之间的所有素数的算法如下:

① 建立[2..n]的集合(即筛子);

② 循环:

　　找出当前集合中的最小素数;

　　打印该最小素数;

　　从集合中去掉该素数的所有倍数;

　　直到集合中不能再去掉数为止;

(3) 源程序

```pascal
{   程序名称：Prime
    文件名：Prime.pas
    作  者：赵占芳
    创建日期：2012-01-20
    程序功能：筛法求素数。
}
Program Prime(input,output);
Const
    n = 100;
Var
    sieve: set of 1..n;
    next,mul: integer;
Begin
    sieve:= [2..n];
    next:= 2;
    repeat
      while not (next in sieve) do
        next:= next + 1;
      write(next:4);
      mul:= next;
      while mul <= n do
        begin
           sieve:= sieve -[mul];
           mul:= mul + next
        end;
    until sieve =[];
    readln
End.
```

(4) 附注

① 筛法寻找素数本质上采用的策略是**穷举**策略，它比试商法效率高，但也不是最好的寻找素数的算法。

Eratost-henes 筛法是一个求 2 到 n 之间的素数的特定算法，不具有通用性，因此对于求其它范围内的素数问题不一定正确。

② 素数，又称为质数。它是数论中探讨的最多，而且也是难度最大的一类特殊整数。给定一个自然数 n，判断 n 是否为素数，称为**素数检验**。寻找一个多项式时间复杂度的高效素数检验算法非常不容易！

2002 年 8 月 6 日，印度数学家 Manindra Agrawal(马宁德拉·阿格拉沃夫)与两个大学生 Neeraj Kayal 和 Nitin Saxena 给出了一个素数检验的确定的多项式算法，即 AKS 算法，整个世界为之震惊！AKS 算法对于数论和计算复杂性理论的研究与发展具有重要意义。为此，他们获得了 2006 年 Gödel 奖[①]和 Fulkerson 奖[②]。由于现代密码学正是建立在整数分解理论和计算复杂性理

[①] 哥德尔奖是由欧洲理论计算机科学协会(EATCS)和 ACM 算法和计算理论兴趣组联合设置的，专门为了奖励在理论计算机科学领域中发表杰出论文的科学家。该奖每年在 ICALP 和 STOC 两个学术会议上轮流颁发。

[②] 富尔克森奖是由国际数学规划学会和美国数学学会于 1979 年设立的，专门为了奖励在离散数学领域（图论、网络、数学规划、应用组合论及有关其他学科）中发表杰出论文的科学家。该奖每三年颁发一次。

论的基础之上,因此这个算法对现代密码学的影响引起了人们的高度关注。

③ 寻找素数是数论中最基本的问题之一。特别地,寻找大素数更是一个有着重大的理论价值和应用价值的研究课题。研究表明,大素数在计算机密码学中有着重要的应用。在密码设计中,素数越大,密码被破解的可能性越小。另外,在计算机体系结构中,寻找大素数的程序常用来作为计算机性能评价的基准测试程序(Benchmark)。

寻找大素数问题是一个富有魅力和挑战性的研究课题。千百年来,该问题一直吸引着众多的数学家(包括数学大师费马、笛卡儿、莱布尼兹、哥德巴赫、欧拉、高斯、哈代、图灵等)和无数业余数学爱好者对它进行探究。其中,17 世纪法国数学家、法兰西科学院奠基人 Martin Mersenne(马丁·梅森)是其中最早系统而深入地研究 2^p-1 型(p 为素数)数的人。为了纪念这位科学的先驱者,数学界将这种数称为梅森数;并以 Mp 记之(其中 M 为梅森姓名的首字母),即 Mp=2^p-1。如果梅森数为素数,则称之为梅森素数(即 2^p-1 型素数)。

研究表明,梅森素数性质优美而稀少,如同钻石,被人们称为**"数海明珠"**。许多科学家认为:梅森素数的研究成果,在一定程度上反映了一个国家的科技水平。英国顶尖科学家马科斯·索托伊甚至认为它是标志科学发展的里程碑。

迄今寻找梅森素数仍然是摆在数学家和计算机科学家面前的一个难题,吸引着无数志士不畏艰辛而寻找。为了激励人们的求解,并且引起人们对分布式计算应用研究的高度重视,设在美国的电子新领域基金会(EFF)将 1996 年美国数学家和程序设计师沃特曼编制的一个寻找梅森素数的计算机程序放在因特网上,供数学家和业余数学爱好者免费使用,这就是闻名世界的 GIMPS(Great Internet Mersenne Prime Search,伟大的因特网梅森质数搜索活动)项目①。项目规定向第一个找到超过 1000 万位梅森素数的个人或机构颁发 10 万美元(该奖金已经被加州大学洛杉矶分校的史密斯获得);后面的奖金依次为:超过 1 亿位梅森素数,15 万美元;超过 10 亿位梅森素数,25 万美元。但是,绝大多数研究者参与该项目不是为了金钱而是出于好奇心、荣誉感和探索精神。

截止到 2013 年 2 月 6 日,美国中央密苏里大学(University of Central Missouri)数学和计算机科学教授柯蒂斯·库珀(Curtis Cooper),通过 GIMPS 项目发现了迄今为止最大的素数,即第 48 个梅森素数 $2^{57885161}-1$。它有 17425170 位,如果用普通字号将它连续打印下来,其长度可超过 65 千米!

值得一提的是,人们在寻找梅森素数的同时,对其重要性质——分布规律的研究也一直在进行着。研究表明,素数的分布时疏时密很不规则,而梅森素数的分布更是神秘,加上人们尚未弄清梅森素数是否有无穷个,因此,探究梅森素数的重要性质——分布规律似乎比寻找新的梅森素数更困难。虽然英、法、德、美等国的数学家曾给出过关于梅森素数分布的猜测,但他们的猜测有一个共同点,就是都以近似表达式给出,其结果与实际情况的接近程度难如人意。

我国中山大学数学家和语言学家周海中教授于1977年在雷州半岛当"知识青年"时开始探究梅森素数的分布规律。因当时国内有关这方面的资料十分匮乏,加之没有计算机,所以他的探究在初

---

① GIMPS 项目是全世界第一个基于互联网的分布式计算项目,它利用大量普通计算机的闲置计算资源来获得相当于超级计算机的运算能力。现在人们只要去 GIMPS 的主页上下载一个名为 Prime95 或 MPrime 免费程序,就可以立即参加 GIMPS 项目来寻找梅森质数。

期曾困难重重，有过无数次的失败，但他并不气馁。有一天，周海中在阅读一本关于法国数学大师费马的书时，想到了"费马数"的形式，这为他后来解决梅森素数分布这一难题找到了突破口。

经过多年的不懈努力，到 1992 年 2 月 26 日，周海中终于发现了梅森素数的分布规律，并给出它的精确表达式。著名的《科学美国人》杂志有一篇文章指出：这一成果为人们探究梅森素数提供了方便，是素数研究的一项重大突破。后来这项重要成果被国际上命名为"周氏猜测"。

例 6-17 数制转化。请写一个程序，将十进制整数 k 转换成二进制数。以集合类型表示一个 32 位二进制数。如 18 的二进制数为 10010，则集合中记为[2,5]，即表示第 2 位、第 5 位是 1，其余都是 0。最后以标准的二进制数输出。

（1）分析

根据不同数制之间的转化方法，可以用除 2 取整方法，把 k 转化为二进制数，并将其中为 1 的位所对应的十进制数放在集合 buf 中。打印标准的二进制数之前，必须计算出该标准的二进制数的有效宽度。下面给出其算法。

（2）算法

① 输入十进制整数 k；

② 利用除 2 取整方法，把 k 转化为二进制数，并将其中为 1 的位所对应的十进制数放在集合 buf 中；

③ 计算该 32 位二进制数的有效宽度 significant；

④ 按照有效宽度 significant，打印该二进制数。

（3）源程序

```
{   程序名称：Translator
    文 件 名：Translator.pas
    作    者：赵占芳
    创建日期：2012-01-20
    程序功能：将十进制整数 k 转换成二进制数。
}
Program Translator(input,output);
Var
    buf:set of 1..32;
    i,k,significant:longint;   {significant 表示标准二进制数的有效宽度}
Begin
    write('Input k = ');
    readln(k);
    buf:=[];
    i:=1;
    while k>0 do {利用除 2 取整方法，把 k 转化为二进制数}
      begin
        if k mod 2 =1 then
          buf:=buf+[i];
        i:=i+1;
        k:=k div 2;
      end;
    k:=32;
    while not (k in buf) do {计算标准二进制数的有效宽度}
```

```
            k:=k-1;
        significant:=k;
        for i:=significant downto 1 do   {输出 k 的有效的标准二进制数}
            if i in buf then
                write('1')
            else
                write('0');
        readln
    End.
```

(4) 附注

不同进制数编码之间的转化问题是计算机科学与技术中的常见问题，有关的知识将在后继的"数字逻辑"课程中详细介绍。

例 6-18 分类统计问题。从键盘任意输入一行字符串，该串以句点结束。该串中有标识符、无符号整数和其他字符，请写一个程序能够统计出该串字符中标识符、无符号整数的个数。

(1) 分析

该问题实质上是在输入的字符串中查找标识符、无符号整数的个数问题，属于查找问题。程序设计的策略仍然采用穷举策略，采用边输入边统计的方法。

假设规定标识符是以字母开头的字母数字串，因此读入第一个字母后，一直要读到空格才表明标识符读完(这里不考虑标识符的长度)，若遇到空格之前读到非字母或数字，则当前字符串不是合法的标识符。无符号整数是以数字组成的，因此，读入第一个数字之后，一直要读到空格才表明无符号整数结束，若读到其他非数字字符，则当前不是一个合法的整数。读入第一个非字母数字字符表明是其他符号，要一直读到空格才表明下面读入的可能是标识符，或无符号整数，或还是其它符号。

为了便于判断输入的串是标识符还是无符号整数，引入字母字符集合 LetterSet 和数字字符集合 NumberSet。

(2) 算法

① 初始化数据并输入第一个字符 ch；

② 循环：当 ch≠'.'时，做

　　[滤掉第一个字符前的所有空格；

　　若输入的为标识符，则对标识符计数；

　　否则 若输入的为无符号整数，则对无符号整数计数；

　　否则，读完剩余的字符直到 ch='.'；

　　]

③ 输出统计出来的标识符和无符号整数的个数。

(3) 源程序

```
{   程序名称：Statistics
    文 件 名：Statistics.pas
    作    者：赵占芳
    创建日期：2012-01-20
    程序功能：分类统计问题。
}
```

```pascal
Program Statistics(input,output);
Type
   character=set of char;
Var
   LetterSet,NumberSet: character ;
   ch: char;
   idcounter,intcounter: integer;
Begin
   LetterSet:= ['a'..'z','A'..'Z'];
   NumberSet:= ['0'..'9'];
   idcounter:= 0;
   intcounter:= 0;
   read(ch);
   while ch <>'.' do
     begin
        while ch =' ' do
           read(ch);
        if ch in LetterSet then
          begin
            repeat
               read(ch);
            until not (ch in LetterSet + NumberSet);
            if (ch= ' ') or (ch='.') then
               idcounter:= idcounter + 1
          end
        else
          if ch in numberSet then
           begin
            repeat
               read(ch);
            until not (ch in NumberSet);
            if (ch= ' ') or (ch='.') then
               intcounter:= intcounter + 1
           end ;
        while (ch <>' ') and (ch <>'.') do
           read(ch)
     end;
   writeln('The number of identifier is ',idcounter);
   writeln('The number of integer is ',intcounter);
   readln
End.
```

(4) 附注

分类统计问题是基础程序设计中常见的一类问题。该类问题本质上属于查找并计数问题。因此，程序设计的策略仍然采用穷举策略。

计数在程序中是利用形如:

intcounter:=intcounter+1;

的赋值语句实现的,故常把这个赋值语句称为计数器,变量 intcounter 称为计数变量。

6.6 记录类型

6.6.1 引言

6.3 节介绍了一种非常有用的构造型数据类型——数组类型。一个数组是由具有固定数目并且类型相同的数组元素组成的。正是由于数组元素具有相同的类型,限制了数组的应用。而在解决实际问题时常常遇到另一类数据,它是由性质各不相同的成分(或分量)组成的,即它的各个成分(Component)可能具有不同的数据类型。例如,某学校某一个班的学生档案登记表有下列表项:

| 学号 | 姓名 | 性别 | 年龄 | 籍贯 | 奖学金 | 备注 |

在上面的表项中,成分(或分量)"姓名"、"年龄"和"奖学金"的数据类型分别是字符串类型、整数类型和实数类型。显然,用数组类型描述上面的数据是不行的。Turbo Pascal 中,对不同类型的数据的聚集(Aggregate)问题,专门引入了记录类型(Record Type)来描述。在记录类型中,成分(或分量)又被称为域或字段(Field)。在一个记录中,域的数目是一定的。记录类型最早出现在 COBOL 之中。

Turbo Pascal 中的**记录类型的数学基础**是"集合论"中的笛卡儿积(Cartesian Product,又称直积)。集合的笛卡儿积是集合论的**核心概念**。

6.6.2 记录类型及其变量说明

1. 记录类型说明

在使用一个记录之前,必须首先说明其类型。在类型说明中指出记录类型的名字和记录的每一个分量(域)的名字和类型。记录类型说明的语法和语义如下。

(1)语法

记录类型说明的语法图如图 6-13 所示。变体部分见第 6.5.7 节。

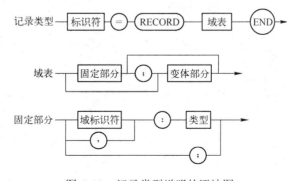

图 6-13 记录类型说明的语法图

例如，定义一个含有三个固定域：姓名，性别，年龄的某班学生的记录类型如下：

```
Type student = record
              Name: string[20];
              Sex: (female,male);
              Age: integer
            end;
```

(2) 语义

定义一个记录类型。

(3) 附注

① 记录类型数据的值域是其每一个域的值域的笛卡尔积。

② 记录类型的域的类型也可以是记录类型，这就是记录类型的嵌套。在记录类型的嵌套中，同一层的域标识符(包括固定域名和变体域名)不能同名，但不同层的域标识符可以同名，也可以与记录所在程序体内说明的其它标识符同名。例如：

```
Type re1 = record
            a: char;
            e: real;
          end;
     re2 = record
            a: integer;
            b: real;
            c: 1..10;
          end;
```

③ 若同一记录的各域有类型相同者，可以合在一起说明。

④ 记录中的域是无序的。

2. 记录类型的变量说明

记录类型的变量说明的语法图如图 6-14 所示。

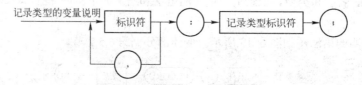

图 6-14 记录类型的变量说明的语法图

例如：有变量说明：**Var** st1,st2: student;

该变量说明定义了 st1，st2 为 student 记录类型的变量，其中，每一个记录类型的变量含有 3 个域。

另外，记录类型说明与记录类型的变量说明可以合并。例如，以上的记录类型说明与记录类型变量说明的例子可以合并为：

```
Var st1,st2: record
      name: string[20];
```

```
      sex: (female,male);
      age: integer
    end;
```

附注 在编译程序的处理中，记录类型的变量的内存分配方式是以记录变量的域为单位分配存储单元的。由于记录类型变量的各个域的类型可能不同，所以每个域分配到的存储单元的数目可能不同。记录类型的变量的相邻域在内存中也是相邻分配的。

6.6.3 记录成分(域)的访问

1．访问一个记录的特定域：点域法

在多数情况下，人们按一个特定条件处理一个记录的每一个域。通过使用域选择，可以访问某个记录的域。Turbo Pascal 规定，用点域法来访问某记录的某个域：

记录名字.域名字

例如：st1.age 表示 st1 记录变量的 age 域变量，st2.sex 表示 st2 记录变量的 sex 域变量。

域变量又被称为**成分变量**。域变量的使用与一般变量的使用相同。

2．with 语句

当每一次访问记录的域时，如果都要求写完全的域选择，将会显得十分冗长。为此，Turbo Pascal 中提供了 **with** 语句(开域语句)，可以简化程序正文的书写，使程序更加清晰易读，而且提高了程序的效率。

with 语句的语法图如图 6-15 所示。

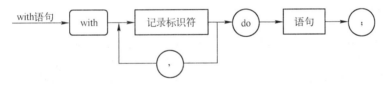

图 6-15　With 语句的语法图

例如，若有下面的变量说明：

```
    Var r1,r2: record
     a: integer;
     b: real;
     c: 1..10;
    end;
```

利用点域法给 r1 赋值，可如下进行：

```
    r1.a:= 10;
    r1.b:= 0.01;
    r1.c:= 10;
```

利用 **with** 语句给 r1 赋值，可表达为：

```
with r1 do
  begin
    a:=10;
    b:=0.01;
    c:=10
  end;
```

下面对 **with** 语句作如下几点说明：

① **with** 语句是构造型语句，保留字 **do** 之后的语句通常叫做限定语句。限定语句不得改变已开域的记录。也即若有 **with** 语句：

```
with r do 语句 S;
```

执行时，语句 S 不能影响 r。例如，下面的 **with** 语句是错误的：

```
with a[i] do
  begin
    ...
    i:=i+1
  end;
```

因为 i:=i+1;语句改变了 a[i]，所以程序不能正常运行。另外，限定语句也可以是 **with** 语句，这就是 **with** 语句的嵌套。

② **with** 语句可以嵌套，而且嵌套的层次是有限制的，不同 Pascal 的版本有不同的规定，因此，编写程序时应该查阅具体机器的语言版本。

with 语句嵌套的一般形式如下：

```
with r1 do
  with r2 do
    ...
      with rn do S 语句;
```

其等价形式为

```
with r1,r2,...,rn do S 语句;
```

6.6.4 记录类型的数据允许进行的运算

1. 记录类型的数据的整体运算

Turbo Pascal 仅允许记录类型的数据整体进行赋值运算，记录还可以作为过程或函数的参数进行传递，其他运算都将是不允许的。

（1）记录拷贝

Turbo Pascal 允许将一个记录类型的变量整体赋给另一个同类型的记录变量，这一操作被称为记录拷贝。

例如，若有下面的变量说明：

```
Var r1,r2: record
             a: integer;
             b: real;
             c: 1..10
           end;
```

假设 r1 已经被赋值，则下面的记录拷贝是正确的：

```
r2:= r1;
```

（2）作为参数进行传递

记录可以作为过程或函数的参数进行传递，传递时实在参数与形式参数必须是同一记录类型。当记录类型的形式参数是数值参数时，其信息传送的方式为值传递方式，而当记录类型的形式参数是变量参数时，其信息传送的方式为**引用传递方式**。具体实例参阅第 7 章例 7-8。

2．记录的成分（域）类型的数据允许进行的运算

记录类型的数据是由其成分（域）类型的数据构造而成的，所以除了上述记录类型的数据的整体运算外，一般地讨论记录类型的数据的其他运算是无意义的，只能讨论其成分（域）数据所允许进行的运算。记录类型的数据的成分（域）类型的数据允许进行的运算取决于域的数据类型。即域的类型是什么，就可以进行那种数据类型所允许进行的运算。也即记录类型**继承**了其域类型所允许进行的运算。

6.6.5 记录的初始化

Turbo Pascal 允许在书写程序时采用定义记录常量对记录进行初始化，即给记录的每个域在内存中存放初始数据。记录常量一旦定义后，其使用与记录变量相同。因此，记录的初始化只是提供了给记录中各个域赋初值的一种方法。

记录常量的定义形式和数组常量的定义相类似，但括在圆括号中的域常量须用分号";"隔开，前面还需冠以域名和冒号"："，而且需与它们在记录类型定义中的顺序相一致。下面的例子对记录 x 进行了初始化。

```
Type
  person = record
             name: string[10];
             heigh: real;
             sex: (f,m)
           end;
Const
      x:person=(name:'john';heigh:1.82;sex:m);
```

6.6.6 记录类型的数据的输入与输出

记录类型的数据不能直接用 read、write 语句进行输入/输出，而只能对其域直接进行输入与输出。

高级语言程序设计

例如： **Var** st1,st2: **record**
　　　　　　　　name: **string**[20];
　　　　　　　　sex: (female,male);
　　　　　　　　age: integer
　　　　　　　end;

语句 read(st1.age)是合法的，而 write(st2.sex)是不合法的，因为枚举类型的变量不能直接进行输入与输出。

6.6.7　记录数组

当数组类型的基类型是记录类型时，称该数组类型为记录数组类型(Record Array Type)。记录数组类型说明及其变量说明与数组类型说明相同，数组类型的基类型——记录类型的说明应先于记录数组类型的说明。数组类型元素的访问方法是数组元素和记录的域的访问方法的结合。下面举例说明。

例 6-19　假设某班共 30 名学生，每一个学生的信息可以用(name,sex,age)描述，请写一个程序，求该班学生的平均年龄。

（1）分析

欲解该问题，则必须将题目中给出的数据加以描述：每个学生的信息可以用一个记录类型的数据(student)表示，而整个班的 30 名学生的信息可以利用数组(class_stu)实现聚集。

```
Type student = record
            name: string[20];
            sex: (female,male);
            age: integer
       end;
     class_stu = array [1..30] of student;
```

该问题已知 30 名学生的年龄，求其平均年龄。显然，只要求出 30 名学生年龄的总和，该问题就很容易得到解决了。"求 30 个学生年龄的总和"是一个求和问题，按照求和问题进行程序设计即可。

（2）算法

根据题意，该问题的算法如下：

① 输入 30 名学生的年龄；
② 求 30 名学生年龄的总和；
③ 求 30 名学生的平均年龄；
④ 输出平均年龄值。

（3）源程序

```
{ 程序名称：AverageAge
  文 件 名：AverageAge.pas
  作   者：赵占芳
  创建日期：2012-01-20
  程序功能：求某班 30 个学生的平均年龄。
}
```

```
Program AverageAge(input,output);
Type
  student = record
              name: string[20];
              sex: (female,male);
              age: integer
            end;
  class_stu = array [1..30] of student;
Var
  cl: class_stu;
  sumage,aveage: real;
  i,j: integer;
Begin
  for i:=1 to 30 do
    read(cl[i].age);
  sumage:= 0;
  for j:=1 to 30 do
    sumage:= sumage + cl[j].age;
  aveage:= sumage/30;
  write('The average age is :',aveage:5:0);
  readln
End.
```

6.6.8 变体记录

1. 引言

前面介绍的记录类型的变量所含域的个数及每个域的数据类型都是固定不变的。就是说对变量各域的访问方式及变量的内存分配都是不变的。但是实际的数据对象常常有这样的情况：记录类型的变量一部分域是固定的，而另一部分域则是随实际情况的不同而有选择地变化。例如，某厂职工档案登记表中描述其职工数据有下列表项：

姓　名	性　别	婚　否	
周成钢	男	婚龄 10 年	有小孩
叶迎春	女	年龄 30 岁（未婚）	

在上面的表项中，成分（或分量）"姓名"、"性别"两个栏目（记录中的域）的数据类型是单一的，形式也是单一的。而"婚否"这一项就不同了，它是因每个职工的具体情况而不同：对于职工周成钢来说，"婚否"这一项的具体情况是已婚，而且婚龄 10 年，已经有小孩；而对于职工叶迎春来说，"婚否"这一项的具体情况是未婚，而且其年龄为 30 岁。总之，"婚否"这一项对于不同的职工来说，它具有不同的结构。为了能够描述这样的数据对象，Turbo Pascal 提供了变体记录（Variant Record）。

变体记录类型的数学基础是集合论中分离并集（Discriminated Union）的概念。

2. 变体记录类型说明

（1）语法

变体记录类型说明的语法图如图6-16所示。

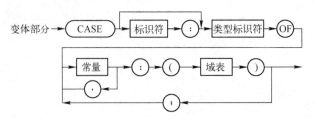

图6-16 变体记录类型说明的语法图

(2) 语义

定义一个变体记录类型。

例如，定义某厂职工档案登记表的数据为记录类型，其固定部分含有两个域："姓名"，"性别"；其变体部分为"婚否"这一项决定。若已婚则要定义其结婚年龄和有否小孩，否则定义该职工的年龄(暂未考虑离异的情况)。

设该厂职工档案登记表的数据的记录类型定义如下：

```
Type married =(yes1,no1);
     child =(yes2,no2);
     staff = record
         name: string[20];
         sex:(female,male);
         case mt: married of
           yes1: (marriedage: integer; havechild: child);
           no1: (age:integer)
         end;
```

(3) 说明

① 在一记录中可以只有固定部分，也可以只有变体部分，还可以两者都有。若两者都有，则应该先说明固定部分，再说明变体部分。变体部分应该放在整个记录的最后，且变体部分只能有一个。由于变体部分中又包括域表，因此，变体部分还可以嵌套。但是，这种嵌套是平行的，不具有层次关系。

② 变体标志域只允许是枚举类型、字符类型、整型等有序类型。

③ 变体域表必须括在一对圆括号中。若变体域表为空，则表示不进行任何操作，但空括号不能去掉。

④ 由case开始的变体部分不要求有单独的end与其匹配，变体部分最后的end实际上是与record配对的end。

3. 变体记录类型的变量说明

变体记录类型的变量说明语法可举例表示如下。

例如，设有变量说明

```
Var st1,st2: staff;
```

该变量说明定义了st1，st2为staff变体记录类型的变量。

另外，变体记录类型说明与变体记录类型的变量说明可以合并。例如，以上的变体记录类型说明与变体记录类型的变量说明的例子可以合并为：

```
Var st1,st2: record
            name: string[20];
            sex: (female,male);
            case mt: married of
              yes1: (marriedage:integer;havechild:child);
              no1: (age:integer)
            end;
```

4．数据访问的方法

变体记录数据的访问是指对变体域的访问，常借助 **case** 语句实现对变体域的访问。下面的例 6-20 是一个输入和输出含变体的记录类型的数据的实例。

例 6-20 请写一个输入 staff 变体记录类型的数据，并输出它们的程序。这里省略了分析、算法和程序设计等几个步骤，但读者在学习初期做练习题时，建议不要省略。

```
{ 程序名称:RWStaff
  文 件 名:RWStaff.pas
  作   者:赵占芳
  创建日期:2012-01-20
  程序功能:变体记录类型的数据的输入/输出。
}
Program RWStaff(input,output);
Type
    married =(yes1,no1);
    child =(yes2,no2);
Var
    st1: record
          name: string[20];
          sex: (female,male);
          case mt: married of
            yes1: (marriedage:integer;havechild:child);
            no1: (age:integer)
        end;
    ch1,ch2,ch3: char;
Begin
    writeln('Input st1.name: ');
    readln(st1.name);
    writeln('Input st1.sex: ');
    readln(ch1);
    case ch1 of
      'f': st1.sex:= female;
      'm': st1.sex:= male
    end;
    with st1 do
      begin
```

```
            writeln('Input Marital Status:');
            read(ch2);
            case ch2 of
                'y': mt:= yes1;
                'n': mt:= no1
            end;
            case mt of
            yes1: begin
                    writeln('Input marriedage: ');
                    readln(marriedage);
                    writeln('have children no?:');
                    readln(ch3);
                    case ch3 of
                       'e': havechild:= yes2;
                       'o': havechild:= no2;
                    end
                 end;
            no1: begin
                    writeln('Input st1.age: ');
                    readln(Age)
                 end
         end
    end;

writeln;
writeln('name: ',st1.name);
write('sex: ');
case st1.sex of
   female: writeln('female');
   male: writeln('male')
end;
with st1 do
   begin
      write('Marital status: ');
      case mt of
          yes1: writeln('Yes1');
          no1: writeln('No1')
      end;
      case mt of
          yes1: begin
                   writeln('marriedage:',marriedage);
                   write('have children no?:');
                   case havechild of
                      yes2: writeln('Yes2');
                      no2: writeln('No2')
                   end;
                end;
```

```
          no1: writeln('st1.age:',age);
      end
    end;
  readln
End.
```

附注 由例 6-20 可知,在输入含变体的记录类型的数据时,应该先输入固定部分,然后再输入变体部分。在输入变体部分时,应读标志域值(由于它为枚举值,可以读字符并将它转换成枚举值),然后根据标志域的值决定需要读的附加域的值。

6.6.9 程序设计举例

下面举例说明记录类型的应用。

例 6-21 请写一个计算几种几何图形面积的程序。要求:

(1) 几何图形有矩形(Rectangle)、正方形(Square)和圆(Circle)。请使用枚举类型描述这几种几何图形;

(2) 由于计算不同的几何图形的面积需要不同的数据。例如,计算矩形的面积需要其长和宽、计算正方形的面积需要其边长、计算圆的面积需要其半径。为此,要求使用变体记录来描述不同几何图形的面积所需要的不同数据;

(3) 要求从键盘输入几何图形及计算其面积所需要的数据。

(1) 分析

根据题意,三种几何图形使用枚举类型描述为:

fig=(Rectangle,Square,Circle);

因为要计算不同的几何图形的面积,需要不同的数据。例如,计算矩形的面积需要其长和宽、计算正方形的面积需要其边长、计算圆的面积需要其半径。为此,要求使用变体记录来描述不同几何图形的面积所需要的不同数据,描述如下:

```
Figure = record
        case figes:fig of
          Rectangle:(Length,Width:real);
          Square:(SideLength:real);
          Circle:(Radius:real)
      end;
```

由于枚举类型的数据不能直接输入,在程序中以表示图形的标识符的第一个字母 r、s、c 作为输入字符,然后再转换为不同的图形类型去处理。

为了增强程序的容错性,在下面程序中,枚举类型的定义为:

Fig=(Rectangle,Square,Circle,empty);

其中,增加了 empty,表示出了上述三种图形外的其他非法输入,以便进行错误处理。

(2) 算法

① 输入几何图形 figchar 之值;

② 将 figchar 转化为其对应的枚举类型的数据之值 figes;

③ 根据 figes 之值分情况输入所求相应几何图形的面积所需要的不同数据,并计算相应的

面积，然后打印。

(3) 源程序

```pascal
{  程序名称：CalculateAreas
   文 件 名：CalculateAreas.pas
   作   者：赵占芳
   创建日期：2012-01-20
   程序功能：计算矩形、正方形和圆三种几何图形面积。
}
Program CalculateAreas(input,output);
Const
  PI = 3.14159;
Type
  fig = (Rectangle,Square,Circle,empty);
  figure = record
           case figes:fig of
                Rectangle:(Length,Width:real);
                Square:(SideLength:real);
                Circle:(Radius:real);
                empty:()
           end;
Var
  figes: fig;
  obj: figure;
  figchar: char;
  area: real;
Begin
  writeln('Input figchar= ');
  readln(figchar);
  if figchar in ['r','s','c'] then
    case figchar of
        'r': obj.figes:=Rectangle;
        's': obj.figes:=Square;
        'c': obj.figes:=Circle
    end
  else
    figes:=empty;
  with obj do
    begin
      case figes of
        Rectangle: begin
                   writeln('Input Length and Width =');
                   readln(Length,Width);
                   area:=Length*Width;
                   writeln('Area of Rectangle is ',area:8:2)
                   end;
        Square: begin
```

```
                    writeln('Input SideLength:');
                    readln(SideLength);
                    area:=SideLength*SideLength;
                    writeln('Area of Square is ',area:8:2)
              end;
       Circle: begin
                    writeln('Input Radius: ');
                    readln(Radius);
                    area:=PI*Radius*Radius;
                    writeln('Area of Circle is ',area:8:2);
              end;
       empty: writeln('figure',figchar,'is invalid.')
     end
  end;
  readln
End.
```

(4) 附注

本题计算难度不大，但是它综合了枚举类型数据的输入方法和变体记录数据的访问方法。请读者认真体会一下，从中你学到了什么？

例 6-22 选美比赛。在一次选美大奖赛的半决赛现场，有一批选手正在参加比赛。比赛的规则是最后得分越高，名次越低。当半决赛结束时，要在现场按照选手的出场次序宣布最后得分和最后名次，获得相同分数的选手具有相同的名次，名次连续编号，不用考虑同名次的选手人数。例如：

选手序号：1，2，3，4，5，6，7。

选手得分：5，3，4，7，3，5，6。

则输出名次为：3，1，2，5，1，3，4。

请写一个程序，帮助大奖赛组委会完成半决赛的评分排名工作。

(1) 分析

根据题意，本题实际上是已知每个选手的序号和得分，求每个选手的名次。它要求对于得分相同的选手，其名次相同。由于题目要求在计算每个选手的名次时，其序号和得分不得改变，因此，可以引入记录数组 sebeauty 来表示每个选手的情况，它的每个分量含有"序号"、"得分"和"名次"三个域。显然，该问题的计算过程是，首先将记录数组 sebeauty 初始化(每个元素的"名次"域的值先为 0，表示该元素名次尚未处理)，然后计算每个元素的名次，最后输出其结果。计算每个元素的名次的方法是，从头开始扫描记录数组，并对没有处理名次的元素进行如下处理：先查找到尚未处理名次的最小元素并记录其下标，同时查找到与尚未处理名次的最小元素得分相等的元素，也要记录其下标，然后处理这些元素的名次。如此继续，直到将记录数组的每个元素的名次全部处理完为止。于是，得到下面的算法。

(2) 算法

① 输入记录数组 sebeauty 的每个元素的"序号"域和"得分"域之值；

② 将记录数组 sebeauty 的每个元素的"名次"域初始化(即全部赋 0 值)；

③ 计算记录数组 sebeauty 的每个元素的"名次"域之值；

④ 输出记录数组 sebeauty。

第①、②、④步的精细化比较简单，下面仅介绍第③步的精细化。
第③步可以形式化如下：

```
            rank:=1;                               {名次计数器初始化}
    111: for i:=1 to n do                          {扫描整个数组，每次处理一个名次}
            if sebeauty[i].place = 0 then          {找尚未处理名次的元素}
               begin
                  smallest:= sebeauty[i].score;
                  equalnum:=[i];                   {对记录同名次元素的集合初始化}
                  for j:= i to n do                {查找得分最小的元素及其得分相同的元素}
                     begin
                        if sebeauty[j].place = 0 then
                           begin
                              if sebeauty[j].score < smallest then
                                 begin
                                    smallest:= sebeauty[j].score;
                                    equalnum:=[j]  {对记录同名次元素的集合重新初始化}
                                 end
                              else
                                 if sebeauty[j].score = smallest then
                                    equalnum:= equalnum + [j]  {记录得分相同的元素
                                                                的下标}
                           end
                     end;
                  for k:=1 to n do                              {对同名次元素赋名次值}
                     if k in equalnum then sebeauty[k].place:= rank;
                  rank:=rank+1;                                 {名次加1}
                  goto 111                                      {排完名次后}
               end;
```

(3) 源程序

```
{  程序名称：SelectBeauty
   文 件 名：SelectBeauty.pas
   作   者：赵占芳
   创建日期：2012-01-20
   程序功能：选美比赛
}
Program SelectBeauty(input,output);
Label
   111;
Const
   n = 10;
Type
   beauty = record
              no: integer;
              score: integer;
```

```
              place: integer
            end;
     beauties = array [1..n] of beauty;
     eqplamun = set of 1..10;
Var
     sebeauty: beauties;
     equalnum: eqplamun;
     i,j,k,rank,smallest: integer;
Begin
     writeln('Input ',n,'no and score: ');
     for i:=1 to n do
       read(sebeauty[i].no,sebeauty[i].score);
     for i:=1 to n do
       sebeauty[i].place:= 0;
     rank:=1;
     111:
       for i:=1 to n do
         if sebeauty[i].place=0 then
           begin
             smallest:= sebeauty[i].score;
             equalnum:=[i];
             for j:=1 to n do
               begin
                 if sebeauty[j].place = 0 then
                   begin
                     if sebeauty[j].score < smallest then
                       begin
                         smallest:= sebeauty[j].score;
                         equalnum:=[j]
                       end
                     else
                       if sebeauty[j].score = smallest then
                         equalnum:= equalnum + [j]
                   end
               end;
             for k:=1 to n do
               if k in equalnum then
                 sebeauty[k].place:= rank;
             rank:= rank + 1;
             goto 111
           end;
     for i:=1 to n do
       writeln(sebeauty[i].no:5,sebeauty[i].score:5,sebeauty[i].place:5);
     readln
End.
```

(4) 附注

请读者总结一下本题本质上属于哪一种类型的问题,其程序设计的策略是什么?从中你得到什么体会？

例 6-23 分房问题。按房间容量从小到大的次序输入 20 个房间号及房间容量，组成记录数组。再输入若干班号及各班人数，以输入班号为 0 或者当班级数与房间数相等时认为输入结束。对于某个班，依输入次序按人数分配最合适的房间。最后，输出班号、人数、有无房间分配给该班，以及获得分配时分给该班的房间号、容量(人数)。注意，一个房间只能分配给一个班，一个班也至多只能分配一个房间。请写一个程序实现。

(1) 分析

根据题意可知，该问题属于查找问题。这个问题的程序设计策略仍采用穷举策略。为了解决该问题，该如何组织数据呢？考虑定义两个记录数组。第一个记录数组的每一个记录应该包括房间号、容量及该房间是否已经分配等三个域。第二个记录数组的每一个记录应该包括班号、人数、有无房间分配给该班，以及获得分配时分给该班的房间号、容量等几个域，而且该记录中应该有固定部分和变体部分。

(2) 算法

① 输入房号及房间容量；

② 输入班号及人数；

③ 循环：i 从 1 到 n，做

[$j \leftarrow 1$；

循环：当(第 j 个房间容量<第 i 班人数)或第 j 个房间已分配，同时 $j<20$)，做

　　　$j \leftarrow j+1$；

若(第 j 个房间容量≥第 i 班人数)且第 j 个房间未分配，则 将第 j 个房间分配给第 i 班；

否则　无房间可分；

]

④ 输出分配结果。

(3) 源程序

```
{  程序名称：AllocationRoom
   文 件 名：AllocationRoom.pas
   作    者：赵占芳
   创建日期：2012-01-20
   程序功能：分房问题。
}
Program AllocationRoom(input,output);
Const
    m = 20;
Type
    room = record
              num,size: integer;
              allot: boolean
           end;
    state =(yes,no);
    class_stu = record
                   cn,person: integer;
                   case have: state of
```

```
                        yes: (rn:integer;rs:integer;);
                        no: ()
                end;
Var
    roomA: array [1..m] of room;
    classB: array [1..m] of class_stu;
    i,j,n: integer;
Begin
    writeln('Input ',m ,' num,size: ');
    for i:=1 to m do
      with roomA[i] do
        begin
            readln(num,size);
            allot:= true
        end;
    n:=0;
    writeln('Input classB ','cn, person(当 cn=0 时结束)');
    repeat
       n:= n +1;
       with classB[n] do
          readln(cn,person);
    until (classB[n].cn = 0) or (n = m);
    if classB[n].cn = 0 then
       n:=n-1;
    for i:=1 to n do
     with classB[i] do
         begin
             j:=1;
             while ((roomA[j].size<person) or
                (roomA[j].allot=false) and (j < m)) do
                   j:=j+1;
             with roomA[j] do
                 if (size >= person) and (allot=true) then
                    begin
                       have:= yes;
                       rn:= num;
                       rs:= size;
                       allot:= false
                    end
                 else
                    have:= no
         end;
    writeln;
    for i:=1 to m do
       with roomA[i] do
           writeln(num:6,size:6,allot:6);
           for i:=1 to n do              {含变体的记录类型的数据的输出}
```

```
              with classB[i] do
                begin
                  write(cn:6,person:6);
                  case have of
                    yes: writeln(' yes ',rn:6,rs:6);
                    no:  writeln(' no ')
                  end
                end;
          readln
      End.
```

(4) 附注

在本题源程序中,给出了含变体的记录类型的数据的输出方法。

6.7 数据类型的等同和相容

数据类型之间的关系是 Turbo Pascal 的一个重要问题。通过前几章的介绍可知,当不同类型的数据进行混合运算时,都要先进行类型检查,以判断待进行运算的数据的类型是相同、相匹配还是不同。若相同,则继续进行运算,否则就进行必要的类型转换或出错处理。那么,究竟什么样的两个类型才是一致的呢?什么样的两个类型才是相匹配或相容的呢?

针对这个问题,Turbo Pascal 在数据类型之间定义了三种关系:等同、相容和赋值相容。下面介绍数据类型之间的**等同性**(Identical)、**相容性**(Compatibility)和**赋值相容**。

6.7.1 数据类型的等同性

若满足下列条件之一,则称变量的类型是等同的:

(1) 不同的变量在同一说明中使用相同的类型标识符说明;

(2) 不同的变量在不同的变量说明中使用相同的类型标识符说明;

(3) 变量说明中,虽然类型标识符不同(如 T1 和 T2),但它们已经被一个形如 T1=T2 的说明定义为等同。

数据类型之间的等同性关系被视为是数据类型的一致性(Consistency)关系,一致性关系是对称关系。

```
例如,Type T1=1..10;     {定义了一个子界类型T1}
          T2=T1;
          T3=1..10;     {定义了一个子界类型T3}
     Var  x,y: T1;
          z: T1;
          w: T2;
          m: T3;
```

在该例中,根据变量类型的一致性定义可知,x,y,z,w 的类型是一致的,m 与 x,y,z,w 的类型是不一致的,因为 T3 与 T1 和 T2 是不同的类型标识符。

类型等同或类型一致的概念仅应用于函数或过程调用中,要求每一个实在参数与形式参数的类型要具有这一性质。

6.7.2 数据类型的相容性

在 Turbo Pascal 程序的有些地方，要求数据的类型必须是相容的。

Turbo Pascal 7.0 是这样定义类型相容的。若类型 T1 和 T2 满足下列条件之一，则称其是类型相容的：

（1）T1 和 T2 的类型是等同的，或者 T1 和 T2 的类型都是整型，或者 T1 和 T2 的类型都是实型；

（2）T1 和 T2 的子界类型，或者 T2 和 T1 的子界类型，或者 T1 和 T2 两者均是同一个宿主类型(Host Type)的子界类型；

（3）T1 和 T2 均是基类型相容的集合类型；

（4）T1 和 T2 均是具有相同元素个数的压缩的一维字符数组(压缩字符串)类型，或者一个是字符串类型，而另一个是字符串类型或者压缩的一维字符数组(压缩字符串)类型或者字符类型；

（5）一个是无类型的指针类型(Pointer)，而另一个是任何指针类型；

（6）T1 和 T2 都是指向同一类型的指针类型（这种情况仅应用于当扩展语法带{$x+}指令时）；

（7）一个是字符指针类型(Pchar)类型，而另一个是形如 array[0..x] of char 字符数组类型(这种情况仅应用于当类型检查指针带{$T+}指令时)；

（8）T1 和 T2 均是过程类型，并且具有类型一致的结果值、参数的个数相同，参数一一对应且类型一致。

说明：对于同一个值来说，可以属于类型相容的不同类型。反之，一个值不能同时属于类型不相容的两个类型。但下面两种情况除外：

（1）在集合类型中，空集合[]可属于任何集合类型。

（2）在指针类型中，空指针 nil 可属于任何指针类型。

由 6.7.1 节和 6.7.2 节的介绍可知，数据类型的一致性比其相容性要严格。但是，数据类型之间的相容性关系也被视为数据的一致性关系。

```
       例如，Type T4 = array [1..10] of real;  {定义了一个数组类型T4}
                 T5 = 10..20;      {定义了一个子界类型T5}
                 T6 = 15..30;
                 T7 = set of T5;   {定义了一个集合类型T7}
                 T8 = set of T6;
            Var b1,b2: real;
                b3,b4: T4;
                b5: integer;
                b6: T5;
                b7: T6;
                b8: T7;
                b9: T8;
                b10: string[20];   {定义字符串类型的变量}
                b11: string[20];
```

在该例中，根据变量类型的相容性定义可知，变量 b1,b2 均为实型，它们是类型相容的；变量 b3,b4 的类型相同，所以也是类型相容的。b5,b6 尽管类型不相同，但它们是类型相容的，满足相容性定义的条件(2)；同理，b5 和 b7 也是类型相容的；b8 和 b9 都是由子界类型定义的集合类型，但它们是类型相容的，因为 T5 和 T6 是两个相容的子界类型；b10 和 b11 是类型相容的，它们在不同的说明中使用了相同的类型说明；根据 Turbo Pascal 的定义，b5 和 b1 不是类型相容的。

6.7.3 赋值相容

在给变量赋值和值参数传递时，需要考虑赋值相容（Assignment-compatible）的问题。

所谓赋值相容是指赋值号左部的变量 V 的类型 T1，必须保证能够接受右部表达式的结果 E 的类型 T2 而不出错。类型 T1 和类型 T2 是赋值相容的必须满足下列条件之一：

（1）T1 和 T2 的类型是等同的，但其类型不能是文件类型或者具有文件成分的构造类型；

（2）T1 和 T2 是相容的有序类型，并且 T2 的取值要落在 T1 的取值范围内；

（3）T1 和 T2 均是实型，并且 T2 的取值要落在 T1 的取值范围内；或者 T1 为实型，而 T2 为整型；

（4）T1 和 T2 均为字符串类型；或者 T1 为字符串类型，T2 为字符类型；或者 T1 为字符串类型，T2 为压缩的一维字符数组（压缩字符串）类型；或者 T1 和 T2 均为压缩的一维字符数组（压缩字符串）类型；

（5）T1 和 T2 均为相容的集合类型，且 T2 的所有元素的取值要落在 T1 的取值范围内；

（6）T1 和 T2 是相容的指针类型；

（7）T1 是字符指针类型（Pchar）类型，T2 是字符串常量（这种情况仅应用于当扩展语法带 {$x+} 指令时）；

（8）T1 是字符指针类型（Pchar）类型，T2 是形如 array[0..x] of char 字符数组类型（这种情况仅应用于当扩展语法带{$x+}指令时）；

（9）T1 和 T2 是相容的过程类型；

（10）T1 是过程类型，T2 是一个过程或函数，它们具有类型一致的结果值、参数的个数相同，参数一一对应且类型一致。

（11）T1 和 T2 均为对象类型，且 T1 包含 T2；

（12）P1 是指向基类型为 T1 的指针类型，P2 是指向基类型为 T2 的指针类型，T1 和 T2 均为对象类型，且 T1 包含 T2。

赋值相容关系是不对称的。

附注

（1）从上面的定义不难看出，类型等同、类型相容和赋值相容是三个既有区别又有联系的概念。可以使用图 6-17 描述它们之间的关系。请读者举例说明每个区域的情况。

（2）在 Turbo Pascal 中，之所以引入类型等同、类型相容和赋值相容三个概念，一是要考虑

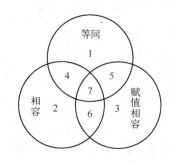

图 6-17 类型等同、类型相容和赋值相容关系图

编译程序实现的方便和编译的效率问题,二是符合人们通常的习惯和要求,保护正常使用,对于不正常的使用提供错误指示。

(3) 不同的语言版本和编译系统,对这三个概念的内涵定义可能有差别。因此,用户在程序设计时,一定要查阅有关的语言指南或手册,避免出现不必要的错误。

(4) 在 Turbo Pascal 中,类型等同、类型相容和赋值相容三个概念在程序的不同地方得到了重要应用。不同地方对类型的要求不同,请读者在编程时要注意这个问题,尽量少犯错误。

① 在函数或过程调用中,要求每一个变量参数与其对应的实在参数的类型要等同,而每一个数值参数与其对应的实在参数的类型要相容;

② 在各种表达式中,要求参加运算的运算数的类型必须是类型相容的;

③ 在赋值语句、输入语句和 for 语句中,要求赋值相容。

(5) 在 Turbo Pascal 中,类型等同和类型相容方面的检查工作是编译时进行的,而赋值相容的检查工作是编译时进行的。

6.8* 计算机科学与技术学科中核心概念讨论之四——聚集概念

大多数高级程序设计语言都提供了利用语言的基本数据对象合成复杂数据对象的机制,这种机制称为**聚集**(Aggregate),又称聚合或汇集,有时也被称为**集成**(Integration),它是**分解**的逆过程。聚集是命令-过程型程序设计语言的主要特征之一,也是计算机科学与技术学科的核心概念。

Turbo Pascal 中提供了下列聚集的方法:数组方法、集合方法、记录方法、递归方法、文件方法,等等。这些聚集方法虽然表面上各不相同,实际应用时含义也不相同,但在方法论意义下本质上是相同的,有其坚实的数学基础。

数组方法是一种将相同数据类型的有穷数据对象进行有序聚集的方法。集合方法是一种将相同数据类型的有穷数据对象进行无序聚集的方法。记录方法是一种将相同或不同数据类型的有穷数据对象进行无序、结构化聚集的方法。递归方法是一种以有穷聚集无穷的方法,而且这个聚集的大小是任意增加的。文件方法是一种将相同数据类型的数据对象以有序方式进行聚集的方法,被聚集的数据对象理论上可以是无限的。

人们可以根据实际问题的具体情况以及每一种聚集方法的特点,选择相应的聚集方法,来解决实际问题,并在今后的学习和工作中,根据实际需要,应用聚集方法集成多种相同类型数据和不同类型数据,以实现用数据描述处理对象,进行程序设计,求解问题。

本 章 小 结

在第 2 章介绍了 Turbo Pascal 基本数据类型的基础上,这一章又介绍了 Turbo Pascal 所具有的**类型化机制**,即利用已有的基本数据类型定义(构造)复合数据类型的功能。这里包含了由"简单"构造"复杂"的思想。Turbo Pascal 允许用户在程序中根据需要,定义(构造)枚举类型、子界类型、数组类型、字符串类型、集合类型和记录类型等数据类型。在程序设计语言中,构造数据类型是基于笛卡儿积、分离并集、映射、幂集和递归类型等数学中的概念来构造的具有某种结构的数据类型。

与数据类型十分密切的另外一个概念是数据结构。数据结构反映了整个数据内部的构成组织结构,即一个数据整体上由哪些成分数据构成,以什么方式构成,呈现出什么结构。在计算机科学中,被处理的数据常常是以数据结构分类的,具有相同数据结构的数据属于同一类。同类数据的全体构成一个数据类型。所以,同一类型的数据之间的结构是相同的,其上所允许的运算(操作)也已经被数据结构所规定。由于程序设计语言中提供的数据类型由机器硬件或编译系统已经实现,所以,可以将这些数据类型视为语言中已经实现了的数据结构。

另外,由于 Turbo Pascal 提供了较为丰富的基本数据类型和构造数据类型,使得这种语言具有较强的表达能力。这充分说明了语言中数据类型越丰富,程序设计中表达就越方便。但是,每一种高级程序设计语言不可能穷尽所有可能的数据类型,因此,只有在语言中提供最基本的数据类型,然后提供一种设施,由用户根据需要设计并实现高级语言中所没有的各种数据类型,那么,语言本身才能保持简洁,大小适中,不至过于庞大和复杂。这种新构造的类型实质上是一种抽象的数据类型,来源于人们对各种客观事物信息表示和数据表示的抽象。从方法论角度来看,这种扩充数据类型的方法是一种内涵方法,一旦将数据结构和其上允许进行的运算(操作)视为一个整体,由此获得的数据类型实际上是一种**抽象数据类型**。关于抽象数据类型的知识,在后续的"数据结构"课程和"形式语义学"课程中有深入的介绍,这里仅给出其直观的解释。

习　题

1. 请给出下列程序运行的结果。

```pascal
(1) Program Ex6_1;
    Var
      a:(r1,r2,r3,r4);
    Begin
      a:= r1;
      while (a < r4) do
        begin
          case a of
            r1,r3: write('a');
            r2,r4: write('b');
          end;
          a:= succ(a);
        end;
      readln;
    End.
(2) Program Ex6_2;
    Type
      ColorType =(red,yellow,green,blue,white);
      color = set of ColorType;
    Var
      count: integer;
      x: ColorType;
      a: color;
    Begin
      a:= [red,blue,white,green,yellow];
```

```
          x:= white;
          count:= 0;
          while a <> [] do
            begin
              while not (x in a) do
                x:= succ(x);
              count:= count + 1;
              a:= a-[x];
            end;
       writeln(count:2);
         readln
       End.
```

2. 有一个 5 行 5 列的整型矩阵，其元素可以自定义或从键盘输入，请你写一个程序实现下面功能。

（1）找出其中的最大数和最小数，并打印其所在的行号和列号；

（2）求对角线元素之和；

（3）求该矩阵所有最外围所有元素之和；

（4）求该矩阵的转置矩阵；

（5）求该矩阵的逆矩阵。

3. 已知 $R_1,R_2,R_3,R_4,R_5,R_6,R_7,R_8,R_9,R_{10}$，请写一个程序形成下列 10 阶对称矩阵：

$$A=\begin{bmatrix} R_1 & R_2 & \cdots & R_9 & R_{10} \\ R_2 & R_1 & \cdots & R_{10} & R_9 \\ \vdots & \vdots & \vdots & \vdots \\ R_9 & R_{10} & \cdots & R_1 & R_2 \\ R_{10} & R_9 & \cdots & R_2 & R_1 \end{bmatrix}$$

4. 狼追兔子问题。兔子躲进了 10 个环形分布的洞的某一个中。狼在第 1 个洞中没有找到兔子，就间隔了 1 个洞，到第 3 个洞中去找，也没有找到兔子，就间隔了 2 个洞，到第 6 个洞中去找。以后狼每次多间隔 1 个洞去找兔子……这样，狼一直没有找到兔子，请问兔子可能躲在哪个洞中？请写一个程序实现。

5. 模式匹配。设有两个字符串 $T=t_1t_2\cdots t_n, P=p_1p_2\cdots p_m$，其中 $0<m\le n$(通常 $m \ll n$)。请你写一个程序，找出 T 中是否存在子串 P。若存在，则返回 P 在 T 中的位置(即 P 在 T 中第一次出现时在 T 中的相对位置)；否则输出"不存在"信息。把字符串 T 称为主串，字符串 P 称为模式，把在主串 T 中查找子串 P 的过程叫做模式匹配(Pattern Matching)。请写一个程序实现之。

附注　模式匹配又被称为子串定位，是字符串结构中的一种十分重要的运算，它在字处理软件的设计中有着广泛的应用，同时它又是算法复杂性理论广泛研究的问题，因此它是计算机科学与技术学科的典型问题。

6. 文档加密。请编写一个加密程序，将一英文句子加密后输出。加密译码规则为：

（1）由键盘输入英文句子和密钥 M(20≤M≤50)；

（2）将其中的英文字符都变为大写，用数字 1..26 分别代表'A'..'Z'并加上密钥 M 后输出；

（3）将其中的空格用数字'0'输出；

(4) 其他符号则变成其 ASCII 序号加上 100 输出；

(5) 输出数字之间用空格分隔。

7. 从键盘任意输入 10～1000 的 4 个整数，请写一个求其最大公约数和最小公倍数的程序。

8. 请写一个程序，计算：用 1,3,5,7 中任意两个数，可以组成多少个不同的真分数？要求用小数形式表示它们，并计算到小数点后 20 位。

9. 酗酒的狱警。某监狱里有一个很长的走廊，走廊里有 n 个依次相邻的房间。每个房间中锁着一个犯人。一天夜里，狱警决定玩一个无聊游戏。第一轮中，他喝了一口威士忌，然后打开走廊里的每个房间。第 2 轮，他喝了一口威士忌，然后按 2 的倍数遍历每个房间；第 3 轮，他又喝了一口威士忌，遍历所有 3 的倍数的房间，依此类推。在遍历中，若房间是锁着的，则打开之，否则锁上之。他这样重复 n 轮，最终醉酒。这时有些囚犯看到自己房间的锁被打开了，他们立即逃跑。请写一个程序，计算对于有 n 间房间的走廊，最终会有多少囚犯逃跑。

10. 猴子选大王问题。今有 N 只猴子，要在其中选出一个作为大王。选举的方法是：先将它们排成一队，从头到尾开始按 1，2，3，1，2，3，…报数，凡是报 3 者退出，余下的猴子从尾到头开始按 1，2，3 报数，同样报 3 者退出队列。然后再从头到尾开始按 1，2，3，…报数。依此类推。当余下的猴子数小于 3 时，取重新报数时报 1 的为王。请写一个程序实现。

11. 有四个人玩游戏，每局一个人输，三个人赢，输的人需根据赢的人手中的筹码等量付给，这样玩了四局后，每个人手中正巧都有 16 根筹码。打印输出开始时每人手中各有多少根筹码，每玩一局后每人手中各有多少根筹码。请写一个程序实现。

12. 学生成绩统计。某班共 6 名学生，学习 6 门课程(数学分析，高等代数，大学物理，计算机科学与技术导论，政治，英语)，每门课程有平时、期中和期末三项成绩，按平时成绩占 20%，期中成绩占 30%，期末成绩占 50%，要求分别计算每人 6 门课程的平时平均成绩、期中平均成绩和期末成绩平均成绩，以及全班所有课程的最后总平均成绩，最后要求按每个人 6 门课程的总平均成绩的高低排序，并打印成表格。请写一个程序实现。

13. 已知一个有限输入字符集合 $\Sigma=\{a,b\}$，请写一个程序能识别集合 $L=\{a^n b^n : 0 \leq n \leq N\}$。

附注 该问题实质上是判定输入的字符串是否呈现 $aa...abb...b$ (a,b 均为 n 个)。设字符串 string 中有 c 个字符，则 $c=2n$，且 string[1]=…=string[n]=a, string[n+1]=…=string[2n]=b(或进一步有这样的关系 string[1],string[2],…,string[n]={a}, string[n+1],string[n+2],…,string[2n]={b})。

14. 在一个数列中，严格递增的子序列称为其升链，严格递减的子序列称为其降链。请写一个程序，求具有 n 个元素的数列的最长升链和最长降链的长度(即子序列的元素个数)。

15. (选作题)高精度计算。写一个程序计算圆周率 π，精确到小数点后指定的 x 位。

附注 关于圆周率 π(圆的周长与直径之比)的计算，流传着许多神奇而美妙的传说。我国宋代数学家祖冲之(公元 429—500 年)最先对π的值计算得到 3.1415926，精确到小数点后面第 7 位，领先世界一千多年。之后，德国数学家鲁特尔夫把π的值计算到小数点后 35 位，日本数学家建部贤弘计算到小数点后 41 位。1874 年，英国数学家香克斯利用微积分倾毕生精力把 π 的值计算到小数点后 707 位，可惜，第 528 位后的值是错误的。古往今来，人类对圆周率 π 之值的计算一直没有中断过，特别是计算机出现后，不时有利用计算机计算圆周率 π 值的最新报道。到目前为止，π 值已计算到小数点之后 10 亿多位，但对它的计算依然没有停止，主要原因在于 π 值的计算有着重大的意义。其意义在于：一是利用对它的计算，测试计算机系统的速度、计算过程的稳定性和软件的性能；二是它在计算机密码学中有着重大的价值；三是利用它可以产生更为理想的随机数；四是对它的研究可以促进计算机算法等相关领域的发展。值得注意的是，人类已经发明的对 π 值的计算方法有上百种甚至更多，仅此一项就可写成一本书，但不是每一种计算方法都可用于高精度计算。有兴趣的读者可以在老师的指导下，首先查阅相关资料，其次撰写文献综述，再次选择或设计一个高效算法进行程序设计，经调试正确后，最后撰写实验报告，这样初步感受一下科学研究的全过程。

16. 读入一个班(最多为 50 人)的学号和英语考试成绩，并放在记录数组中，然后按成绩的优劣排序并输出(说明：若不足 40 人，当输入学号为 0 时，表示输入结束)。请写一个程序实现。

17. 用伪随机产生器，随机产生 n 行 m 列 10～110 之间的整数，请写一个程序，按照升序重新排列它们。

提示 本题是一个对二维数组中的数据进行排序的问题。

18. (选作题)大数存储问题。请写一个程序，计算并输出 1～40 之间的所有整数的阶乘。

附注 由于基本数据类型均有其表示的范围，像 40! 这样大的整数已经超越了基本数据类型的表示极限。可以使用一个含有 50 个元素的一维数组存储一个像 40! 这样大的整数，该数组的每一个元素存储这个大整数的一位数字。

19. 找数字对问题。输入 $N(2 \leqslant N \leqslant 100)$ 个数字(在 0～9 之间)，然后统计出这组数中相邻两数字组成的链环数字对出现的次数。例如：

输入：$N=20$(表示要输入数的数目)
   0 1 5 9 8 7 2 2 2 3 2 7 8 7 8 7 9 6 5 9
输出：(7,8)=2，(8,7)=3，这里指(7,8)、(8,7)数字对出现次数分别为 2 次、3 次。
   (7,2)=1，(2,7)=1。
   (2,2)=2。
   (2,3)=1，(3,2)=1。
请写一个程序实现。

20. 学生成绩管理系统(Version 1.0)。假设某班人数最多不超过 30 人，具体人数由键盘输入，学生的数据信息包括：学号、姓名、性别、出生日期(年、月、日)、数学分析、高级语言程序设计、电路与电子学三门课的成绩、平均成绩。请你使用记录数组作为基本数据结构，设计并实现一个菜单驱动的学生成绩管理系统，其系统功能如下：

(1) 数据录入功能。从键盘任意输入 10 个学生信息(在每个学生信息中，平均成绩不输入)，自动计算每个学生的三门课程的平均成绩，保存到相应学生的"平均成绩"域中；

(2) 排序功能。按平均成绩从高到低对学生信息排序；

(3) 输出功能。将记录数组中的学生信息输出；

(4) 查找功能。从键盘输入一个要查找的学生姓名，在学生信息中查找有无此人，若有，则输出此人信息，否则输出"查无此人！"的提示信息。

所谓菜单驱动是指，程序运行后，机器屏幕上首先显示功能菜单，并提示用户输入选项，然后根据用户输入的选项执行相应的操作。

附注 本题是一个综合性数据处理题目。训练的目的是使学生熟练掌握利用记录数组来描述数据，以及数据的录入与输出、排序、查找等常用算法。

21．(选作题)请写一个程序，表达"成者王侯"的思想。
22．(选作题)请写一个程序，表达"水至清则无鱼"的思想。

附注 第 21、22 题是一种形象的程序表达思想的题目。计算机程序是用来表达人类的计算思想的。读者可以自己开动脑筋，首先考虑"成者王侯"和"水至清则无鱼"的含义，然后巧妙地设计一个程序，反映出这一含义所要表达的思想。暂时想不出来也没有关系，可以继续思考。

第 7 章

函数、过程与分程序

人们在程序设计时,发现一些具有相同或相似功能的程序段在整个程序中的不同地方反复出现,为了缩短程序文本,节约内存空间以及减少程序的编译时间,可以将上述反复出现的程序段定义成一个分程序(又被称为子程序,将在 7.7 节中介绍),然后在设计的程序中当需要时反复调用它。这样设计的程序结构清晰,逻辑关系明确,给程序的设计、调试、维护、移植等带来了极大的方便,符合结构化程序设计(Structured Programming)的思想。Turbo Pascal 提供了**函数**和**过程**两种实现子程序的手段,本章将详细介绍函数、过程与分程序方面的知识。

▷▷ 7.1 函数

在 Turbo Pascal 中,相对于调用它的程序来说,函数是一种分程序。本节介绍函数的有关知识。

7.1.1 函数概述

在 2.4 节中介绍了 Turbo Pascal 编译系统预先定义好的标准函数。这些标准函数给程序设计提供了很大的方便,但它们仅仅是在程序设计中需要的函数中的一小部分,即 Turbo Pascal 编译系统并没有给用户(程序员)提供在程序设计时需要的所有函数。为了弥补标准函数的不足,满足用户的需求,Turbo Pascal 允许用户在程序中根据需要自己定义函数(Function),并调用之。这样的函数被称为用户自定义的函数。这些函数分为带参数的函数(简称**有参函数**)和不带参数的函数(简称**无参函数**)。

7.1.2 函数说明

用户自定义的函数在使用前必须先说明(定义)。

1. 语法

函数说明的语法图如图 7-1 所示。从函数说明的语法可知,任何一个函数由函数首部和函数体组成。函数首部一般由函数名和形式参数表(简称形参表,Formal Parameter List)构成。形参表中的参数称为形参,它分为值参数(简称值参,Value Parameter)和变量参数(简称变参,

Variable Parameter)两种。变参前带保留字 **Var**，而值参前不带。

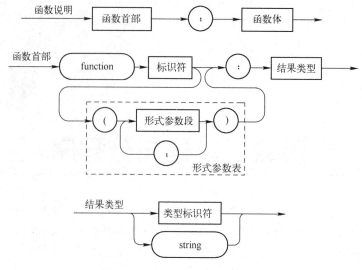

图 7-1 函数说明的语法图

2．语义

定义了一个函数。

例 7-1 下面给出利用著名的欧几里德(Euclidean)算法(辗转相除法)，求两个正整数 *m*, *n* 的最大公因(约)数(*m,n*)的程序。在程序中，定义了一个求两个正整数 *m* 和 *n* 的最大公因(约)数的函数 gcd。

```
{   程序名称：EuclideanAlgorithm1
    文  件  名：EuclideanAlgorithm1.pas
    作      者：赵占芳
    创建日期：2012-01-20
    程序功能：求两个正整数m和n的最大公因(约)数。
}
Program EuclideanAlgorithm1(input, output);
Var
  m, n: integer;

Function gcd(a, b: integer): integer;
Var
  r: integer;
begin
  While b <> 0 do
    begin
      r:= a mod b;
      a:= b;
      b:= r
    end;
  gcd:= a
```

```
      end;

   Begin {主程序}
      readln(m, n);
      writeln('The greatest common divisor of ', m , ' and ', n, ' is ',
              gcd(m,n) ,'.');
      readln
   End.
```

附注　求任意两个正整数的最大公因(约)数的欧几里得(Euclidean)算法(辗转相除算法)是最古老的著名算法之一，我国古代数学家秦九韶在《数书九章》(1247 年)中记载了它。由于它多方面的意义，这个算法在计算机科学(例如，计算机密码学)中有着重要的地位。

3．说明

(1) 在 Turbo Pascal 函数说明中，函数值的类型可以是整型、实型、字符型、布尔型、枚举型、子界型和指针类型，而不能是数组类型、集合类型、记录类型、过程类型和文件类型，Delphi 7 中函数的返回值可以为数组、集合和记录。

(2) 函数说明中可以没有参数。无参函数的形参表和括号应当省略。

(3) 有参函数的形参表中，可以有多个参数。逗号用于分开同类型的各个参数名，分号用于分开不同类型的参数名。各个参数需进行类型说明。

(4) 若程序中同时要定义过程和函数，则当两者之间没有相互调用关系时，两者说明的位置或次序是任意的。但当两者之间存在调用关系时，则被调用的应该先说明，否则就要使用向前引用行，详见 7.5 节。

7.1.3　函数调用

函数经过用户在自己的程序中被说明(定义)后，就可以在程序中调用它了。其调用方法与标准函数的调用方法相同。

1．语法

函数调用(Function Call)的语法图如图 7-2 所示。

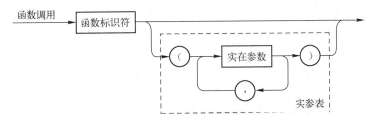

图 7-2　函数调用的语法图

注意：函数调用在程序中不是一个独立的语句。例如，在例 7-1 程序的程序体中函数调用是在输出语句中出现的：

```
      writeln('The greatest common divisor of ', m , ' and ', n, ' is ',
gcd(m, n) , '.');
```

2. 语义

其语义是调用一个函数。调用函数结束后程序的控制流程回到调用函数层，程序继续执行调用函数后的下一个动作。下面举例说明在 Turbo Pascal 中函数调用的步骤。

① 赋值(代入值)：若形参为值参，则在执行函数调用时，先将实参的值赋给对应的形参。例如，例 7-1 的函数调用 gcd(m,n)执行时，先将 m 的值赋给 a 变量，将 n 的值赋给 b 变量；

② 换名(代入名)：若形参为变参，则执行函数调用时，用被调用函数的函数体去替换函数调用，并将该函数体中的形参用相应的实参替换。这样，形参名就成了实参的一个别名。若被调用函数没有变参，则该步缺省。如例 7-1 被调用函数没有变参；

③ 控制转向被调用函数的函数体执行；

④ 被调用函数体执行完毕后，随着控制的转回，被调用函数的值带回到主调程序层，继续执行函数调用之后的后继语句。

下面给出例 7-1 程序中，当输入 m 为 12，n 为 8 时的函数 gcd 的调用过程。输出语句中函数调用 gcd(m,n)时，首先将 m 的值 12 赋给(传递给)形参变量 a，将 n 的值 8 赋给形参变量 b；然后执行函数体，执行的结果是函数 gcd 的值为 4；被调用函数 gcd 执行结束后，把函数 gcd 的值带回到主调程序的输出语句，并继续执行函数调用之后的后继语句动作。因此，该程序的运行结果是：

```
The greatest common divisor of 12 and 8 is 4.
```

也许有的读者会产生疑问：计算机内部采用了什么机制或方法使得被调用函数体执行完毕后能够返回到主调函数呢？下面介绍的栈式存储管理试图简单地回答一下这个问题，更为详细且满意的回答将在后续的"编译原理"课程中介绍。

3. 附注——栈式存储管理

先举一个例子。当读者阅读一篇中文文章时，假设读到 A 处有一个陌生的成语而不知其意，那么就需要去查阅《汉语成语词典》。当查完后，回到文章的 A 处，再继续阅读 A 处之后的下文。那么，分析一下读者为什么能够返回到文章的 A 处再继续阅读呢？其原因是在去查词典之前，先记下(存储下)了陌生成语 A 处的下一处的位置(可以在文章上做标记或记忆在大脑里)以及 A 处前文的情节，然后再去查词典；查完后取出查找之前记下的信息，按照这些信息返回到原文章中再继续阅读。这一阅读文章的过程可以概括为：阅读→记忆信息→查阅→取出所记忆的信息→返回并继续阅读。

实际上，上述阅读文章的过程与例 7-1 程序的执行过程十分相似。因此，函数或过程(7.2 节介绍)的调用与返回的思想方法与上述"记忆信息→查阅→取出所记忆的信息→返回"的思想方法是一致的。Turbo Pascal 在实现时，具体采取了一种栈式存储管理的机制来实现上述思想方法。

对内存进行存储管理是操作系统的功能之一。栈(Stack)是操作系统分配给编译程序的内存中的一块用于存放函数或过程调用等有关信息的连续存储空间。由于进出栈中的信息只能从栈的顶部进行，因此，最先进入栈中的信息是最后出栈的，而最后进入栈中的信息则是最先出栈的，这就是栈的后进先出和先进后出的操作特点（至于为什么把栈做成这样，它又是如何实现的，这是后续课程要回答的问题）。当用户程序运行时，每调用一个函数或过程，就把其返回地址、实参和局部变量等信息(这些信息被称为活动记录)压入栈中，这个调用可以多层嵌套进行。而当函数或过程运行结束时，被先前压入栈中的信息从栈顶中弹出来，并按照弹出的信息返回主调函数或过程,继续执行后续的代码。

总之,函数或过程调用要通过栈来进行,没有栈就没有函数或过程的嵌套调用。

7.1.4 程序设计举例

下面举例说明利用自定义的函数,进行程序设计。

例 7-2 请使用用户自定义的函数,实现一个求 sum=$\sum_{i=1}^{n} i!$ 的程序,n 的值从键盘输入。

(1) 分析

根据第 4 章例 4-12 的分析可知,本题是一个累加求和问题。因此,本题的算法结构是一个循环结构。循环结构的循环体中的累加器语句为:"sum ← sum + i! ;"。由于 Pascal 程序中不能直接计算 $i!$,而这里在执行循环体的过程中又要反复计算 $i!$,因此需要设计一个函数来实现。而求 $i!$ 是一个累乘问题,其算法结构在第 4 章例 4-12 中已经介绍,这里就不赘述了。基于这些认识,不难给出下面的算法。

(2) 算法

① 输入整数 n 之值;
② i←1; sum←0;
　　循环:当 $i \leq n$ 时,做
　　　　[　sum ← sum+Factorial(i);
　　　　　　i ← i+1;
　　　　]
③ 输出 sum 的值。

计算 $i!$ 的函数 Factorial(i)的算法如下:
① m←1, k←1;
② 循环:当 $k \leq i$ 时,做
　　　　[m←$m \times k$;
　　　　　k←k+1;
　　　　]
③ Factorial(i)←m。

(3) 源程序

```
{ 程序名称:FactorialSum2
  文　件　名:FactorialSum2.pas
  作　　　者:赵占芳
  创建日期:2012-01-20
  程序功能:计算前 n 个自然数的阶乘之和。
}
Program FactorialSum2(input, output);
Var
  n, i, sum: integer;
Function Factorial(j: integer): integer;
Var
```

```
    m, k: integer;
  begin
    m := 1;
    for k:= 1 to j do
      m := m*k;
    Factorial:=m
  end;
Begin
  writeln('Input n=:');
  readln(n);
  sum := 0;
  for i:= 1 to n do
    sum := sum + Factorial(i);
  writeln('sum=', sum);
  readln
End.
```

(4) 附注

读者可以将本题程序与第 4 章例 4-8 的程序作对比,可以发现:借助函数这一工具可以将规模较大的程序分解成若干个较小模块的程序,从而完成了程序的模块化(即实现了文章的分段),为进一步设计层次分明的较大规模的程序奠定了基础。

例 7-3 写一程序,求正整数 m 和 n 之间的完全数(Perfect Number,又称完美数或完备数)。完全数是指它所有真因子(即除了自身以外的约数)之和恰好等于它自己的数。

(1) 分析

由于本题是查找某一范围内的整数,属于查找问题,因此采用穷举的思想查找。问题的关键是如何判断整数 x 是完全数。根据完全数的定义,只要找出小于 x 的不同真因数,若其和为 x 即可。这是一个查找问题,在 1 到 (x div 2) 之间采用试商法找 x 的因子即可。程序设计时,可以设计一个函数实现,函数的返回值为布尔型数据。下面给出其简单算法。

(2) 算法

① 输入正整数 m 和 n;
② 循环:i 从 m 到 n,步长为 1,做
    若 i 为完全数,则打印输出;

(3) 源程序

```
{ 程序名称:PerfectNumber
  文 件 名:PerfectNumber.pas
  作    者:赵占芳
  创建日期:2012-01-20
  程序功能:求正整数 m 和 n 之间的完全数。
}
Program PerfectNumber(input, output);
Var
  i, a, b: integer;

Function perfect(x: integer): boolean;
```

```
  Var
    sum,k: integer;
  begin
    sum:=0;
    for k:= 1 to x div 2 do
      if x mod k =0 then
        sum:= sum+k;
      if x=sum then
        perfect:=true
      else
        perfect:=false
  end;

Begin
  writeln('Input a and b =');
  readln(a, b);
  for i:= a to b do     {输出所有a和b之间的完全数}
    if perfect(i) then
      writeln(i);
  readln
End.
```

(4) 附注

① 公元前 6 世纪的古希腊数学家毕达哥拉斯(Pythagoras，约公元前 580—500)是最早研究完全数的人，他已经知道 6 和 28 是完全数。他曾说："6 象征着完满的婚姻以及健康和美丽，因为它的部分是完整的，并且其和等于自身。"完全数诞生后，吸引着众多数学家与业余爱好者像淘金一样去寻找。接下来的两个完全数是公元 1 世纪，毕达哥拉斯学派成员尼克马修斯发现的，他在其《数论》一书中有一段话如下：也许是这样，正如美的、卓绝的东西是罕有的，是容易计数的，而丑的、坏的东西却滋蔓不已；是以亏数(对于 4 这个数，它的真约数有 1、2，其和是 3，比 4 本身小，像这样的自然数叫做亏数)和盈数(对于 12 这个数，它的真约数有 1、2、3、4、6，其和是 16，比 12 本身大，像这样的自然数叫做盈数)非常之多，杂乱无章，它们的发现也毫无系统。但是完全数则易于计数，而且又顺理成章。因为在个位数里只有一个 6；十位数里也只有一个 28；第三个在百位数的深处是 496；第四个却在千位数的尾巴上，接近 1 万，是 8128。它们具有一致的特性：尾数都是 6 或 8，而且永远是偶数。第五个完全数要大得多，是 33550336，它的寻求之路也艰难得多，直到 15 世纪才由一位无名氏给出。这一寻找完全数的努力从来没有停止。计算机问世后，人们借助这一有力的工具继续探索，到 2013 年 2 月已经找到了第 48 个完全数(它与梅森素数是对应的)。笛卡儿曾公开预言："能找出完全数是不会多的，好比人类一样，要找一个完美人亦非易事。"时至今日，人们一直没有发现有奇完全数的存在。于是，是否存在奇完全数成为数论中至今悬而未决的一大难题。

② 欧几里得的一个伟大贡献是给出了一个求完全数的定理：若 p 和 2^p-1 均为素数，则 $2^{p-1} \cdot (2^p-1)$ 是完全数。根据梅森素数的定义(若 p 和 2^p-1 均为素数，则 2^p-1 是梅森素数)，完全数与梅森素数是对应的。

例 7-4 请写一程序，利用辛普森公式求 $s=\int_a^b f(x)\mathrm{d}x \approx \dfrac{h}{3}(f_0+4f_1+2f_2+4f_3+\cdots+2f_{n-2}+4$

$f_{n-1}+f_n$)。其中，$f_i = f(a+i\times h)$，$h=(b-a)/n$，$f(x)=\dfrac{1}{x+1}$。

(1) 分析

本题是定积分的近似计算问题，属于累加求和问题。程序设计时，应该把利用辛普森公式的求和单独定义为一个函数 simpson。但由于该函数又要计算 $f(x)$，因此又把它定义为一个函数 $f(x)$，这样函数 simpson 就是一个其他函数作为形参的函数。下面给出其简单算法。

(2) 算法

① 输入定积分的下限 a 和上限 b；

② s:=simpson(f,a,b);

③ 打印定积分之值 s。

(3) 源程序

```pascal
{ 程序名称：DefiniteIntegration
  文 件 名：DefiniteIntegration.pas
  作   者：赵占芳
  创建日期：2012-01-20
  程序功能：利用辛普森公式求函数的定积分。
}
Program DefiniteIntegration;
Type func=Function(x:real):real;
Var a,b,s:real;
Function f(y:real):real;far;  {在 Turbo pascal 中不能省略}
  begin
    f:=1/(1+y)
  end;
Function simpson(g:func;c,d:real):real;
  Const n=40;
  var
    h,s0:real;
    i:integer;
  begin
    h:=(d-c)/n;
    s0:=g(c)+g(d);
    for i:= 1 to n-1 do
      if odd(i) then s0:=s0+4*g(c+i*h) else s0:=s0+2*g(c+i*h);
    simpson:=s0*h/3
  end;
Begin
  writeln('Input a and b = ');
  readln(a,b);
  s:= simpson(f,a,b);
  writeln('s=',s)
End.
```

(4) 附注

① 本例是过程和函数作为参数的实例。在 Turbo Pascal 中，过程和函数的参数可以是另外的过程或函数。值得注意的是使用时必须先使用 type 定义**过程类型或函数类型**，因为不允许将作为形参的过程或函数的首部置于参数中。Turbo Pascal 的过程类型或函数类型的说明的语法图如图 7-3 所示。

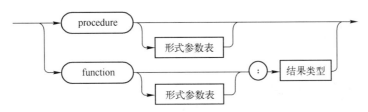

图 7-3　过程类型或函数类型的说明的语法图

从图 7-3 可以看出，过程类型(函数类型)的说明与过程(函数)的说明类似，不同之处在于前者取消了过程名(函数名)的标识符而已。

② 在程序中，函数 $f(x)$ 使用了 far 调用方式。本题中"far;"不能省略[①]，原因是 Turbo Pascal 规定：若一个函数或过程被赋给一个函数类型的变量或过程类型的变量，则它必须定义为 far 调用方式。在 far 调用方式下，可以在任何模块中调用使用 far 定义的函数或过程。Turbo Pascal 除了支持 far 调用方式外，还支持 near 调用方式。在该方式下，它只能被在定义它的模块中引用，但调用它的效率较 far 调用方式高。

③ 计算定积分是"微积分"课程中的一类计算问题。在学习过程中，重点不是要掌握一些计算技巧，而在于领悟其中的数学思想。例如，利用辛普森公式求函数的定积分中包含的数学思想是以近似逼近精确，这一思想也是贯穿整个"数学分析"课程的基本思想。

7.2　过程

在 Turbo Pascal 中，除了函数可以作为一种分程序外，还有一种分程序——过程。从利用它们实现的功能上来说，有时它可以与函数相互替换，有时则不能，因此它有着与函数不同的特点，本节将介绍过程的有关知识。

7.2.1　过程概述

第 3 章介绍的 read 语句和 write 语句等，实际上都是调用过程的语句。由于这些被调用的过程均为 Turbo Pascal 编译系统预先定义好的过程(Procedure)，它们被统称为标准过程。这些标准过程给程序设计提供了很大方便。但是，Turbo Pascal 编译系统并没有给用户提供在程序设计时需要的所有过程，也就是标准过程仅是用户需要的过程的一小部分。为了填补这些标准过程的不足，满足用户的需求，Turbo Pascal 允许用户根据需要自己定义过程，并在使用时调用。这样的过程被称为用户自定义的过程。这种过程分成带参数的过程(简称**有参过程**)和不带参数的过程(简称**无参过程**)。

---

① far 在 Delphi 7 中可以省略。

7.2.2 过程说明

用户自定义的过程在使用前必须先说明(定义)。

1．语法

过程说明的语法图如图 7-4 所示。

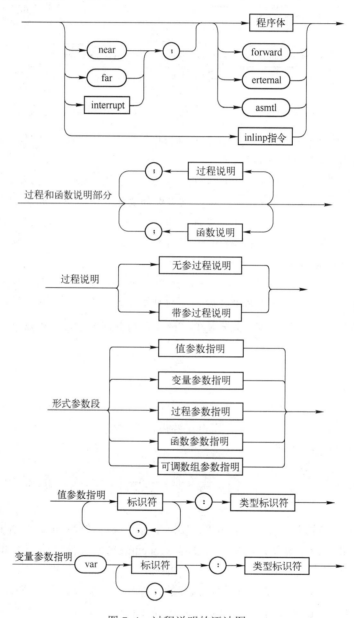

图 7-4　过程说明的语法图

从过程说明的语法可知，任何一个过程由过程首部和过程体组成。过程首部可以有参数表，也可以没有。若过程首部有参数表，则这种过程被称为**有参过程**，否则被称为**无参过程**。有参过程定义时，参数表中的参数称为形参。与函数定义类似，形参分为**值参**和**变参**两种。变

参前面带保留字 **Var**,而值参前面不带。

2. 语义

定义了一个过程。

例 7-5 下面是利用欧几里得算法(辗转相除算法),求两个正整数 m 和 n 的最大公因(约)数的程序。程序中定义了一个求两个正整数 m,n 的最大公因(约)数 (m,n) 的过程 gcd。

```pascal
{ 程序名称:EuclideanAlgorithm2
  文 件 名:EuclideanAlgorithm2.pas
  作   者:赵占芳
  创建日期:2012-01-20
  程序功能:求两个正整数 m 和 n 的最大公因(约)数。
}
Program EuclideanAlgorithm2(input, output);
Var
  m,n,cd: integer;

Procedure gcd(a, b: integer; Var c: integer);
Var
  r: integer;
begin
  while b <> 0 do
    begin
      r:= a mod b;
      a:= b;
      b:= r
    end;
  c:= a
end;

Begin
  readln(m, n);
  gcd(m, n, cd);
  writeln('The greatest common divisor of ', m , ' and ', n, ' is ',
          cd ,'.');
  readln
End.
```

附注 请读者先从形式上了解一下例 7-1 和例 7-5 程序的区别。

7.2.3 过程调用

过程经过说明(定义)后,就可以在程序中调用它了。**过程调用**(Procedure Call)借助于过程调用语句来实现。

1. 语法

过程调用的语法图如图 7-5 所示。

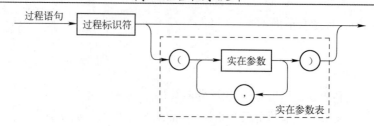

图 7-5 过程调用的语法图

过程调用在程序中是一个独立的语句,如例 7-5 程序的程序体中的过程调用语句:

```
gcd(m,n,cd);
```

无参过程的调用,其调用语句没有参数表,而有参过程的调用,其调用语句带有参数表。这些参数表被称为**实际(在)参数表**(Actual Parameter List),简称**实参表**。

2. 语义

调用一个过程,调用执行完毕后程序控制转而去执行过程调用语句的下一条语句。下面举例说明在 Turbo Pascal 中过程调用的步骤。

(1) 有参过程的调用

有参过程的调用步骤如下:

① **赋值**(代入值):若形参为值参,则在执行过程调用语句时,先将实参的值赋给对应的数值形参。例如,例 7-5 的过程调用 gcd(*m,n,cd*) 执行时,先将 *m* 的值赋给 *a*,将 *n* 的值赋给 *b*;

② **换名**(代入名):若形参为变参(形参表中,变量前冠以 var 的那些变量),则执行过程调用语句时,用被调用过程的过程体去替换过程调用语句,并将该过程体中的形参用相应的实参替换。这样,形参名就成了实参的一个别名。若被调用过程没有变量实参,则该步缺省。如例 7-5 的过程中当出现调用语句 gcd(*m,n,cd*) 时,该调用语句将被替换为:

```
begin
  while b <> 0 do
    begin
      r:= a mod b;
      a:= b;
      b:= r
    end;
  cd:= a
end;
```

③ 之后,控制将转向被调用过程的已经"改造"了的过程体,并执行,相当于 gcd 的过程体代替调用语句并嵌入到调用语句的位置执行;

④ 被调用过程体执行完毕后,将控制转回到过程调用语句的后继语句。例如,例 7-5 的过程调用语句 gcd(*m,n,cd*) 执行完毕后,控制转回到 writeln 语句。

(2) 无参过程的调用

无参过程的调用过程比较简单,过程如下:

① 将控制转向被调用过程,并执行;

② 被调用过程执行完毕后,将控制转回到过程调用语句的后继语句。

7.2.4 过程、函数和主程序的比较

为了对函数、过程和主程序有一个较为清楚的认识,下面总结它们的主要区别。

1. 过程与函数的比较

过程和函数的不同在于:

(1) 执行的结果不同。函数执行的结果必须返回一个值(当然利用变参还可以返回多个值);而过程执行的结果可以返回一个值,也可以返回多个值,还可以不返回值,仅执行某些操作。

(2) 首部标志不同。函数首部的保留字为 **Function**,过程首部的保留字为 **Procedure**。

(3) 对参数的要求不同。函数一般要求有自己的形参,这些形参相当于函数的自变量,因此,通常还希望这些形参是值参而不是变参。过程说明则允许不带形参表。

(4) 函数首部必须说明函数名的数据类型。在 Turbo Pascal 中函数值的数据类型一般是标准数据类型,也可以是子界类型或指针类型。

(5) 在函数体中,必须至少有一个赋值语句。该赋值语句将函数运算的结果赋给函数名,以确定函数值。

(6) 函数调用与过程调用不同。函数调用只能出现在表达式中,不能作为独立的语句使用;而过程调用是一个独立的语句。

2. 主程序与过程

(1) 主程序与过程的首部标志不同。主程序首部的保留字为 **Program**,过程首部的保留字为 **Procedure**。

(2) 主程序与过程的首部参数表中的参数不同。过程的首部参数表中的参数是过程及其调用者之间信息传递的桥梁,而且参数可以是值参、变参、过程和函数。主程序首部参数表中的参数一般为文件变量,它表示程序与外界的联系,程序通过这些参数调用外部文件。过程可以不带参数,这就是无参过程。

(3) 主程序与过程的结尾标志不同。主程序的结尾标志是".",而过程的结尾标志是";"。

(4) 主程序与过程的调用不同。过程由主调程序或过程中的过程语句调用后被执行,而主程序的运行一般需要通过使用操作系统与用户的接口语言驱动,或者在相应的编译器环境中进行。

7.2.5 程序设计举例

下面举例说明利用用户自定义的过程,进行程序设计。

例 7-6 请使用用户(程序员)自定义的过程,实现求 sum=$\sum_{i=1}^{n} i!$ 的程序,n 的值从键盘输入。

(1) 分析

本题在实现时,只不过要求把本章例 7-2 的用户(程序员)自定义的函数改为用户自定义的过程。但是,要改造成过程,其形参如何设计呢?显然,需要两个形参,其中一个是用来接收主程序中传递过来的 i 之值,另外一个要存放最终计算出来的 $i!$之值,以便在主程序中求和使用。根据 Turbo Pascal 形参的特点,前一个要定义为值参,而后一个要定义为变参。关于这两种参数

选择的问题，将在 7.4 节中详细介绍。

(2) 算法

与本章例 7-2 的算法类似。

(3) 源程序

```
{ 程序名称：FactorialSum3
  文 件 名：FactorialSum3.pas
  作    者：赵占芳
  创建日期：2012-01-20
  程序功能：计算前 n 个自然数的阶乘之和。
}
Program FactorialSum3(input, output);
Var
  n, i, f, sum: integer;
Procedure Factorial(j:integer;var pf:integer);    {计算 j!,结果存放在 pf 中}
Var
  k: integer;
begin
  pf := 1;
  for k:= 1 to j do
    pf:= pf*k;
end;

Begin
  writeln('Input n= ');
  readln(n);
  sum := 0;
  for i:= 1 to n do
    begin
      f:=0;                {初始化存放 i!的变量 f}
      Factorial(i, f);     {计算 i!,其计算结果放在变量 f 中}
      sum := sum + f
    end;
  writeln('sum=', sum);
  readln
End.
```

(4) 附注

① 可以将本题程序与本章例 7-2 的程序作对比，可以发现：尽管两种表达形式有区别，但是其完成的计算在这里是一样的。从语言本身来说，引入不同形式的语言成分来表达相同的语言功能，增强了语言的表达的灵活性，使语言的使用更加方便。

② 借助过程这一工具也可以将规模较大的程序分解成若干个较小模块的程序，从而完成了程序的模块化(即实现了文章的分段)，为进一步设计层次分明的较大规模的程序奠定了基础。

例 7-7 请写一个程序，自动生成杨辉三角形。

(1) 分析

通过分析杨辉三角形的特点可知,只要能够生成杨辉三角形的每一行的数字,那么按照图形的要求打印其每一行并不困难,这样问题的关键就是如何生成杨辉三角形的每一行的数字。由于杨辉三角形是一行一行打印的,因此只要能够由上一行的数字产生下一行的数字即可。那么,如何做呢?

假设使用一维数组 YangLine[1..100]存放杨辉三角形的每一行的数据。当生成第一行后,数组 YangLine 中只有 YangLine[1]=1,其他元素不放数据;当生成第二行后,数组 YangLine 中只有 YangLine[1]=1,YangLine[2]=1,其他元素不放数据;当生成第三行后,数组 YangLine 中只有 YangLine[1]=1,YangLine[2]=2,YangLine[3]=1,其他元素不放数据;当生成第四行后,数组 YangLine 中只有 YangLine[1]=1,YangLine[2]=3,YangLine[3]=3,YangLine[4]=1 其他元素不放数据;同理可知其他行的数据在一维数组 YangLine[1..100]存放情况。

根据杨辉三角形的每一行数据的存放情况,以及上下两行数据之间的关系,可以找到由上一行数字产生下一行数字的方法为:

① 第 1 行有 1 个值,做 YangLine[1]←1;

② 第 2 行有 2 个值,做 YangLine[1]←1 和 YangLine[2]←1;

③ 对于第 $i(i \geq 3)$ 的第 j 个值(j 从 i-2 到 1),按照下面规律计算:

YangLine[j+1]←YangLine[j]+YangLine[j+1]

由于上述产生杨辉三角形的每一行数据的功能比较单一,程序实现时,可以考虑把它作为一个过程。于是有下面的算法。

(2) 算法

① 输入杨辉三角形的行数 n;

② 循环:i 从 1 到 n,步长为 1,做{形成并输出杨辉三角形}

[输出第 i 行的前置空格;

计算第 i 行之值;

输出第 i 行之值;

换行;

]

(3) 源程序

```
{ 程序名称:YanghuiTriangle3
  文 件 名:YanghuiTriangle3.pas
  作   者:赵占芳
  创建日期:2012-01-20
  程序功能:自动打印杨辉三角形。
}
Program YanghuiTriangle3(input,output);
Type
  Yang=array [1..100] of integer;    {100 为杨辉三角形的每一行的最多数字个数}
Var
  YangLine:Yang;
   i,j,n:integer;  {n 为杨辉三角形的行数}
Procedure line(x:integer;var b:Yang);
```

```pascal
    var
      k:integer;
    begin
      b[x]:=1;
      for k:=x-2 downto 1 do
        b[k+1]:=b[k]+b[k+1]
    end;
Begin
  writeln('Input n= ');
  read(n);
  for i:=1 to n do
    begin
      for j:= 0 to 40-i*3 do
        write(' ');
      line(i,YangLine);
      for j:= 1 to i do
        write(YangLine[j],'    ');
      writeln
    end;
  readln
End.
```

(4) 附注

① 本例是数组整体作为参数进行信息传递的典型实例。数组作为参数时，宜用作变参而不宜用作值参，请读者认真体会。

② 本例是借助一维数组自动生成的杨辉三角形，而第 1 章例 1-1 是借助二维数组自动生成的。它们的程序都是非递归的，本章例 7-24 给出了一种递归方法。

③ 本题属于简单图形的生成类题目，这类题目的程序设计是设法寻找图形的规律性，据此进行算法设计。

例 7-8　抽象数据类型复数。请编写一个程序，实现从键盘任意输入两个复数和一个运算符作复数运算的程序。

(1) 分析

由于 Turbo Pascal 中没有复数数据类型，因此，必须想办法解决复数在计算机内表示的问题。由于复数由实部和虚部构成，故可以通过定义一个记录类型来模拟复数，然后实现两个复数的加、减、乘、除四种运算，这样就实现了复数数据类型。

(2) 算法

循环：

　　输入复数 x;

　　输入复数 y;

　　输入进行复数运算的运算符 ch;

　　若 ch in ['+', '-', '*', '/']，则进行相应的复数运算并输出；

　　否则，提示运算符错误；

　　询问是否继续进行复数计算(y/n);

　　输入选项 choice;

直到 choice <> 'y' 为止。
(3) 程序

```pascal
{ 程序名称：ComplexOperation1
  文 件 名：ComplexOperation1.pas
  作   者：赵占芳
  创建日期：2012-01-20
  程序功能：抽象数据类型复数的实现。
}
Program ComplexOperation1(input, output);
Type
  complex = record
              realpart: real;
              imagpart: real
            end;
  s = set of char;
Var
  x, y, z: complex;
  s1: s;
  ch,choice: char;
Procedure operate(Var c:complex; a, b: complex; ch1: char);
begin
  with c do
    case ch1 of
    '+': begin
         realpart:= a.realpart + b.realpart;
         imagpart:= a.imagpart + b.imagpart
           end;
    '-': begin
       realpart:= a.realpart- b.realpart;
       imagpart:= a.imagpart- b.imagpart
           end;
    '*': begin
       realpart:= a.realpart* b.realpart - a.imagpart* b.imagpart;
       imagpart:= a.realpart* b.imagpart + a.imagpart* b.realpart
           end;
    '/': begin
       realpart:=(a.realpart* b.realpart + a.imagpart* b.imagpart)
              /(b.realpart* b.realpart + b.imagpart* b.imagpart);
       imagpart:=(b.realpart* a.imagpart - b.imagpart* a.realpart)
              /(b.realpart* b.realpart + b.imagpart* b.imagpart)
           end
    end
end;

Begin
  Repeat
```

```pascal
        writeln('Input x.realpart and x.imagpart:');
        readln(x.realpart,x.imagpart);
        writeln('Input y.realpart and y.imagpart:');
        readln(y.realpart,y.imagpart);
        writeln('Input operator ch=');
        readln(ch);
        s1:=['+','-','*','/'];
      if ch in s1 then
        begin
          operate(z, x, y, ch);
          writeln('The new complex z=', z.realpart:6:2, '+i*', z.imag-
             part: 6:2)
        end
      else
        writeln('Operator error!');
      writeln('continue? y/n');
      read(choice);
    until choice <> 'y';
    readln;
    readln
  End.
```

(4) 附注

① 复数数据类型是 Turbo Pascal 中没有的数据类型，称为扩展数据类型。它是利用现有的数据类型，以程序表达和编程实现的一种数据类型。在本例中，复数数据类型又是以一种被称为抽象数据类型(ADT)的方式实现的扩展数据类型。抽象数据类型可以通过程序设计语言中固有的数据类型来表示和实现。本例就是借助 Turbo Pascal 中的过程或函数，利用其固有的记录类型来表示和实现的抽象数据类型复数。在面向对象程序设计语言(例如，C++)中，一个类就是抽象数据类型。关于抽象数据类型的深入介绍属于"数据结构"课程或"程序理论"课程中的内容，读者暂时只需要作一种了解即可。

② 本例中抽象数据类型复数的实现，可以将 operate 过程分为四个复数运算过程，这样程序设计的过程能够很好地体现模块化程序设计技术。请读者给出改造后的程序。另外，Turbo Pascal 中提供了一个类似模块的结构——**单元**(Unit)。一个单元是常数、数据类型、过程及函数的集合体。单元能很好地体现现代程序设计语言中**数据隐蔽**与**操作封装**的概念，它是实现**抽象数据类型**的有力工具。有关单元的知识见第 10 章 10.2 节，另外在那里也给出了利用单元实现的抽象数据类型复数。

③ 本例是记录作为参数进行信息传递的典型实例。当记录类型的形参是值参时，其信息传送的方式为**值传递方式**，而当记录类型的形参是变参时，其信息传送的方式为**引用传递方式**。

通过 7.1 和 7.2 节的学习，读者可以体会到：函数和过程反映了程序的两级抽象，即主调程序指出了"做什么"和函数与过程的定义描述了"如何做"。它们为程序的模块化奠定了基础，实现了信息隐蔽和封装，降低了程序设计的**复杂性**(Complexity)，提高了程序的可读性(Readability)和可维护性(Maintainability)，使得程序的正确性(Correctness)更易于得到保证。

7.3 标识符的作用域与生存期

在程序设计中,可以根据需要在主程序与分程序(子程序)中定义自己所需要的标识符。然而却存在着一些问题:主程序与子程序中能否定义同名字的标识符?如果能会产生什么后果?在不同的分程序中说明的标识符的有效范围有多大?对这些问题的回答必然要涉及标识符的作用域(Scope)与生存期(Lifetime,Extent)问题。作用域与生存期是名字空间管理的基本概念,它所涉及的问题是程序设计语言研究、设计、实现与使用过程中的主要问题之一。下面介绍 Turbo Pascal 标识符的作用域与生存期问题。

一个标识符的性质可以从空间和时间两个角度进行分析。从空间角度来看,它有作用域性质;从时间角度来看,它有生存期性质。所谓标识符的作用域就是指标识符的作用范围,又称为辖域。它表示一个标识符在程序的哪一部分是有效的,或在哪一段程序中可以被使用,又称标识符在此作用域内是可见的(Visible),这种性质又被称为标识符的可见性。所谓标识符的生存期就是指该标识符占用存储空间的时间,或者一个存储空间绑定(Binding)于一个标识符的时间区间。标识符只有在其生存期中才是有效的(可访问的)。标识符的作用域与生存期是两个有联系而又不同的概念。标识符的作用域是语言层面的概念,是从语法和语义的角度看待标识符的有效范围,而标识符的生存期则是从语言实现技术的角度给出其有效范围的一种表示形式。在程序中必须严格地确定每个标识符的作用域与生存期,最理想的是两者之间保持一致。

根据标识符的作用域,标识符可以分为全局量(全局标识符)与局部量(局部标识符)。下面先介绍全局量与局部量的作用域与生存期,然后再对标识符的作用域与生存期作一小结。

7.3.1 全局量与局部量及其作用域与生存期规则

1. 局部量及其作用域与生存期规则

在子程序(过程和函数)中定义的标识符属于局部量,其作用域就是其所在的子程序。在子程序之外,这些量是无定义的。形参也只是在所在的程序中有效,因此它也属于局部量。

在局部量中,变量是最重要的一种,被称为**局部变量**(Local Variable)。从物理意义上讲,局部变量只有在调用该子程序时才占据一定的存储空间,调用一结束,局部变量的存储空间被释放,从而变得无定义,这就说明了局部变量的生存期。

例 7-9 下面是一个显示局部量作用域的程序。

```
{ 程序名称:LocalVariable
  文 件 名:LocalVariable.pas
  作    者:赵占芳
  创建日期:2012-02-23
  程序功能:展示局部变量 c 和 d 的作用域。
}
Program LocalVariable(input, output);
Var
  a, b: integer;
Function f1(x:integer): integer;
Var
```

```
    c, d: integer;
  begin
    c:= x+1;
    d:= c-2;
    f1:= d
  end;
Begin
  a:= 2;
  b:= f1(a);
  writeln('a=', a:2, ' b=', b:2);
  readln
End.
```

在这个程序中，*a*，*b* 是全局变量，函数 *f*1 中说明的 *c*，*d* 是局部变量。

主程序开始时给 *a* 赋值，然后调用函数 *f*1 并把函数值赋给 *b*。调用 *f*1 时实际是先把参数 *a* 的值传递给形参 *x*，然后执行函数体得到函数值为 1，返回主程序，局部变量 *c*，*d* 的值消失，全局变量 *a* 由于在函数 *f*1 中没有改变，因此控制返回主程序后其值不变，而全局变量 *b* 在主程序中被赋值后变为 1，这样输出语句输出时 *a*=2，*b*=1。

综上所述，该程序的输出结果为：

a=2 *b*=1

2．全局量其作用域与生存期规则

全局量又被称为**全程量**，它是全程都存在的量。全局量的作用域分下面两种情况：

（1）当全局量与局部量不同名时，全局量的作用域是整个程序范围，即程序可以在任何地方访问全局量；

（2）当全局量与局部量同名时，全局量的作用域将不包括说明该同名局部量的子程序。在 Turbo Pascal 中，全局标号不能作为子程序的标号，这是标识符的**开型**作用域规则。

在全局量中，变量是最重要的一种，被称为**全局变量**（Global Variable）或全程变量。从物理意义上讲，全局变量在整个程序的运行期间都占据固定的存储空间，即全局变量的生存期是整个程序的运行期。如果程序中存在子程序的嵌套说明，或者在复合语句中说明，则全局变量与局部变量是相对的。在外层子程序中说明的变量，相对于内层是全局变量；然而相对于整个程序它又是局部变量。在 Turbo Pascal 中，当全局变量与局部变量同名时，编译程序将给同名的全局变量与局部变量分配两个不同的存储空间，两者毫不相干。从方法论的角度看，这种将一个全局变量重新定义为一个局部变量的现象实际上包含了**多态**（**Polymorphic**）**的思想**。多态的概念已经在第 6 章 6.1 节中介绍过。

例 7-10 下面是一个显示全局量作用域的程序。

```
{  程序名称：GlobleVariable
   文 件 名：GlobleVariable.pas
   作   者：赵占芳
   创建日期：2012-02-23
   程序功能：展示全局变量 a 和 b 的作用域。
}
Program GlobleVariable(input,output);
Var
```

```
    a,b: integer;
  Procedure p1(c, d: integer);
  begin
    c:= a + b;
    d:= a - b;
    b:= d
  end;
Begin
  a:= 1;
  b:= 1;
  p1(a, b);
  writeln('a =', a: 2, ' b =', b: 2);
  readln
End.
```

程序中，a，b 是全局变量，而过程 p1 中的 c，d 是局部变量。

主程序开始给 a，b 赋值后，调用 p1(a,b)，全局变量 a，b 的值被带入到过程 p1 中，因此，调用 p1 后，c，d 的值分别为 2，0。调用结束后控制返回主程序，局部变量 c，d 的值消失，全局变量 a 由于在过程 p1 中没有改变，故控制返回主程序后其值不变，而全局变量 b 的值变为 0，并被带回到主程序中，这样，输出语句输出时 a=1，b=0。

综上所述，该程序的输出结果为：

```
a = 1  b = 0
```

例 7-11　下面是一个显示全局量与局部量同名时的作用域的程序。

```
{ 程序名称：Globle_Local
  文 件 名：Globle_Local.pas
  作   者：赵占芳
  创建日期：2012-02-23
  程序功能：展示全局量与局部量同名时的作用域。
}
Program Globle_Local(input, output);
Var
  a, b: integer;
Procedure p1(c,d:integer);
Var
  a,b: integer;
begin
  a:= c + d;
  b:= c-d+a
end;
Begin
  a:= 1;
  b:= 1;
  p1(a,b);
  writeln('a =',a: 2,' b =',b: 2);
  readln
End.
```

程序中，a,b 是全局变量，但在过程 p1 中又被定义为局部变量。而过程 p1 中的 c,d 是局部变量。

主程序开始执行后，先给 a,b 均赋初值 1，调用 p1(a,b)，尽管 a,b 是全局变量，但在过程 p1 中又被定义为局部变量，因此全局变量 a,b 的值不能被带入到过程 p1 中。因此，调用 p1 时，先给 c,d 传递初值，分别为 1,1。执行 p1 后，给局部变量 a,b 赋值，分别为 2,2。调用结束后控制返回主程序，局部变量 a,b 的值消失，而全局变量 a,b 的值没有改变，这样输出语句输出时 $a=1, b=1$。

综上所述，该程序的输出结果为：

```
a = 1  b = 1
```

3．标识符的作用域小结

Turbo Pascal 中，标识符的作用域规则遵循最近嵌套原则(也称词法作用域规则)，有以下三点：

（1）一个标识符的作用域是定义这个标识符的最小分程序，并遵守规则(2)；

（2）当一个标识符 X 在分程序 A 中被定义，在 A 所包含的分程序 B 中又被重新定义，则分程序 B 以及包含在 B 中的所有分程序中所出现的 X 不再是 A 中定义的 X，而是 B 中定义的 X；换言之，出现同名标识符在具有嵌套结构的分程序中被重复定义的情况时，外层分程序中定义的标识符的作用域，是该作用域去掉内层定义同名标识符的分程序后所剩下的部分。

（3）Turbo Pascal 中的标准标识符是语言预先定义的，可以看成在程序的环境中定义的标识符，是一种全程量，在程序的任何部分和地方都可以引用。

下面给出了一个示意性的程序，并标明了标识符的作用域。

```
Program scope;
Const c=10;
Var
  x: real;
  y: integer;                      x(scope)
Function f(x: integer): real;
  begin
    ...                            x(f), f(scope)
  end;{f}
Procedure p(Var r: boolean);
  Var s: real;
  Procedure f;         s(p)                    c(scope)
    Var s: char;
    begin                          y(scope)
      ...         s(f(p))  r(p)
    end;                   x(scope)    f(p)    p(scope)
  begin
    ...           s(p)
  end;
Begin
  ...                              f(scope)
End.
```

在这个示意性的程序中,括号内的字符串表示标识符是哪一块子程序中的。例如,s(p)表示 s 是过程 p 中的,s(f(p))表示 s 是过程 f 中的,且 f 是过程 p 内定义的过程。

7.3.2 标识符的作用域的数理逻辑基础

标识符的作用域的思想出自数理逻辑中量词的辖域的思想。

7.3.3 作用域概念对程序设计语言及程序设计的意义

"作用域"的概念最早是在 Algol 60 中提出来的,它的提出对程序设计语言与程序设计有着重要的意义。

在程序设计时,总要用到一些变量。根据变量的作用域,可将它分为全局变量与局部变量。在程序中使用局部变量很有意义。一是它提高了程序的可靠性与可读性。由于局部变量就在该变量被使用的部分说明,因而阅读程序时就不必花许多精力去注意这个变量是从哪里来的,在哪里说明的,有什么意义,这一点对于大型程序的设计尤其重要;二是它节省了存储空间。因为只有当子程序被调用时,与之有关的局部变量才占据存储空间,这就使存储空间的利用率得以提高,特别是使用占据大量空间的变量时所节省的存储空间是十分可观的。

为了更好地设计程序,根据标识符的作用域的概念,标识符的使用应注意以下几点:

(1) 除了 Pascal 中规定的标准标识符和向前引用说明外,在程序中所用到的标识符都要遵循先定义后使用的原则;在同一层分程序中,一个标识符只能定义一次;

(2) 对于不仅在内层分程序中使用的,而且在外层分程序中也要使用的标识符,其定义必须放到外层程序中进行;

(3) 对于仅在内层分程序中使用的标识符,其定义最好放在本层程序中而不放到外层中进行;

(4) 并列的分程序可以使用同名标识符;

(5) 相嵌套的分程序可以使用同名标识符。

7.3.4 非局部变量及其副作用

非局部变量有可能引起一种称为副作用的影响,程序员在程序设计中需要认真对待。

1. 非局部变量及其副作用

在某个过程或函数中被说明的变量,若在其内部所包含的过程或函数中没有被重新说明,则该变量在内层过程或函数中仍然保持原有的意义,称这个变量为内层过程或函数的**非局部变量**(Nonlocal Variable)。若在内层过程或函数中改变了非局部变量的值,则称这个内层过程或函数具有**副作用**(Side Effect)。

例 7-12 分析下面程序中由对全程变量的赋值所产生的副作用。

```
{   程序名称:SideEffect1
    文 件 名:SideEffect1.pas
    作    者:赵占芳
    创建日期:2012-02-23
    程序功能:展示对全程变量的赋值所产生的副作用。
```

```
}
Program SideEffect1(input,output);
Var
   a, b: integer;
Function f1(x: integer): integer;
begin
  b:= b + x;
  f1:= x + 1
end;
Begin
  b:= 2;
  a:= f1(b);
  writeln(a: 3, b: 3);
  b:= 2;
  a:= f1(2)* f1(b);
  writeln(a: 3, b: 3);
  b:= 2;
  a:= f1(b)* f1(2);
  writeln(a:3, b:3);
  readln
End.
```

分析 该程序执行时，第一次调用 $f1(b)$ 后，b 的值为 4，$f1$ 的值为 3，因此 a，b 的输出值分别为 3，4；第二次调用 $f1(2)$ 后，b 的值为 4，$f1(2)$ 的值为 3；第三次调用 $f1$ 后，b 的值变为 8，$f1(b)$ 的值为 5，因而 a 的值为 $f1(2)*f1(b)=15$。这样 a，b 的输出值分别为 15，8；第四次调用 $f1$ 后，b 的值又变为 4，$f1(b)$ 的值为 3；第五次调用 $f1$ 后，b 的值变为 6，$f1(2)$ 的值为 3，因而 a 的值为 $f1(b)*f1(2)=9$。这样，a，b 的输出值分别为 9，6。

从主程序的 a:= f1(2)* f1(b) 语句和 a:= f1(b)* f1(2) 语句的形式上来看，后两个输出语句的结果应该是相同的，**但由于函数 $f1$ 中对全局变量 b 的赋值所产生的副作用，以致于后两个输出语句的结果不同。**

过程或函数的副作用不仅可以由对非局部变量的赋值引起，而且对变参的赋值也会产生副作用。有时过程或函数的副作用并不表现得那么明显。例如，一个过程或函数并没有包含改变非局部变量或变参的值的语句，但它却可能调用了另一个过程或函数，并在那个过程或函数中包含有改变非局部变量或变参的值的语句。这时，也可能产生副作用。因此，程序员在编写程序时，一定要小心谨慎，注意过程或函数的副作用。

例 7-13 请分析下面程序中由对变参的赋值所产生的副作用。

```
{ 程序名称：SideEffect2
    文 件 名：SideEffect2.pas
    作    者：赵占芳
    创建日期：2012-02-23
    程序功能：展示对变参赋值产生的副作用。
}
Program SideEffect2(input, output);
Var
```

```
    a, b: integer;
Function f2(Var x: integer): integer;
begin
  x:= x-1;
  f2:= x;
end;
Begin
  a:= 3;
  b:= a + f2(a);
  writeln(b);
  a:= 3;
  b:= f2(a) + a;
  writeln(b);
  readln
End.
```

分析 该程序执行第一次给 b 赋值时，赋值表达式为 $3+f2(a)$，调用 $f2(a)$ 后，返回值为 2，因此 b 的输出值为 5。由于 x 为函数的变量形参，故函数体内其值的变化将使实参变量 a 发生改变，a 的值将随赋值语句 $x:= x-1$ 的执行而变成 2。于是，当程序执行到第二次给 b 赋值时，因为赋值表达式为 $f2(a)+a$，因此，调用 $f2(a)$ 后，其返回值为 2，函数 $f2$ 的变参 x 值的变化就是实参 a 的变化，导致变量 a 的值变成 2，因此 b 的输出值为 4。这一因为带变量形参的函数调用而影响自身变量值的改变的现象称为副作用。上面是从语言语义的角度理解获得的认识。然而，实际的计算结果并非如此！

这个程序先后在 Delphi 和 Turbo Pascal 7.0 中运行，实际运行结果相同，程序的两个输出均为 4，为什么？

首先，副作用是一个中性概念，并非语言的设计错误，而是客观上就存在的一种现象。其次，Delphi 和 Turbo Pascal 7.0 在实现中没有忠实地按照语言的语义执行，忽视了副作用的存在有可能引起程序设计的错误。第三，两个系统之所以掩盖了副作用的存在，与编译系统在实现时采用的算术表达式处理技术有关。在算术表达式中，语言的设计并没有规定函数调用具有优先权，但由于编译对算术表达式的计算通常先转换成逆波兰表达式并把操作数和运算符进栈，本例中 a 在栈底，上面是 $f2(a)$，这隐含了 $f2(a)$ 的执行优先于 a，结果副作用被掩盖。

2. 关于副作用的讨论

"副作用"一词源于药物学。在药物学中，药物的副作用一般被公认为是有害的，而程序设计语言中的副作用是与高级语言一起问世的，是一种自然现象。自产生以来，如何看待副作用一直是长期争论的重要问题。

有人认为，应该禁止使用具有副作用的过程或函数。原因是，第一，由于副作用的存在，编译程序就不能按照数学规律以任意次序计算表达式的各分量，难于对表达式实施有效的优化；第二，程序员在编写程序时，如果不能意识到副作用的存在，编写的程序就有可能错误；第三，副作用还掩盖了程序的意图，从而使程序难于理解，并使程序验证复杂化。为了解决该问题，人们试图在设计语言时就规定不允许过程或函数的副作用存在，并让编译程序能够找到各种副作用。可惜，由于实现代价太大，现在几乎没有哪一个编译程序具备查找各种副作用的功能。

也有人认为，应该鼓励程序员利用具有副作用的语言，使很多种优化不能实现。因为这样可以消除语句与表达式之间的很多差别，对程序员来说这是很有价值的简化。因此，如果优化并不是主要关心的问题，则这样做往往是值得的。例如，Lisp 和 APL 中，表达式与语句的差别就几乎不存在了。

对待副作用的态度和应该坚持的原则是：既不禁止，也不提倡，一切从程序的清晰性和安全性出发。避免错误的关键是程序员要有良好的专业素养和丰富的实践经验。

值得说明的是，任何程序对象均有作用域问题。所谓程序对象是指程序中的各种对象，例如常量、变量、过程、函数、标号、数据类型等。程序对象的作用域是指对象名字与程序对象（实体）的一个绑定的作用范围。有的文献仅把作用域说成是变量的作用域的说法是不恰当的。本节主要讨论的是变量这类程序对象的作用域与生存期问题。

7.4 信息传递

7.4.1 引言

在程序调用被调程序时，有时需要将调用程序中的信息传递到被调程序中，这就是**信息传递**。信息传递方法有两种：一是利用全局变量传递信息；二是利用参数传递信息。

7.4.2 信息传递的方法

1. 利用全局变量传递信息

根据全局变量的作用域规则，当全局变量与局部变量不同名时，全局变量的作用域是整个程序范围，即可以在分程序中存取全局变量。这样就可以将全局变量中的信息传递到分程序中，也就是说分程序中**继承**了全局变量的属性，这就是变量作用域的自动继承规则。**继承**（Inheritance）是面向对象程序设计语言的重要概念。

例 7-14 下面程序的运行结果是什么？

```pascal
{ 程序名称：InformationPassing1
  文  件  名：InformationPassing1.pas
  作    者：赵占芳
  创建日期：2012-02-23
  程序功能：展示如何利用全局变量传递信息。
}
Program InformationPassing1(input, output);
Var
  x, y: integer;
Procedure sp;
Var
  y: integer;
begin
  y:= 0;
  writeln('x2=', x: 2, ' y2=', y: 2);
  x:= 2;
  y:= 2;
```

```
    writeln('x3=', x: 2, ' y3=', y: 2)
  end;
Begin
  x:=1;
  y:=1;
  writeln('x1=',x: 2,' y1=',y: 2);
  sp;
  writeln('x4=',x: 2,' y4=',y: 2);
  readln
End.
```

分析：

本程序中，x，y 是全局变量，而在无参过程 sp 中，y 是局部变量。

主程序执行第一个输出语句的结果是 $x1=1$，$y1=1$。调用 sp，全局变量 x 的值带到过程中，因此执行 sp 中的第一个输出语句的结果为 $x2=1$，$y2=0$，第二个输出语句的结果为 $x3=2$，$y3=2$。返回主程序，全局变量 x 的值带回主程序，而局部变量 y 的值不影响主程序，因而最后一个输出语句输出时 $x4=2$，$y4=1$。

综上所述，该程序的输出结果为：

```
x1 = 1    y1 = 1
x2 = 1    y2 = 0
x3 = 2    y3 = 2
x4 = 2    y4 = 1
```

利用全程变量传递信息是程序设计时常用的一种方法。然而，由于全局变量的使用，破坏了分程序与其内部分程序之间的独立性，增强了其联系，加大了程序设计、调试、维护的难度。为此，1973 年 William Wulf 撰文提出了"全局变量是有害的(Global Variables Considered Harmful)"的论断。为了使过程或函数的独立性更强，避免过程与函数的副作用(见 7.4.4 节)，使调用更安全，尽量减少或不用全程变量传递信息，而更多地使用参数传递信息。

2．参数的传递

（1）值参与变参

从本章前几节介绍的有关过程和函数的知识可知，形参分为**值参**与**变参**两种，其语法定义的不同之处是变参的标识符前冠以保留字 **Var**，而值参的标识符前没有 **Var**。

例 7-15 对于下面的程序，过程 q 的首部中，x,y 为值参，z 为变参。

```
{ 程序名称：InformationPassing2
  文 件 名：InformationPassing2.pas
  作    者：赵占芳
  创建日期：2012-02-23
  程序功能：展示值参和变参的区别。
}
Program InformationPassing2(input, output);
Var
  a, b, c: integer;
Procedure q(x, y: integer; Var z: integer);
begin
```

```
    z:= x + y + z;
    writeln(x:3, y:3, z:3)
  end;
Begin
    a:= 1;
    b:= 2;
    c:= 3;
    q(a,b,c);
    q(4,a + b + c,a);
    writeln(a:3,b:3,c:3);
     readln
End.
```

由于形参的性质不同,因而提供实参的方式也有所不同。与值参对应的实参必须向形参提供值,因此其形式允许是常量、变量(必须有值)、表达式。与变参对应的实参必须向形参提供变量的存储空间,因此其形式必须是变量。

例如,从例 7-15 的程序中可以看出,与值参 x,y 对应的实参可以为常量、变量、表达式,与变参 z 对应的实参必须是变量。

(2) 参数传递(Parameter Passing)

在带参数的子程序调用过程中,有可能出现**赋值**和**换名**的情况,这实际上体现出主程序和子程序之间、子程序和子程序之间需要进行参数传递。在语言编译程序的实现中,主(子)程序与子程序之间的信息传递是通过两者之间的接口实现的,这个接口是实际参数(也称实在参数,Actual Parameter,简称实参)和形参(Formal Parameter)。两者之间信息传递的接口必须遵守一定的**协议**(Protocol),协议规定实参和形参的个数、顺序要一致,数据类型要满足相容性原理。**协议是计算机科学与技术学科的核心概念**,将来在操作系统、计算机网络等领域将经常出现和被广泛用到。在具体实现过程中,**赋值**通过传值方式实现,**换名**通过传地址方式实现。

① 值传递方式。在 Turbo Pascal 中,当形参是值参,不管其类型为何种类型,信息传送的方式为**值传递方式**(Call by Value,简称**传值**)。其基本思想是首先计算出实参的值,然后将此值放入形参所对应的存储空间中,过程(函数)执行时均是对该形参所对应的存储空间中的值直接操作。可见数值形参的存储空间和实参的存储空间是完全独立的两个存储空间,相互之间毫无关系。一旦实参将值传递给形参之后,形实二参便各自独立,无论形参在过程(函数)中如何变化,均不影响实参。正是由于这种信息传递仅是从实参到形参的传递,而不存在逆传递,因此传值是单向传递。同时,由于是传值,不难理解实参为什么可以是常数、变量或表达式。值得注意的是,当指针类型的变量作为值参进行传递时,也是传值,只不过此时的值是一个地址值,这样形参的指针变量中与实参的指针变量中同时存放了同一段存储空间的首地址,但是形参的指针变量的存储空间与实参的指针变量的存储空间是独立的、不同的。

② 引用传递方式。在 Turbo Pascal 中,形参是变参,不管其类型如何,信息传送的方式为**换名**(Call by Name),即当进行过程或函数调用时,需要将被调过程或函数的子程序体替换到过程调用语句或函数调用的出现处,但须将其中的形参代之以相应的实参。而在 Turbo Pascal 具体实现时,其信息传送的方式为**引用传递方式**(Call by Reference)[①]。其基本思想是将形参作为实参的一个

[①] 尽管引用传递方式表面上与地址传递方式(Call by Address)类似,但是它们之间最基本的不同在于:指针指示内存中的地址,而引用指示内存中的对象或值。

引用，因而形参所绑定的内存空间就是实参所绑定的内存空间，即形参就是实参的一个别名(通俗一点称为绰号)。于是，对形参的内存空间的内容进行操作，实际上就是对相应的实参进行操作。可见过程体对变参的任何改变都反映在实参上，所以对变参而言，并不是过程(函数)执行完后再将变参的值传回给实参，而是在过程(函数)执行的任何时刻，实参和变参的值都是同一个。

赋值和**换名**是语言层面的概念，而**传值**、**传引用**和传地址是语言编译实现技术层面的概念。由于变参的参数传递是**传引用**，而常量和表达式无地址可言，所以变参的实参只能是变量。

例 7-16 请给出例 7-15 程序的运行结果。

分析 在本程序的过程 q 中，x,y 为值参，z 为变参。

调用过程 $q(a,b,c)$，实参 a、b 之值分别赋给值参 x、y，变参 z 作为实参 c 的一个别名，它与 c 是同一段存储空间。所以在过程中，经过赋值后 z 的值为 6(也就是 c 之值)，输出语句中 x、y、z 的结果分别为 1，2，6。返回主程序。所以，主程序中的第一个过程调用后 a、b、c 的值分别为 1、2、6。

调用过程 $q(4,a+b+c,a)$，4、9 之值分别赋给值参 x、y，变参 z 作为实参 a 的一个别名，它与 a 是同一段存储空间。所以在过程 q 中，经过赋值后 z 的值为 14，输出语句中 x、y、z 的结果分别为 4，9，14。返回主程序，主程序中的第二个过程调用执行完毕，a、b、c 的值分别为 14、2、6，它们是主程序的输出语句中 a、b、c 的值。

综上所述，该程序的输出结果为：

```
1  2  6
4  9  14
14 2  6
```

例 7-17 请给出下面程序的运行结果。

```pascal
{ 程序名称：InformationPassing3
  文　件　名：InformationPassing3.pas
  作　　者：赵占芳
  创建日期：2012-02-23
  程序功能：展示值参和变参的区别以及同名的全局量和局部量作用域。
}
Program InformationPassing3(input, output);
Var
  m, n: integer;
  x, y, z: real;
Function f(Var x: real; n: integer): real;
begin
  x:= x / n;
  n:= n + 1;
  m:= m - 1;
  f:= x + n
end;
Begin
  n:=5;
  m:=2;
```

```
x:=0;
y:=10.0;
z:=f(y,n);
writeln('n=',n:2,' m=',m:2);
writeln('x=',x:2:1,' y=',y:4:1,' z=',z:4:1);
readln
End.
```

分析 这是一个调用带变参的函数问题。x 为变参，n 为值参，全局变量 x 和局部变量 x 同名，全局变量 n 和局部变量 n 同名。调用函数之前，程序给 n、m、x、y 赋初值。调用函数 f 时，首先进行参数传递，故形参 x=10.0，n=5。在函数体中，x 变为 2.0，n 变为 6，而 m 是全局变量，在函数中是有效的，m=2-1=1，函数值 f=8.0。返回到主程序后，z=8.0，n 是同名变量，在主程序中应该为原来的值，所以 n=5。m 是全局变量，它在函数中的变化在主程序中仍然有效，所以 m=1。x 属于同名变量，变参 x 的变化值不影响全局变量 x，所以 x=0.0。但变参 x 是实参 y 的别名，两者共享同一段存储空间，所以 y=2.0（当然，若全局变量 x 是变参 x 的实参的话，则变参 x 对同名的全局变量 x 是有影响的，所以同名的全局变量和局部变量相互不影响是针对非变参而言的）。

综上所述，该程序的输出结果为：

```
n= 5   m= 1
x= 0.0 y= 2.0 z= 8.0
```

(3) 参数的选择

由于参数的性质和传递方式不同，它们在程序中所起的作用也就不同，因此只要弄清楚各种参数的传递方式及效果，才能正确地选择不同形式的参数和正确地编写过程和函数。一般可以按照下面的原则选择参数。

① 如果只需要将初值带入过程或函数，希望实参不受过程或函数运算的影响，则应该选择值参。

如果希望实参受过程或函数运算的影响，则应该选择变参。对于函数，其运算结果由函数名带回，参数一般为值参，这样的选择可以避免出现函数的副作用；但有时也会用到变参，这要取决于具体情况，使用时应格外小心，以避免出现函数的副作用。另外，Turbo Pascal 函数值的类型只能为简单类型，不能是数组、集合和记录这样的构造类型，而 Delphi 没有这个要求。

② 如果所要用的参数是一个容量很大的构造型数据类型，如数组、字符串、集合和记录，则宜用作变参而不宜用作值参。因为，在这种情况下如果还用作值参，比如一个数组，则系统在调用时就必须为形参分配一段与实参对应的存储空间相同的存储区域，才能放下整个数组，而且在参数传递时，还必须复制整个数组的值。但如果用变参，那么形式数组变量就是实际数组的一个别名，两者共用实际数组所占用的存储空间，这样就大大节省了过程调用时所占存储空间，也节省了复制整个数组值的时间。

③ 如果参数的类型为指针类型，则既可以选择值参，又可以选择变参。但两者的区别是：当指针变量作为过程和函数的值参进行传递时，参数传递的是地址，是将实参的指针变量中存储的地址值复制给形参的指针变量，而作为变参进行传递时，参数传递方式为**引用传递方式**，即形参的指针变量就是对实参指针变量的一个换名。

④ 如果参数的类型为文件类型，则必须选择变参。

⑤ 为了保证过程和函数的独立性，一般在设计过程或函数时尽量把需要传递的量设置成形参，不与外界发生联系的量则设置为局部量，并少用非局部量。为了阅读程序的方便和避免引起混乱，形参和实参尽可能不要使用相同的标识符。

⑥ 过程和函数在调用时，要进行实参和形参的替换，替换时应该满足下面原理：值参的形实替换必须为赋值相容的；变参的形实替换必须为类型一致的。

在过程说明和函数说明时，要求形参表中参数的类型必须用类型标识符，而不能用类型定义，这是为了保证实参与形参的一致性。在形参的类型不是标准数据类型时，必须在主程序或该过程的外层过程中定义这种类型，然后才能把类型标识符用到形参表中，这是赋值相容性原理所要求的。调用时，实参也必须用该同一类型。

例如：

Procedure p(x: array [1..10] of integer);

是非法的。必须在调用过程 p 的主程序或过程(函数)中先定义：

Type arr = array [1..10] of integer;

然后再在过程中定义：

Procedure p(x: arr);

(4) 参数传递的数理逻辑基础

过程和函数参数传递的方法源于数理逻辑，在逻辑演算的系统特征中等值公式替换定理的思想和方法，早已为今天高级语言程序设计中过程(函数)的调用和参数传递方法奠定了方法论的理论基础。

3．信息传递小结

(1) 在过程(函数)调用开始时，变参中存放的是实参的值(它们共用实参所占用的存储空间)；值参的形式存储空间中存放实参的值；全程量存放它原来所带的值。

(2) 在过程(函数)调用运算时，对变参的操作本质上就是对实参的操作；对值参的操作是对形参存储空间的直接操作；全程量可直接参与运算。

(3) 在过程(函数)调用结束时，变参的存储空间中存放着对实参操作的结果；对值参的操作是对数值形参的直接操作；全程量单元中存放着运算结果。

例 7-18 请回答下面程序的运行结果是什么？

```
{ 程序名称：EachCase
  文 件 名：EachCase.pas
  作   者：赵占芳
  创建日期：2012-02-23
  程序功能：展示值参和变参的区别以及同名的全局量和局部量作用域。
}
Program EachCase(input, output);
Var
  x, y: integer;
Procedure p(Var x: integer; y: integer);
begin
```

```
      y:= y + x;
      x:=y mod 4;
      write(x:3, y:3);
   end;
Begin
   x:= 4;
   y:= 5;
   p(y, x);
   writeln(x:3, y:3);
   p(x,x);
   writeln(x:3, y:3);
   readln
End.
```

分析 对于整个程序而言，x,y 是全局变量，对于过程 p 而言，x,y 又是局部变量；x,y 是过程 p 的形参，其中为 x 变参，y 为值参。

调用过程 p(y,x)，变参 x 为全局变量 y 一个别名，全局变量 x 赋给值参 y。所以在过程 p 执行中，9 赋给 y，1 赋给 x，输出语句中 x 和 y 的结果分别为 1,9。返回主程序。由于 x 为变参，所以其值就是参数 y 的值，因而全局变量 y 之值变为 1。而全局变量 x 的值仍然为原来的 4。所以，主程序中的第一个输出语句中 x 和 y 的值分别为 4,1。

调用过程 p(x,x)，全局变量 x 与变参 x 是同一存储空间，全局变量 x 赋值给值参 y。所以在过程中，8 赋给 y,0 赋给 x，输出语句中 x 和 y 的结果分别为 0,8。返回主程序。由于变参 x 的实参是全局变量 x，所以全局变量 x 的值变为 0，而全局变量 y 之值仍然为 1。所以，主程序中的第二个输出语句中 x 和 y 的值分别为 0,1。

综上所述，该程序的输出结果为：

```
  1  9  4  1
  0  8  0  1
```

7.5 过程与函数的嵌套

在 Turbo Pascal 中，允许过程与函数的嵌套。所谓过程与函数的嵌套是指过程与函数又定义并调用了其他过程或函数。

7.5.1 过程与函数的嵌套

允许过程与函数嵌套将使程序的逻辑结构变得更加复杂，对此，需要就嵌套的层数、调用原则作出规定。

从语言编译系统的技术实现角度考虑，过程与函数的嵌套深度不应该是无限层的，不同的 Pascal 的版本有其规定。下面举例说明。

例 7-19 下面是一个正确的过程与函数的嵌套程序。

```
{   程序名称：NestPF
    文 件 名：NestPF.pas
```

```
    作    者：赵占芳
    创建日期：2012-02-23
    程序功能：展示过程与函数的嵌套调用。
}
Program NestPF(input, output);
Var
  i, j: integer;
Procedure p1;
  Function f(k1: integer): integer;
    Procedure p2(Var k2: integer);
    begin
      k2:=2 * k2;
      writeln('k2=', k2: 2)
    end;
  begin
    p2(k1);
    f:=3*k1
  end;
begin
  j:=f(i)
end;
Begin
  i:=1;
  writeln('i=', i: 2);
  p1;
  writeln('j=', j: 2);
  writeln('i=', i: 2);
  readln
End.
```

在上面的程序中，主程序调用其过程 p1，p1 嵌套函数 f，函数 f 嵌套 p2，如此，构成了过程与函数的嵌套。

7.5.2 过程(函数)的调用原则

在一个 Turbo Pascal 中，可以有多个过程或函数，这些过程和函数可以是并列的，也可以是嵌套的。在这众多复杂的关系中，对于什么情况下能调用，什么情况下不能调用，需要有一个规则，否则有可能会产生混乱。

标识符的作用域规定了标识符的使用范围，过程(函数)名也是标识符，自然应遵循其作用域规则。根据标识符的作用域规则，Turbo Pascal 程序中过程(函数)的基本调用规则是：

(1) 先定义后引用的原则

任何过程和函数在调用之前，必须先定义。没有定义的过程和函数是不能被调用的，除非该语言提供了向后声明和引用的机制。

(2) 嵌套过程(函数)的相互调用原则

嵌套过程的相互调用分两种情况：

① 外层过程(函数)调用内层过程(函数)的规则是任何过程(函数)都可以调用直接相邻它的内层过程(函数)，但必须遵循先说明后调用的原则，而且不允许隔层调用；

② 内层过程(函数)调用外层过程(函数)的规则是任何过程(函数)都可以调用它的外层过程(函数)，而且允许隔层调用，但不允许出现过程名同名和标识符有冲突情况下的调用；任何过程(函数)不得调用主程序。

例如，在例 7-19 的程序中，主程序调用其过程 p1，过程 p1 可以调用函数 f，函数 f 可以调用过程 p2，但不允许主程序隔层调用函数 f 和过程 p2，过程 p1 隔层调用过程 p2；另外，内层的过程 p2 可以调用过程 p1 和函数 f，内层的函数 f 可以调用外层的过程 p1。

(3) 并列过程(函数)的调用原则

同层中定义的并列过程或函数的调用原则是后面定义(说明)的过程或函数，可以调用前面定义(说明)的过程或函数。在特殊情况下，采用向前引用的说明的过程或函数，可以使先说明的过程或函数调用后面定义(说明)的过程或函数。

例 7-20 下面是同层的并列过程和函数的调用实例。

```pascal
{ 程序名称：ParpCall1
  文 件 名：ParpCall1.pas
  作   者：赵占芳
  创建日期：2012-02-23
  程序功能：展示同层的并列过程和函数的调用。
}
Program ParpCall1(input, output);
Var
   i, j: integer;
Procedure p1;
Var
   k: integer;
begin
   k:=1;
   writeln('k=', k:2)
end;
Procedure p2(k2: integer);
begin
   p1;
   writeln('k2=', k2:2)
end;
Function f(k1: integer): integer;
begin
   p2(k1);
   f:= 3 * k1;
   p1
end;
Begin
   i:= 2;
   j:= f(i);
   writeln('j=', j:2);
```

```
    readln
End.
```

在例 7-20 的程序中,过程 p1、过程 p2、函数 f 是依次说明的三个同层的并列过程和函数。主程序调用其函数 f,函数 f 调用过程 p2 和过程 p1,过程 p2 调用过程 p1,但是先说明的过程 p1 不能调用过程 p2 和函数 f,同样过程 p2 不能调用函数 f。

可以利用向前引用的方法,将例 7-20 的程序中的过程 p1 放在函数 f 说明之后,将程序改写如下,同样得到与例 7-20 的程序相同的效果。

```
Program ParpCall2(input, output);
Var
  i, j: integer;
Procedure p1; forward;    {过程 p1 的向前引用说明}
Procedure p2(k2: integer);
begin
  p1;
  writeln('k2=', k2: 2)
end;
Function f(k1: integer): integer;
begin
  p2(k1);
  f:= 3 * k1;
  p1
end;
Procedure p1;
Var
  k: integer;
begin
  k:=1;
  writeln('k=', k:2)
end;
Begin    {主程序}
  i:= 2;
  j:= f(i);
  writeln('j=', j:2);
  readln
End.
```

Turbo Pascal 程序中过程或函数的基本调用规则是先定义后引用,而使用向前引用的方法可以打破这个原则。从上例中可以看出,向前引用的方法是将被向前引用的过程或函数的首部(不可以省略参数表)复制一份置于引用的过程或函数的前面,并在这个首部之后加 forward,而原来被向前引用的过程或函数位置不动。

7.6 递归

过程或函数的自我调用被称为递归。任何过程或函数可以自己调用自己。递归是计算机科学与技术学科的一个核心概念，有着非常深刻的思想、方法和技术内涵。读者应该认真对待这个概念及其相应的思想、方法和技术，将来在后续课程中经常会用到。

7.6.1 递归的概念

递归(Recursion)是一个具有普遍意义的概念，它广泛地出现在数学、物理、计算机科学与技术、艺术、人类生活中。那么，什么是递归呢？

下面先讲一个故事：

一个没有去过北京的人问：天安门是什么样子？去过北京的人答道：天安门有个城楼，城楼上有个国徽，国徽里有个天安门；天安门有个城楼，城楼上有个国徽，国徽里有个天安门；……

读者不难看出，这个人对天安门的介绍可以无穷无尽地继续下去。因为，为了要说清楚北京天安门的样子，必须先说清楚天安门城楼上国徽里天安门的样子；为了要说清楚国徽里天安门的样子，又必须先说清楚国徽里天安门城楼上国徽里天安门的样子；如此继续下去，等等。这条天安门——城楼——国徽——天安门的链是无穷无尽的。总之，为了说清楚天安门，必须先知道天安门，然后用天安门来解释天安门。这种一个对象部分地由它自己组成，或者是由它自己定义的现象就是递归。另外，我国著名的儿歌《讲不完的故事》的歌词也是递归的。

在数学上，递归是一个十分重要的概念。数学中递归的例子是不胜枚举的。例如：

(1) 自然数的定义

① 0 是自然数；

② 任何一个自然数，它的后继是自然数。

(2) 非负整数的阶乘

$$n! = \begin{cases} 1 & (n=0) \\ n(n-1)! & (n>0) \end{cases}$$

(3) 非负整数 m 和 n 的最大公约数 (Greatest Common Divisor) $\gcd(m>n)$

$$\gcd(m,n) = \begin{cases} m & (n=0) \\ \gcd(n, m \bmod n) & (n \neq 0) \end{cases}$$

(4) 组合数 C_m^n

$$C_m^n = \begin{cases} 1 & (n=0) \\ m & (n=1) \\ C_m^{n-1} + C_{m-1}^{n-1} & (n>1) \end{cases}$$

(5) 勒让德(Legendre)多项式 $P_n(x)$

$$P_n(x) = \begin{cases} 1 & (n=0) \\ x & (n=1) \\ (2n-1)x \cdot p_{n-1}(x) - (n-1) \cdot p_{n-2}(x)/n & (n>1) \end{cases}$$

在计算机科学与技术中，递归不但是一个十分重要的概念，而且也是一个非常重要的**典型方法**，属于**构造性方法**。它来源于数学和人类的生活。下面给出了 Pascal 中有关递归的两个实例。

(1) 在 Turbo Pascal 中，字符型单链表结点的类型定义为：

```
Type list =^node;
     node = record
              data: char;
              next: list
            end;
```

它是一个递归的数据类型。

(2) Turbo Pascal 中，关系表达式的定义采用了递归的方法，见第二章第 2.5 节。

递归分为**直接递归**(Direct Recursion)和**间接递归**(Indirect Recursion)两种。直接递归是指过程或函数自己调用了自己；而间接递归是指当过程(函数)调用其他过程(函数)时，再由其他过程(函数)调用了这个过程(函数)。

递归也是一种程序设计技术，它最适合处理那些本身就以递归方式定义的问题。下面就重点介绍这种技术。

7.6.2 递归过程(函数)的执行

例 7-21 下面给出了求非负整数的阶乘的递归程序，请分析该递归程序的执行过程。

非负整数的阶乘的递归定义如下：

$$n! = \begin{cases} 1 & (n = 0) \\ n(n-1)! & (n > 0) \end{cases}$$

```
{ 程序名称：GetFactorial
  文 件 名：GetFactorial.pas
  作     者：赵占芳
  创建日期：2012-01-20
  程序功能：计算并输出 n!之值。
}
Program GetFactorial(input, output);              {第1行}
Var                                                {第2行}
  num,fact: integer;                               {第3行}
Function f(n: integer): integer;                   {第4行}
Begin                                              {第5行}
  if n = 0 then                                    {第6行}
    f:=1                                           {第7行}
  else                                             {第8行}
    f:= n * f(n-1)                                 {第9行}
end;                                               {第10行}
Begin                                              {第11行}
  write('num = ');                                 {第12行}
  read(num);                                       {第13行}
  fact:=f(num);                                    {第14行}
  writeln('The factorial of ', num,' is ', fact:3,'.');  {第15行}
End.                                               {第16行}
```

下面以 num=3 为例，分析程序计算 3! 的执行过程。为了清楚起见，图 7-6 给出了该程序的执行过程示意图。

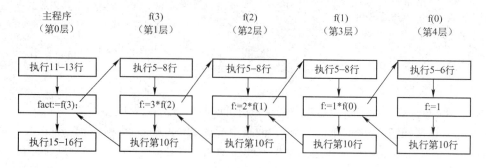

图 7-6 递归函数的执行过程示意图

假设主程序运行时为第 0 层程序的运行，它调用函数 f 使得程序由第 0 层进入第 1 层运行；从第 i 层递归调用函数 f 使程序进入第 $i+1$ 层运行。反之，若程序退出第 i 层递归调用，则返回到第 $i-1$ 层运行。为了能够使得该递归程序正常运行，系统设立了一个栈(Stack)用来作为整个递归程序运行期间的数据存储区。每一层递归调用所需要的返回地址(用语句行号表示)、实参和局部变量等信息构成一个工作记录。程序每进入一层递归调用，就产生一个新的工作记录压入栈中。反之，程序每退出一层递归调用，就从栈顶弹出一个工作记录。图 7-7 给出了程序运行期间每层的栈的状态。

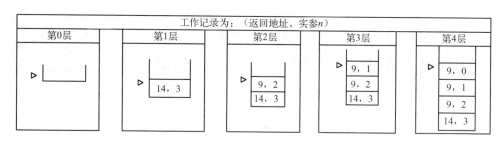

图 7-7 每层的栈的状态

从递归过程(函数)的执行可以看出，由于栈及其操作，使得执行递归过程(函数)的效率并不高，既费时间，又费存储空间。但是由于递归程序与实际问题的自然表达形式更接近，具有程序结构清晰、程序易读且易理解、容易证明其正确性的特点，故递归程序设计技术已经成为一种重要的程序设计技术。

7.6.3 递归程序的特征

通过分析上面递归程序的结构不难发现，任何一个递归程序都具有以下特征：

① 程序中必须有递归的结束(出口)部分，这一部分使得程序至少一次不用递归调用就能够完成计算，它保证了递归程序是可终止的；

② 程序中必须有递归部分，这一部分是递归的描述部分，它在执行时，总是逐渐向递归的结束(出口)部分转化(收敛性)。

这两个特征是递归程序必须具有的,否则,要么不能递归,要么递归会无休止地继续下去,形成无穷递归并导致溢出。这也是进行递归程序设计时务必注意的。

7.6.4 递归程序设计技术举例

递归程序设计技术常常使较为复杂的问题变得清晰与方便,它特别适合于解决那些问题本身或者要处理的数据结构本身是以递归的形式定义的问题,所设计的递归程序直接对应着问题的递归定义或要处理的递归数据结构。请看下面的两个例子。

例 7-22 W. Ackermann(威廉·阿克曼)函数问题。请编写一个程序实现 W. Ackermann 函数,该函数定义为:

$$\begin{cases} \text{Ack}(0,n) = n+1 & (n=0) \\ \text{Ack}(m,0) = \text{Ack}(m-1,1) & (m=0) \\ \text{Ack}(m,n) = \text{Ack}(m-1,\text{Ack}(m,n-1)) & (m,n \geqslant 0) \end{cases}$$

(1) 分析

该问题属于问题本身就是以递归形式定义的问题,因此使用递归程序设计技术解决这个问题。

(2) 算法

① 输入 x、y 之值,若输入不正确,则重新输入;
② 计算 Ackerman 函数之值;
③ 输出 Ackerman 函数之值。

(3) 源程序

```
{ 程序名称: Ackermann
  文 件 名: Ackermann.pas
  作   者: 赵占芳
  创建日期: 2012-01-20
  程序功能: 计算并输出 Ackerman 函数之值。
}
Program Ackermann(input,output);
Var
  x, y, ackerman: integer;
  c: boolean;
Function ack(m,n: integer): integer;
begin
  if m = 0 then
    ack:= n+1
  else
    if (m <> 0) and (n = 0) then
      ack:= ack(m-1, 1)
    else
      ack:= ack(m-1, ack(m, n-1))
end;
Begin
```

```
      writeln('Input x, y= ');
      c:= true;
      while c = true do
        begin
          readln(x, y);
          if (x >= 0) and (y >= 0) then
            c:= false
          else
            writeln('Input error!Plase input x, y again. ');
        end;
      ackerman:= ack(x, y);
      writeln('The value of ackermann is ', ackerman);
      readln
    End.
```

(4) 附注

① Ackermann 函数是 1928 年由德国数学家 W. Ackermann(1896－1962)找到的一个可计算的，但非原始递归函数，在"可计算性理论"中具有重要的地位。Ackermann 函数问题属于计算机科学与技术学科中的一个典型问题。

② Ackermann 函数 Ack(*m*,*n*)是一个含两个自然数自变量，函数值为一个自然数的二元函数。当 $m \geq 4$ 时，Ackermann 函数的值增长速度快得惊人！例如，Ack(4,0)的值为 13，Ack(4,1)的值为 65533，Ack(4,2)的值为 $2^{65536}-3$。这正是它不为原始递归函数的原因所在。

③ 1986 年度图灵奖获得者 Robert Endre Tarjan(罗伯特·塔扬)利用 Ackermann 函数成功解决了图论中著名的"合并-搜索问题"。

④ 程序设计风格的讨论

对于两个相同功能的程序来说，存在一个判断它们优劣的问题。除了正确性和效率(包括存储效率和执行效率)外，可(易)读性往往是一个重要的评价标准。可读性直接影响到程序的易维护性，间接影响到程序的正确性。

良好的程序设计风格是决定程序的可(易)读性的重要因素。程序设计风格通常是指对程序进行静态分析所能确认的程序特性。如采用一致/有意义的标识符命名(例如，Windows 环境下广泛使用的标识符命名的匈牙利命名法)、使用符号常量、为程序书写注释、采用代码的缩进格式等都属于良好的程序设计风格。除此之外，还有其他一些属于程序设计风格范畴的内容，例如，结构化程序设计就是一种良好的程序设计风格。

1974 年，B. Kernighan 与 P. J. Plauger 合著的《The Elements of Programming Style(第 2 版)》(McGraw Hill 公司出版)一书对程序设计风格有深入讨论。程序设计风格的深入讨论属于后续的"软件工程学"中的内容，在此就不介绍了。

例 7-23 兔子繁殖问题。中世纪意大利数学家 Leonardo Fibonacci(莱昂那多·斐波那契，1175－1250)1202 年在他的《算盘全书》的第 12 章中提出一个问题：假定所有一对新生兔子都是在两个月后每月生下一对兔子，在没有死亡的条件下，由一对新生兔子开始，每月的兔子总对数将组成一个数列，后人称之为 Fibonacci 数列。请写一程序，输出该数列的前 n 项。

(1) 分析

根据题意，可以得到 Fibonacci 数列为:1,1,2,3,5,8,13,21,…。下面寻找该数列的规律。

设 *n* 月末时，兔子的总对数为 fib(*n*)。fib(*n*)由两部分组成：一部分是上个月的兔子总数，另一部分是前一个月兔子新生的小兔子数，若这个数用 g(n) 来表示，则有：

fib(n)=fib(n-1)+g(n)

但按题目已知条件，前一个月新生的小兔子数恰好等于前两个月全部的兔子数，于是有：

g(n)=fib(n-2)

因此有：

fib(n)=fib(n-1)+fib(n-2)

另外有 fib(1)=1、fib(2)=1，这样 Fibonacci 数列的规律为：

$$\begin{cases} \text{fib}(n) = 1 & (n=1, n=2) \\ \text{fib}(n) = \text{fib}(n-1) + \text{fib}(n-2) & (n>2) \end{cases}$$

(2) 算法

① 输入 n 的值；

② 循环：i 从 1 到 n，步长为 1，做

   计算并且输出 fib(i)。

(3) 源程序

```pascal
{ 程序名称：GetFibonacci
  文 件 名：GetFibonacci.pas
  作   者：赵占芳
  创建日期：2012-01-20
  程序功能：输出 Fibonacci 数列的前 n 项。
}
Program GetFibonacci(input, output);
Var
  i,n: integer;
Function fib(m: integer): integer;
begin
  if m < 3 then
    fib:=1
  else
    fib:= fib(m-1) + fib(m-2)
end;
Begin
  writeln('Input n =');
  read(n);
  for i:=1 to n do
    writeln('fib(', i,')=', fib(i));
  readln
End.
```

(4) 附注

① Fibonacci 数列在许多实际问题中都有着极其广泛的应用。例如，它常常出现在组合数学及计算机科学与技术学科中，如排序、查找、存储管理和算法分析等，并有许多有关它的理论著作。

② 德国著名天文学家 Johannes Kepler(约翰尼斯·开普勒)已经揭示了 Fibonacci 数列与黄金

比例(被誉为意大利文艺复兴三杰之一的 Leonavdo da Vinci(达·芬奇,1452~1519)称之为黄金分割,黄金数:0.6180339887……)之间的关系,使得 Fibonacci 数列不仅对从事自然科学研究的学者有很大的吸引力,而且对从事艺术创作的画家、雕塑家、音乐家也有普遍性的影响。

③ 1970 年,前苏联数学家 Yuri Matiyasevich(马蒂亚塞维奇)巧用 Fibonacci 数解决了希尔伯特(David Hilbert,1862-1943)第十问题,即不存在判定任意一个整系数多项式方程是否有整数解的有限步骤算法。

例 7-24 请写一程序,自动生成杨辉三角形。

(1) 分析

通过分析杨辉三角形的特点,可以得到下面规律:

① 第 n 行有 $n+1$ 个值(设起始行为第 0 行);

② 对于第 n 行($n \geq 2$)的第 j 个值:当 $j=1$ 或 $j=n+1$ 时,其值为 1;当 $j \neq 1$ 且 $j \neq n+1$ 时,其值为第 $n-1$ 行的第 $j-1$ 个值与第 $n-1$ 行($n \geq 2$)的第 j 个值之和。

这个规律若用 x、y、$c(x,y)$ 分别表示行数、列数、元素,则可以进一步形式化为:

$$c(x,y) = \begin{cases} 1 & (y=1 \text{ 或 } y=n+1) \\ c(x-1,y-1)+c(x-1,y) & (\text{其他}) \end{cases}$$

(2) 算法

① 输入杨辉三角形的行数 n;

② 循环:i 从 0 到 n,步长为 1,做   {形成并输出杨辉三角形}

　　[输出第 i 行的前置空格;

　　 计算并输出第 i 行之值;

　　 换行;

　　]

(3) 源程序

```pascal
{ 程序名称:YanghuiTriangle4
  文 件 名:YanghuiTriangle4.pas
  作    者:赵占芳
  创建日期:2012-01-20
  程序功能:自动打印杨辉三角形。
}
Program YanghuiTriangle4(input, output);
Var
   i, j, n: integer;
Function c(x, y: integer): integer;
begin
   if ((y=1) or (y = x +1)) then
      c:= 1
   else
      c:= c(x-1, y-1)+ c(x-1, y)
end;
Begin
   writeln('Input n= ');
   read(n);
```

```
    for i:= 0 to n do
      begin
        for j:= 0 to 30-i*3 do
          write(' ');
        for j:= 1 to i+1 do
          write(c(i, j),'    ');
        writeln
      end;
    readln;
    readln
End.
```

(4) 附注

① 杨辉三角形是我国古代科学家对数学的伟大贡献之一，它最早是由先于杨辉的宋代数学家贾宪提出的，因此它又被称为贾宪三角形。"贾宪三角形"是我国古代最早的组合数学研究工作。组合数学又被称之为组合论、组合分析或组合学，是数学的一个分支。

② 杨辉三角形自动生成的方法有许多种，第一章例 1-1 和本章例 7-7 给出两种非递归方法，本例是一种递归方法。

对于那些没有直接给出递归定义的问题，如果采用**分解**的方法，发现问题被分解为子问题后，这些子问题有的与原来的问题具有相同的特征属性，最多可能只是某些参数的不同，那么此时就可以对这些子问题实施同样的分析方法，也即这时候应该考虑使用递归程序设计技术了。读者要善于这种分解。下面两个例子是分而治之(分解)策略的应用。

例 7-25 梵塔(Tower of Hanoi)问题。该问题又被称为世界末日问题。大约在 19 世纪末，欧洲出现了一种游戏，这种游戏最早来源于印度 Brahma(布拉玛)神庙里的教士。游戏的装置是一块铜板，上面有三根金刚石的针，针上放着从小到大的 64 个盘子。游戏的目的是把所有盘子从一根针上移到另一根针上，还有一个针作为中间过渡。游戏规定每次只能移动一个盘子，而且大盘子不能压在小盘子上面。由于需要移动的次数太多，人们认为该游戏的结束将是世界末日。请写一个程序，输出盘子移动的过程。

(1) 分析

首先以三个盘子为例(如图 7-8 所示)，说明将它们由源针 1 借助针 2 移动到目标针 3 的过程。移动方案为：1→3，1→2，3→2，1→3，2→1，2→3，1→3，其中 a→c 表示将针 a 上盘子移动到针 c 上，共移动 7 次。

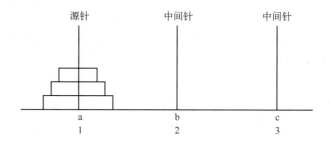

图 7-8 梵塔游戏

考虑一般情况，为了将 n 个盘子从 a 经过 b 移动到 c。可以将 $n-1$ 个盘子从 a 经过 c 移动到

b，然后将 a 中剩余的一个盘子移动到 c，最后再将 n-1 个盘子从 b 经过 a 移动到 c。这样就将原来与 n 有关的问题变成与 n-1 有关的问题。重复该过程，每次 n 减 1。最后当 n=1 时，直接移动该盘子就可以了。

（2）算法

定义过程 move。为了将 n 个盘子从 a 经过 b 移动到 c，可以调用过程：move(n,a,b,c)。则该问题的算法为：

① 输入盘子总数 n 之值；

② 将 n 个盘子从 a 经过 b 移动到 c：move(n,a,b,c)。

将②精细化如下：

若 n=1 则 输出将 a 上的一个盘子直接移到 c 上；

否则 [将 n-1 个盘子从 a 经过 c 移动到 b；

输出将 a 中剩余的一个盘子移动到 c；

将 n-1 个盘子从 b 经过 a 移动到 c；

]

（3）源程序

```
{ 程序名称：Hanoi
  文 件 名：Hanoi.pas
  作   者：赵占芳
  创建日期：2012-01-20
  程序功能：实现梵塔游戏，输出梵塔中的盘子的移动。
}
Program Hanoi(input, output);                          {第1行}
Var total: integer;   {total 表示梵塔中的盘子的数量}    {第2行}
Procedure move(n, a, b, c: integer);                   {第3行}
Begin                                                  {第4行}
  if n=1 then                                          {第5行}
    writeln(a,'->',c)                                  {第6行}
  else                                                 {第7行}
    begin                                              {第8行}
      move(n-1, a, c, b);                              {第9行}
      writeln(a,'->',c);                               {第10行}
      move(n-1, b, a, c)                               {第11行}
    end                                                {第12行}
end;                                                   {第13行}
Begin                                                  {第14行}
  writeln('total= ');                                  {第15行}
  readln(total);                                       {第16行}
  move(total,1,2,3);                                   {第17行}
  readln                                               {第18行}
End.
```

（4）程序的执行过程

这是一个递归程序。为了清楚说明该程序的运行过程，需要引入一个程序运行的层次的概念。假设主程序运行时为第 0 层程序的运行，它调用过程 move，使得程序由第 0 层进入第 1 层运行；从第 i 层递归调用过程 move 使程序进入第 i+1 层运行。反之，若程序退出第 i 层递归调用，则返回到第 i-1 层运行。为了能够使得该递归程序正常运行，系统设立了一个栈用来作为整个递归程序运行期间的数据存储区。每一层递归调用所需要的返回地址、实参和局部变量等信息构成一个工作记录。程序每进入一层递归调用，就产生一个新的工作记录压入栈中。反之，程序每退出一层递归调用，就从栈顶弹出一个工作记录。

当运行本程序时，假设从键盘输入的 total 之值为 3。表 7-1 给出了本题程序调用 move 过程以及其递归调用中栈的状态变化情况。其中，栈的工作记录是由 move 过程的四个实参和利用语句行号表示的返回地址组成。▷表示栈顶指针。

表 7-1 调用 move 过程及递归调用中栈的变化情况

程序运行层次	执行语句行号	栈的状态（返回地址，n, a, b, c）	樊塔的状态	说 明
0	15,16,17	▷		主程序运行到第 17 行，执行过程调用。程序由第 0 层进入第 1 层运行。
1	4,5,7,8,9	▷ 18, 3, 1, 2, 3		程序执行到第 1 层的第 9 行执行递归调用。程序由第 1 层进入第 2 层运行。
2	4,5,7,8,9	▷ 10, 2, 1, 3, 2 18, 3, 1, 2, 3		程序执行到第 2 层的第 9 行进行递归调用。程序由第 2 层进入第 3 层运行。
3	4,5,6,13	▷ 10, 1, 1, 2, 3 10, 2, 1, 3, 2 18, 3, 1, 2, 3		在第 3 层执行第 6 行，将 1 上的最小盘子移到 3 上；待程序继续第 13 行后由第 3 层退到第 2 层继续执行。
2	10,11	▷ 10, 2, 1, 3, 2 18, 3, 1, 2, 3		在第 2 层执行第 10 行，将 1 上的中盘子移到 2 上；程序继续执行第 11 行后进行递归调用，由第 2 层进入第 3 层继续执行。
3	4,5,6,13	▷ 12, 1, 3, 1, 2 10, 2, 1, 3, 2 18, 3, 1, 2, 3		在第 3 层执行第 6 行，将 3 上的最小盘子移到 2 上；程序继续执行第 13 行后由第 3 层退到第 2 层继续执行。
2	12,13	▷ 10, 2, 1, 3, 2 18, 3, 1, 2, 3		在第 2 层执行第 12 行和第 13 行，然后退到第 1 层继续执行。
1	10,11	▷ 18, 3, 1, 2, 3		在第 1 层执行第 10 行，将 1 上的最大盘子移到 3 上；程序继续执行第 11 行后由第 1 层进入第 2 层继续执行。
2	4,5,7,8,9	▷ 12, 2, 2, 1, 3 18, 3, 1, 2, 3		程序执行到第 2 层的第 9 行进行递归调用。程序由第 2 层进入第 3 层运行。

续表

程序运行层次	执行语句行号	栈的状态 (返回地址, n, a, b, c)	樊塔的状态	说　　明
3	4,5,6,13	10, 1, 2, 3, 1 12, 2, 2, 1, 3 18, 3, 1, 2, 3		在第 3 层执行第 6 行，将 2 上的最小盘子移到 1 上；程序继续执行第 13 行后由第 3 层退到第 2 层继续执行。
2	10,11	12, 2, 2, 1, 3 18, 3, 1, 2, 3		在第 2 层执行第 10 行，将 2 上的中盘子移到 3 上；程序继续执行第 11 行后由第 2 层进入第 3 层继续执行。
3	4,5,6,13	12, 1, 1, 2, 3 12, 2, 2, 1, 3 18, 3, 1, 2, 3		在第 3 层执行第 6 行，将 1 上的最小盘子移到 3 上；程序继续执行第 13 行后由第 3 层退到第 2 层继续执行。
2	12,13	12, 2, 2, 1, 3 18, 3, 1, 2, 3		在第 2 层执行第 13 行后由第 2 层退到第 1 层继续执行。
1	12,13	18, 3, 1, 2, 3		在第 1 层执行第 13 行后由第 1 层退到第 0 层继续执行。
0	18,19			返回至主程序中继续执行。

(5) 附注

① 按照上述程序可以知道：若 n 为源针上盘子的总数，则 n 个盘子的梵塔问题需要移动的盘子总数目等于 $n-1$ 个盘子的梵塔问题需要移动的总盘子数目的 2 倍再加 1。于是，有

$$h(n) = 2 \times h(n-1) + 1$$
$$\quad = 2 \times (2 \times h(n-2) + 1) + 1$$
$$\quad \cdots\cdots$$
$$\quad = 2^n \times h(0) + 2^{n-1} + \cdots + 2^1 + 1$$
$$\quad = 2^{n-1} + 2^{n-2} + \cdots + 2^1 + 1$$
$$\quad = 2^n - 1$$

因此，若 $n=64$，则移动盘子的总数为 $2^{64}-1=1.8\times 10^{19}$ 次。若每秒移动一次，需要移动一万亿年。因此，该问题的程序运行时，total 的值不宜太大，以免程序运行不能在短时间内结束。其深层次原因，见例 7-26 的附注。

② 设计梵塔问题的算法的策略是分而治之。它是一种经常用到的算法设计策略，详细内容将在"算法设计与分析"课程中介绍。

③ 数学研究表明：梵塔问题与哈密顿通路问题、格雷码之间存在着密切的关系。N 个盘子的梵塔问题与 n 维立方体上的哈密尔顿通路问题和 n 位格雷码之间是同构的。

④ 梵塔问题自提出以来至今已有一百多年的历史，其间，这一问题吸引了许多的研究者。正如诺贝尔奖和图灵奖获得者 H. A. Simon(西蒙，中文名字：司马贺。1916-2001)教授所指出

的,梵塔问题对于认知科学就象大肠杆菌对现代基因学那样,是一个无价的研究标本。事实上,它已成为组合数学,人工智能,计算机科学以及规划等问题中的递归问题的典型实例。

⑤ 到目前为止,有一些梵塔问题的扩展问题。其中,Reeve 问题和奇偶型梵塔问题是最为著名的两种扩展问题。Reeve 问题是一种对针数目进行扩展而得到的问题。它将针的数目增至 4,其他规则不变。因此,Reeve 问题又被称为 4 针梵塔问题(也可以将针的数目推广到 m,其他规则不变。此时称该问题为 m 针梵塔问题);奇偶型梵塔问题是把 A 针上的 n 个盘子自下而上从 1 到 n 编号,现要将偶数号的盘子移动到 B 针上,奇数号的移动到 C 针上,移动规则和梵塔的规则是相同的,问怎样才能使盘子的移动次数达到最小?

例 7-26 全排列问题。请写一个程序,输出 n 个不同元素的无重复的全排列。

(1) 分析

根据组合数学中排列与组合的知识,可以将求 n 个不同元素 $a_1, a_2, \cdots, a_n$ 的无重复的全排列作如下分解:首先 a_1 不动,求 $n-1$ 个不同元素 $a_2, \cdots, a_n$ 的无重复的全排列,然后将 a_1 与 a_2 交换,再求 $n-1$ 个不同元素 $a_1, a_3, \cdots, a_n$ 的无重复的全排列,如此继续,直到将 a_1 与 a_n 交换,再求 $n-1$ 个不同元素 $a_1, a_2, \cdots, a_{n-1}$ 的无重复的全排列。显然,这种求解过程是递归的。

(2) 算法

① 将 n 个不同整数输入到数组 a 中;
② 计算 n 个不同整数的全排列。

将②精细化如下(使用一个递归过程 permute 实现):

```
Procedure Permute(k:integer);
Var i,t:inreger;
begin
  若 k=1,则输出一个全排列          {递归出口}
  否则 [ 递归计算 permute(k-1);
        循环:i 从 n - k + 2 到 n,做
        [ 将 a[n-k+1]与 a[i]交换;
          递归计算 permute(k-1);
          将 a[n-k+1]与 a[i]交换;    {恢复原来的顺序,以便继续排列}
        ]
      ]
end;
```

(3) 源程序

```
{ 程序名称: Permutation
  文 件 名: Permutation.pas
  作    者: 赵占芳
  创建日期: 2012-01-20
  程序功能: 输出 n 个不同元素的无重复的全排列。
}
Program Permutation(input, output);
Const
  n=5;    {n 之值可根据需要设定}
Type
  data=array [1..n] of integer;
```

```
Var
  a: data;
  k, i: integer;
Procedure print;
Var
  j: integer;
begin
  for j:= 1 to n do
    write(a[j]:3);
  writeln
end;
Procedure permute(k: integer);
Var
  i, t: integer;
begin
  if k=1 then
    print
  else
    begin
      permute(k-1);
      for i:= n-k+2 to n do
        begin
          t:= a[n-k+1];
          a[n-k+1]:= a[i];
          a[i]:= t;
          permute(k-1);
          t:= a[n-k+1];
          a[n-k+1]:= a[i];
          a[i]:= t
        end
    end
end;
Begin
  k:= n;
  for i:=1 to n do
    a[i]:= i;
  permute(k);
  readln
End.
```

(4) 附注

这里需要说明的是，当 n 的值不大时，利用该递归程序可以求得问题的解，那么当 n 的值较大时，利用该递归程序能否求得问题的解呢？可计算性与计算复杂性理论指出，**一个问题理论上是否能行，取决于其可计算性，而现实是否能行，则取决于其计算复杂性**。对于该问题而言，理论上可解是毋庸置疑的，因为它存在算法，但现实是否能行呢？下面从一个故事谈起。

在某大学校园里有这样一个传说，有一个学生名叫艾诗，他非常喜爱古诗，《唐诗三百首》

中的名言佳句经常挂在嘴边，他对唐代诗人更是仰慕不已，当然他更梦想当一个诗人，可是很遗憾他没有能够成为一个诗人。当他编写了求不同数的全排列的程序后，便突发奇想：常用汉字不过 4000 个，如果输入这 4000 个汉字，并对它们进行全排列，那么所有的名言佳句（包括那些已知的和未知的）不都在其中了吗？然后，再从其全排列中摘出这些名言佳句不就是一个前无古人，后无来者的大诗人了吗？

这一奇想使他欣喜若狂，心想：当一个诗人的梦想即将实现了！应该感谢计算机科学与技术这一高新技术。于是，他在计算机上去运行求 4000 个汉字全排列的程序，然而 3 天过去了，程序运行没有结果。他沉住气又等了 3 天，程序运行还是没有结果。之后他再等了 3 天，结果依然如故。他怀疑是机器出了故障，于是重新启动机器再次运行程序，情况依旧。他百思不得其解，带着问题，只好去请教老师。老师仔细给他讲道理：当 n 很大时，该问题是现实不可计算的。对此，他叹息不已！心想：自己梦想当一个诗人看来将永远是一个梦。

以 $n=26$ 为例，26 个不同汉字的全排列数为 26!。$26! \approx 4 \times 10^{26}$。以每年 365 天计算，每年共有 $365 \times 24 \times 3600 = 3.1536 \times 10^7$ 秒。对于每秒能产生 10^7 个排列的超高速的计算机来做这项工作，产生 26! 个排列共需要 $4 \times 10^{26}/3.1536 \times 10^7 \approx 1.2 \times 10^{12}$ 年。

就目前最快的计算机，在人类能够忍受及机器寿命允许的条件下，完成这项工作是不可能的，这就是现实不可计算性。

7.6.5 递归与递推的关系

通过上面的介绍可知，尽管递归程序有诸多优点，但是其效率是较低的。要想提高程序的效率，必须将递归程序转化成相应的递推程序或迭代程序。任何一个递归程序均可以转化成非递归程序，这个非递归程序的实现技术就是递推(迭代)技术。递推(迭代)技术是计算机科学与技术学科的典型技术与方法，属于**构造性方法**。人们已经找到了递归程序转化成非递归程序的机械方法，但这属于程序设计方法学的内容，在此就不赘述了。不过，**作为思考题，你能够给出 W. Ackermann 函数问题、Fibonacci 数列问题、Hanoi 问题和全排列问题的非递归程序吗？**

另外，一般说来，递推的循环形式也可以转化成等价的递归形式。

7.7 分程序

分程序(Block)又被称为子程序(Subroutine)。"分程序"的概念是由著名计算机科学家、图灵奖获得者威尔克斯(M. V. Wilkes)提出的。它首先被用在 Algol 60 中，是高级语言发展进程中一个重要的概念。Turbo Pascal 中，分程序是一种可执行的程序单元，它通过参数与其调用者交换数据。分程序的描述分为两部分：分程序的定义和分程序的调用。

分程序的结构可以分为两部分：一是分程序首部，它说明分程序的名字及其使用的参数；二是分程序体，它包括说明语句和可执行语句，它定义分程序的执行步骤(即分程序功能的描述)。

Turbo Pascal 中，分程序分为过程分程序(简称过程)和函数分程序(简称函数)两种。两者的语法定义是有区别的，其调用方式也不同，其完成的功能有的可以相互表达，有的则不能。

过程、函数与分程序包含了程序模块(Module)的思想。模块概念的提出晚于分(子)程序的概念，高级程序设计语言中的子程序可以说是现代模块概念的雏形。

过程和函数是程序设计语言中最重要的基本概念之一。它不仅是一种缩写程序文本的工具，更为重要的是，它反映了程序的两级抽象。在过程调用这一级，人们只关心它能够"做什么"，至于"怎么做"是不关心的。只是在过程定义这一级，人们才给出"如何做"的细节。实际上，过程和函数的两级抽象正反映了结构化程序设计所倡导的"自顶向下，逐步求精"的程序设计过程。

7.8* 计算机科学与技术学科中核心概念讨论之五——封装概念

封装(Encapsulation)，即模块性(Modularity)**是一种信息隐蔽技术，也是一种数据抽象技术**。信息隐蔽(Information Hiding)是指每一个这样的程序组件，相对于该组件的用户而言应该隐藏尽可能多的信息。例如，Turbo Pascal 中提供了正弦函数这一标准函数，对用户而言，该函数隐藏了数量(实数)表示的细节和求正弦函数算法的细节。

在 Pascal 中，过程和函数提供了基本的封装机制。封装的目的是将模块的封装者和模块的使用者分开。过程或函数封装了一系列操作，而过程或函数的实现细节对于用户(过程或函数的调用者)来说是隐藏的，过程或函数仅向用户提供用户使用它们时的接口信息(形参)，用户不得直接使用或操纵被隐藏在过程或函数中的信息。

封装概念可以与集成电路芯片(Integrated Circuit Chip)作一对比。一块集成电路芯片由陶瓷封装起来，其内部电路是不可见的，也是使用者不关心的。芯片的使用者只关心芯片引脚的个数、引脚的电气参数以及引脚提供的功能，通过这些引脚，硬件工程师对这个芯片有了全面的了解。硬件工程师将不同的芯片引脚连在一起，就可以组装一个具有一定功能的产品。软件工程师通过封装来达到这个目的。

封装整个数据类型定义的机制，是现代高级程序设计语言发展中的一个亮点。面向对象程序设计语言中对象(Object)的概念，就是封装机制的一个很好应用。

封装是现代程序设计的重要概念和原则。它可以降低程序设计的**复杂性**，提高程序的可读性和可维护性，使得程序的正确性更易于得到保证。

7.9* 计算机科学与技术学科中核心概念讨论之六——递归概念

递归(Recursion)是一个具有哲学意义的概念。通俗地说，递归就是自己构造(定义)自己。递归的概念和方法广泛地出现在计算机科学与技术学科的不同分支学科中，其思想来源于生活和数学(在数理逻辑中也早有方法论的准备)。

在计算机科学与技术学科中，递归以概念和方法两种形式出现。计算机科学与技术学科中的许多概念是递归定义的；而解决问题的方法(算法)也常常是递归的。

更为重要的是，**递归是一种以有穷构造无穷的强大工具**。计算机科学与技术研究中，存在一条规律：一个问题，当它的描述及其求解方法或求解过程可以用构造性数学描述，而且该问题所涉及的论域(Domain)为有穷，或虽为无穷但存在有穷表示时，那么，该问题一般能够用计算机来求解；反过来，凡是能用计算机来求解的问题，也一定能对该问题的求解过程数学化，而且这种数学化是构造性的。

作为方法的递归是一种构造性方法。

本 章 小 结

分程序或子程序是构造程序的基本单位或组件。"分程序"概念的提出并引入到高级程序设计语言之中，是程序设计语言和软件技术发展的重要里程碑之一。它充分体现了现代程序设计技术中信息隐蔽与数据封装的原则。从程序的控制结构角度来说，分程序也是一种控制结构。

本章介绍了 Turbo Pascal 所提供的两种基本的不同封装机制——过程和函数。它们是两种不同的分程序。同数据类型等语言机制一样，过程和函数也有定义(或说明)与使用两个方面，而且在程序中两者缺一不可。过程和函数的定义(或说明)中给出了其名字、功能、参数表以及功能实现的算法细节，而分程序的调用是在主调程序中进行的。主调程序与被调用的分程序通过参数建立联系。

一种特殊的过程或函数的调用是递归，它是本身直接或间接调用自身的过程或函数。递归是一种以有穷构造无穷的强大工具，在计算机科学与技术学科中是一个核心概念，也是一种典型的学科方法。

习 题

1. 给出下面程序的执行结果。

```pascal
(1) Program Ex7_1;
    Var
      x, y, z: integer;
    Procedure silly(x: integer; Var y: integer);
    Var
      z: integer;
    begin
      x:= 3;
      y:= 4;
      z:= 5;
      writeln(x:2, y:2, z:2)
    end;
    Begin
      x:= 4;
      y:= 5;
      z:= 6;
      silly(y, x);
      writeln(x:2, y:2, z:2);
      readln
    End.

(2) Program Ex7_2;
    Type
      s=string[80];
    Var
```

```
    a: s;
procedure proc(var a:s);
var
  m, n, k: integer;
begin
  m:=length(a);
  n:= ord('a')-ord('A');   { ord('a')=97, ord('A')=65 }
  for k:=1 to m do
    if a[k] in ['a'..'z'] then
      a[k]:=chr(ord(a[k])-n);
end;
Begin
  a:='sjzue, 2012.1.21';
  proc(a);
  writeln(a);
  readln
End.
```

(3)
```
Program Ex7_3;
  Const
    str ='This string is defined in prog.';
  Procedure proc1;
  begin
    writeln(str)
  end;
  Procedure proc2;
  Const
    str ='This string is defined in prog2.';
  begin
    proc1
  end;
Begin
  proc2;
  readln
End.
```

(4)
```
Program Ex7_4;
  Type
    s=array [1..3] of integer;
    p=array [1..3] of boolean;
  Var
    a: s;
    b: p;
    i: char;
  procedure proc(c:s; var d:p);
  var
    k:integer;
```

```pascal
begin
  for k:=1 to 3 do
    d[k]:=boolean(c[k]);
end;
Begin
  a[1]:=1; a[2]:=3; a[3]:=2;
  proc(a,b);
  for i:='a' to 'c' do
    writeln('b[',i,']=',b[ord(i)-64]);
  readln
End.
```

(5)
```pascal
Program Ex7_5;
Label
  1,2,3;
Const
  x = 1;
  y = 2.5;
Var
  i,j: integer;
Procedure proc;
Label
  1,2;
Const
  y = 3;
Var
  a, b: integer;
begin
  writeln('Input a= ');
  readln(a);
  b:= a * x * y;
  if b = 0 then
    goto 1
  else
    begin
      writeln('b=',b);
      goto 2
    end;
  1: writeln('b=0');
  2: writeln('End of p')
end;
Begin
  writeln('Input i= ');
  readln(i);
  j:=trunc(i*x*y);
  if j=0 then
    begin
```

```
            writeln('j=0');
            proc;
            goto 1
         end;
      writeln('j=',j);
      1: writeln('End of program. ');
      readln
   End.
```

2. 给出下面程序的运行结果，并分析变量 a、z 为什么出现不同的值。

```
Program Ex7_6;
Var
   a,z:integer;
Function sk(x:integer): integer;
begin
   z:= z-x;
   sk:= sqr(x)
end;
Begin
   z:=10;
   a:= sk(z);
   write(a:6, z:6);
   z:= 10;
   a:= sk(10)*sk(z);
   writeln(a:6, z:6);
   z:= 10;
   a:= sk(z)*sk(10);
   writeln(a:6, z:6);
   readln
End.
```

3. 若有下列程序，当运行程序输入数据：This is an example.时，给出其运行结果。

```
Program Ex7_7;
Var
   ch: char;
   flag: boolean;
Function chang(Var ch: char; flag: boolean): boolean;
begin
   if ch='' then
      chang:= true
   else
      if (flag and (ch>='a') and (ch<='z')) then
         begin
            ch:=chr(ord(ch)+ord('A')- ord('a'));
            chang:= false;
         end
      else
```

```
      chang:= false
   end;
Begin
  flag:=true;
  writeln('Input a string: ');
  repeat
    read(ch);
    flag:=chang(ch,flag);
    write(ch);
  until ch='.';
  readln
End.
```

4. 阅读下面程序，指出程序功能。

```
Program Ex7_8;
Var
  i: integer;
Function ss(n: integer): boolean;
Var
  i: integer;
  b: boolean;
begin
  i:=3;
  b:= true;
  while (i<trunc(sqrt(n))) and b do
    begin
      if n mod i= 0 then
        b:= false;
      i:=i+2
    end;
  ss:=b
end;

Begin
  i:=3;
  while (i+10 <=100) do
    begin
      if ss(i) and ss(i+4) and ss(i+10) then
        writeln(i);
      i:=i+2
    end;
  readln
End.
```

5. 阅读下面程序，指出程序功能；当输入数据为：We are students@时，给出程序的运行结果。

```
Program Ex7_9;
```

```pascal
Const
   maxlength=20;
   endch='@';
Type
   wordtype=packed array [1..maxlength] of char;
Var
   ch: char;
   nextword: wordtype;
   size: integer;
Procedure readwords(Var word:wordtype; Var length:integer);
Const
   blank=' ';
Var
   fill: integer;
begin
   while ch = blank do
     read(ch);
   length:= 0;
   while (ch <> endch) and (ch <> blank) do
     begin
       if length < maxlength then
         begin
           length:=length+1;
           word[length]:= ch
         end;
       read(ch)
     end;
   for fill:=length+1 to maxlength do
     word[fill]:= blank
end;
Begin
   read(ch);
   readwords(nextword, size);
   while size <> 0 do
     begin
       writeln(nextword);
       readwords(nextword, size)
     end;
   readln
End.
```

6. 分析下面程序的执行过程，并给出运行结果。

```pascal
Program Ex7_10;
Var
   m, n: integer;
procedure print(w: integer);
var
```

```
      i: integer;
    begin
      if w<>0 then
        begin
          print(w-1);
          for i:=1 to w do
            write(w:3);
          writeln
        end
    end;
Begin
  print(4);
  readln
End.
```

7. 本章例 7-1 给出了求任意两个正整数的最大公因(约)数的欧几里得算法的程序。请你再写一个程序，分别使用函数或过程实现下面两种计算任意两个正整数的最大公因(约)数的方法。其中，主程序调用上述函数或过程，计算并输出从键盘任意输入的两个整数的最大公因(约)数。

(1) 穷举法。由于 a 和 b 的最大公约数不可能比 a 和 b 中的较小者还大，否则一定不能整除它，因此，先找出 a 和 b 中的较小者 t，然后从 t 开始逐次减 1 尝试每种可能，即检验 t 到 1 之间的所有整数，第一个满足公约数条件的 t，就是 a 和 b 的最大公约数。

(2) 递归方法。对正整数 a 和 b，当 $a>b$ 时，若 a 中含有与 b 相同的公约数，则 a 中去掉 b 后剩余的部分 $a-b$ 中也含有与 b 相同的公约数，对 $a-b$ 和 b 计算公约数就相当于 a 和 b 计算最大公约数。反复使用最大公约数的如下 3 条性质，直到 a 等于 b 为止，这时，a 或 b 就是它们最大公约数。

性质 1 若 $a>b$，则 a 和 b 与 $a-b$ 和 b 的最大公约数相同。
性质 2 若 $b>a$，则 a 和 b 与 a 和 $b-a$ 的最大公约数相同。
性质 3 若 $a=b$，则 a 和 b 的最大公约数与 a 值和 b 值相同。

附注 从本题可知，同一个问题可以使用不同的算法和程序来求解，那么它们有没有好坏之分呢？答案是肯定的。不过这是后续的"算法设计与分析"课程中要回答的问题。

8. 分发糖果。一些学生围绕老师坐着，每人手里都有偶数个糖果。现在老师吹一声哨子，所有学生同时将自己的一半糖果给他右边的同学，若某个学生手里的糖果个数是奇数，则老师给他一个糖果，重复这个过程直到所有同学手中的糖果数相等。请写一个程序，判断老师要吹多少下哨子，才能使每个人手中的糖果数相等，并给出结束后每人手里的糖果数。

9. 已知一个字符串，请写一个计算其逆串的递归程序。

10. 请写一程序，计算组合数 C_m^n，m,n 之值由键盘输入。

11. 伪随机数产生器的设计。请写一个程序，随机产生 10 个 (0,1) 之间的小数(小数点后保留 5 位小数)。

附注 随机数在概率(随机)算法设计中扮演着十分重要的角色。在现实计算机上无法产生真正的随机数，因此在概率算法中使用的随机数都是在一定程度上随机的，即伪随机数。大多数程序设计语言的标准函数库中提供了伪随机数产生器的函数。**概率算法是后续课程——"算法**

设计与分析"中的重要内容,也是目前算法研究领域中的热点。

到目前为止,人类已经发明了许多产生伪随机数的算法,常见的有线性同余法、平方取中法、加法求余法和乘同余法等。下面介绍线性同余法。

由线性同余法产生的随机序列:$a_1, a_2, \cdots, a_n$ 满足下列关系:

$$\begin{cases} a_0 = d \\ a_n = (b \times a_{n-1} + c) \bmod m \quad n = 1, 2, \cdots \end{cases}$$

其中 $b \geq 0, c \geq 0, d \geq m$,它们的选取直接关系到所产生的随机序列的随机性能,这是随机性理论研究的内容。从直观上看,m 应该取得充分大,因此在设计程序时 m 可取机器大数:65536;另外应取 gcd(m,b)=1,通常取 b 为素数。显然,由线性同余法产生的伪随机数 $a_i \in (0, m-1)$。

12. 请写一个程序,利用随机数函数,计算圆周率 π。

提示 蒙特卡洛方法计算 π 值是这样的:将随机数的前后两个值(均在 0-1 之间)作为点的 x、y 坐标。统计 1 万个点中,落入半径为 1 的四分之一圆内的点数 n,从而计算出四分之一圆内的面积 s($s=n/10000$)。又知道四分之一圆内的面积为 $\pi r^2/4 = \pi/4$,由此可以求出 π 之值。

上述方法的思想源于 1777 年法国数学家蒲丰(Comte de Buffon,1707-1788)在他的《或然性算术实验》一书中提出的计算 π 之值的投针实验方法:

假定在一个水平面上画上一组距离为 d 的平行线,并且假定把一根长为 $l < d$ 的同质均匀的针随意地一次一次地掷在此平面上,并不断记录小针和任意一条平行线相交的次数。蒲丰得到了一个结论:该针与此平面上的平行线之一相交的概率为:$p = \dfrac{2l}{d\pi}$。而 p 等于与线交叉的次数/投掷总次数,从而计算出 π 的近似值。

蒲丰的结论是如何得到的呢? 下面给出一个简单而巧妙的证明。

找一根铁丝弯成一个圆圈,使其直径恰恰等于平行线间的距离 d。可以想象得到,对于这样的圆圈来说,不管怎么扔下,都将和平行线有两个交点。因此,如果圆圈扔下的次数为 n 次,那么相交的交点总数必为 $2n$。现在设想把圆圈拉直,变成一条长为 πd 的铁丝。显然,这样的铁丝扔下时与平行线相交的情形要比圆圈复杂些,可能有 4 个交点、3 个交点、2 个交点、1 个交点,甚至都不相交。由于圆圈和直线的长度同为 πd,根据机会均等的原理,当它们投掷次数较多,且相等时,两者与平行线组交点的总数可望也是一样的。这就是说,当长为 πd 的铁丝扔下 n 次时,与平行线相交的交点总数应大致为 $2n$。现在转而讨论铁丝长为 l 的情形。当投掷次数 n 增大的时,这种铁丝跟平行线相交的交点总数 m 应当与长度 l 成正比,因而有:$m = kl$,式中 k 是比例系数。为了求出比例系数 k,只需注意到,对于 $l = \pi k$ 的特殊情形,有 $m = 2n$。于是求得 $k = \dfrac{2n}{d\pi}$。所以有:$m = kl = \dfrac{2nl}{d\pi}$,从而 $p = m/n = \dfrac{2l}{d\pi}$。

蒲丰的投针实验方法之所以重要,是因为它不但是第一个用几何形式表达概率问题的例子,而且它开创了使用随机数处理确定性数学问题的先河,是用随机性方法去解决确定性计算的前导。

13. 请写一个程序,利用下面的弦截法求方程 $x^3 - 5x^2 + 16x - 80 = 0$ 的根。如图 7-9 所示,弦截法如下:

(1) 取两个不同的点 x_1 和 x_2,需要使 $f(x_1)$ 和 $f(x_2)$ 的符号相反,否则重新另取 x_1 和 x_2。但 x_1

和 x_2 相差不宜太大，以免在(x_1,x_2)区间出现多根；

(2) 连接 $f(x_1)$ 和 $f(x_2)$ 得一弦线交 x 轴于 x，可求得 x 点的坐标为：

$$x = \frac{x_1 \times f(x_2) - x_2 \times f(x_1)}{f(x_2) - f(x_1)}$$

将 x 代入方程可得 $f(x)$；

(3) 判断 $f(x)$ 与 $f(x_1)$ 的符号手否相同，若相同，则根在(x,x_2)区间内，可将 x 作为新的 x_1；若符号相反，则根在(x_1,x)区间内，可将 x 作为新的 x_2；

(4) 重复上述(2)和(3)，直到$|f(x)|<\varepsilon$ 为止。假设 $\varepsilon = 10^{-6}$，则可以认为 $f(x) \approx 0$，即 x 为该方程的根。

14. 请写一个程序，验证 Pascal 定理：圆的内接六边形的三对相对的边的延长线的交点在一条直线上，如图 7-10 所示。

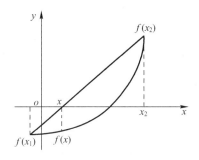

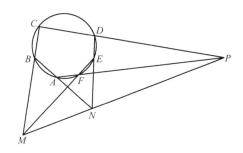

图 7-9 用弦截法求方程的根 图 7-10 Pascal 定理图

附注 布莱士·帕斯卡(Blaise Pascal，1623—1662)，法国数学家、物理学家、思想家。他生于法国奥弗涅的克莱蒙费朗，早逝于巴黎。自幼聪颖，求知欲极强，12 岁时爱上数学，在其业余数学爱好者的父亲的教育下开始学习《几何原本》，13 岁发现了著名的"帕斯卡三角形"(我国称"杨辉三角形"或"贾宪三角形")；16 岁发表第一篇名为《圆锥曲线论》的论文，文中提出了射影几何中的重要的帕斯卡定理，即圆锥曲线内接六边形其三对边的交点共线。该定理是本题定理的推广，后来又发展成为代数几何中著名的 Cayley-Bacharach 猜想；18 岁时，为了减轻父亲的劳动之苦，他设计制造了世界上第一架机械式计算装置——使用齿轮进行加减运算的计算机。他也正因此而成为计算机研制的伟大先驱者。目前，该机器现存于法国巴黎工艺美术博物馆。为了纪念他的这项伟大发明，图灵奖获得者 N. Wirth 教授把他亲自设计的，也是本书介绍的这种高级程序设计语言命名为 Pascal；31 岁时，他因为与业余数学家费马在通信中共同研究骰子点数问题而成为概率论的奠基人之一。另外，帕斯卡在物理学方面的研究中也是功绩卓著的。其最重要的成果是于 1653 年首次提出了密闭流体能传递压强的帕斯卡定律，在此基础上发明了注射器，并创造了水压机。他自 32 岁隐居修道院，35 岁时写下了《思想录》等经典著作。总之，帕斯卡在他暂短的 39 年的人生中，对科学做出了很大贡献，在科学史上占有极其重要的地位。

15. 任给三条直线，请写一程序求它们所围成的三角形的面积。

16. 学生成绩管理系统(Version 2.0)。假设某班人数最多不超过 30 人，具体人数由键盘输入，学生的数据信息包括：学号、姓名、性别、出生日期(年、月、日)、数学分析、高级语言程序设计、电路与电子学三门课的成绩、平均成绩。请你使用函数或过程，使用记录数组作为基本数据结构，设计并实现一个菜单驱动的学生成绩管理系统，其系统功能如下：

(1) 数据录入功能。从键盘任意输入 10 个学生信息(在每个学生信息中,平均成绩不输入),自动计算每个学生的三门课程的平均成绩,保存到相应学生的"平均成绩"域中;

(2) 排序功能。

① 按平均分或按某门课程的成绩从高到低对学生信息进行排序;

② 按学生姓名的字典顺序对学生信息进行排序;

(3) 输出功能。将记录数组中的学生信息输出;

(4) 查找功能。

① 从键盘输入一个要查找的学生姓名,在学生信息中查找有无此人,若有,则输出此人信息,否则输出"查无此人!"的提示信息;

② 按年龄和性别查找学生的基本信息,若找到,则输出此人信息,否则输出"查无此人!"的提示信息;

③ 查找并输出某门课成绩最高的学生的基本信息,成绩最高的可能不只一名学生;

(5) 分类统计功能。按优秀(90—100)、良好(80—89)、中等(70—79)、及格(60—69)、不及格(0—59)五个类别,统计某门课程各个类别的人数及百分比。

(6) 数据追加功能。向记录数组中添加一名新的学生信息,要求学生的学号不允许与已有的学生学号重复;

(7) 数据修改功能。按学号查找学生基本信息,若找到,对学生信息进行修改后保存;若找不到,则给出"查无此人!"的提示信息;

(8) 数据删除功能。按学号查找学生基本信息,若找到,删除相应的学生信息;若找不到,则给出"查无此人!"的提示信息。

17. 请分别写一个递归程序和一个递推程序,实现当输入正整数 n 和实数 x 的条件下,求切比雪夫多项式之值。切比雪夫多项式定义如下:

$$T_n(x) = \begin{cases} 1 & (n=0) \\ x & (n=1) \\ 2xT_{n-1}(x) - T_{n-2}(x) & (n \geq 2) \end{cases}$$

附注 帕夫努季·利沃维奇·切比雪夫,生于 1821 年,卒于 1894 年。俄国伟大的数学家,圣彼得堡数学学派的创始人和领袖,在概率论、解析数论和函数逼近论领域的开创性工作从根本上改变了法国、德国等传统数学大国的数学家们对俄国数学的看法,使得俄国步入世界数学强国之林。

1837 年,年方 16 岁的他进入莫斯科大学,成为物理数学专业的学生;1841 年大学毕业后留校任教,并同时攻读硕士学位;1846 年获得硕士学位后,在圣彼得堡大学任教,期间于 1849 年获博士学位。他在圣彼得堡大学任教长达 35 年,直到 1882 年光荣退休。他是许多国家科学院的外籍院士和学术团体成员。1890 年荣获法国荣誉团勋章。

切比雪夫出身于贵族家庭,其左脚生来有残疾,终生未娶,日常生活十分简朴,他的一点积蓄全部用来买书和制造机器。每逢假日余暇,他也乐于同侄儿女们玩上一阵,但他最大的乐趣还是与青年人谈论数学。1894 年 11 月底,他的腿疾突然加重,思维也出现障碍,但他还是要求自己的研究生按时前来讨论问题。1894 年 12 月 8 日上午 9 时,这位令人尊敬的老人在自己的书桌前溘然长逝。他既无子女、也无金钱,但他给全人类留下了一笔不可估价的遗产——一个辉煌的圣彼得堡数学学派。

读者从切比雪夫的一生中，可以学到他的什么呢?

18. 请写一个程序，实现符号输入的下列功能：
(1) 逐个输入字符，识别若干标识符。假设标识符的长度不超过 8 个字符；
(2) 当标识符输入出现错误时，报错；
(3) 在遇到空格后，标识符输入完毕。

19. 数制转换。请分别写一个递归程序和一个非递归程序，实现将一个任意十进制数转换成 k 进制数($k \leq 10$)。

20. (**选做题**)传教士和吃人生番(野人)问题。m 个传教士和 c 个生番准备渡河，只有一条船，每次最多只能渡 p 个人，在穿梭运载过程中，无论此岸，彼岸或船上的生番多于传教士时，后者将被吃掉。请写一个程序，为传教士设计一个安全渡河的方案。

21. (**选做题**)棋子游戏。有三个白棋子和三个黑棋子如下布局：

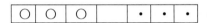

游戏规则为：①一次只能移动一个棋子；②棋子可以向空格中移动，也可以跳过一个对方的棋子进入空格，但不能向后跳，也不能跳过两个棋子。请写一个程序，按照上述规则用最少的步数将上述布置变为如下布局。

22. (**选做题**)数数游戏。我国古代民间有这样一个游戏：两个人从 1 开始轮流报数，每人每次可报一个数或两个连续的数，谁先报到 30，谁为胜方。若要改为游戏者与计算机做这个游戏，则首先要决定谁先报数，可以通过生成一个随机整数来决定计算机和游戏者谁先报数。计算机报数的原则为：若剩下数的个数除以 3，余数为 1，则报 1 个数，若剩下数的个数除以 3，余数为 2，则报 2 个数，否则随机报 1 个或 2 个数。游戏者通过键盘输入自己报的数，所报的数必须符合游戏规则。若计算机和游戏者都未报到 30，则可以接着报数。先报到 30 者即为胜方。请编程实现这个游戏，看一看计算机和游戏者谁能获胜。

第 8 章

指针与动态数据类型

之前所有程序中出现的变量,必须严守先说明(定义)后使用的约定。变量一旦被说明,则其取值范围和所占用的存储空间就被固定下来,不再改变。由于这类变量所占的存储空间的分配是在程序运行之前的编译阶段完成的,因此称之为静态变量。其实,程序中还可以使用与静态变量不同的另一类变量,它们在程序的变量说明部分中未被说明(定义),而是在程序运行期间根据需要,借助指针(变量)这一静态变量,调用相应的标准过程产生的,把这类变量称之为动态变量。在程序中,根据需要可以将若干动态变量链接起来构成较为复杂的数据结构,并以此为基础实现问题的求解。

本章先介绍指针与动态数据类型,之后介绍其应用。

▷▷ 8.1 指针

本章之前介绍的数据类型都是静态数据类型。在实际应用中,除了静态数据类型之外,还有动态数据类型。为了说明这种数据类型,下面先介绍指针的概念。

8.1.1 指针的意义

1. 引言

指针(Pointer)的概念是由瑞典著名计算机科学家、IEEE-CS 的计算机先驱奖获得者 Harold W. Lawson(哈罗德·劳松)教授首先在 PL/1 中提出的,并在 Pascal、Modula-2、Ada 等语言中得到了发展。那么,为什么要引入这个概念呢?

在 6.3 节介绍数组类型时,曾经设计了一个排序问题的程序(见第六章例 6-7)。该问题求解的基本思想是首先将待排序的数据放到一个一维数组中,然后采用选择排序算法计算。假设待排序的 5 个某种类型的数据 c,a,d,e,b 已经存入一维数组中,每个数组元素只占一个存储单元(当然,每个数组元素所占存储空间的大小取决于其数据类型),数组的第一个元素 c 放在地址为 200 的存储单元中(为了方便,这里的地址用十进制数表示),则该一维数组在内存中的存储形式称为顺序存储,如图 8-1 所示。

除了上述基于一维数组可以实现排序计算外,事实上还可以采用另一种方法:将待排序的数据存放在计算机内存中的不连续(离散)的存储空间里,而每个数据所占的存储空间分为两部分,一部分为存储数据本身(简称数据部分),而另一部分为存放下一个数据所对应的存储空间的首地址(简称地址部分)。这样,待排序的这组数据在内存中就串联成链,把这种存储形式称为**链式存储**。假设每个待排序的数据本身只占一个存储单元,而下一个数据所对应的存储空间的首地址占四个存储单元,最后一个数据所对应的存储空间中没有存放任何存储空间的地址,那么,其存储形式如图8-2所示。在这种存储形式下,使用选择排序算法同样可以完成排序计算。若用另外一块存储空间存放该链中第一个数据的地址(该块存储空间的数据部分可以没有数据),将每个存储空间表示为一个结点(如图8-3所示),每个结点除了数据部分外,其地址部分形象地用指向下一个结点的箭头表示,那么这个链式存储的逻辑图可以形象地表示为图8-4形式。

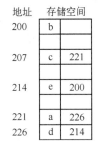

图8-1 数据连续存放的物理图　　图8-2 数据离散存放的物理图　　图8-3 一个结点的结构

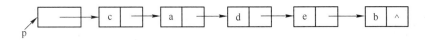

图8-4 链式存储结构

在逻辑图8-4中,每个结点记录的下一个结点的地址部分形象地用指向下一个结点的箭头表示,这个箭头又称为**指针**。而在图8-2中的最后一个数据所对应的存储空间中没有存放任何存储空间的首地址,所以,图8-4中最后一个结点的地址部分用∧表示,其含义为空。

在链式存储中,指针起到了关键作用,没有它就没有这种存储形式。链式存储一般是利用指针在程序运行期间动态建立的,这种动态建立的不连续的存储形式,节约了内存,提高内存的利用率。需要指出的是,这种链式存储形式本质上是一种数据结构(有关内容将在"数据结构"课程中介绍)。在程序设计语言中引入指针这一概念的重要意义,即是以指针为工具可以建立更为复杂的数据结构,为实现问题的求解提供了新的方法,同时也增强了语言的表达能力和灵活性。正如美国著名计算机科学家、图灵奖获得者Donaid Knuth(克努特)教授所指出的:引入指向其他数据元素的指针,是程序设计中的一个极为重要的思想,它是表示复杂数据结构的关键(这里又是"简单"构造"复杂"的思想的体现)。利用指针建立动态数据结构是使程序设计语言跨入非数值计算领域的重要手段。关于这一点,将在8.3节中就会有初步体会,在学习了后续的"数据结构"课程之后,就会有更深入的体会。

2. 指针的本质

通过以上分析知道,指针的本质是一个指向某存储空间的首地址。在计算机中,地址的值均为二进制整数,但它与前面章节的整型数据类型是有区别的。为此,引入一种被称为指针数据类型的新的数据类型,并将指针归入到这种新类型中。指针类型已经被认为是现代程序设计语言的一个基本特征。

对于初学者而言，指针的概念感到难以真正理解。其实，指针这一概念的引入是受现实生活中"**部分串连成整体**"的思想方法影响的。例如，在期刊杂志上，经常看到由于一篇文章较长，因页面或版面不够而需要接续时，经常采用"转接第×页或下接第×版"等方法来表明后续部分的位置。这种"部分串连成整体"的思想方法就是指针思想方法的具体体现。这里再一次说明了"生活是思想的源泉"。

3*. 指针的数理逻辑基础

我国计算机科学家李未教授指出，数理逻辑中的哥德尔[①]不完备性定理（Gödel's Incompleteness Theorem）的证明中蕴涵着指针的思想。具体地说，用指针将一阶语言中的每一个项或逻辑公式"指向"其相应的哥德尔项，而其哥德尔数就是指针指向的地址，在此地址中存储着哥德尔数。有关哥德尔不完备性定理的内容将在后续的"数理逻辑基础"课程中介绍。

8.1.2 指针数据类型

Turbo Pascal 中的指针数据类型（Pointer Date Type）（简称指针类型，也称为存取类型，或访问类型，或引用类型）是这样的数据类型：其值集由指向其他数据对象的指针（即地址）构成，其运算集是由赋值和 =(相等)与<>(不等)两种关系运算组成。

1．指针类型

下面先给出指针类型的说明，然后再讨论指针类型的变量。

（1）指针类型说明

① **语法**

指针类型说明的语法图如图 8-5 所示。

指针类型说明 → 指针类型标识符 → = → ^ → 基类型 → ;

图 8-5 指针类型说明的语法图

例如：Type q=^char;

② **语义**

定义一个指向基类型的指针数据类型。例如，若有下面说明：

则其语义是定义了一个指向实数类型的指针数据类型 q。

③ **附注**

● 在指针类型说明的语法中以及下面介绍的动态变量的表示中，符号"^"在不同的 Pascal 版本中可能用其他符号替代。例如，标准 Pascal 中使用符号"↑"替代。

● 指针类型说明中的基类型就是下面所说的指针变量所指向的数据对象的数据类型，也就

[①] Kurt Gödel（库尔特·哥德尔），1906 年 4 月生于捷克布尔诺，1978 年 1 月卒于美国普林斯顿，美籍杰出的数学家、逻辑学家和哲学家，是亚里士多德和莱布尼茨以来最为出色的逻辑学家，被美国《时代》杂志评选为 20 世纪震撼人类思想界的四大伟人之一。其最杰出的贡献是哥德尔不完性定理和连续统假设的相对协调性证明。哈佛大学在授予他荣誉科学博士时盛赞他是"20 世纪最有意义的数学真理的发现者"。

是指针变量所指向的动态变量的数据类型。这里的"基类型"与前面章节中谈到的"基类型"的含义是不同的。在 Turbo Pascal 中，这里的基类型是任何 Turbo Pascal 数据类型（包括指针类型和文件类型）。关于动态变量的概念将在下一节介绍。

- 指针类型定义了一个值集，每一个值是一块存储空间的首地址（在 Turbo Pascal 7.0 中该地址为 32 位），这一存储空间正是动态变量或静态变量所对应的存储空间，可以用图 8-3 的结构形象地表示。
- 指针类型的向前引用可以如下说明。例如，若有下面说明：

```
Type q =^node;
     node = record
              data: real;
              next: q;
            end;
```

其中，记录类型 node 在被定义之前就已经被用在 q 的定义之中，这种现象称为指针类型的向前引用。这是允许的，也即在定义指针类型时，允许先引用还没有定义的指针类型的对象类型，然后再加以定义。这是 Pascal 中唯一违反"先定义后使用"原则的特例。当学习了动态数据结构知识后，读者将体会到这种向前引用的必要性。当然，在上述定义中，也可以将记录类型 node 的定义放在 q 的定义之前。

(2) 指针类型的常量与指针类型的变量

在指针类型的数据中，常量仅有一个 nil，被称为空指针（Null Pointer）或零指针，它不指向任何动态变量。

对于指针类型的变量（简称为指针变量，在不产生歧义时也可以简称为指针）而言，用户可以根据需求在程序的变量说明中加以说明（定义）。指针变量说明的语法和语义如下：

① **语法**

指针类型的变量说明的语法图如图 8-6 所示。

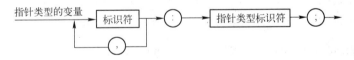

图 8-6 指针类型的变量说明的语法图

② **语义**

定义指针类型的变量。例如，若有下面说明：

```
Type q =^real;
Var q1,q2:q;
```

则该变量说明的语义是定义了 q1 和 q2 两个指向 real 型数据的指针变量。

③ **附注**

- 一个指针变量的值是它所指向的动态变量所对应存储空间的首地址。指针变量所对应的存储空间用来存放动态变量所对应存储空间的首地址。
- 在 Turbo Pascal 中，每个指针变量中存放的是 32 位的地址，因此其存储空间的大小为 4 个字节；

- 指针变量被说明时,并没有向它所对应的存储空间中写入任何内容,因此指针变量的初值是随机的;
- 上例变量说明中的 q1 和 q2 均为指向同一类型数据的指针变量;
- 指针类型的变量说明可以与指针数据类型说明合并。

例如,若有下面说明:

```
Type q =^real;
     k =^integer;
Var q1,q2:q;
    k1,k2:k;
```

上面的说明与下列说明等价。

```
Var q1,q2: ^real;
    k1,k2: ^integer;
```

2. 指针类型的数据允许进行的运算

(1) 赋值运算

这里的赋值运算仅允许指针数据类型的数据之间的赋值。具体地说,必须遵守以下赋值规则:

① 指向同一类型数据的指针变量可以相互赋值;
② 空指针 nil 可以赋给指向任何类型数据的指针变量;
③ 其他数据类型的数据不能赋给不同类型的指针变量。

例如,若有下面说明:

```
Type q =^real;
     k =^integer;
Var q1,q2:q;
    k1,k2:k;
```

那么,语句 q1:= q2; q2:= q1; k1:= k2; k2:= k1; q1:= nil; k2:= nil; k1:= nil;都是正确的,而 q1:= k1; k1:= q2; k2:= 2000;均是错误的语句。

下面介绍指针变量的赋值的语义。

设 q1,q2 是两个指向同一类型的指针(变量),而且指针(变量)q1,q2 所对应的存储空间中已经分别存放(记忆)了它们所指向的存储空间的首地址。若执行赋值语句:

```
q1:= q2;
```

则这个赋值语句的语义是,将变量 q2 所对应的存储空间中已经存放(记忆)的地址值赋给变量 q1。执行这个语句后,q1,q2 所对应的存储空间中均已存放(记忆)了原来 q2 所对应的存储空间中已存放(记忆)的地址值。这样,q1 所对应的存储空间中原来存放的地址值,现在已经被 q2 所对应的存储空间中已经存放(记忆)的地址值覆盖了。于是,形象地称之为指针(变量)q1,q2 均指向原来 q2 所指向的存储空间。因此,上述赋值语句的语义又可以这样说:将指针(变量)q1 指向指针(变量)q2 所指向的存储空间。在不产生异议时,把上述赋值语句的语义简单地表述为将指

针(变量)q1 指向指针(变量)q2;

④ Turbo Pascal 允许使用取地址运算符@,将某一指针变量所指向类型的变量的地址赋给该指针变量。例如,若有下面说明:

```
Type q =^real;
Var  q1:q;
     x:real;
```

那么,执行下面两条语句:

```
x:=2012.2;
q1:= @x;
```

其结果是指针(变量)q1 中存放了实型变量 x 的地址,或者说指针(变量)q1 指向了变量 x。

(2) 关系运算

指针类型的数据仅允许进行 =(相等)与 <>(不等)两种关系运算,运算结果为布尔值(**true** 或 *false*)。运算应遵守的规则是:

① 指向同一类型数据的两个指针变量可以进行 = 与 <> 两种关系运算。若两个指针变量运算的结果为 **true**(即相等),则说明两个指针变量指向了同一动态数据,否则说明两个指针变量没有指向同一动态数据;

② 空指针 nil 可以与指向任何类型数据的指针变量进行 = 与 <> 两种关系运算。若运算的结果为 **true**(即相等),则说明该指针变量没有指向任何动态变量,否则说明该指针变量已经指向了某一动态变量。

例如,若有下面说明:

```
Type q =^real;
     k =^integer;
Var  q1,q2:q;
     k1,k2:k;
```

那么,表达式 q1<>q2; q2=q1; k1<>k2; k2=k1; q1=nil; k2<>nil; k1=nil;是正确的。

另外,指针类型的常量与指针类型的变量不能直接进行输入或输出,但指针变量可以作为过程和函数的参数进行传递。值得注意的是,当指针变量作为过程和函数的数值参数进行传递时,参数传递方式为**值传递**,而作为变量参数进行传递时,参数传递方式为**引用传递方式**。下面举例说明。

例 8-1 下面是一个指针变量作为过程的数值参数的交换器程序,请分析其运行结果。

```
{ 程序名称:Exchanger2
  文 件 名:Exchanger2.pas
  作   者:赵占芳
  创建日期:2012-01-20
  程序功能:交换两个变量的值。
}
Program Exchanger2(input,output);
Type
```

```
        p=^integer;
    Var
        a,b:integer;
        x,y:p;

    procedure swap(c,d:p);         {交换指针所指内存空间的值}
    var
        k:integer;
    begin
        k:=c^;
        c^:=d^;
        d^:=k
    end;

    Begin
        a:=2;
        b:=11;
        writeln('a=',a,'','b=',b);
        x:=@a;          {其语义是将变量a的地址值放到指针变量x中}
        y:=@b;
        swap(x,y);
        writeln('a=',a,',','b=',b);
        readln
    End.
```

分析 程序执行时，首先给变量 a 和 b 赋初值，然后打印出如下结果：

```
a=2 ,b=11
```

接着将指针 x 指向变量 a(即将变量 a 的地址值放到指针变量 x 中)，指针 y 指向变量 b；然后调用过程 swap，此时将指针变量 x 中存放的变量 a 的地址值放到作为形式参数的指针变量 c 中，这样指针变量 x 和 c 同时指向了变量 a；同理将指针变量 y 中存放的变量 b 的地址值放到作为形式参数的指针变量 d 中，这样指针变量 y 和 d 同时指向了变量 b；接着程序执行过程 swap 的过程体：交换 c^ 和 d^ 的值，使得变量 a 和变量 b 的值进行了交换；这样过程执行完后返回主程序，并输出变量 a 和变量 b 的值，结果为：

```
a=11 ,b=2
```

附注

① 也许读者会感到：为什么选择数值参数，而过程的计算却影响了主程序的计算结果呢？它与前面介绍的选择数值参数的原因是否矛盾？

答案是它与前面介绍的选择数值参数的原因不矛盾，原因是这里的传值是传递的地址值，而不是非指针变量的非地址值。

② 若把数值参数改为变量参数，即把过程 swap 的首部改为：

swap(var c,d:p);

那么，程序的运行结果又如何呢？

答案是它与修改前的程序的运行结果相同，也即 c 和 d 之前加与不加 var 其运行结果相同。这是为什么呢？读者若分析了修改后的程序的执行过程不难找到答案。

8.2 动态数据类型

上节介绍了指针的概念，本节将利用它产生动态数据类型的数据。

8.2.1 静态数据类型与动态数据类型

1．静态数据类型与动态数据类型

在第 2.1 节中，按照数据类型定义的不同对 Turbo Pascal 的数据类型进行了分类，这里也可以从性态上对 Turbo Pascal 的数据类型进行分类。从性态上分析，数据的属性(例如，某变量所占计算机存储空间)有的是在编译时确定的，有的是在程序运行期间确定的。把数据的属性在编译时确定的数据类型称为静态数据类型(Static Date Type)，而把数据的属性在运行时才能确定的类型称为动态数据类型(Dynamic Date Type)。例如，Turbo Pascal 的基本数据类型均为静态数据类型。

2．静态变量与动态变量

在 Turbo Pascal 中，有了静态数据类型与动态数据类型的概念后，便有了静态变量与动态变量(引用变量)的概念。称编译时分配(Allocation)存储空间的变量为静态变量(Static Variable)，这种分配称为静态分配，而把程序运行时才进行分配存储空间的变量称为动态变量(Dynamic Variable)，相应的这种分配称为动态分配。

直观地说，凡是在程序的变量说明中被说明(定义)的变量均为静态变量。由此可知，指针变量是一种静态变量。静态变量的特点是它有自己的生存期，且与说明该变量的(分)程序的生存期相同；静态变量的规模是在程序的变量说明中说明(定义)的，在整个生存期中静态变量的规模不变；对静态变量的访问是通过直接使用变量名而访问的。动态变量则不然，它是在程序运行期间生成的，并没有在程序的变量说明部分中被说明(定义)，因此，它是无"名"的，不能直接使用其名来访问之，而要通过指针变量间接访问。动态变量的生存期是从程序运行中产生它时开始，直到它被撤销，而不管程序是否运行结束。另外，在整个生存期中动态变量的"规模"可以不断地改变，即若干个动态变量可以串联起来形成一个较为复杂的动态数据结构。

动态变量是具有类型的，其类型为指向该动态变量的指针所指向的对象的类型，也即为指针类型说明中的基类型。

8.2.2 动态变量的生成与废料的回收

1*．堆式存储管理

Turbo Pascal 采取了一种堆式存储管理技术，提供了用户在自己的程序中根据需要自由地、动态申请存储空间和归还存储空间的机制。

对内存进行存储管理是操作系统这一系统软件的功能之一。堆(Heap)是操作系统分配给编译程序的内存中的一块连续的存储区域，用户程序可以根据自己的需要在其运行期间向编译程序申请所需的存储空间。当用户程序一旦从编译程序处申请到自己所用存储空间后,编译程序就不再具有对该存储空间的管理权,除非用户程序再将该存储空间归还给编译程序。当用户程序不再使用自己申请的存储空间时,如果不将这些存储空间归还给编译程序,那么这些存储空间既没有用又不能被编译程序再分配给其他用户,从而造成内存资源的浪费。这样下去,堆的可用空间会变小,而当其他用户程序在运行期间根据需要再申请存储空间时,可能会因为堆的可用空间不够而得不到满足,从而出现死机现象。因此,用户程序一定要把那些不再使用的存储空间,及时归还给编译程序。

2. 动态变量的生成

在 Turbo Pascal 程序中,通过使用标准过程 new 来生成动态变量,因此,它又被称为产生算子(Creation Operation)。该过程的语法和语义描述如下:

(1) **语法**

```
new(p);
```

说明:这里 p 为指针变量。

(2) **语义**

产生由指针变量 p 引用的动态变量,该动态变量可以表示为 p^。

(3) **附注**

① 执行 new 过程,实际上做了两件事情:一是程序从编译程序管理的堆空间中申请一个存放基类型的动态变量的存储空间;二是将该存储空间的首地址放入指针变量 p 中。

② 执行 new(p)过程后,并没有向动态变量 p^所对应的存储空间中写入任何内容,因此,动态变量 p^的初值是随机的,没有定义,取决于原先该存储空间的内容。可以利用赋值语句给动态变量p^赋值。如图 8-7 所示,执行 new(p)之后:

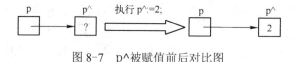

图 8-7　p^被赋值前后对比图

③ 动态变量 p^的类型恰好是指针变量 p 所指向的数据类型。例如,若有下面说明:

```
Type q =^real;
Var p: q;
```

则程序中执行 new(p)后,动态变量 p^的类型为 real 类型。

3. 动态变量空间的释放与废料的回收

(1) 动态变量空间的释放

Turbo Pascal 中,提供了释放动态变量空间的标准过程,该过程的语法和语义如下:

① **语法**

```
dispose(p);
```

② **语义**

将指针变量 p 引用(所指向)的动态变量的存储空间归还给编译程序。

③ 附注

- 执行 dispose(p) 过程后，指针（变量）的值变为无意义。建议读者编程时，在该过程后应紧接着把 nil 赋给 p，以表示 p 不再指向任何动态变量。例如：

```
dispose(p);
p:=nil;
```

- 标准 Pascal 已经取消了 dispose 过程。由于该标准过程并没有给用户带来直接的好处和方便，用户往往忽视，因此，编程时应注意自己使用的语言版本的具体规定。

(2) 废料的回收

废料(Garbage)（即无用单元）是指用户程序从编译程序处申请的业已用完，但还没有归还给编译程序的动态变量的存储空间。废料回收是由编译程序中专用的系统来完成的，其基本思想是先将它们作标记，然后再回收到堆的可用空间中。废料的回收属于动态存储管理的内容，不了解细节的用户也不影响使用语言编程。这一部分就介绍到这里，详细内容将在"操作系统"课程中介绍。

8.2.3 动态变量的使用

1. 动态变量的使用

在 Turbo Pascal 程序中，通过使用标准过程 new(p) 生成动态变量后，就可以使用 p^来访问 p 所指向的动态变量了。动态变量 p^的使用方法与同类型的静态变量的使用方法相同。譬如，如果 p^为实型，则下列语句是正确的。

```
read(p^);
p^:=1.5;
```

但是，在使用 p^参与运算时，它所能参与的运算取决于其类型，它能够参与的运算与其同类型的静态变量相同。例如，若有下面说明：

```
Type p =^real;
     q =^char;
Var  p1: p;
     p2: q;
```

则使用 new(p1) 和 new(p2) 产生动态变量 p1^和 p2^后，由于 p1^为实型，它能够参加算术运算和关系运算，而 p2^为字符型，只能参加关系运算。

2. 动态变量使用中应注意的问题

为了正确使用动态变量，要注意避免下面三种情况发生。

(1) 企图用取 nil 值或未定值的指针引用动态变量。例如，设 p1 为指针变量，当 p1 还未定值或 p1=nil 时，引用 p1^是不合法的。

(2) 因指针重新定值的缘故，如果没有其他动态变量指向相同的存储空间，将使它原来所指向的动态变量所对应的存储空间成为无用空间，程序中将再也无法使用该空间了。例如，图 8-8 中在(a)的基础上执行 p2:=p1;后得到(b)形式，(a)中存放 B 值的动态变量在(b)中变成了不可使用的动态变量。

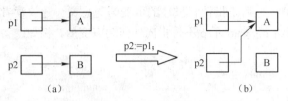

图 8-8 指针变量的值改变前后示意图

(3) 两个以上指针指向同一动态变量,用其中一个指针执行 dispose 过程,而对其他指针没有赋 nil 值,此时若再引用其他指针所指向的动态变量时则会出错。这种错误是一种逻辑错误,称为**悬空引用**(Dangling Reference)。例如,图 8-9 中在(a)的基础上执行 dispose(p2)后得到(b)形式,(b)中由于 p1 没有被赋 nil 值使得动态变量 p1^变成不可引用。若引用 p1^,则会产生逻辑错误。但在 Turbo Pascal 编译中,即使执行了 dispose(p2),p2 中的值并不是^,还是原来所指向的动态变量的地址值,只是切断了 p2 和那个空间的联系,不能再使用 p2^访问那个空间了。这与编译程序的实现方法和技术有关,所以,即使 dispose(p2)后,也要执行 p2:=nil 的操作。

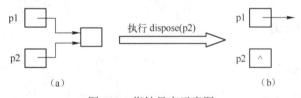

图 8-9 指针悬空示意图

例 8-2 假设有如下程序:

```
Program DanglingReference(input,output);
Type
  point=^real;
Var
  p,q:point;
Begin
  new(p);
  q:= p;
  dispose(p);
  q^:=1.0;
  write(q^);
  readln
End.
```

在该程序中,在对 q 赋予 p 之值后,二者指向相同的对象。在对 p 解除分配之后,q 是悬空指针,对 q 的赋值是非法的。若程序员发现不了,将产生不可预测的结果。

8.2.4 指针与动态变量有关知识小结

对指针与动态变量的有关知识小结如下:

(1) 当提到指针时,其本质是存储某确定类型的数据所占内存空间的首地址。而指针变量所对应的存储空间则是用来记忆(存放)这个确定类型的数据所占内存空间的首地址的。在不产生异议时，可以把指针变量简称为指针。

(2) 指针(变量)与其所指向的数据是密切相关的。它就是用来引用其所指向的那个确定类型数据的工具。在使用指针(变量)时，人们感兴趣的是它所指向的那个确定类型的数据，而不是指针(变量)本身。

(3) 在程序中，指针(变量)在使用前，必须进行说明，因而它属于静态变量。而它指向的那个确定类型的数据则为动态变量，这个动态变量在使用前并未进行说明，这是 Turbo Pascal 允许的。若 p 为一指针(变量)，则其动态变量以 p^作为其标识。故 p 是一个静态的概念，而 p^则是一个动态的概念。指针(变量)p 的类型为指针数据类型，而 p^的类型是任何 Turbo Pascal 数据类型(包括指针类型和文件类型)。

(4) 在程序中，并非指针(变量)p 被说明后，动态变量 p^就存在了，而是指针(变量)p 被说明后，当程序员使用 new(p)之后才产生的。也就是说，指针(变量)p 被说明后，p 所对应的那片动态存储空间中还没有存放(记忆)任何 p 的存储空间的地址，只有在程序员使用 new(p)之后，p 所对应的存储空间中才存放(记忆)了动态变量 p^所对应的存储空间的首地址。当然，p 所对应的存储空间中存放(记忆)的地址值是可变化的，这个变化是通过赋值语句来完成的。两个指向同一类型的指针(变量)之间可以赋值；空指针 nil 可以赋给指向任何类型的指针(变量)，以表示这个指针(变量)所对应的存储空间中没有存放(记忆)任何存储空间的地址。

(5) 在程序中，程序员使用 new(p)产生动态变量 p^之后，动态变量 p^的值是随机的，其值是可以用赋值语句或 read 语句来确定。动态变量 p^被定值后，它就可以参与 p^本身类型所允许进行的任何运算。动态变量 p^在不用之后应该用 dispose 收回。

(6) 指针(变量)的赋值运算是指针类型的数据允许进行的运算的核心运算。其赋值运算的规则在(4)中已经介绍，下面总结一下给指针(变量)赋值的语义。假设 p,q 是两个指向同一类型的指针(变量)，在程序中执行 new(p)和 new(q)后，指针(变量)p,q 所对应的存储空间中已经分别存放(记忆)了动态变量 p^的首地址和动态变量 q^的首地址，或者说指针(变量)p,q 已经分别指向了其动态变量。若此时执行赋值语句：

```
p:=q;
```

则这个赋值语句的语义是将 q 所对应的存储空间中已经存放(记忆)的动态变量 q^的首地址放入 p 所对应的存储空间中。执行这个语句后，p,q 所对应的存储空间中均已存放(记忆)了动态变量 q^的首地址(这样，p 所对应的存储空间中原来存放的 p^的首地址被 q^的首地址覆盖了)。人们形象地称之为指针(变量)p,q 均指向了动态变量 q^。因此，上述赋值语句的语义又可以这样理解：将指针(变量)p 指向指针(变量)q 所指向的动态变量 q^。在不产生异议时，把上述赋值语句的语义简单地表述为将指针(变量)p 指向指针(变量)q。

(7) 在程序中，不能用 read 语句和 write 语句来访问指针(变量)p，而动态变量 p^是允许的。

(8) 引入指针(变量)的目的就是用它来产生动态变量，进而由此构造更为复杂的动态数据结构，并以此基础来实现对问题的求解。不掌握指针数据类型，就没有真正掌握现代高级程序设计语言。

8.3 指针的应用

前面已经介绍了 Pascal 中引入指针的主要目的，即以指针为工具产生动态变量，并将许多动态变量连接成所需要的动态数据结构,然后基于该动态数据结构实现问题的求解。例如,在 8.1.1 中介绍的链表,此外还有二叉树、图,等等。本节举例说明指针的简单应用,而深入的介绍留在后续的"数据结构"课程中。

例 8-3 查找问题。请你写一个程序,从键盘任意读入若干整数,以整数 0 结束。然后,从中找到最大整数,并打印之。要求基于单链表实现。

A. 分析

对于本题的求解,若使用数组作为数据组织与描述的方法,则是非常简单的。使用数组作为数据组织与描述的方法,其本质就是把从键盘任意读入的若干整数存放在计算机内存的连续存储空间中。那么,若把从键盘任意读入的若干整数存放在计算机内存的不连续的存储空间中,则本题的数据组织与描述将采用什么方法呢?

本章第一节的知识表明:可以采用如图 8-4 所述的存储结构来组织该问题的数据,即把它们组织成一个单链表。根据单链表的结构和本题中从键盘任意读入的数据的类型,其数据类型的描述(定义)如下:

```
Type
    pointer =^node;
    node = record
            data: integer;
            next: pointer;
        end;
```

有了单链表的数据类型描述后,下面很自然地联想到:若能够在数据输入的过程中建立起该单链表,然后在其基础上遍历之,则本题所要找的最大整数就找到了。那么,如何建立单链表呢?单链表建立的方法可以使用头插法,即循环地生成链表中的每一个结点,然后将它插入到已生成的单链表的头部即可。至于在单链表上如何实施查找运算,其基本思想还是穷举法,称之为对单链表的遍历(或周游)。下面给出本题的算法描述。

B. 算法

① 利用头插法建立单链表,描述如下:

输入第一个数据;

建立含有一个结点的单链表;

输入第二个数据;

循环:当输入的数据不为 0 时,做:

[建立新的结点;

将新结点插入到已生成的单链表的头部;

输入下一个数据;

]

② 遍历整个单链表

指针(变量)r 指向已经建立好的单链表的第一个结点;

max ← r^.data;

循环:当 r 还没有遍历完单链表时,做

[若 r^.data>max,则 max ← r^.data;

指针(变量)r指向下一个结点；
   ]
③ 打印单链表中的最大整数。
C. 源程序

```
{  程序名称：SelectMaximumNumber
   文 件 名：SelectMaximumNumber.pas
   作   者：赵占芳
   创建日期：2012-01-20
   程序功能：求解查找问题。
}
Program SelectMaximumNumber(input,output);
Type
  pointer =^node;
  node = record
           data: integer;
           next: pointer;
         end;
Var
  p: pointer;
  max: integer;

Procedure CreateLinkedList(var h: pointer);{ 建立单链表 }
Var
  x:integer;
  q1,q2: pointer;
begin
  writeln('input x =');
  readln(x);
  new(q1);
  q1^.data:=x;
  q1^.next:= nil;
  q2:= q1;
  writeln('Continue to input x= ');
  readln(x);
  while x <>0 do
    begin
      new(q1);
      q1^.data:=x;
      q1^.next:= q2;
      q2:=q1;
      writeln('Continue to input x= ');
      readln(x)
    end;
  h:=q2
end;
```

```
Procedure SearchLinkedList(var h: pointer);        { 在单链表上搜索最大整数 }
Var
  r: pointer;
begin
  r:=h;
  max:=r^.data;
  r:=r^.next;
  while r <> nil do
    begin
      if r^.data > max then
        max:=r^.data;
      r:= r^.next
    end
end;
Begin  {主程序}
  CreateLinkedList(p);
  SearchLinkedList(p);
  write('max =',max: 3);
  readln
End.
```

D. 附注

(1) 在本例程序中，过程 CreateLinkedList 的功能是利用头插法建立单链表。本例程序很好地体现了以指针为工具产生动态变量，并将许多动态变量连接成链表这一**动态**数据结构的思想，是指针的很好应用，读者应反复体会之。

(2) 从数据结构角度来看，本题所涉及的数据结构是线性表。第六章例 6-6 和本例分别是用顺序和链式两种存储结构实现线性表。读者可以思考一下两种存储结构实现线性表的思想及其特点。当然，后续的"数据结构"课程还要详细讨论。

(3) 为了使程序模块化，程序中使用了过程 CreateLinkedList 和过程 SearchLinkedList 来完成单链表的建立和遍历查找。在这两个过程中，使用了指针作为参数进行信息传递，其传递方式为引用传递。请读者认真将程序走一遍，若能够走通，则肯定使读者加深对指针和动态变量等概念的理解。

例 8-4 约瑟夫问题。请写一个程序，用链表结构求解约瑟夫问题。

A. 分析

由于该问题描述的数据可以组成一个环形结构，因此可以考虑利用循环链表来组织这些数据。循环链表是在 8.1.1 中介绍的链表的基础上，将最后一个结点的指针域指向链表的首结点而形成的。为了解决该问题，必须先建立该问题的循环链表。然后连续循环报数，报数 m 的人出列(即删除循环链表中的这个结点)，并打印该结点的数据域(人的编号)，直到循环链表中剩下最后一个结点为止。最后打印循环链表中的唯一一个结点的编号。

B. 算法

① 利用尾插法建立循环链表；
② 循环:当循环链表中的结点个数不唯一时，做：
   [循环报数，直到报 m 数的结点；

输出报 m 数的结点；

从循环链表中删除报 m 数的结点；

]

③ 打印循环链表中的唯一一个结点的编号。

C. 源程序

```
{   程序名称：Josephus2
    文  件  名：Josephus2.pas
    作    者：赵占芳
    创建日期：2012-01-20
    程序功能：求解约瑟夫问题。
}
Program Josephus2(input,output);
Type
  link =^T;
  T = record
        data: integer;
        next: link;
      end;
Var
  h,p,q: link;
  m,n,i: integer;
Begin
  writeln('m,n=');
  readln(m ,n);
  new(h);                   { 建立单链表 }
  q:= h;
  for i:= 1 to n do
    begin
      new(p);
      p^.data:= i;
      q^.next:= p;
      q:= p
    end;
  h:= h^.next;              { 删除空的头结点 }
  q^.next:= h;              { 形成循环链表 }
  while q^.next <> q do
    begin
      for i:= 1 to m do     { 循环报数 }
        begin
          p:= q;
          q:= q^.next;
        end;
      write(q^.data:3);     { 打印报m数的结点的编号 }
      p^.next:= q^.next;    { 删除报m数的结点 }
      dispose(q);
      q:= p          { 为了实现连续报数，将q指针指向p指针所指向的结点 }
```

```
        end;
    write(q^.data: 3);    { 打印循环链表中的唯一一个结点的编号 }
    readln
End.
```

D. 附注

（1）本例中给出了利用尾插法建立链表的源代码。所谓尾插法是循环地生成链表中的每一个结点，然后将它插入到已生成链表尾部的方法。另外，还应该注意链表中结点的删除及其撤消。本例程序很好地体现了以指针为工具产生动态变量，并将许多动态变量连接成链表这一**动态**数据结构的思想，是指针的很好应用，读者应反复体会之。

（2）从数据结构角度来看，约瑟夫问题所涉及的数据结构是也线性表。第六章例 6-9 和本例分别是用顺序和循环链式两种存储结构实现的线性表。读者可以思考一下两种存储结构实现线性表的思想及其特点。当然，后续的"数据结构"课程还要详细讨论。

（3）从查找问题（第六章例 6-6 和本章例 8-3）与约瑟夫问题的两种实现（第六章例 6-9 和本例）中，你能够体会到著名计算机科学家、图灵奖的获得者 Wirth（沃思）教授给出的著名公式："程序＝数据结构＋算法"的内涵吗？

（4）查找问题与约瑟夫问题的两种实现方法涉及到了相同数据的不同表示形式，正是数据的不同表示导致了其实现的程序质量。这有力地说明了"一个问题求解质量和效率的高低更多地取决于对问题的描述与数据表示的形式，而不是施加于其上的操作"这一计算机科学与技术学科的特点。

例 8-5　请写一个程序，对随机给出的 *n* 个英文单词进行字典排序。

A. 分析

为了解决问题的方便，简化问题的求解，需要按照下面的方法组织数据：先利用字符串定义英文单词，再引入指针数组（即数组元素的数据类型为指针类型的数组），用该数组中的元素分别指向每个英文单词，这样就形成了一个较为复杂的数据结构，其逻辑图如图 8-10 所示。如果对这些英文单词进行排序，则不必改动英文单词的位置，只需要改动指针数组中各元素的指针，即改变各个元素的值即可。这些值是各个英文单词的首地址。这样，各个英文单词的长度可以不同，而且移动指针变量的值(地址)要比移动英文单词的时间少得多。

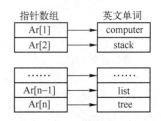

图 8-10　数据组织的逻辑图

B. 算法

① 输入 *n* 个英文单词(字符串)；
② 利用选择排序对 *n* 个英文单词进行排序；
③ 输出已经排序好的 *n* 个英文单词。

C. 程序

```
{   程序名称：Pointersort
    文 件 名：Pointersort.pas
    作    者：赵占芳
    创建日期：2012-01-20
    程序功能：利用指针数组对n个英文单词按照字典序排序。
}
Program Pointersort(input,output);
```

```
Const
  n = 10;
Type
  str = string[15];    {Turbo Pascal的字符串类型，在标准Pascal中为压缩数组}
  pointer = ^str;  {在Turbo Pascal中，不能直接使用：pointer = ^string[15];}
Var
  ar: array [1..n] of pointer ;

Procedure readstr;       {输入n个英文单词}
Var
  i: integer;
begin
  writeln('Input ',n ,' string[15]:');
  for i:= 1 to n do
   begin
     new(ar[i]);
     readln(ar[i]^);
   end
end;

Procedure sort;         {对n个英文单词进行选择排序}
Var
  i,j,k: integer;
  p: pointer;
begin
  for i:= 1 to n-1 do
    begin
      k:= i;
      for j:= i+1 to n do
       if ar[k]^> ar[j]^ then
         k:=j;
      if k<>i then
        begin
          p:= ar[i];
          ar[i]:= ar[k];
          ar[k]:= p
        end
  end
end;

Procedure printstr ;   {输出已经排序了的n个英文单词}
Var
  i:integer;
begin
  for i:= 1 to n do
    writeln(ar[i]^)
end;
```

```
Begin  {主程序}
  readstr;
  sort;
  writeln;
  printstr;
  readln
End.
```

D. 附注

（1）Turbo Pascal 允许数组元素的数据类型为指针类型，这样便引入了指针数组的概念。请读者体会其内涵。

（2）英文单词的排序还可以选用其他排序算法。

（3）所谓字典序列是指将若干个字(字符串)构成的集合，按照字典序关系排序后所得到的序列。在进行字典排序时，由于构成每个字的字母已有确定的前后次序，排序先按第一个字母的次序排，然后再按第二个字母的次序排，……，以此类推。这样顺次按各字母的比较排列每一个字，就形成了字典序列。在一个字典序列中，各个字之间所表现出来的序关系就是字典序关系。作为一个思考题，请你能否用数学语言给出字典序关系的严格定义？

（4）字典序关系是一个全序关系。关于序关系的知识将在后续的"集合论与图论"课程或"离散数学"课程中介绍。

（5）字典排序在计算机科学与技术中，尤其在汉字信息处理领域有着广泛的应用。

例 8-6 二叉树是一种常用的数据结构。二叉树是结点的有穷集合，它或着为空集合，或着为由一个根结点和两棵互不相交的二叉树组成。这两棵互不相交的二叉树分别被称为根结点的左子树和右子树。左子树和右子树(若有的话)的根结点分别为原二叉树根结点的左孩子和右孩子。没有任何孩子的结点称为叶子结点。图 8-11 给出了一棵二叉树。

对于一棵二叉树而言，若除叶子结点外，任何其他结点的值均比其左孩子结点之值大，而比其右孩子结点之值小，则这棵二叉树被称为二叉排序树。下面给出了动态建立任意一棵二叉排序树，以及先序遍历该二叉排序树的递归程序，请分析该程序的执行过程。

二叉排序树的结点类型为包含三个域的记录类型：一个为数据域，其他两个分别为左指针域和右指针域，它们分别指向其左孩子结点和右孩子结点。

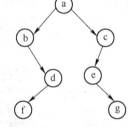

图 8-11 一棵二叉树

```
{  程序名称：Createbtree
   文 件 名：Createbtree.pas
   作    者：赵占芳
   创建日期：2012-01-20
   程序功能：创建二叉排序树并遍历输出。
}
Program Createbtree(input,output);
Type
  pointer=^node;
  node = record
```

```pascal
        data:integer;
        lchild,rchild:pointer
      end;
Var
  x: integer;
  root: pointer;

Procedure insert(y: integer;Var p: pointer);   {向二叉排序树插入一个数据}
begin
  if p = nil then
    begin
     new(p);
      with p^ do
        begin
          data:= y;
          lchild:= nil;
          rchild:= nil
        end
    end
  else
    with p^ do
      if y < data then
        insert(y,lchild)
      else
        insert(y,rchild)
end;

Procedure preorder(p: pointer);    {先序遍历p所指向的根结点的二叉排序树}
begin
   if p <> nil then
     begin
        write(p^.data:3);
        preorder(p^.lchild);
        preorder(p^.rchild)
     end;
end;

Begin {主程序}
  root:= nil;
  writeln('Input insert x,x<0,end');
  read(x);
  while x >= 0 do
   begin
     insert(x,root);
     writeln('Continue to input x,x<0,end');
     read(x);
   end;
```

```
        writeln('preorder:');
        preorder(root);      {为了输出所建立的二叉排序树,需要先序遍历之}
        readln;
        readln
     End.
```

A. 分析

先分析二叉排序树的建立过程。假设程序中输入的结点序列的值分别为 5,2,4,3,9,7,8。程序开始执行,root 之值为空,给 x 读入 5,调用过程 insert,其变参 p 为空,执行 new(p),即相当于执行 new(root),将 5 赋给 p(即 root)所指向的结点的数据域,该结点的左、右指针为空,这样二叉排序树的根结点建立,返回主程序。

输入第二个数据 2,再调用过程 insert。由于第一次调用已经给 root 赋值,它不为空,因此 p 也不为空。与 p 所指向的结点的数据域比较,实际上是与根结点的数据域比较。由于 2<5,执行 insert(x,lchild),它处于 with 语句中,相当于执行 insert(x, root^.lchild),这是对 insert 过程的递归调用。现在的变参 p 就是 root^.lchild,即根结点的左指针。由于根结点的左指针在第一次调用 insert 时已经被赋空值,执行 new(p),相当于执行语句 new(root^.lchild),即让根结点的左指针指向一个新结点,并给它的数据域赋值为 2,其左、右指针为空,返回主程序。

输入第三个数据 4,再调用过程 insert。由于 root 不为空,因此 p 也不为空。与 root 所指向的结点的数据域 5 比较,小于它,执行 insert(x,root^.lchild),递归调用 insert 过程。由于在输入第二个数据时,root^.lchild 已经被赋值,对应此时的变参 p 不为空。与 p 所指向的结点的数据域比较,实际上就是与 root^.lchild 所指向的结点的数据域 2 比较。因大于 2,执行 insert(x,p^.rchild),实际上是执行语句 insert(x, root^.lchild^.rchild),再次递归调用 insert 过程。由于在输入第二个数据 2 时,已经给 root^.lchild^.rchild 赋值为空,所以在该层调用中,p 为空,执行 new(p),即执行 new(root^.lchild^.rchild),这样数据域之值为 2 的结点的右指针指向一个新结点,并给其数据域赋值为 4,左、右指针为空,返回主程序。

就这样,直到输入任意一个小于 0 的数为止,程序运行结束。于是,得到如 8-12 图所示的二叉排序树。

关于先序遍历上述建立的二叉排序树的过程,请读者在老师的指导下自己分析完成,这里就不赘述了。

B. 附注

(1) 在源程序中,insert 过程中的变量参数的类型是指针类型,其信息传递方式为引用传递。请读者认真将程序运行一遍,体会指针变量作参数的本质。

(2) 对于本题源程序,看起来简单、清晰,但要真正搞清楚其具体执行过程和细节,初学者必须静下心来在纸上将程序运行几遍,通过跟踪程序执行的流程,记录每一步变量值的变化,才能全面理解程序的含义。这样做,有助于读者把握程序设计的要领。显然,要读懂该程序,读者必须熟悉指针的概念和递归的概念。

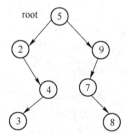

图 8-12 所建立的二叉排序树

(3) 对于二叉树这一数据结构的深入介绍,属于后续课程"数据结构"中的核心内容。二叉树在编译程序、操作系统等非数值软件的构造中有着广泛的应用,这里就不再详细介绍了。

通过以上四个实例的学习,读者初步知道了利用"指针",可以建立单链表和二叉树两种数据结构。**更为重要的是**，这些数据结构一旦建立，可以基于它为实现某一计算提供一种崭新的途径。例如，本章例 8-3 就是求解查找问题的与第六章例 6-6 不同的一种实现方法，而本章例 8-4 就是求解约瑟夫问题的与第六章例 6-9 不同的实现方法。

其实，还可以利用"指针"的概念，建立更为复杂而且应用更为广泛的数据结构，这些恰好是后续课程——"数据结构"的中心内容。至此，读者对指针的意义及其应用有了初步的了解。这正如 8.1.1 所言，利用指针建立动态数据结构是使程序设计语言跨入非数值计算领域的必备手段。

本 章 小 结

在本章中，受现实生活中"部分串连成整体"思想的影响，首先引入了"指针"的概念，然后研究了指针数据类型，最后给出了其应用。这一过程体现了计算机科学与技术学科的基本工作流程，也初步辅助说明了学科基本工作流程的科学意义。

指针并非是任何高级程序设计语言所具有的概念和构造新数据类型的工具。在 Pascal 中，之所以引入"指针"这一概念，是因为要以"指针"为工具建立复杂的数据结构。新的数据结构的建立，为求解问题开辟了一条新的途径。这有力地说明了指针是使程序设计语言跨入非数值计算领域的必备手段。通过本章例题的学习，也的确证明了这一点。

将指针引入到程序设计语言中，增强了语言的表达能力。然而，应该清楚地认识到，指针的使用将使得程序的可读性有所降低，而且很容易发生错误。正因如此，1973 年英国著名计算机科学家、图灵奖获得者 C. R. Hoare(托尼·霍尔)教授指出："指针就像跳转一样，疯狂地在数据结构之间到处指来指去。将指针引入到高级语言中，是已经无法复原的一大退步。"今后，还将在"数据结构"课程中深入地介绍指针的应用。

习 题

1. 请给出下面程序的运行结果。

```
(1) Program ex8_1;
    Var
       a:1..10;
       b:5..15;
       c:integer;
       p:^integer;
       i:char;
       d:boolean;
       ab:array ['a'..'c'] of boolean;
    Begin
       a:=2;
       b:=6-a;
       c:=97;
       new(p);
       p^:=a-b;
       for i:= 'a' to 'c' do
```

```
    begin
      d:=boolean(p^);
      ab[i]:=boolean(integer(i)-c) and d;
      writeln('ab[',i,']= ',ab[i]);
    end;
  dispose(p);
  readln
End.
(2) Program Ex8_2;
    Type
      p=^T;
      T=^string;
    Var
      a:T;
      b:p;
    Begin
      new(a);
      a^:='SJZUE';
      b:=@a;
      writeln('b^^=',b^^);
      dispose(a);
      readln
    End.
```

2. 下面的程序中，出现了指向字符串的指针及其作为参数的现象，请给出下面程序的运行结果。

```
Program Ex8_3(input,output);
Type
  CH=string[15];
  ST=^CH;
Var
  ch1,ch2:string[15];
  p:ST;
procedure concate(x:CH;y:ST);
begin
  y^:=x+y^;
end;
Begin
  ch1:='SPRING';
  ch2:=' FESTIVAL';
  p:=@ch2;
  concate(ch1,p);
  writeln('p^=',p^);       {注意：借助指向字符串的指针,输出该字符串}
  readln
End.
```

3. 已知如图 8-13 所示的单链表，阅读下面程序片段，指出该程序片段的功能。

图 8-13　一个单链表

```
Type
    pointer =^node;
    node = record
             data: char;
             next: pointer
         end;
……
Procedure invert(var p: pointer);
Var
    r,q: pointer;
Begin
    q:= nil;
    while p <> nil do
        begin
            r:= q;
            q:= p;
            p:= p^.next;
            q^.next:= r
        end;
    p:= q;
End;
```

4. 阅读下列程序片段，指出该程序片段的功能；若对 T 所指二叉树（如图 8-14 所示）进行下面的程序片段 order 所提供的操作，写出其执行结果。

```
Type
    link =^node;
    node = record
             data:datatype;
             lchild,rchild:link
         end;
……
Procedure order(Var p:link);
Label 22;
Const
    n =100;
Var
    stack: array [1..n] of link;
    i: integer;
begin
    i:= 0;
    repeat
```

```
        while p <> nil do
          begin
            i:=i+1;
            if i > n then goto 22;
              stack[i]:= p;
            p:= p^.lchild
          end;
        if i <> 0 then
          begin
            p:= stack[i];
            writeln(p^.data,'(',i,')');
            i:= i-1;
            p:= p^.rchild
          end;
      until (i=0) and (p=nil);
      22: write('stack full.');
    end;
```

5. 请你借助指针，求解第六章习题 5 的模式匹配问题。

6. 以链表为存储结构，写一个程序，利用筛选法求 2-100 之间所有素数，并把这些素数按升序顺序存入文件名为 prime.txt 的文本文件中。

7. 平台问题。按递增规律输入 n 个奇数并组成一个链表；按照递增规律输入 n 个偶数并组成另一个链表；将上述两个链表合并为一个链表，进行排序输出。检查合并后的链表中是否存在"平台"，并输出查出的平台的元素的值以及该平台的长度。

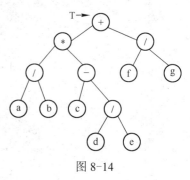

图 8-14

平台定义为：对给出的有限数列，其中具有相等值元素的子序列称为平台。例如：

数列	n_1	n_2	n_3	n_4	n_5	……	n_k
n_i 的值	16	23	23	23	25	……	487

长度为 3 的平台

8. 已知含有 n 个结点的单链表，其每一个结点的数据域为实数类型，请你写一个程序使得单链表按照每一结点的数据域之值作升序(正序)排序。

9. 将军打单不打双问题。有一个是神枪手的残酷将军，抓住了 200 个俘虏，要枪毙 199 个。他让俘虏站成一路横队，说："我有 199 发子弹，从排头开始打，一枪打死一个，打单数不打双数。打完一轮，重复上述过程，直到打完 199 发子弹。你们可以自由选择自己的位置。"结果俘虏中有一个数学家，选择了合适的位置，得生了。请你写一个程序，计算数学家选择了哪一个位置？

10. 学生成绩管理系统(Version 3.0)。假设某班人数最多不超过 30 人，具体人数由键盘输入，学生的数据信息包括：学号、姓名、性别、出生日期、数学分析、高级语言程序设计、电路与电子学三门课的成绩、平均成绩。请你使用函数或过程，使用单向链表作为基本数据结构，设计并实现一个菜单驱动的学生成绩管理系统，其系统功能如下：

(1) 数据录入功能。从键盘任意输入 10 个学生信息(在每个学生信息中，平均成绩不输入)，自动计算每个学生的三门课程的平均成绩，保存到相应学生的"平均成绩"域中；

(2) 排序功能。

① 按平均分或按某门课程的成绩从高到低对学生信息进行排序；

② 按学生姓名的字典顺序对学生信息进行排序；

(3) 输出功能。将单向链表中的学生信息输出；

(4) 查找功能。

① 从键盘输入一个要查找的学生姓名，在学生信息中查找有无此人，若有，则输出此人信息，否则输出"查无此人！"的提示信息；

② 按年龄和性别查找学生的基本信息，若找到，则输出此人信息，否则输出"查无此人！"的提示信息；

③ 查找并输出某门课成绩最高的学生的基本信息，成绩最高的可能不只一名学生；

(5) 分类统计功能。按优秀(90—100)、良好(80—89)、中等(70—79)、及格(60—69)、不及格(0—59)五个类别，统计某门课程各个类别的人数及百分比。

(6) 数据追加功能。向单向链表中添加一名新的学生信息，要求学生的学号不允许与已有的学生学号重复；

(7) 数据修改功能。按学号查找学生基本信息，若找到，对学生信息进行修改后保存；若找不到，则给出"查无此人！"的提示信息；

(8) 数据删除功能。按学号查找学生基本信息，若找到，删除相应的学生信息；若找不到，则给出"查无此人！"的提示信息。

11. 在如图 8-15 所示的单链表中，其数据元素是不可再分的单元素(即无结构的)。而如图 8-16 所示的链式广义表中，其数据元素既可以是不可再分的单元素，又可以是另外的链式广义表。因此，链式广义表是单链表的推广。

图 8-15 单链表(a,c,b,d)

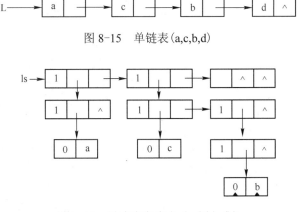

图 8-16 链式广义表(a,(c,(b)),())

在链式广义表中，其结点形式如图 8-17 所示。其中，表结点用以表示广义表；另一种是元素结点，用以表示单元素。在表结点中包括一个指向表头的指针 hp 和指向表尾的指针 tp；而在元素结点中包括所表示单元素的元素值。为了区分这两类结点，在结点中还要设置一个标志域 tag，如果标志为 1，则表示该结点为表结点；如果标志为 0，则表示该结点为元素结点。

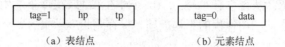

（a）表结点　　　　　　　　　（b）元素结点

图 8-17　链式广义表的结点形式

请解答下列问题：

(1) 请你给出上述链式广义表的数据类型定义；

(2) 基于上述类型定义，请你写一个递归函数或递归过程，求给定的广义表的深度。广义表 ls $= (\alpha_1, \alpha_2, \cdots, \alpha_n)$ 的深度 DepthList(ls) 递归定义如下：

$$\begin{cases} \text{DepthList(ls)} = 1 & (\text{当 } ls \text{ 为空表时}) \\ \text{DepthList(ls)} = 0 & (\text{当 } ls \text{ 为单元素时}) \\ \text{DepthList(ls)} = 1 + \max_{1 \leq i \leq n}\{\text{DepthList}(\alpha_i)\} & (\text{当 } n \geq 1 \text{ 时}) \end{cases}$$

第9章 文件

迄今为止，运行任何一个程序时，其需要的数据都是从键盘输入的，而且每运行一次都要重复输入一次数据。当程序需要输入的数据量较大时，这种"每运行一次程序都要重复输入一次数据"的做法是非常麻烦的。有没有一种一劳永逸的办法可以解决重复输入数据的问题呢？答案是肯定的，Turbo Pascal 提供了文件功能，可以解决这个问题。本章介绍 Turbo Pascal 文件的基本内容。

▷▷ 9.1 文件概述

文件是一种重要的数据结构，也是程序员在程序设计中实现数据输入/输出的一种重要的媒介。熟练地掌握文件的知识，对于用户提高程序设计的应用水平非常重要。下面，先介绍文件的基本知识。

9.1.1 文件的概念

第三章曾介绍了 Turbo Pascal 基本的输入与输出。所谓程序的输入一般是指从外部设备接收数据，程序的输出一般是指将数据传送到外部设备。

早期的高级语言对特定的外部设备提供了特定的输入/输出操作，这导致设计出来的程序代码受限于外部设备，可移植性(Portability)差。后来，因为操作系统的发展，引入了文件(File)的概念，在程序中不仅可以声明文件并将文件作为输入/输出的对象，而且还可以在文件与某个外部设备之间建立关联，将文件作为输入设备与输出设备的抽象描述载体，通过文件对设备进行管理。目前，文件已经成为高级语言输入/输出机制的基本概念。

文件之所以重要，是基于以下理由：

（1）程序运行时必须与计算机系统环境通信，通过文件可以较好地进行这种通信；

（2）一个程序从启动到运行结束，通常它在内存中的信息会全部丢失。若能将程序及其所处理的数据以文件形式保存起来，不仅可以永久性地保存，而且还可以实现资源的共享，供多个程序使用；

（3）文件的全部信息存放在外存中，需要时调入内存运行，可以更好地利用外存具有存储容量更大的特点，用于存放大量数据。

一个文件必须有一个由用户命名的唯一名字，即文件名，它是存储在外存中的具有一定结构的数据的聚集。数据是以文件的形式存储在外部存储器上,操作系统以文件为单位对数据进行管理。使用文件还可以提高设备的无关性。所谓设备的无关性是指程序不仅要独立于同类设备的具体台号,而且还要独立于设备的类型。例如,当程序向屏幕或打印机输出时,不必考虑使用的是哪一种型号的显示器或打印机。

大多数计算机的操作系统中,对文件的实现都有基本设施,而一个具体的程序设计语言仅为文件的实现提供与操作系统接口所必须的数据结构,对文件的操作则由操作系统提供的基本访问来实现。

在操作系统中,输入/输出设备被视为一种特殊的文件,它们已经被系统预先定义成特定的文件,这就是下面要介绍的设备文件或标准文件。这样,程序的输入/输出操作采用了与文件统一的方式,而程序员不用去理会实际的物理设备是什么。

程序与外部设备的通信是通过操作系统中的文件系统来实现的。文件系统提供了一系列系统调用接口,程序利用这些接口与外界进行通信。

在使用一个文件之前必须先将它打开,即通知操作系统为文件设置缓冲区并为程序分配适当的设备;一旦文件使用完毕后必须将它关闭,这时相应的缓冲区将被释放,设备也与文件脱离关联。在使用文件的过程中可以使用各种形式的读/写操作。

总之,文件的用途主要有两个:一是用于从外存输入数据或向外部设备输出数据;二是在程序运行期间,用于存储大量的临时数据。

9.1.2 文件的分类

文件按照不同的原则可以划分成不同的种类。了解文件的分类有助于理解文件的特性。

1. 按照文件的结构分类

按照文件的结构可以将文件分为**二进制文件**(Binary File)和**文本文件**(Text File)两类,还有一种经扩展开发的**类型文件**。所谓文本文件是指全部由字符组成的具有行结构的文件,即文件的每个元素都是字符或换行符。由于文本文件中的每个元素是用 ASCII 码来表示的,故文本文件又被称为 **ASCII 码文件**,也称为**正文文件**。**二进制文件**是指用二进制代码表示的文件。例如,若有某二进制文件,其中有一元素 55,则它在二进制文件中的代码是 00110111。由于所有的文件最终在计算机系统中的存储要转换成二进制的表达形式,因此,如何区分文件类型就取决于事先规定的文件中数据信息的格式和控制符号。当编译系统规定了各种类型数据的二进制存储格式、控制符和转换识别方式后,就可以将二进制文件扩展成一种可以按数据类型访问的文件。这样一种通过扩展引入的文件称为**类型文件**。Turbo Pascal 中,因为扩展引入了类型文件,极大地方便了各种类型数据在文件中的访问。

通常,源程序代码文件为文本文件,目标代码和可执行文件为二进制文件。存放数据的文件可以是文本文件,也可以是二进制文件或更高效的类型文件,由程序员根据实际情况选择合适的方式使用。

2. 按照文件的存取模式分类

按照文件的存取模式可以将文件分为**顺序存取文件**、**随机存取文件**和**设备文件**三类。顺序存取文件(Sequential Access File)是一个数据序列,对它的操作必须按照顺序进行,即对文件的访问必须按照从头到尾的顺序依次访问文件的元素,而且每次只能访问一个元素。文本文件打开后，只能读或只能写，而不能同时读写。顺序存取文件简称为**顺序文件**。例如，磁带机等设备对应的文件就是顺序文件。随机存取文件(Random Access File)的数据元素可以通过地址直接访问，即可以随机访问文件中的任何一个元素，而不必按照从头到尾的顺序依次访问。随机存取文件简称为**随机文件**，又称为**直接文件**。例如，Turbo Pascal 中的类型文件都是随机文件(Random File)，而文本文件则是顺序文件。

上面已经介绍，在操作系统中，输入/输出设备被视为一种特殊的文件，它们已经被系统预先定义成一类特定的文件，把这种文件称为**设备文件**或**标准文件**。例如，Turbo Pascal 中 input 和 output 就属于此类文件。

3．按照文件的存取控制方式分类

按照文件的存取控制方式可以将文件分为**只读文件**(Only Read File)、**只写文件**和**可读写文件**三类。从文件的存取控制方式看，文件的访问方式可以设置为只读、只写或可读写三种。只读方式可以保证原有文件中的内容不被破坏，若需要更新文件的内容则必须采用只写或可读写方式。Turbo Pascal 的文件存取方式是既可以读又可以写。

4．按照文件存在的位置和时间分类

在 Turbo Pascal 中，按照文件存在的位置和时间可以将文件分为**外部文件**(External File)和**内部文件**(Internal File)两类。Turbo Pascal 程序中说明和访问的文件(**文件变量**)是一种**逻辑文件**，属于内部文件。程序对外部文件的任何操作都是通过文件变量(Turbo Pascal 程序中说明和访问的文件)来实现的，而不需要了解文件(外部文件)的物理存储结构和细节。由于文件变量(内部文件)在程序执行时才存在，它的值存放在内存中，程序执行结束后，它的值未被保存，所以，内部文件只能是在程序执行时才存在的文件，而外部文件是在操作系统管理之下占有某些外部存储介质的数据序列，故外部文件可以在程序执行之前或之后存在。外部文件又被称为**实际文件**。

值得注意的是，在 Turbo Pascal 的程序中，必须指定内部文件与外部文件的对应关系。下面有其详细介绍。

5．按照对文件的处理方法分类

按照对文件的处理方法可将文件分为**缓冲文件**和**非缓冲文件**。缓冲文件的特点是，对于每个正在使用的文件，系统自动地在内存中为其开辟一个**缓冲区**(Buffer)，内存与外存中该文件的数据交换是通过缓冲区进行的。这是为了使文件的元素能在不同介质中进行传输(不同介质，速度不同)的缘故。这种简单的缓冲技术**是一种典型的用空间换取时间的技术，它是计算机科学与技术学科的一种典型技术**。非缓冲文件的特点是，对于每个正在使用的文件，系统不是自动地在内存中为其开辟一个缓冲区，而是由用户程序设置文件的缓冲区。

Turbo Pascal 中的文件是缓冲文件。

9.1.3　Turbo Pascal 文件及其特点

构成 Turbo Pascal 文件的最小逻辑单位是字节(Byte)，一个文件是一组顺序排列的字节序列。字节序列无固定长度而以文件结束标记来结尾。在文件这个字节序列中，若干连续的字节构成文件的一个元素，这样一个文件在逻辑上就是由其元素构成的序列。

根据文件字节序列划分为元素的方法的不同,Turbo Pascal 的文件分为三类:类型文件(Typed File)、文本文件(Text File)和无类型的文件(Untyped File)。

1. 类型文件

当外存储器中的文件元素序列中的每个元素都含有相同个数的字节,且元素内字节的排列次序与某类型变量在内存中的字节排列次序一致时,该文件被称为类型文件,即类型文件的字节序列按某类型变量所含字节数等量分隔成一个个的元素。变量的类型被称为该类型文件的元素类型。

图 9-1 给出了某一个记录类型文件的组织结构示意图,该记录类型描述如下:

图 9-1 某一个记录类型文件的组织结构示意图(EOF 的 ASCII 码为 26)

为了能对类型文件的任意一个元素进行操作(读出或写入),文件管理系统设置了文件指针(也称文件窗口,是用户与类型文件之间的访问接口)。当文件被打开时,文件指针就已经指向了文件第一个元素的首字节。由于类型文件的元素字节数相同,文件管理系统很容易通过跳过的字节数来决定指针指向第几个元素,然后再按指针的指向对元素进行操作。这样观察,类型文件很像数组,元素很像数组的元素,指针很像数组的下标,但操作方法上有两大差别:首先,数组可整体拷贝,但文件只能逐个元素地读写;其次,数组定义时元素个数已固定,而类型文件可在文件尾部增添新的元素,因而文件所含元素的个数是可以变化的。

2. 文本文件

与类型文件的组织方法不同,文本文件的元素长度是不定的,一般称其中一行为一个元素,每个元素(行)的每一个字节解释成一个字符的 ASCII 码,元素之间用 ASCII 码中的回车符(CR)和换行符(LF)①两个字符分隔。如图 9-2 给出了文本文件的组织方法,此处文件中字节数据为十进制。图中把 First Line 与 Second Line 之间用回车符和换行符分成了两个元素。First Line 为第一元素,含 10 字节;Second Line 为第二个元素,含 6 字节。由于每个元素所含字节数不同,系统不能用跳过的字节数来计算所指向的元素,而只能顺次读取,直至遇到回车符(CR)。换行符(LF)的下一相邻的字节为下一元素的首字节,也即下一元素的开始。

70	105	114	115	116	32	76	105	110	101	13	10	83	101	99	111	110	100	26
F	i	r	s	SPC		L	i	n	e	CR	LF	S	e	c	o	n	d	EOF

图 9-2 文本文件的组织方法

3. 无类型的文件

无类型的文件是 Turbo Pascal 的一个特有类型。它的一个元素(在无类型文件中称为记录)含

---

① 在计算机中,回车(Carriage Return)和换行(Line Feed)是两个不同的概念。回车是指将光标定位在本行的最左端,而换行是指将光标定位在下一行。回车的 ASCII 码为 13,而换行的 ASCII 码为 10。这里的回车换行符的 ASCII 码为 1310。

128 个连续字节，不对元素做任何意义上的解释。不像类型文件要把元素解释成某种类型，也不像文本文件那样把元素解释成文字行。正因如此，它可以与任何类型的内存变量进行数据交换。

无类型文件对于计算机的底层应用十分方便。如拷贝一个文件，或把内存中的一块数据存入外存等。有关实例请参阅本章例 9-13。

9.2 类型文件

本节介绍 Turbo Pascal 的类型文件及其应用。

9.2.1 文件类型的说明及其变量说明

1．文件类型的说明

文件类型作为一种数据类型，要通过类型说明语句来定义。

（1）**语法**

文件类型的说明的语法图如图 9-3 所示。

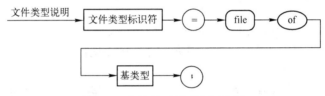

图 9-3　文件类型说明的语法图

例如：

```
Type
      f = file of real;
      g = file of integer;
```

（2）**语义**

定义一个文件的元素类型为基类型的文件类型。例如，上例中定义了 f、g 分别为实型元素和整型元素的文件类型。

（3）**附注**

① 文件的基类型允许是除文件类型、指针类型之外的任何数据类型；

② 正是由于文件的基类型是丰富的，所以这种情况下定义的文件被称为**类型文件**。

2．类型文件的变量说明

（1）**语法**

文件类型的变量说明的语法如图 9-4 所示。

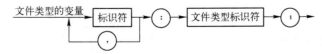

图 9-4　文件类型变量说明的语法图

例如，有变量说明：

```
Var
    f1, f2: f;
    g1, g2: g;
```

该变量说明定义了 f1,f2 为类型 f 的文件变量，g1,g2 为类型 g 的文件变量。

此外，文件类型说明与文件类型的变量说明可以合并。例如，上面的文件类型说明与文件类型变量说明的例子可以合并为：

```
Var
    f1, f2: file of real;
    g1, g2: file of integer;
```

(2) **附注**

文件类型变量的引入除了进行上述说明外，还应该注意以下几点：

① 在 Turbo Pascal 程序中，必须指定内部文件与外部文件的对应关系。在 Turbo Pascal 中，内部文件与外部文件对应关系的指定是由用户通过 assign 过程来完成的，因此，在程序中所用到的文件变量，不必在该程序首部的程序参数表中列出。Turbo Pascal 中程序首部的参数表可以省略。

Turbo Pascal 程序中，一旦建立了内部文件(文件变量)与外部文件(实际文件)的对应关系，就再也不用使用外部文件名了，程序中对文件的所有操作都可以使用内部文件(文件变量)名来进行。

② 在 Turbo Pascal 程序中，在说明一个文件变量的同时，系统将自动引入一个与该文件变量对应的**文件读写位置指针，简称文件指针**(下文全部使用简称)。文件指针是缓冲文件系统的重要概念。

9.2.2 对类型文件实施的基本操作

Turbo Pascal 的类型文件是随机文件，即文件一旦打开，在关闭之前都可以对它交替进行读(文件不空时，即文件的长度不为 0)或写操作。对类型文件可以施行的主要操作有：打开文件、读文件操作、写文件操作、文件结束测试、关闭文件等。对于上述基本操作，Turbo Pascal 是通过标准过程和标准函数来实现的。

1．对类型文件进行的基本操作的标准函数和标准过程

假设 filvar 为某一类型文件变量，filvar 的文件指针已经指向当前被处理的该文件的某个元素的位置。现在，若目前文件 filvar 的长度为 n，则称第 $n+1$ 个位置为文件 filvar 的末尾，在此位置上 filvar 文件已无元素。

下面给出 Turbo Pascal 中常用的对类型文件进行操作的标准函数和标准过程，其中的 filvar 表示文件变量名。

(1) 标准过程 assign

语法　assign(filvar, filename);

这里的 filvar 是一个类型文件变量，而 filename 是一个外部文件名(可以加上路径)——字符串常量或变量。

语义 建立类型文件变量 filvar(内部文件)与文件名为 filename(外部文件)的联系。这样，程序对文件变量 filvar 的操作就是对外部文件 filename 的操作。

(2) 标准过程 rewrite

语法 rewrite(filvar);

语义 创建一个与类型文件变量 filvar 相联系的外部文件，并打开这个外部文件，准备接受对它进行写操作。此时被创建的外部文件被初始化成空文件，文件指针已经指向了该文件的起始位置，即指向第一个元素(内部编号为 0)。此时，EOF(f)之值为 ***true***。

说明 ① 执行 rewrite 过程之前，若与类型文件变量 filvar 相联系的外部文件已经存在，而且其中有数据，则执行后该外部文件就变成了等待写操作的一个空文件；② 该过程仅在调用 assign 过程之后才能使用。

(3) 标准过程 reset

语法 reset(filvar);

语义 打开一个与类型文件变量 filvar 相联系的外部文件，准备从该文件中读取数据。此时，文件指针已经指向了该文件的起始位置，即指向第一个元素(内部编号为 0)。与 filvar 相联系的外部文件必须是一个已经存在的文件，否则将出现 I/O 错误。

(4) 标准过程 read

语法 read(filvar,vars);

这里的 filvar 必须是一个已经打开的类型文件变量，而 vars 表示一个或多个与 filvar 的基类型相同类型的变量，且变量之间有逗号隔开。

语义 从与 filvar 相联系的外部文件的文件指针所指向的数据元素开始，依次将数据元素读出来，放入 vars 的各个变量中。每读出一个数据元素，文件指针就向前移动一个数据元素位置。

说明 该过程在调用 reset(filvar)或调用 rewrite(filvar)之后才能使用。

(5) 标准过程 write

语法 write(filvar, vars);

这里的 filvar 必须是一个已经打开的类型文件变量，而 vars 表示一个或多个与 filvar 的基类型相同类型的变量，且变量之间要有逗号隔开。

语义 将 vars 的各个变量的值依次写入与 filvar 相联系的外部文件的文件指针所指向的位置。每写入一个数据元素，文件指针就向前移动一个数据元素位置。

说明 该过程在调用 reset(filvar)或调用 rewrite(filvar)之后才能使用。

(6) 标准过程 seek

语法 seek(filvar, n);

语义 把与类型文件变量 filvar 相联系的外部文件的文件指针(即文件读写位置指针)移至该文件的第 $n+1$ 个元素(即编号为 n 的元素)处。n 是整型表达式。第 1 个文件元素的编号为 0，第 2 个文件元素的编号为 1，…所以，第 n 个文件元素的编号就是第 $n+1$ 个。

说明 seek 过程是一个移动文件指针的过程，基于它可以实现对类型文件的随机访问。为了给文件添加新的元素，可以用 seek 过程将文件指针移至文件的末尾，其过程调用语句为：

```
seek(filvar,filesize(filvar));
```

其中，函数 filesize 将返回文件 filvar 中元素的个数。由于文件元素在文件内部是从 0 开始编号的，所以函数返回值要比最后一个元素的编号大 1。

(7) 标准过程 close

语法 close(filvar);

语义 关闭与类型文件变量 filvar 相联系的外部文件。所谓关闭是指断开外部文件与内部文件的联系。关闭时，自动产生一个文件结束标志 Ctrl+Z(ASCII 码为 26)(仅在写操作时)，并且更新有关外存的文件目录以便反映文件的新状态信息，如文件长度、修改日期等。

(8) 标准函数 filepos

语法 filepos(filvar)

语义 返回与类型文件变量 filvar 相联系的外部文件的文件指针的当前位置。它是一个整数值。

(9) 标准函数 filesize

语法 filesize(filvar)

语义 返回与类型文件变量 filvar 相联系的外部文件的元素个数(即文件的长度)。它是一个整数值。若该值为 0，则外部文件为空文件。

(10) 标准函数 eof

语法 eof(filvar)

语义 用来测试与某一类型文件变量 filvar 相联系的外部文件的文件指针是否已经指向该外部文件的末尾。当文件指针指向该外部文件的末尾，即移到最后一个元素之后时，eof 返回值 *ture*，否则返回值 *false*。

说明 尽管该测试函数的执行过程用户不必过问，但用户必须时刻注意 eof(filvar) 之值。

几点附注：

① 类型文件不具备行结构，因此对其操作没有 readln 和 writeln 等标准过程，也没有标准函数 eoln；

② 对于文本文件，使用标准过程 read 和 write 可以进行字符的输入和输出，使用特殊的文本文件操作 readln,writeln 和 eoln 可以处理字符行。seek 过程以及 filepos 和 filesize 函数不能用于文本文件。

2．对类型文件实施的基本操作

对文件的基本操作有两种：一是写文件，将内存中的数据输入到文件中；二是读文件，将文件中的数据读出来放到内存中。

在任何程序设计语言中，对文件进行操作必须遵循一定的规则。在对文件进行操作之前必须先打开文件，然后进行相应的操作，操作结束之后一般应该关闭文件。

(1) 文件的建立(向文件中写数据)

Turbo Pascal 中建立文件的步骤为：

① 使用 assign 过程建立内部文件与外部文件的联系；

② 使用 rewrite 过程打开文件；

③ 使用赋值语句或 read 语句将数据送到内存变量中；

④ 使用 write 过程将内存变量中的数据送到文件中去；重复执行③和④，直到满足某个给定的条件为止；

⑤ 使用 close 过程关闭所建立的文件。

下面举例说明。

例 9-1 请写一个程序，实现从键盘任意输入 10 个字符，把这些字符存放在某一文件中。

A．分析

根据上述写文件的步骤，不难给出如下算法。

B．算法

① assign(fchar, 'abc1.dat');

② rewrite(fchar);

③ 循环：i 从 1 到 10，做

　　[从键盘任意输入一个字符 ch;

　　　将字符写入文件 fchar 中;

　　]

④ close(fchar).

C．源程序

{ 程序名称：CreateTypedFile

　文 件 名：CreateTypedFile.pas

　作　　者：赵占芳

　创建日期：2012-01-20

　程序功能：从键盘任意输入 10 个字符，放到一个类型文件中。

}

```pascal
Program CreateTypedFile(input,output);
Type
  filetype = file of char;
Var
  fchar: filetype;
  i: integer;
  ch: char;
Begin
  assign(fchar,'abc1.dat');
  rewrite(fchar);
  for i:= 1 to 10 do
    begin
      read(ch);
      write(fchar,ch)
    end;
  close(fchar)
End.
```

（1）从文件中读数据

Turbo Pascal 中从文件中读数据的步骤为：

① 使用 assign 过程建立内部文件与外部文件的联系；

② 使用 reset 过程打开所需要的文件；

③ 使用 read 过程将数据从文件中读出来，送到内存变量中；

④ 使用 write 语句输出上述内存变量的值；重复执行③和④，直到满足某个给定的条件

为止；

⑤ 使用 close 过程关闭所使用的文件。

下面举例说明如何从文件中读取数据。

例 9-2 请写一个程序，将例 9-1 建立的文件在显示器(Output)上输出。

A. 分析

根据从文件中读数据的步骤，不难给出如下算法。

B. 算法

① assign(fchar, 'abc1.dat');
② reset(fchar);
③ 循环：当 not eof(fchar) 时，做
 　[从 fchar 中读出一个字符 ch；
 　　将字符从显示器上输出；
 　]
④ close(fchar)

C. 源程序

```
{ 程序名称：TypedFileOutput
  文 件 名：TypedFileOutput.pas
  作   者：赵占芳
  创建日期：2012-01-20
  程序功能：将一个类型文件的内容从显示器上输出来。
}
Program TypedFileOutput(input,output);
Type
  filetype = file of char;
Var
  fchar: filetype;
  ch: char;
Begin
  assign(fchar, 'abc1.dat');
  reset(fchar);
  while not eof(fchar) do
    begin
      read(fchar, ch);
      write(output, ch)
    end;
  close(fchar);
  readln
End.
```

9.2.3 类型文件的应用

上面介绍了对类型文件进行读与写两个基本操作，下面介绍如何利用这两个基本操作完成更为复杂的操作：文件的复制、比较、修改、合并，等等。

1. 文件的复制

文件复制是指将一个现存的文件拷贝一份送到另一个文件中作为备份，其实质是同时完成从原文件读数据和向新文件写数据两种操作。

例 9-3 类型文件的复制。请写一个程序，将一个整数文件 f 复制到整数文件 g 上。

A．分析

根据上面介绍的读、写文件的程序模式，不难给出如下算法。

B．算法

① assign(f, 'abc1.dat')；
assign(g, 'abc2.dat')；
reset(f)；
rewrite(g)；
② 循环：当 not eof(f) 时，做
　　[从 f 中读一个整数 ch；
　　　将整数 ch 写入文件 g 中；
　　]
③ 关闭文件 f 和 g。

C．源程序

```
{ 程序名称：CopyTypedFile
  文 件 名：CopyTypedFile.pas
  作    者：赵占芳
  创建日期：2011-11-15
  程序功能：将一个整数文件f复制到整数文件g上。
}
Program CopyTypedFile(input,output);
Type
  filetype = file of integer;
Var
  f, g: filetype;
  x: integer;
Begin
  assign(f,'abc1.dat');
  assign(g,'abc2.dat');
  reset(f);
  rewrite(g);
  while not eof(f) do
    begin
      read(f, x);
      write(g, x)
    end;
  close(f);
  close(g);
  readln
End.
```

2. 文件的比较

文件的比较是指判断已知的两个文件是否完全相同。所谓两个文件完全相同是指两个文件的长度相等，而且两个文件的对应元素也完全相同。

例 9-4 请写一个比较两个实数文件，看它们是否完全相同的程序。

A. 分析

根据上面介绍的读、写文件的程序模式及其对应的算法，不难给出如下算法。

B. 算法

① assign(f1, 'abc1.dat');
assign(f2, 'abc2.dat');
reset(f1);
reset(f2);

② flag←*true*;
循环：当 not eof(f1) 且 not eof(f2) 且 flag 为真时，做
[从 f1 中读一个实数 *x*;
  从 f2 中读一个实数 *y*;
  若 *x*≠*y*，则 flag←*false*;
]
若 eof(f1) 且 eof(f2) 且 flag，则输出两文件相等，否则输出两文件不等。

③ 关闭文件 f1 和 f2。

C. 源程序

```
{ 程序名称：CompareFiles
  文 件 名：CompareFiles.pas
  作   者：赵占芳
  创建日期：2012-01-20
  程序功能：比较两个实数文件是否完全相等。
}
Program CompareFiles(input,output);
Type
    filetype = file of real;
Var
    f1, f2: filetype;
    x, y: real;
    flag: boolean;
Begin
    assign(f1,'abc1.dat');
    assign(f2,'abc2.dat');
    reset(f1);
    reset(f2);
    flag:= true;
    while not eof(f1) and not eof(f2) and flag do
      begin
        read(f1, x);
```

```
      read(f2, y);
      if x <> y then
        flag:= false
    end;
  if eof(f1) and eof(f2) and flag then
    writeln('The files are identical. ')
  else
    writeln('The files are not identical.');
  close(f1);
  close(f2);
  readln
End.
```

3．文件的修改

文件修改是指改变文件的某些元素的值以及删除或增加一些元素。在 Turbo Pascal 中，由于不管使用 reset 打开的文件还是使用 rewrite 打开的文件，读/写操作均可以进行，这给类型文件的修改带来很大方便。但是，Turbo Pascal 中的文本文件的修改则不是这样，因为文本文件是顺序文件。对文本文件的修改必须同时使用两个文件，一个是被修改的老文件，另一个是修改过程中产生的新文件。修改完后，可把新文件的各元素全部复制到老文件上，然后再删除新文件。这样，原来的老文件也就修改好了。

例 9-5 类型文件的修改。已知一个存有若干数据的整数类型的文件 abc3.dat，请写一个程序，将其中的偶数修改为其 2 倍。

A．分析

根据题意，应对文件从头到尾进行扫描，将其中的偶数改为其 2 倍。因此，应采用穷举的思想来解决该问题。具体实现时，应按照对类型文件进行操作的三步曲：打开文件→操作文件→关闭文件来进行。下面给出其算法。

B．算法

① assign(fint, 'abc3. dat')；
② reset(fint)；
③ 循环：当 not eof(fint)时，做
　　[从 fint 中读出一个整数 x；
　　若 x 为偶数，则
　　　[$x \leftarrow 2*x$;
　　　将文件指针重新指向该偶数；
　　　将新的 x 之值重新写入文件指针所指的位置；
　　　]
　　]
④ close(fint)。

C．源程序

```
{ 程序名称：ModifyTypedFile
  文 件 名：ModifyTypedFile.pas
```

```
    作    者：赵占芳
    创建日期：2012-01-20
    程序功能：将一个已知的整数文件中的偶数改为其2倍。
}
Program ModifyTypedFile(input,output);
Var
  fint: file of integer;
  x, position: integer;
Begin
  assign(fint, 'abc3.dat');
  reset(fint);
  while not eof(fint) do
    begin
      read(fint, x);
      if x mod 2 = 0 then
        begin
          x:=2*x;
          position:=filepos(fint)-1;    {计算该偶数在文件中的位置}
          seek(fint, position);         {文件指针移动到该偶数处}
          write(fint, x);
        end;
    end;
  close(fint);
End.
```

D．附注

该题目是对类型文件进行随机读/写的一个典型实例，从中说明了类型文件是一种随机文件，即若文件一旦被打开，则在没有关闭它之前，对它的读(文件不空时)或写操作可以交替进行。

4．文件的合并

文件的合并是指将两个现存的文件按照某条件合并成一个文件的计算，其实质上同时完成从原文件读数据和向新文件写数据两种操作。

例 9-6 请写一个将两个已分别排序的整数文件，合并成一个排序文件的程序。

A．分析

将两个已分别排序的文件合并成一个排序文件的方法很多，下面介绍一种归并方法。首先将两个文件的第一个数读入内存，然后比较它们，将较小的数送入新文件，再从刚才包含这个较小数的文件中读下一个数，再比较，如此重复，直到一个文件结束。再将参与最后一次比较的较大的数和文件中余下的数据送入新文件。

B．算法

① 打开文件 f1,f2,f;

② 将 f1,f2 的第一个数分别读入 x,y，并做：flag←*true*;

③ 循环：当 flag 为真时，做

　　［将 x, y 中较小的数送入文件 f;

　　　从包含刚才那个较小数的文件中取下一个数；

　　　若文件结束置 flag←*false*;

④ 将 x,y 中较大的数送入文件 f；
⑤ 将未结束的文件中剩下的数送入文件 f；
⑥ 关闭三个文件 f1、f2 和 f。

C. 源程序

```
{ 程序名称：MergeFile
  文 件 名：MergeFile.pas
  作   者：赵占芳
  创建日期：2012-01-20
  程序功能：将两个排序的整数文件合并为一个排序文件。
}
Program MergeFile(input, output);
Type
  filetype = file of integer;
Var
  f1, f2, f: filetype;
  x, y: integer;
  flag: boolean;
Begin
  assign(f1,'abc1.dat');
  assign(f2,'abc2.dat');
  assign(f,'abc.dat');
  reset(f1);
  reset(f2);
  rewrite(f);
  read(f1, x);
  read(f2, y);
  flag:=true;
  while flag do
    if x <= y then
      begin
        write(f, x);
        if not eof(f1) then
          read(f1, x)
        else
          flag:= false
      end
    else
      begin
        write(f, y);
        if not eof(f2) then
          read(f2, y)
        else
          flag:= false
      end;
  if x <= y then
```

```
      write(f, y)
    else
      write(f, x);
    while not eof(f1) do
      begin
        read(f1, x);
        write(f, x);
      end;
    while not eof(f2) do
      begin
        read(f2, y);
        write(f, y)
      end;
    close(f1);
    close(f2);
    close(f);
    readln
End.
```

5. 文件作为参数传递

Turbo Pascal 允许文件作为过程或函数的参数。但它只能用作变量参数，而不能用作数值参数。其原因是为了提高效率、节省存储空间。文件作为过程或函数的变量参数时，其信息传递的方式为引用传递方式，即形式文件类型的变量就是实际文件类型的变量的一个别名，这样对形式文件类型的变量的操作，实际上就是对相应的实际文件类型的变量的操作。下面举一个文件作为过程的参数的例子，请读者把程序走一遍，理解其本质。

例 9-7 在下面的源程序中，把读文件和写文件分别写成了过程。每次使用时，只要给出实际参数便可以调用过程。写过程中，规定用终端字符 CTRL+Z 作为输入结束标志，此时，eof 为 *true*。

```
{ 程序名称: FileIsParamater
  文 件 名: FileIsParamater.pas
  作    者: 赵占芳
  创建日期: 2012-01-20
  程序功能: 从键盘输入实数存入文件，以CTRL+Z表示输入结束；再将其读出到显示器上。
}
Program FileIsParamater(input, output);
Type
  refile = file of real;
Var
  f, g: refile;
  r: real;
Procedure readfile(Var infile: refile);
begin
  reset(infile);
  while not eof(infile) do
```

```
      begin
        read(infile, r);
        write(r:6:2)
      end
  end;
  Procedure writefile(Var outfile:refile);
  begin
    rewrite(outfile);
    writeln('Input real values, to end with CTRL+Z: ');
    while not eof do
      begin
        read(r);
        write(outfile, r)
      end
  end;
  Begin
    assign(f, 'abc1.dat');
    writefile(f);
    close(f);
    assign(g, 'abc1.dat');
    readfile(g);
    close(g);
    readln
  End.
```

9.3 文本文件

第 9.2 节中介绍了 Turbo Pascal 的类型文件,它是一种二进制的随机文件。这种文件不便于交互。为了方便输入/输出,文件中的全部数据常常由 ASCII 码字符集的字符组成,而且呈现出一行一行的结构,这种文件就是本节所要介绍的**文本文件**,又称作为**正文文件**或**行文文件**,还叫做 **ASCII 码文件**或 **text 类型文件**。

9.3.1 文本文件及其操作

1. 文本文件的结构

一般把文件的字符序列划分为若干行,从而一个文本文件由若干行组成,每一行又由若干字符组成,并用一个被称为换行符(行结束符)的具有特殊作用的特殊符号结束。这样,文本文件就有下述两个特点:其一是行结构;其二是组成字符全部为可见字符和一个控制字符,称为换行符(回车符),它是一个不可见字符。因此,文本文件是可见字符和换行符(行结束符)组成的序列。文本文件是数学中线性序列结构在程序设计语言中的具体体现。

由于这些字符都是 ASCII 码字符集的字符,因此文本文件可以使用任何可以阅读.txt 格式的编辑器和阅读器直观其内容。例如,假设有文本文件,其字符序列如下:

```
My love,↵You are like a flower,↵So sweet and pure and fair.↵^Z
```

其中,↵表示回车符或换行符(行结束符),而^Z 表示文件结束符。那么,上述文本文件的字符序列外观表现为:

```
My love,↵
You are like a flower,↵
So sweet and pure and fair.↵
^Z
```

尽管文本文件的基类型为 char 类型,但是它与下面定义的字符类型文件:

```
Type Fchar = file of char;
```

是有区别的。字符类型文件中不包含换行符(行结束符),而文本文件中有之。

2. 文本文件的类型及其变量说明

Turbo Pascal 规定,文本文件的类型是一种标准的数据类型,其类型标识符为 text。因此,其变量说明与其他标准的数据类型的说明相同。例如,若有下面的文本文件的变量说明:

```
Var fchar,gchar:text;
```

则它说明了两个文本文件类型的变量 fchar 和 gchar。

3. 对文本文件可实施的基本操作

由于文本文件的行的长度是不固定的,因此系统无法通过计算移动指针到任意行首,而只能按照顺序一行一行地访问,也即 Turbo Pascal 的文本文件是顺序文件,因此不能同时对它进行读/写操作,而只能要么读操作,要么写操作。对文本文件可以施行的主要操作有:打开文件、读文件操作、写文件操作、文件结束测试、行结束测试、关闭文件等。对于上述基本操作,Turbo Pascal 也是通过标准过程和标准函数来实现的。

(1)实现文本文件的基本操作的标准函数和标准过程

在类型文件中介绍的标准过程 assign、rewrite、reset、read、write、close 以及标准函数 eof 均可用于文本文件。但是,由于文本文件结构上的特殊性,用 read 和 write 过程读写文件时与类型文件有所不同,它们的功能得到了扩充。另外,还有一些专门用于文本文件的标准过程和标准函数。在下面的介绍中,假设文本文件变量已经通过 assign 过程、rewrite(或 reset)过程打开,不再一一说明。

① 标准函数 eoln

语法   eoln(filvar)

语义   这是一个布尔类型的函数。它只能用于文本文件和标准文件。但文本文件和标准文件中用法略有不同:在文本文件中,若当前指针的下一字符为回车符(换行符或行结束符)或文件结束符时,则返回 ***true*** 值,否则将返回 ***false*** 值,也即在文本文件中该函数有向前看的能力,而在标准文件中则只根据指针当前字符值决定该函数的值,无向前看的能力。

② 标准过程 read(filvar, vars)

语法   read(filvar, vars);

该过程语法上与类型文件的标准过程 read 一样,但在类型文件中,要求 vars 的类型必须与文件的基类型(元素类型)一致。而文本文件中 vars 中各个变量类型可以是整型、实型、字符型和字符串型。

语义　当 vars 中的各个变量的类型为字符型时，执行该过程将把文件指针指向的字符赋给 vars 中的各个变量，然后指针下移一个字符。当下一个字符为控制字符——文件结束符 Ctrl+Z(ASCII 码为 26)时，eof 和 eoln 之值同时为真。当下一字符为回车符 CR(ASCII 码为 13)时，eoln 之值为真。除上述情况，每读一个字符 eof 及 eoln 均为 *false*。

当 vars 中的各个变量的类型为字符串类型时，与上面的字符类型的情况又有所不同。文件将从当前文件指针处的字符开始依次赋给字符串变量，直至字符串变量被赋满(等于串变量定义的长度)或遇到回车符(换行符或行结束符)或遇到文件结束符 Ctrl+Z(ASCII 码为 26)时才停止赋值。

当 vars 中的各个变量的类型为整型和实型时，该标准过程将把文本文件中的字符串转变为数值常量赋给 vars 中的各个变量。若文本文件中表示数值的字符串间有空格符(ASCII 码为 32)，回车符(换行符或行结束符)分隔，则该过程在对文本文件按数值读取时，指针将跳过这些控制字符，取数字字符串。数字字符串的长度不超过 30，字符串后面必须有分隔符。

说明　该过程仅在执行了 assign 过程和 reset 过程之后才能使用。仅当 eof(filvar)之值为 *false* 时，执行该过程才有意义。当该过程中的 filvar 为 input 时，则 filvar 可以省略，此时从标准文件 input 读入之前，不需要用 assign 过程和 reset 过程提前作准备。

③ 标准过程 write(filvar, vars)

语法　write(filvar, vars);

该过程语法上与类型文件的标准过程 write 一样，但在类型文件中，要求 vars 的类型必须与文件的基类型(元素类型)一致。而文本文件中 vars 中各个变量类型可以是整型、实型、字符型和字符串型。

语义　该标准过程是标准过程 read 的逆过程。当 vars 中的各个变量的类型为整型和实型时，该标准过程自动将各个变量的值转换为对应的字符串，然后从文本文件的当前文件指针位置开始，把它们写入该文本文件中。写入时，每写入一个数据，文件指针下移一个位置。当 vars 中的各个变量的类型为字符型和字符串型时，与各个变量的类型为整型和实型时不同之处在于它不进行类型的自动转化而已。

说明　该过程仅在执行了 assign 过程和 rewrite 过程之后才能使用。当该过程中的 filvar 为 output 时，则 filvar 可以省略，此时从标准文件 output 输出之前，不需要用 assign 过程和 rewrite 过程提前作准备。

④ 标准过程 readln(filvar)

语法　readln(filvar);

语义　该过程只能用于文本文件。其语义是将文件指针从当前位置跳至下一行(即下一元素)的开始，即将文件指针跳过包括下一个回车符(换行符或行结束符)在内的所有字符，使下一步的读或写操作从下一行的首字符开始。

⑤ 标准过程 writeln(filvar)

语法　writeln(filvar);

语义　该过程只能用于文本文件。其语义是将在文件指针当前位置上写上一个回车符(换行符或行结束符)，然后指针指向下一行的行首。

⑥ 标准过程 readln(filvar, vars)

语法 readln(filvar, vars);

语义 该过程只能用于文本文件。其语义与下面的语句序列等价。

read(filvar, vars);

readln(filvar);

⑦ 标准过程 writeln(filvar, vars)

语法 writeln(filvar, vars);

语义 该过程只能用于文本文件。其语义与下面的语句序列等价。

write(filvar, vars);

writeln(filvar);

⑧ 标准函数 append

语法 append(filvar);

语义 打开一个已经存在的与文本文件变量 filvar 相联系的外部文件,并使其文件指针移至该外部文件尾,准备好将要对该外部文件添加(写入)新元素。若该外部文件不存在,则产生错误。

⑨ 标准函数 seekeoln

语法 seekeoln(filvar)

语义 这是一个与 eoln 相似的布尔类型的函数。它只能用于文本文件。在判定文件指针是否指向回车符(换行符或行结束符)时,先使文件指针跳过空格和制表符,寻求到第一次遇到回车符(换行符或行结束符)时,则返回 ***true*** 值,否则将返回 ***false*** 值。

说明 该函数主要用于从文本文件中读取数字值。

⑩ 标准函数 seekeof

语法 seekeof(filvar)

语义 这是一个与 eof 相似的布尔类型的函数。它只能用于文本文件。在判定文件指针是否指向文件结束符时,先使文件指针跳过空格、制表符和行结束符,寻求到第一次遇到文件结束符时,则返回 ***true*** 值,否则将返回 ***false*** 值。

说明 该函数主要用于从文本文件中读取数字值。

(2) 对文本文件实施的基本操作

对文本文件的基本操作有两种:一是写文件,将内存中的数据输出到文件中;二是读文件,将文件中的数据输入到内存中。

① 文件的建立(向文件中写数据)

Turbo Pascal 中写文件的程序模式为:

```
Begin
  assign(f,文件名);
  rewrite(f);
  while p do
    begin
      while g do
        begin
          r(e);
          write(f,e)
        end;
      writeln(f)
```

```
        end;
    close(f);
End
```

其中，p 条件是控制向文件中写入多少个数据，g 条件是控制写完一行。在写完一行后，需要 writeln(f)在文件上生成一个换行符。而 r(e)表示生成写入值的语句序列(可能有多个语句)。

下面举例说明文本文件的建立。

例 9-8 请写一个从键盘任意输入若干个字符，把这些字符存放在某一文本文件中的程序。

A．分析

根据上述写文件的程序模式，不难给出如下算法。

B．算法

① 打开文件 fchar；

② 循环：当 not eof 为真时，做

　　[循环：当 not eoln 为真时，做

　　　　[从键盘任意输入一个字符 ch；

　　　　　 将字符写入文件 fchar 中；

　　　　]

　　　 换行；

　　]

③ 关闭文件 fchar。

C．源程序

```
{ 程序名称：CreateTextFile1
  文 件 名：CreateTextFile1.pas
  作    者：赵占芳
  创建日期：2012-01-20
  程序功能：建立一个文本文件。
}
Program CreateTextFile1(input,output);
Var
  fchar: Text;
  ch: char;
Begin
  assign(fchar, 'abc.dat');
  rewrite(fchar);
  while not eof do
    begin
      while not eoln do
        begin
          read(ch);
          write(fchar, ch)
        end;
      readln;
      writeln(fchar)
    end;
```

```
        close(fchar);
        readln
End.
```

D. 附注

由于本题所建立的文件是文本文件，因此可以给出下面更简单的程序：

```
Program CreateTextFile2(input,output);
Var
  fchar: Text;
  ch: char;
Begin
  assign(fchar, 'abc.dat');
  rewrite(fchar);
  while not eof do
    begin
      read(ch);
      write(fchar, ch)
    end;
  close(fchar);
  readln
End.
```

请读者分析一下，上述为什么是正确的呢？

② 从文件中读数据

从文件中读数据的程序模式为：

```
Begin
  assign(f,文件名);
  reset(f);
  while not eof(f) do
    begin
      U;
      while not eoln(f) do
        begin
          read(f,v);
          s(x)
        end;
      V;
      readln(f);
    end
  close(f);
End.
```

其中，U 是读一行之前的处理；V 是读完一行之后的处理。U 和 V 可以为空。s(x)表示对字符值的处理语句。

下面举例说明如何从文本文件中读取数据。

例 9-9 请写一个程序，将例 9-8 建立的文本文件在显示器(Output)上输出。

A．分析

根据从文件中读数据的步骤，不难给出如下算法。

B．算法

① 打开文本文件 fchar；

② 循环：当 not eof(fchar) 为真时，做

　　[循环：当 not eoln(fchar) 为真时，做

　　　　[从 fchar 中读出一个字符 ch；

　　　　　将字符从显示器上输出；

　　　　]

　　　换行；

　　]

③ 关闭文本文件 fchar．

C．源程序

```
{ 程序名称：TextFileOutput
  文 件 名：TextFileOutput.pas
  作    者：赵占芳
  创建日期：2012-01-20
  程序功能：输出某一个文本文件的内容。
}
Program TextFileOutput(input,output);
Var
  fchar: text;
  ch: char;
Begin
  assign(fchar, 'abc.dat');
  reset(fchar);
  while not eof(fchar) do
    begin
      while not eoln(fchar) do
        begin
          read(fchar, ch);
          write(ch)
        end;
      readln(fchar);
      writeln
    end;
  readln
End.
```

D．附注

你能否给出一个解决本题的更为简单的程序？

9.3.2 标准文件

Turbo Pascal 中，像显示器、打印机这些外部设备都视为逻辑设备，这些逻辑设备已经预先定义成特定的文本文件，被称为标准文件。也就是说，标准文件属于文本文件。而且，标准文件都有其预先定义的文件标识符。在程序中，可以按照自己的需要使用这些预先定义的文件标识符，而不需要在程序的说明部分中说明。由于这些预先定义的文件标识符实际上是其物理设备的**抽象**，因此，在程序中使用它们，就是使用其对应的物理设备。下面介绍两个主要的标准文件 input 和 output。

标准文件 input 是输入文件，它一般指键盘。标准文件 output 是输出文件，它一般指显示器或打印机。也许有的读者会问到：键盘、显示器或打印机都是硬件设备，怎样就能成为了标准文件了呢？这个问题等到后续的"操作系统"课程中回答。

Turbo Pascal 中，对标准文件 input 和 output 不得进行 reset、rewrite 操作。而对于 read(input, ch)、readln(input, ch)、write(output, ch)、writeln(output, ch)、writeln(output) 中的 input 和 output 均可省略。于是就有了第三章介绍的输入语句和输出语句了。也即第三章介绍的输入语句和输出语句中文件变量的缺省值分别为 input 和 output。此外，eof、eoln 中的标准文件名也可以省略，省略时 eoln 与 eoln(input) 等价。

9.3.3 文本文件的应用

例 9-10 文本文件复制。请写一个程序，将一个文本文件 f 复制到文本文件 g 上。

A. 分析

根据上面介绍的读、写文件的程序模式，不难给出如下算法。

B. 算法

① 打开文本文件 f 和 g;
② 循环：当 not eof(f) 为真时，做
 　　[循环：当 noteoln(f) 为真时，做
 　　　　　从文件 f 中读字符写入文件 g 中；
 　　　处理换行符；
 　　]
③ 关闭文本文件 f 和 g.

C. 源程序

```
{ 程序名称：CopyTextFile
  文 件 名：CopyTextFile.pas
  作    者：赵占芳
  创建日期：2012-01-20
  程序功能：将一个文本文件f复制到文本文件g上。
}
Program CopyTextFile(input,output);
Var
   f,g: text;
```

```
    ch: char;
Begin
  assign(f, 'abc1.txt');
  reset(f);
  assign(g, 'abc2.txt');
  rewrite(g);
  while not eof(f) do
    begin
      while not eoln(f) do
        begin
          read(f, ch);
          write(g, ch)
        end;
      readln(f);
      writeln(g)
    end;
  close(f);
  close(g);
  readln
End.
```

D．附注

你能否给出一个解决本题的更为简单的程序？

例 9-11 文件加密。请写一个程序，实现下面的功能：

顺序读入 26 个字母的替换字母，然后将一个文本文件中的所有字母用其对应的替换字母替换（替换规则如表 9-1 所示），其他符号和行结构不变，形成密码文件，然后输出之。

A．分析

在计算机密码学中，将源文件（明文）变换成密码文件（密文）的过程称为加密（Encrypt）。本题给出了加密规则。加密的方法是打开原文件和密码文件，利用穷举的方法，不断从原文件中读出一个字符，按照加密规则，找到其替换字母，并将替换字母写入密码文件中，直到原文件读完为止。最后输出这两个文件。

表 9-1　字母替换规则

原字母	a	b	c	d	…	x	y	z
替换字母	e	f	k	w	…	b	c	t

B．算法

① 读入每个字母的替换字母，并将它们放入数组 change 中；

② 打开原文件 f 和密码文件 g；

③ 循环：当 not eof(f) 为真时，做

　　［循环：当 not eoln(f) 为真时，做

　　　　［从 f 中读出一个字母 ch；

　　　　　在数组 change 中找到字母 ch 的替换字母；

　　　　　将替换字母写入文件 g 中；

　　　　］

　　　从 f 中读换行符，并将它写入 g 中；

]
④ 打开原文件 f，并输出其内容；
⑤ 打开密码文件 g，并输出其内容；
⑥ 关闭文本文件 f 和 g。

C. 源程序

```
{ 程序名称：EncryptFlie
  文 件 名：Encrypt.pas
  作   者：赵占芳
  创建日期：2012-01-20
  程序功能：将一个文本文件f加密生成另一个文本文件g。
}
Program EncryptFlie(input,output);
Var
  f, g: text;
  ch: char;
  change: array ['a'..'z'] of char;
Procedure print(Var k: text);
Var
  ch: char;
begin
  while not eof(k) do
    begin
      while not eoln(k) do
        begin
          read(k, ch);
          write(ch)
        end;
      readln(k);
      writeln
    end;
  writeln
end;
Begin
  for ch:='a' to 'z' do
    read(change[ch]);
  assign(f, 'abc1.txt');
  reset(f);
  assign(g,'abc2.txt');
  rewrite(g);
  while not eof(f) do
    begin
      while not eoln(f) do
        begin
          read(f, ch);
          if ch in ['a'..'z'] then
            ch:=change[ch];
```

```
            write(g, ch)
          end;
       readln(f);
       writeln(g)
     end;
   reset(f);
   print(f);
   close(f);
   reset(g);
   print(g);
   close(g);
   readln
End.
```

D. 附注

① 本例是一个计算机密码学中数据加密的一个简单例子。随着计算机网络的普及，信息安全显得越来越重要，这就是为什么计算机密码学的研究倍受重视的原因。

② 从事计算机密码学的研究，需要许多数学和理论计算机科学知识的支撑，特别是代数、数论、计算复杂性、算法理论等，这就要求学生在大学的学习阶段打下坚实的数学、物理和计算机科学理论的基础。

③ 你能否给出一个解决本题的更为简单的程序？

例 9-12 文本文件行编辑。请写一个程序，该程序具有复制若干行，删除若干行，插入若干行等功能。

A. 分析

根据题意，文本文件行编辑具有复制若干行，删除若干行，插入若干行等功能。由于 Turbo Pascal 中的文本文件是顺序文件，因此，文本文件行编辑的实现要涉及老文件和新建立的文件（不含 input 文件）的操作。下面给出其算法。

B. 算法

① 打开 oldfile 和 newfile 两个文件；

error←*false*;

② 循环：

输入 ch 和 *n*；

若 ch in ['c','d','i','e']，则

case ch of

'c'：复制 *n* 行；

'd'：删除 *n* 行；

'i'：插入 *n* 行

'e'：复制剩余行；

end

否则 error←*true*;

直到(ch='e') or error 为止；

若 error 为 *true* 时，则 输出 "edit error"；

③ 关闭 oldfile 和 newfile 两个文件。

将②中的"复制一行"功能用一个 copy 过程实现，文本文件的复制在例 9-10 中已经介绍。下面介绍"删除一行"功能的实现。

"删除一行"功能通过假读来实现。执行一个 readln(oldfile)，其功能是跳过行结束符，将文件指针指向下一行开始。它相当于删除了一行。

C. 源程序

```
{ 程序名称：EdlinProgram
  文 件 名：Edlin.pas
  作   者：赵占芳
  创建日期：2012-01-20
  程序功能：一个文本文件的行编辑程序。
}
Program EdlinProgram(input, output);
Var
  oldfile, newfile: text;
  ch: char;
  n,i: integer;
  error: boolean;
Procedure copy(Var f1, f2: text);
Var
  ch: char;
begin
  while not eof(f1) do
    begin
      while not eoln(f1) do
        begin
          read(f1, ch);
          write(f2, ch);
        end;
      readln(f1);
      writeln(f2);
      break        {break语句的语义是无条件终止本层循环}
    end
end;
Begin
  assign(oldfile, 'abc1.txt');
  reset(oldfile);
  assign(newfile, 'abc2.txt');
  rewrite(newfile);
  error:=false;
  repeat
    writeln('Input [c,d,i,e]: ');
    read(ch);
    write(ch);
    if ch <>'e' then
```

```
        begin
          writeln('Input n= ');
          readln(n)
        end;
      if ch in ['c','d','i','e'] then
        case ch of
        'c': for i:=1 to n do
              copy(oldfile, newfile);
        'd': for i:=1 to n do
              readln(oldfile);
        'i': for i:=1 to n do
              copy(input,newfile);
        'e': while not eof(oldfile) do
              copy(oldfile, newfile);
        end
      else
        error:=true;
    until (ch='e')or error;
    if error then
      writeln('edit error');
    close(oldfile);
    close(newfile);
    readln
End.
```

D. 附注

① 编辑器的设计与实现是计算机科学与技术领域中的一个典型的非数值计算问题，具有重要的实际意义(Windows 操作系统下的 Word 字处理软件就是其中之一)，其中所涉及的算法触及到了一些较为困难的问题；

② 文本文件行编辑程序是编辑器中最简单的一种；

③ Turbo Pascal 中支持几个出口语句总结如表 9-2 所示。

表 9-2　Turbo Pascal 中提供的几个出口语句

语句	语法	语义
break 语句	break;	用于循环语句的循环体中。其语义是，强制终止本层循环。
continue 语句	continue;	用于循环语句的循环体中。其语义是，强制终止本次循环，接着进行下一次是否执行循环的判定。
exit 语句	exit;	该语句用于从当前模块中退出。若该模块为主程序，则终止该程序，若是函数或过程，则立即退出该过程或函数，继续执行后面的程序。

9.3.4　文本文件与类型文件的比较

作为本节的结束，下面对文本文件与类型文件进行一下比较。

(1) 对于类型文件，在文件类型说明中就指定了允许存放在该类型文件上的数据所具有的数据类型，故整个文件只能存放同一种类型的数据。类型文件的基类型可以是除文件类型和指针类型之外的任何数据类型。类型文件的名称由此而来。在对类型文件进行操作的 read(filvar, vars)、write(filvar, vars)语句中，要求 vars 必须与类型文件变量 filvar 的基类型赋值相容。

文本文件没有上述限制。文本文件必须用标准类型标识符 text 来说明。文本文件的基类型只能是字符类型。在从文本文件读数据的 read(filvar, vars)语句中，vars 的类型可以是整型、实型和字符类型，而在向文本文件写数据的 write(filvar, vars)语句中，vars 的类型可以是整型、实型、字符型、布尔型①和字符串类型。也就是说文本文件是"无类型限制"的文件。正是由于系统能够自动转换数据类型，使得对文本文件的读写能够正常进行。

(2) 对于类型文件，直接用二进制代码存放数据，因此其内容是"不可阅读"的，它只能用于在机器内部传递数据，即它不能作为人机界面，进行显示、打印。

对于文本文件，它直接用 ASCII 码存放数据，可以通过显示、打印等方式供人阅读，因此它是人机界面的良好手段。

(3) 对于文本文件，向它进行读、写的语句中，不允许出现枚举、集合类型的数据。而类型文件可以以二进制代码形式存放这些类型的数据。

(4) 在向类型文件写记录类型的数据或从类型文件中读出记录类型的数据时，必须对整个记录类型的数据进行整体读写，不允许逐项(域)读写。但是，在向文本文件写记录类型的数据或从文本文件中读出记录类型的数据时，不允许对整体记录类型的数据进行读写，而必须对记录类型的数据成分逐域进行读写。为什么呢？请读者自己思考。

(5) 标准函数 eoln 以及标准过程 readln 和 writeln 对文本文件有效，而不得对类型文件使用，否则会出现语法错误。

从上面几点不难看出，类型文件和文本文件各有其特点和用处，读者需要认真分辨两者之间的相同之处和差异，才能更好地应用它们进行程序设计。

9.4 无类型的文件

在 9.2 节和 9.3 节中分别介绍了 Turbo Pascal 的类型文件和文本文件。类型文件是一种二进制的随机文件，这种文件的组成元素是有类型的。Turbo Pascal 还有一种二进制的文件，但它的组成元素(在无类型的文件中称为记录)是没有类型的，这种文件就是本节将要介绍的无类型的文件。

9.4.1 无类型的文件及其变量说明

1．无类型文件的特点

无类型的文件是 Turbo Pascal 的一个特有类型。它是对任意类型的外部文件直接访问的低级通道。对于类型文件和文本文件来说，如果不考虑其存放在外存上字节序列的逻辑解释，数据的物理存储实际上只不过是字节序列。这样它与内存的存储单元便可以一一对应了。无类型文件用每 128 个连续的字节作为一个记录(即文件元素)的组织方法，这样它就可以和任意类型的内存变量(当把它看成内存中的若干字节时)交换数据了。因此，使用无类型的文件可以处理任意类型的文件。

---

① 布尔型的数据可以写入文本文件，但是不能读出来。

2．无类型文件的变量说明

Turbo Pascal 规定，无类型文件的类型是一种标准的数据类型，其类型标识符为 file。因此，其变量说明与其他标准的数据类型的说明相同。例如，若有下面的无类型文件的变量说明：

Var fdata,gdata:file;

则它说明了两个无类型文件的类型的变量 fdata 和 gdata。

9.4.2 对无类型的文件实施的基本操作

在 Turbo Pascal 中，对无类型的文件可以施行的主要基本操作有：打开文件、读文件操作、写文件操作、文件结束测试、关闭文件等。对于这些基本操作，Turbo Pascal 也是通过标准过程和标准函数来实现的。

除了标准过程 read 和 write 外，所有适用于对有类型文件操作的标准函数和过程均可用于无类型的文件，标准过程 read 和 write 则分别用过程 blockread 和 blockwrite 取代。此外，在无类型的文件处理时，对标准过程 reset 和 rewrite 也进行了扩充。下面介绍这四个过程。

(1) 标准过程 rewrite

语法 rewrite(filvar, reclen);或 rewrite(filvar);

语义 创建一个与无类型的文件变量 filvar 相联系的外部文件，并打开这个外部文件，准备接受对它的写操作。该过程还设置了记录长度 reclen，未设置时的默认值为 128B。

说明 ① 执行 rewrite 过程之前，若与无类型文件变量 filvar 相联系的外部文件已经存在，而且其中有数据，则执行后该外部文件就变成了等待写操作的一个空文件；② 该过程仅在调用 assign 过程之后才能使用。

(2) 标准过程 reset

语法 reset(filvar, reclen);或 reset(filvar);

语义 打开一个与无类型文件变量 filvar 相联系的外部文件，准备从该文件中读取数据。此时，文件指针已经指向了该文件的起始位置，即指向第一个元素。与 filvar 相联系的外部文件必须是一个已经存在的文件，否则将出现 I/O 错误。该过程还设置了记录长度 reclen，未设置时的默认值为 128B。

(3) 块读过程 blockread

语法 blockread(filvar, fvar, recs);或 blockread(filvar, fvar, recs, result);

其中，filvar 为无类型文件的变量，recs 是整型表达式，它表示要传送的记录个数。fvar 是任意类型的变量，但要注意 fvar 在做该读操作时必须能容纳足够的字节数。

语义 从与无类型文件变量 filvar 相联系的外部文件中读取 recs 个记录，传送到 fvar 变量中（从 fvar 变量所占用的第一个字节开始依次进行）。这里执行一次该读过程操作，实际读取的记录数在 result 参数中回送。该读过程操作完成后，文件指针指向下一个要读取的记录的首字节处。文件指针是以一个记录为单位进行移动的。

(4) 块写过程 blockwrite

语法 blockwrite(filvar, fvar, recs);blockwrite(filvar, fvar, recs, result);

其中，filvar 为无类型文件的变量；fvar 是要被写入的变量；recs 为整型表达式，表示要写入的记录数；result 为整型变量，返回实际写入的记录个数。

语义 将 fvar 变量中的数据写入与无类型文件变量 filvar 相联系的外部文件中。写入时，每写入一个记录，文件指针就下移一个记录的位置。

值得注意的是，在类型文件中介绍的标准函数和标准过程 eof、filepos、filesize 和 seek 等在无类型的文件中仍然可用，但要注意这里是以记录为单位的。例如：

seek(filvar, 2);

该过程是将文件指针指向第三记录的首字节。

9.4.3 无类型的文件的应用

下面通过例子说明无类型的文件的使用。

例 9-13 无类型文件的复制。请写一个程序，将一个外部文件拷贝到另一个名字的外部文件上，这里不管文件类型如何。

A. 分析

因为题目只要求拷贝，所以对源文件（即被拷贝文件）的类型不必关心，而将它看成无类型的文件。根据前面介绍的读、写文件的程序模式，不难给出如下算法。

B. 算法

① 打开源文件 SourceFile 和目标文件 TargetFile，并设置读写记录的单位长度为 1B；
② 循环：
　　从源文件 SourceFile 中读取 BufferSize 个记录放到 buffer 中；
　　将变量 buffer 中的数据写入目标文件 TargetFile 中；
　　直到读写完毕；
③ 关闭源文件 SourceFile 和目标文件 TargetFile。

C. 源程序

```
{ 程序名称：CopyUntypedFile
  文 件 名：CopyUntypedFile.pas
  作   者：赵占芳
  创建日期：2012-01-20
  程序功能：无类型的文件的拷贝。
}
Program CopyUntypedFile (input,output);
Const
  BufferSize=200;
Var
  SourceFile,TargetFile: file;
  SourceFileName,TargetFileName: string[10];
  buffer: array[1..BufferSize] of byte;
  TrueRecords: integer;
Begin
  writeln('Input source filename: ');
  readln(SourceFileName);
  assign(SourceFile, SourceFileName);
  reset(SourceFile,1);         {设置读取的记录单位长度为1字节}
  writeln('Input target filename: ');
```

```
      readln(TargetFileName);
      assign(TargetFile, TargetFileName);
      rewrite(TargetFile,1);      {设置写入的记录单位长度为1字节}
      repeat
        blockread(SourceFile, buffer, BufferSize, TrueRecords);
        blockwrite(TargetFile, buffer, TrueRecords);
      until TrueRecords=0;   {当TrueRecords=0时,表明源文件中的数据已经读完}
      close(SourceFile);
      close(TargetFile);
      readln
    End.
```

D. 附注

① 在该程序中,标准过程 blockread 中的 TrueRecords 回送实际读取的记录数。当 TrueRecords=0 时,表明源文件 SourceFile 中的数据已经读取完毕。

② buffer 作为与无类型文件交换数据的缓冲区,其空间大小一定要大于等于块读写中的读写记录的单位长度×读取的记录数。

③ 本章例 9-3、例 9-10 和本例分别给出了 Turbo Pascal 的类型文件、文本文件和无类型文件的复制的算法和程序,通过对比发现:本例程序更具有一般性,原因是该程序可以对任何类型的源文件进行操作,而本章例 9-3 和例 9-10 只是针对特定类型的文件进行的操作。也由此可以体会到无类型文件在这类操作中带来的方便性。

本 章 小 结

从数据结构角度来看,文件是一种数据结构。它比前面介绍的数据结构(例如,数组,集合等)要大,一般存储在外存储器。

本章介绍了文件的概念和基本知识,以及 Turbo Pascal 的类型文件、文本文件和无类型文件的概念和使用方法。不管是什么文件,对文件进行操作,必须坚持的三步曲是:打开文件→操作文件→关闭文件。否则,就不能使用文件。

鉴于初学者的知识,在本课程中只能直观地解释文件的打开与关闭的含义,而对其本质的回答则是"操作系统原理"课程所要解决的问题。

一个具体的高级程序设计语言中提供了文件功能,而支持它的操作系统也提供了文件功能,那么两者之间是什么关系呢?请读者思考一下。后续的"操作系统原理"课程中会有详细而深入的论述。

习 题

1. 请给出下列程序的运行结果。

(1) 程序 Ex9_1

```
    Program Ex9_1(input,output);
    Var
      f: text;
    function s(var f: text): integer;   {文件只能用作变量参数}
```

```pascal
    var
      num: integer;
    begin
      reset(f);
      num:=0;
      while not eof(f) do
        begin
          readln(f);
          num:=num+1
        end;
      s:=num
    end;
Begin
  assign(f,'CreateTextFile2.pas');  { CreateTextFile2.pas是某程序的文件名}
  writeln(s(f));
  readln
End.
```

(2) 程序 Ex9_2

```pascal
Program Ex9_2(input,output);
Var
  fchar: Text;
  i:integer;
Begin
  assign(fchar,'abc.dat');
  rewrite(fchar);
  writeln(fchar,'1 2 3 4');
  writeln(fchar,' 5 6 7 8 ');
  reset(fchar);
  while not seekeof(fchar) do
    begin
      read(fchar,i);
      writeln(i:5)
    end;
  close(fchar);
  readln
End.
```

2. 阅读下列程序，指出程序功能，并写出打印前五组的结果。

```pascal
Program Ex9_3(input,output);
Type
  ar = array [1..4] of 1..4;
  set1 = set of 1..4;
Var
  a: ar;
  n: integer;
  f: text;
Procedure allorder(bag: set1; Var a: ar; count: integer);
```

```
Var
  i, j: integer;
begin
  if bag <>[] then for i:= 1 to 4 do
    begin
      if i in bag then
        begin
          a[count]:= i;
          allorder(bag -[i],a ,count+1);
        end
    end
  else
    begin
      for j:= 1 to 4 do
        write(f, a[j]:3);
      write(f, ',':1);
      n:= n + 1;
      if n mod 4 = 0 then
        writeln(f)
    end
end;
Begin
  assign(f, 'abc1.txt');
  rewrite(f);
  n:= 0;
  allorder([1..4],a,1);
  close(f);
  readln
End.
```

3. 计算机工资管理。某单位职工的工资利用计算机进行管理。这个单位的职工及其工资是动态管理的。比如，当新职工进入该单位，则计算机工资管理系统中必须增加新职工的工资情况；当某职工离开单位时，则计算机工资管理系统中必须删除该职工的工资情况；当职工获得晋升时，则要增加该职工的工资；而当职工被罚时，则要减少该职工的工资。假设该单位的职工的序号、姓名及工资状况以文件的形式存储在外存上。请写一个程序，实现这个单位的职工工资的动态管理。

4. 请写一个程序，将一个句子翻译成相应的 ASCII 码序列。假设每一个单词中仅有字母出现，且单词之间至少有一个空格出现。

5. 读两个文本文件 Text1 和 Text2，假设每个文件的行长均不超过打印行长的一半。请写一个程序，要求将两个文件并列打印。

6. 请写一个给某一文本文件的每一行加上行号的程序。

7. 文件索引。请写一个程序，从一个已知的文本文件中读出单词，列出所有不同的单词及每个单词出现的次数。

8. 请写一个程序，从已知的文本文件 f.txt 中读出数据，生成一个按照数据域升序排序的单链表。例如，若文本文件 f.txt 中数据存放顺序从第 1 行到第 10 行分别为：4,1,6,4,5,7,3,2,9,8，则产生的单链表中每个结点的数据域的升序顺序为：1,2,3,4,5,6,7,8,9。

9. 请写一个程序，建立一棵二叉树，并将它存储在磁盘文件中。二叉树在磁盘文件中以前缀形式给出。例如，数据：

ABC..D..E.F..对应的二叉树如图 9-5 所示（·表示空子树）。

10．一个文本文件包括若干行，每行不到 40 个字符。请写一个程序，以每行中第 20 个位置为该行的中点，将每一行字符按中点对齐。

提示 若一行有 24 个字符，程序必须在该行的第 1 个字符前插入 8 个空格符；若一行有 11 个字符，程序必须在该行的第 1 个字符前插入 14 个空格符。

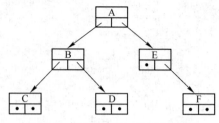

图 9-5 所建立的二叉树实例图

11．假设在一个文本文件中，其每一行由人名及其电话号码组成，请写一个程序，将该文本文件分解成两个文件，其中一个文件的每一行是人名，而另一个文件的每一行是相应人的电话号码。

12．学生成绩管理系统(Version 4.0)。假设某班人数最多不超过 30 人，具体人数由键盘输入，学生的数据信息包括：学号、姓名、性别、出生日期(年、月、日)、数学分析、高级语言程序设计、电路与电子学三门课的成绩、平均成绩。请你使用函数或过程，使用单向链表和文件作为数据结构，设计并实现一个菜单驱动的学生成绩管理系统，其系统功能如下：

(1) 数据录入功能。若软件首次运行，则学生信息要从键盘录入。从键盘任意输入 10 个学生信息录入到文件中，输入过程中自动计算每个学生的三门课程的平均成绩，保存到相应学生的"平均成绩"域中；

(2) 数据读取功能。若软件不是首次运行，则从文件读取学生信息存储到单向链表中；

(3) 排序功能。

① 按平均分或按某门课程的成绩从高到低对单向链表中的学生信息进行排序；

② 按学生姓名的字典顺序对单向链表中的学生信息进行排序；

(4) 输出功能。将单向链表中的学生信息输出；

(5) 查找功能(基于文件的查找)。

① 从键盘输入一个要查找的学生姓名，在文件中查找有无此人，若有，则输出此人信息，否则输出"查无此人！"的提示信息；

② 按年龄和性别在文件中查找学生的基本信息，若找到，则输出此人信息，否则输出"查无此人！"的提示信息；

③ 在文件中查找并输出某门课成绩最高的学生的基本信息，成绩最高的可能不只一名学生；

(6) 数据追加功能。向文件尾部追加一名新的学生信息，要求学生的学号不允许与已有的学生学号重复；

(7) 数据修改功能。按学号在文件中查找学生基本信息，若找到，对学生信息进行修改后保存；若找不到，则给出"查无此人！"的提示信息；

(8) 数据删除功能。按学号在文件中查找学生基本信息，若找到，则将其学号修改为 0，代表删除此学生信息；若找不到，则给出"查无此人！"的提示信息；

(9) 数据保存功能。将单向链表中的学生信息保存到文件中。

第10章

Turbo Pascal 的进一步介绍

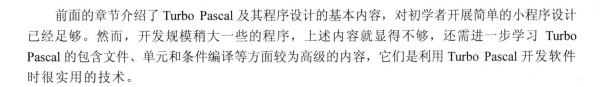

前面的章节介绍了 Turbo Pascal 及其程序设计的基本内容，对初学者开展简单的小程序设计已经足够。然而，开发规模稍大一些的程序，上述内容就显得不够，还需进一步学习 Turbo Pascal 的包含文件、单元和条件编译等方面较为高级的内容，它们是利用 Turbo Pascal 开发软件时很实用的技术。

▷▷ 10.1 包含文件

500 行左右的小程序一般写在一个源文件中。当程序的规模超过 1000 行时，如果把所有的源代码写在一个文件中就不便于程序的阅读、编辑和调试了。为了便于大型程序的开发、调试和维护，Turbo Pascal 支持对规模较大的程序进行拆分，把代码写在多个源文件中，允许分别进行编译，生成各自的目标代码文件，然后再通过链接生成总的可执行文件。

对源文件进行拆分是程序协同开发的重要手段。把一个大程序分为若干相对独立的模块，由多个人分工合作，共同完成，可以大大加快程序开发的速度，是大型程序开发的基本工作方式。

Turbo Pascal 支持对程序进行拆分的功能是通过"包含文件(Include File)"这一手段来实现的。包含文件是指同一源程序将另一个指定文件的全部内容包含起来。它体现了**分解与聚集**的思想与方法。**分解和聚集都是计算机科学与技术学科的核心概念。**

在 Turbo Pascal 程序中，用户根据自己的需要使用包含文件时，要在程序的说明部分(一般应置于各种说明之后)增加包含文件编译指令(Compiler Directives，或编译命令)来实现。包含文件编译指令是一种可以嵌入到源程序文件中，"指令"编译器完成包含文件功能的一种特殊注释，它以"{$I"(I 小写也可以)开头，后跟一个被包含文件的文件名，最后以"}"结尾。如同 Turbo Pascal 的标识符一样，包含文件编译指令不区分大小写。

包含文件编译指令的语法为：

```
{$I∪文件名}
```

其中，文件名是任何合法的文件名。当扩展名缺省时，默认值为.pas。

其语义是在编译及运行调试时把包含文件编译指令所指的文件从指令行的位置上包含进来，进行统一的编译和运行。在编译时，如果文件没有指定目录，则除了在当前目录寻找该文件外，还将在"Options/Directories/Include directories"目录选项指定的目录中去寻找并包含指定的文件。

例如，程序 IncludeDemo 是由 Demo0.pas、Demo1.pas 和 Demo2.pas 三个文件组成，主程序在 Demo0.pas 中，只要用以下形式，编译器就会把主文件 Demo0.pas 与其两个被包含的文件 Demo1.pas 和 Demo2.pas 看成了一个统一的整体。

```
{文件 Demo0.pas}
Program IncludeDemo;
  ...
{$I Demo1.pas}
{$I Demo2}                    {文件名后缀.pas 可以省略}
  ...
Begin
  ...
End.
```

这样，我们使用包含文件功能就可以把一个较大的源程序文件拆分成几个较小的文件，程序的阅读、编辑和调试就比较容易了。

为了更好地使用包含文件功能，作如下几点说明：

① 包含文件编译指令本身并不生成可执行的代码；

② 使用包含文件时，包含文件编译指令必须用单独一行写出来。包含文件不能在语句之间指定。实际上，所有在 Begin 和 End 之间的语句必须在同一个源文件中；

③ 允许被包含文件中再包含其他文件，即包含文件可以嵌套，而且最多可以嵌套 15 层（与开发语言的版本有关）；

④ 一般地，对较大的程序进行拆分时，通常将全局变量放入一个包含文件中，而把相关的过程和函数写入若干包含文件中；

⑤ 由于 Turbo Pascal 对说明部分的出现次序、次数均无限制，包含文件中也可以有类型、常量、变量等说明部分，不必都集中到一个全局变量的包含文件中，使用起来更加方便。

Turbo Pascal 通过包含文件，实现了对程序的拆分。缺点是：每次修改程序的任何一个文件后，都要编译整个程序（因为组成程序的每一个文件不能独立编译），之后程序方可运行，这影响了程序开发的效率。

10.2 单元

除了通过包含文件可以实现对程序的拆分之外，还可以通过单元实现对程序的拆分。使用单元克服了文件包含功能的缺点。

10.2.1 单元的基本概念

在 Turbo Pascal 中，将一些相关的预定义的常量、数据类型、变量、函数和过程**封装**起来，组成一个可以被单独编译的程序单位，并单独存储于外存的一个文件中，该文件被称为单元文件。单元文件经过编译后生成.tpu 文件。显然，它不能单独运行，仅可用于给主程序或其他单元程序提供服务，即用户程序可以引用该单元中提供的常量、数据类型、变量、函数和过程(下文简称为**对象**)。引入单元后，程序可以分解为一个主程序和若干个单元。在生成可执行的文件时，各个文件单独编译，最后连接并生成可执行文件。一个独立的单元可以为多个程序使用。充分利用单元的优点，不仅可以加快程序或软件的开发速度，而且可以提高程序的可维护性。这一技术也体现了**分解与聚集**的思想与方法。

10.2.2 单元的定义

任何一个单元由四个部分组成，分别是：单元首部，接口部分，实现部分和初始化部分。其一般语法如下：

```
unit <单元名字>;          {单元首部}
interface                {接口部分开始}
uses <单元列表>           {可选项}
  … {全局说明}
implementation           {实现部分开始}
uses <单元列表>           {可选项}
  … {局部说明部分}
  … {过程和函数的实现}
Begin                    {初始化部分开始}
  … {初始化语句序列}
End.
```

(1) 单元首部

单元首部以 Turbo Pascal 的关键字 unit 开头，<单元名字>指明了本单元的名称。Turbo Pascal 规定，单元名字必须与该单元存储时的物理文件名相同。

(2) 接口部分

接口部分以 Turbo Pascal 的关键字 interface 开头，排在单元首部和实现部分之间。在这一部分，可以说明常量、类型、变量、函数与过程，并且可将它们以任意顺序写出，也可以重复。该部分定义的标识符对外是可见的，即主程序或其他单元可以访问接口部分的标识符。在程序中使用一个单元只需要知道怎样调用单元中的过程，而不需要知道过程是怎样实现的。

在单元中，能被其他单元或程序引用的对象必须在接口部分说明，而对象中的过程与函数的实现细节却在实现部分定义，不允许使用 forward 说明。这意味着在接口部分中列出了所有过程或函数首部(头)之后，还必须在实现部分给出其完整的子程序。如果某些过程或函数是外部的，还必须在接口部分对这些过程或函数用 external 加以说明，在实现部分就不必定义了。如果过程是 inline 型的，可直接把机器码写在接口部分，而不必在实现部分再对此过程或函数进行说明。

(3) 实现部分

实现部分以 Turbo Pascal 的关键字 implementation 开始。实现部分要给出所有在接口部分声明的过程和函数的具体实现(程序体)。因为在实现部分中声明的一切对象在作用域上是局部的，所以实现部分的改变对其他单元和程序来讲是不可见的，是私有的。私有的好处是，若修改了一个单元的实现部分，而其接口部分没有变化，则引用该单元的程序或单元就不需要重新编译。然而，若接口部分发生了变化，则所有引用该单元的程序或单元均要重新编译，甚至需要修改。

单元的实现部分也可以使用 uses 子句，引用自己使用的单元，其位置必须紧跟在关键字 implementation 之后。这些引用的细节对于使用该单元的程序或单元是不可见的。若过程说明为 external 类型，则需用{$L 文件名.obj}编译指令将其链接入程序。在接口部分说明的函数或过程，除了 inline 类型之外，都必须在实现部分再现，它们的首部必须和接口部分一致或用简写格式(省略参数表形式)。

在接口部分所有说明过的对象及用 uses 子句引用的其他单元中所说明过的对象，都可以用到实现部分里去。实现部分也可以有它自己的说明部分。实现部分所说明的对象都是局部于该实现的，它们对于引用该单元的程序是不可见的。主调程序并不知道它的存在，也不能直接引用它们。但是，这些私有说明可以被接口部分说明的函数或过程使用。

在实现部分中出现的、在接口部分说明了的函数或过程(非内部子程序)的首部，必须与接口部分中说明的一致，或为省去参数表的形式，即由 procedure 或 function 后接子程序名字组成。当然，这些子程序必须有自己的子程序体。

(4) 初始化部分

初始化部分被包含在 Begin 和 End. 之间，它包含了本单元的初始化代码。若无初始化部分，则关键字 Begin 可以省略。但 End. 不能省略，它是单元结束的标志。

带初始化部分的单元，可以初始化任何在该单元中已经说明的变量，这些变量可供本单元使用，也可通过接口部分交给引用程序或单元使用。例如，可以在该部分打开文件供其他程序使用。例如，标准单元 printer 就是运用其初始化部分为所有打印输出打开文本文件 LST，这样在程序中使用 write 语句和 writeln 语句就可以输出指定内容了。

当使用该单元的程序执行时，在程序的主体部分执行之前，它所使用的所有单元的初始化部分按 uses 子句中说明的先后依次被调用，完成初始化工作。

下面介绍一下单元的嵌套调用。

在单元中，还可以用 uses 子句引用其他单元，这就是单元的嵌套调用。它是通过紧跟在：interface 或 implementation 之后用 uses 子句加欲调用的单元名字实现的。在使用 uses 子句时应注意：

① 若 uses 中说明的被引用单元中使用了另外的一些单元，这些单元也必须在 uses 子句中加以说明，并且它们的名字也必须在这个单元引用它们之前加以说明；

② uses 子句必须紧跟在 interface 或 implementation 之后。注意，在接口部分引用的单元所含对象对于引用它的单元或程序而言是可见的；而在实现部分引用的单元及其对象对于引用本单元的程序或单元则是不可见的。

单元分为用户自定义的用户单元和系统预定义的标准单元两种。在实际应用中，用户可根据需要自定义用户单元。下面举例说明用户自定义的单元。

例 10-1　请给出利用单元实现抽象数据类型复数 **ADTcompl**。

(1) 源程序

```
{ 单元名称：ADTcompl
  文 件 名：ADTcompl.pas
  作   者：赵占芳
  创建日期：2012-02-23
  单元功能：抽象数据类型复数单元。
}
```

```pascal
Unit ADTcompl;
Interface
  Type complex=record
                 realpart: real;
                 imagpart: real
               end;
  Procedure plus(a, b: complex; Var c: complex);
  Procedure minus(a, b: complex; Var c: complex);
  Procedure multiply(a, b: complex; Var c: complex);
  Procedure divide(a, b: complex; Var c: complex);
Implementation
  Procedure plus(a,b: complex;Var c: complex);
  begin
    c.realpart:= a.realpart + b.realpart;
    c.imagpart:= a.imagpart + b.imagpart;
  end;
  Procedure minus(a, b: complex; Var c: complex);
  begin
    c.realpart:= a.realpart - b.realpart;
    c.imagpart:= a.imagpart - b.imagpart
  end;
  Procedure multiply(a, b: complex; Var c: complex);
  begin
    c.realpart:= a.realpart * b.realpart - a.imagpart * b.imagpart;
    c.imagpart:= a.realpart * b.imagpart + a.imagpart * b.realpart;
  end;
  Procedure divide(a, b: complex; Var c: complex);
  begin
    c.realpart:=(a.realpart * b.realpart + a.imagpart * b.imagpart)
             /(b.realpart * b.realpart + b.imagpart * b.imagpart);
    c.imagpart:=(b.realpart * a.imagpart - b.imagpart * a.realpart)
             /(b.realpart * b.realpart + b.imagpart * b.imagpart);
  end;
Begin
End.
```

(2) 附注

① 必须保证单元的文件名与本单元名要完全一致,否则编译会出错。另外,实现部分的函数或过程的参数表部分可以省略。

② 单元一旦编译后,将产生一个后缀为 .tpu 的单元的目标代码文件。之后,我们就可以单独引用之,也可以用 TPUmover 工具把它们添加到标准单元库 Turbo.tpl 中去,供所有用户使用。

③ Turbo Pascal 中单元的引入,为数据封装和信息隐蔽奠定了更好的基础。一旦规定单元中定义(说明)的常量、类型、变量、函数和过程在单元的外部是不可见的,那么,在该语言中就可以借助"单元"实现抽象数据类型。这样,语言中的数据类型得以扩充,语言的灵活性和表达能力得到增强。所谓抽象数据类型是指与表示无关的数据类型。有关抽象数据类型的进一步介绍将来在"数据结构"课程中学习。

10.2.3 单元的使用

当单元被构造后，经编译生成 .tpu 文件，而且将该文件存于外存中，此时就可以使用它了。在主程序或其他单元文件中，用命令"uses 单元名表；"打开要使用的单元名表中的所有单元文件。在主程序中，命令"uses 单元名表；"的位置一般置于程序首部的后面。单元一旦被打开，此后对其在接口部分定义的标识符的使用与标准标识符的使用相同。下面举例说明。

例 10-2 使用例 10-1 定义的 ADTcompl 单元实现的复数的四则运算(第七章例 7-8 的程序)。

(1) 源程序

```pascal
{ 程序名称：ComplexOperation2
  文 件 名：ComplexOperation2.pas
  作   者：赵占芳
  创建日期：2012-02-23
  程序功能：实现复数的四则运算。
}
Program ComplexOperation2(input, output);
uses
  ADTcompl;
{打开单元文件。该命令应置于程序首部之后}
Var
  x, y, z: complex;
  s1: set of char;
  ch, choice: char;
Begin
  s1:=['+', '-', '*', '/'];
  repeat
    writeln('Input x.realpart and x.imagpart');
    readln(x.realpart, x.imagpart);
    writeln('Input y.realpart and y.imagpart');
    readln(y.realpart, y.imagpart);
    writeln('Input operator ch=');
    read(ch);
    if ch in s1 then
      begin
        case ch of
        '+': plus(x, y, z);
        '-': minus(x, y, z);
        '*': multiply(x, y, z);
        '/': divide(x, y, z);
        end;
        writeln('The new complex z=', z.realpart: 6: 2, '+i*',
              z.imagpart: 6: 2);
      end
    else
      writeln('Operator error!');
```

```
        writeln('continue? y/n');              {是否继续进行计算}
        readln;
        readln(choice);
     until choice='n';
     readln
  End.
```

(2) **附注**：通过本例与第七章例 7-8 的程序的对比，你有什么体会？

对用户使用单元作如下几点说明：

① 在使用单元的程序中，若 uses 子句中的单元不止一个时，其出现的顺序是任意的，编译器自动决定哪个单元先被链接到调用程序中；

② 即使程序中的 uses 子句中不包含标准单元 system，编译器也会自动链接之。因为使用 system 单元不需要用 uses 说明；

③ 当单元的接口部分被改变时，使用该单元的所有单元或程序都必须重新编译。若修改的是单元的实现部分或初始化部分，则只需重新编译该单元而不必重新编译依赖于它的单元或程序；

④ 单元编译时，编译器要验证有关的单元版本号。若发现不匹配时，编译器指出错误或重新编译所有单元（依命令而定）。

10.2.4 标准单元

为了便于用户编程，Turbo Pascal 提供了 system、dos、crt、graph、printer、turbo3、graph3、overlay 八个标准单元供用户使用。除了 system 单元外，其他单元的使用均要用 uses 说明。

system 单元是 Turbo Pascal 的运行库，实现了所有内部特性的低层功能，如文件的输入和输出，字符串的处理，浮点运算和内存的动态分配。

dos 单元实现了许多操作系统和文件处理的功能，该单元中的所有程序都是标准 Pascal 中没有定义的，因此把它们放在一个特定的模块中，包括定义的常量、类型和变量，中断处理过程，日期和时间过程，磁盘状态函数，文件管理过程，进程管理过程和函数。

crt 单元是为了充分利用 PC 机的功能而开发的。它能在 80x86 及其兼容机上使用，内容包括屏幕方式、键盘扩展码、颜色、窗口、声音控制等。

graph 单元是一个由 50 多个程序组成的较大的库，可以设置图形方式，绘制和填充各种图形，如点、线、弧、椭圆、矩形、多边形、条图和饼图，可使用各种字体并变化其大小。

关于 printer、turbo3、graph3 和 overlay 标准单元，读者在使用时请查阅相应版本的 Turbo Pascal 用户手册，不再赘述。

▷▷ 10.3 条件编译

一般情况下，源程序中的所有行都参加编译。但是，有时希望对其中一部分内容只在满足一定条件才进行编译，也即对这一部分内容指定编译条件，这就是"条件编译（Conditional Compilation）"。条件编译可以使我们在调试程序时，将同一源程序选择不同的编译范围，从而产生不同的目标代码文件，从而尽快找到程序中的错误，加快程序的调试。条件编译技术体现了**分解**的思想与方法。**分解是计算机科学与技术学科的一个核心概念。**

Turbo Pascal 提供了条件编译的功能。这一功能是用户根据自己的需要，在自己的程序中增加条件编译指令（Compiler Directives）来实现的。编译指令是一种可以嵌入到源程序中的指示编译器完成某一特定编译功能的一种特殊注释，以"{$"开头，后跟一个指令名字（由一个或多个字符组成），最后以"}"结尾。就如同 Turbo Pascal 的标识符一样，条件编译指令也是不区分大小写的。

条件编译指令本身并不生成可执行的代码。Turbo Pascal 的条件编译指令有以下两种形式。

（1）条件编译指令 1

语法：{$IF* 条件符}
　　　　程序片段
　　　　{$ENDIF}

其中，*代表 DEF，或者 NDEF。

语义：当{$IF* 条件符}指定的条件符被定义时，编译程序片段。条件符没有被定义时则跳过这个程序片段。

（2）条件编译指令 2

语法：{$IF* 条件符}
　　　　程序片段 1
　　　　{$ELSE}
　　　　程序片段 2]
　　　　{$ENDIF}

其中，*代表 DEF，或者 NDEF。

语义：当{$IFDEF 条件符}中指定的条件符被定义时，则编译程序片段 1，否则编译程序片段 2；当{$IFNDEF 条件符}中指定的条件符没有被定义时，则编译程序片段1，否则编译程序片段2。

说明：条件编译结构可以嵌套16层。对每一个{$IF* 条件符}，同一源文件中必须有一个相应的{$ENDIF}，即在每个源文件中{$IF* 条件符}和{$ENDIF}要配对出现。

下面对条件符和条件编译指令做详细介绍。

（1）关于条件符

条件编译是根据条件符（Conditional Symbols）的计算而进行的。条件符很像布尔变量，它们的取值或为真（被定义），或为假（被解除定义）。条件符分为标准条件符和用户自定义的条件符。Turbo Pascal 定义了下面一些标准条件符：

VER70 总被定义，它表明是 Turbo Pascal 7.0 版本。

MSDOS 总被定义，它表明操作系统为 DOS。

CPU86 总被定义，它表明 CPU 为 80x86 系列。

CPU87 编译时有 80x87 协处理器，定义该符号。

根据需要，用户可以自定义条件符。条件符的命名需要遵循与标识符相同的命名规则。条件符用{$DEFINE 条件符}定义和用{$UNDEF 条件符}解除。还可以用命令行选项/D 对条件符进行定义。

尽管条件符与标识符很相像，但是条件符只能用于条件编译指令中，而不能在程序的其他地方引用，同理标识符也不能在条件指令中引用。

（2）关于条件编译指令

① DEFINE 指令

语法：{$DEFINE name}

语义：定义一个指定名字 name 的条件符。该条件符在一个{$UNDEF name}出现之前一直有定义。如果前面对 name 定义过了，则{$DEFINE name}不起作用。

② UNDEF 指令

语法：{$UNDEF name}

语义：取消一个有定义的条件符 name。

③ IFDEF 指令

语法：{$IFDEF name}

语义：如果条件符 name 被定义，则编译后面的源程序。

④ IFNDEF 指令

语法：{$IFNDEF name}

语义：如果条件符 name 无定义，则编译后面的源程序。

⑤ IFOPT 指令

语法：{$IFOPT Switch}

语义：如果 Switch 在指定状态时，编译后面的源程序。Switch 包括开关名跟 "+" 或 "-"，例如：

```
{$IFOPT N+}
    type real=extended;
{$ENDIF 条件符}
```

在{$N+}状态下将编译上述类型说明语句。

⑥ ELSE 指令

语法：{$ELSE}

语义：对由最近的{$IF* 条件符}和下一个{$ENDIF}所界定的源程序的编译或跳过进行转换。

⑦ ENDIF

语法：{$ENDIF}

语义：结束由最近的{$IF* 条件符}开始的条件编译。

下面举例说明条件编译指令的应用。

例 10-3 给定字符串 str='Dragon Headsraising Day'，请写一个程序，使之能根据需要设置条件编译命令，将该串的字母全部改为大写输出，或者全部改为小写输出。

(1) 源程序

```
{ 程序名称：ConditionalCompilation
  文 件 名：ConditionalCompilation.pas
  作   者：赵占芳
  创建日期：2012-02-23
  程序功能：利用条件编译，实现将一个已知字符串的字母全部改为大写输出，或者全部改为
          小写输出。
}
{$DEFINE ConditionalSymbol}   {定义一个条件符:ConditionalSymbol}
Program ConditionalCompilation(input,output);
```

```pascal
Var
    i:integer;
    str:string;
Begin
    str:='Dragon Headsraising Day';
    {$ifdef ConditionalSymbol}
      for i:=1 to length(str) do    {将 str 串转换为由大写字母构成的串}
        str[i]:=upcase(str[i]);     {标准函数 upcase(ch)将字符 ch 变为大写字母}
      writeln('str=',str);
    {$else}
      for i:=1 to length(str) do              {将 str 串转换为由小写字母构成的串}
        if str[i] in ['A'..'Z'] then
          str[i]:=chr(ord(str[i])+32);   {将大写字母转换为小写字母}
      writeln('str=',str);
    {$endif}
    readln
End.
```

(2) 附注

① 本例源程序中，使用了标准函数 upcase(ch)，将字符 ch 变为大写字母。而将大写字母转换为小写字母使用了赋值语句：

```
str[i]:=chr(ord(str[i])+32);
```

② 本程序的运行结果为：

```
str=DRAGON HEADSRAISING DAY
```

若全部改为小写字母输出 str 串，则只要将编译指令:{$DEFINE ConditionalSymbol}改为 {$UNDEF ConditionalSymbol}即可。

Turbo Pascal 提供了较为丰富的编译指令，它在协助排除错误、版本分类、程序的重用与管理、设定统一的执行环境中有着重要应用。

本 章 小 结

本章介绍了利用 Turbo Pascal 进行程序开发常用的包含文件、单元和条件编译等三个方面的内容，它们是利用 Turbo Pascal 开发程序很实用的技术。这三种技术体现了一个共同的思想与方法——**分解**。它是计算机科学与技术学科的一个核心概念。

习 题

1. 将之前自己已经写过的较大一点的程序，分别用包含文件和单元两种形式重新编写，体会它们的不同。

2. 用条件编译的方法实现：输入一行电报文字，可以任选两种输出，一种是原文输出，另一种是将字母变成下一个字母，其他非字母字符不变进行输出。

第11章

高级程序设计语言——C语言

前面已经详细介绍了 Turbo Pascal 及其程序设计技术。在高级程序设计语言家族中，有一种语言最初也源自 Pascal，但又具有自身的特点，在国际上广泛流行且具有支持结构化程序设计语言的特点，这就是本章要介绍的程序设计语言——C语言。

C语言和 Pascal 语言同属 Algol 语言家族。与 Pascal 语言的出现一样，C语言的诞生也有一段历史故事。1969 年下半年，年仅 26 岁当时正在贝尔实验室工作的软件工程师 Ken Thompson（肯·汤普森，被业界尊称为 ken），因受到不久前发生的阿波罗 11 号载人飞船首次登上月球这一重大事件的影响，他在装有 GECOS 系统的大型机上设计了一款名叫"Space Travel"的游戏程序。由于该机器性能不好，加上用费昂贵，迫使他与其同事兼好友 D. M. Ritchie（被业界尊称为 Dmr）一起寻找到免费的 DEC PDP-7 小型机，试图在这台计算机上玩游戏。然而，DEC PDP-7 小型机只是一台没有操作系统的"裸机"，为了能够玩游戏，两人决定为这台机器开发一个操作系统。经过夜以继日的工作，于 1969 年圣诞节前，他们使用汇编语言成功设计并实现了 UNIX 操作系统。由于 UNIX 操作系统的优雅，以及"Space Travel"游戏程序的巨大吸引力，很多人希望他们的计算机上也能安装 UNIX 操作系统和游戏程序。遗憾的是这个 UNIX 操作系统的可移植性太差了。于是，Ken 和 Dmr 决定设计并实现一种兼有高级语言和低级语言特性且真正适合于系统程序设计的语言，这种语言就是后来 Dmr 发明的 C 语言。

与科学史上的任何发明创造一样，C 语言的产生也有其演变过程。1963 年，英国剑桥大学和伦敦大学共同对 Algol 60 进行改造，推出了比较接近硬件的 CPL（Combined Programming Language）语言，但它规模较大，难以实现。1967 年，剑桥大学的 Martin Richards 对 CPL 语言进行简化，给出了 BCPL（Basic Combined Programming Language）语言。1970 年，Ken 对 CPL 进行进一步简化，设计了 B 语言（取 BCPL 的第一个字母），并用它在 DEC PDP-7 机器上实现了第一个 UNIX 操作系统。为了能够设计出兼有高级语言和低级语言特性的适合于编写操作系统的语

---

① 丹尼斯·甲奇，1941 年生于美国纽约。他是 C 语言之父和 UNIX 之父。自 1967 年参加工作直到 2007 年退休，他一直在贝尔实验室供职。1978 年他与 Brian W. Kernighan 合作出版了业界名著《C 程序设计语言》，这本 100 多页的小册子已被翻译成多国文字，成为 C 语言方面最权威的著作。令人遗憾的是，里奇终生未婚，长期忍受病痛的折磨，长期独居的他于 2011 年 10 月 12 日被友人发现死在新泽西州伯克利高地的家中！大师走得竟是如此寂寥，让人不禁扼腕叹息！大师去世后，国外很多软件开发者的论坛上关于他身故的跟帖内容只有一个"；"（在 C 语言中，它表示一条语句的结束），众多程序员以这样一种简约到极致的方式向大师致敬。著名的计算机科学家 N. Wirth 教授评价他说："他的任何一项成就在软件发展史上都有着举足轻重的地位。与他的伟大成就形成对照的是他的行事，**态度低调**，他的表达，像他的软件一样，简洁、生动而准确。"

言，dmr 分析了 B 的不足，并对它进行扩展，于 1972 年成功地推出了他们的理想语言——C。dmr 本人也因此被称为 C 语言之父。

C 语言问世之后，Dmr 使用 C 重写了 UNIX 操作系统，即 UNIX V。令人景仰的是，Ken 和 Dmr 后来却毫不吝啬地公布了 UNIX V 和 C 编译器的源代码，加入到"开源运动"中。这一举动极大地推动了操作系统和高级程序设计语言的发展，在 IT 行业影响深远。他们创造的历史，已经成为计算机科学技术发展史上令人称道的佳话。正是由于 C 语言和 UNIX 操作系统的巨大成功，使 Ken 和 Dmr 二人获得了 1983 年的图灵奖(Turing Award)和 1999 年的美国国家技术奖章。

从这个故事，可以得到下面几点**启示**：
① 兴趣和需求均是研究的出发点和动力；
② 实际需求中存在着大量待发现的科学问题；
③ 只管耕耘，不问收获，是为学者的本分。

将 C 语言与 Pascal 语言进行综合比较，可总结、归纳得到以下几点：

① 两者的设计目标不同。Pascal 语言具有多种限制，其目的是通过实施基础的程序结构而适应对程序可靠性(Reliability)要求特别严格的设计，而 C 语言以它足够的灵活性来适应更大范围的应用需要，特别是系统软件开发的需要。C 语言的设计更多地贴近硬件，服务于系统软件开发；

② 数据类型有所不同。在程序设计语言中，变量的类型规定了该变量在程序执行期间的取值范围。把变量全部都给定了类型的语言叫做类型化的语言(Typed Language)，而不限制变量取值范围的语言叫做未类型化的语言(Untyped Language)。类型化语言分为强类型语言(Strongly-typed Language)和弱类型语言(Weakly-typed Language)。一个语言是强类型语言，当且仅当，其所有语言成分的属性都能在编译时确定，或(放宽一点)语言中所有表达式中的数据类型都能在编译时确定；一个语言是弱类型语言，当且仅当，其所有语言成分的属性都能在运行时确定，或者，弱类型语言中的同一个变量可以在不同的时候有不同的类型。Pascal 语言属于强类型语言。尽管 C 语言是一个类型化的语言，但不是一个强类型化语言，故有时称它为弱类型语言。然而，弱类型语言的功能为系统程序设计所必须，因为需要保证系统程序设计语言的灵活性，有时不惜牺牲其在某些方面的安全性；

③ 语言定义的严密性不同。Pascal 语言有完整而精美的语法定义，但 C 语言并没有严格的语法定义，仅有语言的说明性定义。实践证明，在语言设施小，规模小的情况下，为保证编译程序的正确性，说明性定义足够了。Pascal 语言的严格语法反而不及 C 语言灵活；

④ 适用的应用领域不同。Pascal 语言适用于以安全、可靠为设计要求的领域，而 C 语言适用于以描述能力强、灵活性更高为设计要求的领域，特别适用于与机器硬件密切相关的系统软件设计的需要。

在 C 语言的发展历程中，服务于底层软件的开发，支持系统软件开发，支撑 UNIX 程序设计和更好地融入并发程序设计的发展，使 C 语言虽与 Pascal 语言一样，源自 Algol，但后来渐行渐远。

本章主要从语言比较学的角度，围绕高级语言的语言成分，通过对比 C 语言与 Turbo Pascal 语言的异同点，概要性地介绍 ANSI C* 语言(1983 年，美国国家标准化协会制订的标准)。此处引用的程序设计语言理论的观点和结论，不作详细的解释，读者可参阅相关文献。

---

*ANSI 是 American National Standards Institute(美国国家标准局)的缩写。

第 11 章 高级程序设计语言——C 语言

11.1 ANSI C 与 Turbo Pascal 的符号、约定的比较

每种语言都有属于自己的符号集合。从语言使用的角度考虑，都会在发展中产生一些约定俗成的内容。一方面，这是由于语言在发展中有习惯成自然的特性；另一方面，也是由于有了这样的约定，可以减轻语言的语法、语义的定义性描述，有利于语言的普及和使用。

11.1.1 ANSI C 与 Turbo Pascal 的字符集合

任何语言都是建立在某一个有限的字符集合上的。两种高级语言的字符集合均由字母、数字和其他字符构成。如表 11-1 所示。

表 11-1　Turbo Pascal 与 ANSI C 字符集比较

	Turbo Pascal	ANSI C
字母	26 个大、小写英文字母。**字母的大小写视为相同，没有区别。**	26 个大、小写英文字母。**字母的大小写有区别，被视为是不同的。**
数字	0,1,2,3,4,5,6,7,8,9	0,1,2,3,4,5,6,7,8,9
其他字符	24 个其他字符： + - * / = < > . , ' : ; ^ ( ) [ ] { } ⎵(空格) # @ $ _(下划线)	33 个其他字符： + - * / = < > . , ; : ' ( ) [ ] { } ⎵(空格) ^ % ! # $ & ? ~ _ " | \ 换行符 制表符

以后，在使用列表比较两种语言的异同之处和介绍 C 语言时，将首先把两者之间的相同之处列出，然后才是不同之处。当异同点比较明显时，将不再作进一步的解释。而当情况比较复杂时，再作详细说明。此外，为了便于复习 Turbo Pascal，同时学习新的 C 语言，在本章中将使用前面章节中出现的多个程序设计的实例，这样便于读者学习、掌握新语言。在学习高级程序设计语言 C 语言及其程序设计时，可以参照前面章节中大量 Turbo Pascal 程序设计的实例，用 C 语言对相关问题重新写一遍程序，这样可以较快地掌握用 C 语言来设计程序。

11.1.2 ANSI C 与 Turbo Pascal 的符号

Turbo Pascal 与 ANSI C 符号比较如表 11-2 所示。

表 11-2　Turbo Pascal 与 ANSI C 符号比较

	Turbo Pascal	ANSI C
保留字	共 51 个，它们是标准 Pascal 的 35 个： and, array, begin, case, const, div, do, downto, else, end, file, for, function, goto, if, in, label, mod, nil, not, of, or, packed, procedure, program, record, repeat, set, then, to, type, until, var, while, with 以及扩充的 16 个保留字： asm, constructor, destructor, exports, implementation, inherited, inline, interface, library, object, shr, string, shl, uses, unit, xor	共 32 个，它们是： ① 数据类型定义：typedef ② 数据类型：char, const, double, enum, float, int, long, short, signed, struct, union, unsigned, void, volatile ③ 存储方式：auto, extern, register, static ④ 运算符：sizeof ⑤ 语句：break, case, continue, default, do, else, for, goto, if, return, switch, while

续表

		Turbo Pascal	ANSI C
定界符		共 26 个，它们是： + - * / < <= > >= = <> ^ . .. : ; := ' # @ $ 〔和〕 [和]或(.和.) {和} 或(*和*)	它们是： ① 运算符 34 个：+ - * / % ! ++ -- & → sizeof ~ < <= > >= == << >> != ^ | || && . , ( ) [ ] ?: = += -= *= /= ② 分隔符：空格符、换行符、制表符、注释 ③ 语句括号：{,}
标识符	标准标识符	常用的有： ① 标准常量名：*false*, *true*, maxint ② 标准类型名：integer, real, char, boolean, text 标准过程名：pack, unpack, new, dispose, put, get, reset, rewrite, page, read, readln, write, writeln ④ 标准函数名：abs, sqr, sqrt, exp, round, sin, cos, arctan, trunc, succ, pred, chr, ord, ln, odd, eof, eoln ⑤ 标准文件名：input, output	ANSI C 规定的部分标准标识符如下： ① 预处理：define,undef,include,ifdef, ifndef,endif, else, defined, line, error, pragma, __INE__ __IIE__ __ATA__ __IME__, __STDC__ ② 标准函数名：与输入/输出有关的标准函数，如 fopen, fclose, fprintf, fgetc, fseek 等；与字符类别测试有关的标准函数，如 tolower 等；字符串函数，如 strcpy, strcat 等；数学函数，如 sqrt, sin 等；时间与日期函数，如 time 等； ③ 头文件 stdarg.h、setjmp.h 和 signal.h 中预定义的标识符，如 va_list, setjmp, signal 等； ④ 头文件 limits.h 和 float.h 中预定义的标识符，如 CHAR_BIT, LONG_MAX, FLT_MAX, 等； 说明：②、③、④中的标准标识符还很多，详细请参考有关文献。
	用户自定义标识符	Turbo Pascal 规定，标识符是由英文字母或下划线开头，后面是英文字母、数字、下划线的任意组合，且有效长度不超过 63 个字符（大小写相同）的字符序列。另外，除了字符串数据值以外，语言本身不区分大小写字母。	C 规定，标识符是由英文字母或下划线开头，后面是英文字母、数字、下划线的任意组合的字符序列。值得注意的是，ANSI C 并没有规定标识符的长度，但每个具体的 C 编译系统都有自己的规定。例如，Turbo C 规定不超过 32 个字符。另外，在标识符中，字母的大小写是不同的。习惯上约定，除符号常量名和宏名用大写字母外，其他标识符一律用小写。 有关用户自定义标识符的其他说明同 Pascal 一致。

11.1.3 C 语言的源程序结构

与 Turbo Pascal 语言的源程序结构一样，ANSI C 语言的源程序结构是有严格规定的，而且也是固定的。为了说明 C 语言源程序的结构，下面先看一个例子。

例 11-1 一个自动生成杨辉三角形的程序。

```
/*****************************
    文 件 名：YangHui_Triange1.cpp
    作   者：赵占芳
    创建日期：2012-01-20
    程序功能：生成并输出杨辉三角形。
*****************************/
#include <stdio.h>   /*stdio是"standard input & output"的缩写*/
int generate_yh_Triange(int x ,int y);
int main()
{
    int n =13;              /*生成的杨辉三角形的最多行数*/
    int row,column;
    printf("n = ");
    while (n > 12)          /*输入生成的杨辉三角形的实际行数*/
    {
        scanf("%d",&n);     /*控制输入正确的值,以保证屏幕显示的图形正确*/
        printf("n = \n ");
```

```
        }
        for (row = 0;row <= n; row++)        /*控制输出n行*/
        {
              for (column = 0;column <40-row*3;column++)
                                              /*控制输出第i行前面的空格*/
                    printf(" ");
              for (column = 1;column < row + 2; column++)
                    printf("%5d ",generate_yh_Triange(row,column));
                                              /*输出元素*/
              printf("\n ");                  /*换行*/
        }
        return 0;
}
int generate_yh_Triange(int x ,int y)    /*求杨辉三角形的第x行第y列之值*/
{
        int z;
        if ((y == 1)||(y == x+1))
              return(1);                      /*若为第x行的第1列或第x+1列,则输出1*/
        z = generate_yh_Triange(x-1,y-1) + generate_yh_Triange(x -1,y);
        return(z);
}
```

从上面的程序可以看到一个 C 语言源程序的结构对比如表 11-3 所示。

表 11-3　Turbo Pascal 与 ANSI C 源程序结构比较

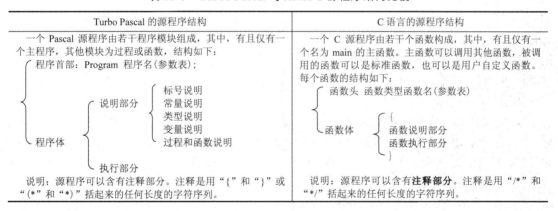

(1) 函数是 C 语言源程序的基本构成模块。一个 C 语言源程序是由若干个函数构成的。其中,必须有且仅有一个名字为 main 的主函数(相当于 Turbo Pascal 源程序的主程序)。main 函数可以调用其他函数(相当于 Turbo Pascal 源程序的函数或过程),被调用的函数可以是标准函数,也可以是用户自定义的函数。main 主函数是由系统调用的函数,它使得程序从 main 主函数开始执行,调用其他函数后程序的执行流程返回到 main 主函数,在 main 主函数中结束整个程序的运行。与 Turbo Pascal 不同之处有两点,一是 C 语言源程序中的 main 主函数与被调函数,或者其他主调函数与被调函数在程序中的位置,不管前后,可以任意放置;二是源程序中所有函数都是平行的,即不能嵌套定义。

C 语言源程序中的每个函数的结构如图 11-1 所示。

① 函数头

函数头包括函数类型、函数名和一对圆括号括起来的函数形式参数表,以及形式参数的类型说明。其中函数名和一对圆括号必须要有,而形式参数表及形式参数的类型说明需要根据具体情况取舍。另外,函数名前可以指出函数值的类型。

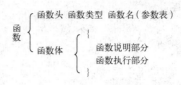

图 11-1　C 函数的结构图

② 函数体

函数体是由一对花括号括起来的若干语句构成的。它通常分为函数说明和函数执行两个组成部分。其构成语句通常分为两类:一类是用于变量说明的说明语句,另一类是完成计算的执行语句。值得注意的是,第一类组成部分在特殊情况下也是可以没有的,即仅有执行部分(参阅本章例 11-2),或两个组成部分都没有的空函数体,这两种情况都是合法的。

(2) 在例 11-1 中,程序的第一行就是一条预处理命令。C 的预处理命令与其一般语句是不同的。为了区别它们,预处理命令以 "#" 开头。一般地,C 源程序中的开头均包含一条或多条预处理命令。预处理是 C 区别于其他高级程序设计语言的特征之一。关于预处理的详细内容请参阅本书第 11.2.8 节和第 11.3.6 节。

在例 11-1 中,第一行预处理命令之所以为#include <stdio.h>,是因为 C 是通过调用标准函数库 stdio.h(该文件名属于头文件名的范畴,其他常用头文件请参阅表 11-10)中的输入/输出标准函数来实现其输入/输出功能的。因此,凡在程序中需要使用标准输入/输出函数时,必须在程序文件的开头使用预处理命令:

```
#include <头文件名>    或   #include "头文件名"
```

嵌入这个定义文件。

(3) 程序注释。与 Turbo Pascal 源程序一样,为了帮助人们理解源程序,程序员可以在 C 源程序的适当位置加入**注释**。C 源程序的注释是用 "/*" 和 "*/" 括起来的任何长度的字符序列。注释部分不属于程序的正文内容,而是用于帮助理解程序的附属物,在程序编译时将由编译程序识别后自动删除。

附注

① 与不区分大小写字母的 Turbo Pascal 源程序书写风格不同的是,C 源程序中字母是区分大小写。C 源程序是用小写字母按照自由格式书写的程序。尽管一行内可以书写多条语句,但是为了使程序具有良好的可读性,通常一条语句写在一行,而且每条语句以分号结束,即使是程序的最后一条语句也必须包含分号;

② 为了养成良好的程序设计风格,增强程序的可读性,并且便于调试程序,建议 C 源程序的书写形式要采用缩进格式(或称为锯齿格式)。

▷▷ 11.2　ANSI C 与 Turbo Pascal 成分比较

不同的语言除了字母表之间可能不同之外,更多的差异是通过语言成分的不同表现出来。在这些成分中,人们主要关心的是数据类型、程序结构、语句形式、输入/输出方式等。这其中,隐含或蕴涵着语言所面向处理的对象,适用的范围,程序语句的内在结构和语言表达方式,与外部环境的关系等内容。读者通过这样一种方式的学习,不仅能够较快地学习一种新的程序设计语言,学会如何运用新语言进行编程,更重要的是能够学会面对一种新的程序设计语言,如何抓住学习的重点,有针对性地开展学习新语言的一种科学的学习方法。

11.2.1 基本数据类型与基本运算

任何一种程序设计语言,如果它带有数据类型,那么,在介绍了语言的字母表、保留字、程序基本结构之后,读者优先关心的就是它的数据类型及其运算操作。语言所拥有的数据类型清楚地说明了该语言在表达处理对象时的可表达性能力。

1. 数据类型

Turbo Pascal 与 ANSI C 的数据类型比较(1)如表 11-4 所示。

表 11-4　Turbo Pascal 与 ANSI C 的数据类型比较(1)

	Turbo Pascal	ANSI C
系统预定义的数据类型 (基本(标准)数据类型)	整数类型(包括短整型、基本整型、长整型、字节整型和字整型)、实数(浮点)类型(包括基本实型、单精度实型、双精度实型、扩展实型和十进制组装实型)、布尔类型(逻辑类型)和字符类型	整数类型(包括基本整型、短整型、长整型和无符号整型)、实数(浮点)类型(包括单精度实型、双精度实型和长双精度实型)和字符类型
用户自定义的数据类型 (构造型数据类型)	枚举类型、子界类型、数组类型、字符串类型、记录类型、集合类型、文件类型和指针类型	枚举类型、数组类型、结构类型、联合类型、指针类型和文件类型

2. 基本数据类型

Turbo Pascal 与 ANSI C 的基本数据类型比较(2)如表 11-5 所示。

表 11-5　Turbo Pascal 与 ANSI C 的数据类型比较(2)

	Turbo Pascal			ANSI C		
	类型标识符	值　域	运　算	类型标识符	值　域	运　算
整型	Shortint Integer Longint Byte word	详见表 2-1	关系运算和算术运算	int short long unsigned	每种类型数据的取值范围与具体机器的字长有关。表 11-6 说明了 Turbo C 的数据类型及其数据在内存中所占的字节数和取值范围。	可以做算术、关系、逻辑、字位、自增减、赋值等运算
实型	real single double extended comp	详见表 2-4	关系运算和算术运算	Float Double long double		可以做算术、关系、逻辑、赋值和自增减运算,但不能做字位运算
字符型	char	ASCII 码字符集	关系运算	char、unsigned、char 和 signed char		可以做算术、关系、逻辑、字位、自增减和赋值运算
布尔型	boolean	{false,true}	逻辑运算和关系运算	没有布尔(逻辑)数据类型。但 C 非 0 表达**真**, 0 表示**假**。		

说明

① ANSI C 没有具体规定每种数据类型的数据所占内存的字节数、精度(有效数字)和取值范围,但每个具体的 C 编译系统都有自己的规定,如表 11-6 所示;

② Turbo C 中,float 类型的数据的有效数字为 6-7 位,double 类型的数据的有效数字为 15-16 位,long double 类型的数据的有效数字为 18-19 位。

表 11-6　Turbo C 的全部数据类型及它们在内存中所占的字节数和取值范围

类　型	字　节　数	取　值　范　围
char	1	−128—127
unsigned char	1	0—255
signed char	1	−128—127
int	2	−32768—32767
unsigned int	2	0—65535
signed int	2	−32768—32767
short int	2	−32768—32767
unsigned short int	2	0—65535
signed short int	2	−32768—32767
long int	4	−2147483648—2147483647
unsigned long int	4	0—4294967295
signed long int	4	−2147483648—2147483647
float	4	−3.4e−38—3.4e+38
double	8	−1.7e−308—1.7e+308
long double	10	−1.2e−4932—1.2e+4932

3. 常量与变量

（1）常量

Turbo Pascal 与 ANSI C 的常量（Constant）比较，如表 11-7 所示。

在 C 语言中，有一种特殊形式的字符常量（Character Constants），它是由一个反斜线"\"开头的字符序列，称之为转义字符。表 11-8 给出了常用的转义字符及其含义。

表 11-7　Turbo Pascal 与 ANSI C 的常量比较

	字　面　常　量					符号常量
	整型常量		实型常量		字符常量	字符串常量	布尔型常量	
	无符号整型常量	整型常量	单精度常量	双精度常量				
Pascal	整型的字面常量就是整数类型的数据的集合中的整数。例如，1024，2000，0，等等。		实型的字面常量就是实数类型的数据的集合中的实数，它可以采用十进制表示法或采用科学表示法表示。例如，3.14，0.314E1，等等。		由括在一对单引号内由一个字符组成的字符数据，包括空字符。	由括在一对单引号内由有限个字符组成的字符数据，包括空字符串作为特殊情况。	*True*, *false*	在程序的常量说明部分用 **Const** 定义
C	无符号整型的字面常量就是其数据集合中的无符号的整数。它有十进制（以非 0 开头）、八进制（以 0 开头）和十六进制（以 0x 或 0X 开头）3 种形式。例如，1024，024，0x24，等等。	整型的字面常量就是其数据集合中的有符号的整数。它有十进制（以非 0 开头）、八进制（以 0 开头）和十六进制（以 0x 或 0X 开头）3 种形式。例如，−10，024，−0x24，等等。	单精度字面常量和双精度字面常量是其数据值域内的实数，它可以采用十进制表示法或采用科学表示法表示。例如，3.14，0.314e1，等等。两者的区别在于占用的存储空间不同。		由括在一对单引号内的一个字符或转义字符（关于转义字符请参阅表 11-8）组成。例如，'A'，'b'，'\141'（代表字符 'a'），等等。	由括在一对双引号内的任意长度的字符序列或转义字符序列组成。例如，"A"，"ok!"，"\n"（代表由两个换行符组成的字符串），等等。	没有布尔型常量。	在程序开始部分用 #define 定义。例如，某程序开头有下列预处理命令：#define PI 3.14 那么 PI 就是一个代表 3.14 的符号常量。

第 11 章 高级程序设计语言——C 语言

说明 ① C 语言将字符串常量作为一个字符类型的一维数组来处理。字符串常量在内存中存储时,系统自动地在其尾部加上一个转义字符'\0'(即空字符)作为结束。因此,存储 n 个字符组成的字符串在内存中的实际长度为 n+1,这就不难理解为什么"a"与'a'是不同的。

② 转义字符就是将反斜线"\"后面的字符转变成其他的含义。例如,"\n"是将字符 n 转变成换行符。"\ddd"是将 1 到 3 位八进制数转变成相应的 ASCII 码所对应的字符。

表 11-8 常用的转义字符及其含义

转义字符	表示字符的含义	ASCII 码
\n	换行符(将当前位置移到下一行开头)	10
\t	水平制表符(跳到下一个 tab 位置,一个制表区占 8 列)	9
\a	响铃(响应报警提示音)	7
\b	退格符(将当前位置移到前一列)	8
\0	空字符"NULL"	0
\r	回车符(不换行),即将当前位置移到本行开头	13
\f	换页符(走纸换页,将当前位置移到下页开头)	12
\v	垂直制表符(对屏幕没影响,但会影响打印机执行响应操作)	11
\\	反斜线字符"\"	92
\'	单引号字符	39
\"	双引号字符	34
\?	问号	63
\ddd	1 到 3 位 8 进制 ASCII 所代表的字符	3 位 8 进制
\xhh	1 到 2 位 16 进制 ASCII 所代表的字符	2 位 16 进制

例 11-2 请给出下面程序的运行结果。

```
/***********************************
    文 件 名:EscapeCharacter_Output2.cpp
    作    者:赵占芳
    创建日期:2012-01-20
    程序功能:转义字符输出示例。
***********************************/
#include <stdio.h>
int main()
{
    printf(" ello,\t hina!\b\b\b\b\b\bC\rH\n ");/*输出双引号内的各个字符*/
    printf("\'\101\'\n ");
    return 0;
}
```

分析 本例是一个仅有函数执行部分,而无变量说明部分的程序。其功能是利用标准函数库 stdio.h 中的 printf 函数直接输出双引号内的各个字符。有关输入/输出的详细内容请参阅本章 11.2.2。下面分析本程序的运行结果。

程序执行第 1 条 printf 函数,先在第 1 行左端开始输出"␣ello,",然后遇到水平制表符

"\t",其作用是将光标跳到下一个"制表位置"(一个"制表区占 8 列"),这样光标就跳到第 9 列,接着输出"␣hina!"。此时光标在第 15 列。下面遇到"\b",其作用是将光标回退一格,连续 6 个"\b",这样光标就回跳到第 9 列,接着输出"C",此时光标在第 10 列。接着遇到"\r",其作用是将光标回跳到本行第 1 列。在第 1 列输出"H",最后遇到"\n",其作用是换行,这样光标就跳到下一行的第 1 列。程序执行第 2 条 printf 函数,首先最先遇到"\'",其代表一个单引号字符,因此在第 2 行左端开始先输出一个单引号字符"'",然后遇到"\101",其意义代表八进制数 101 对应的字符'A',因此接着程序在第 2 行输出的一个单引号字符"'"之后输出字符'A',接着又遇到"\'",这样在字符'A'之后又输出一个单引号字符"'"。最后遇到"\n",光标移到下一行的第 1 列。

综上所述,上述程序的运行结果为:

```
Hello,␣␣China!
'A'
```

(2) 变量

C 语言和 Turbo Pascal 中变量(Variable)的概念是一致的。从变量被分配存储空间的时间来看,两种语言的变量均分为静态变量和动态变量。而且,在这两种语言中均规定,程序所用到的静态变量必须坚持先说明(定义)后使用的原则。两种语言的静态变量说明语句语法不同,但功能一致。Turbo Pascal 与 ANSI C 的变量说明比较如表 11-9 所示。

C 语言没有 Turbo Pascal 中实数类型的概念,但却有与实数类型的数据在机器中存储表示方式相对应的浮点数类型,这类数据在 C 语言中用 float、double 和 long double 标识。

表 11-9 Turbo Pascal 与 ANSI C 的变量比较

	Turbo Pascal	ANSI C
语法	**Var** 变量表:类型标识符;	[存储属性] 类型标识符 变量表;
变量说明举例	**Var** x,y: real; z: char; w: integer;	float x,y; char z; int w;

4. 标准(库)函数

与 Turbo Pascal 一样,ANSI C 也定义了一些标准(库)函数。C 的各种编译系统所提供的标准库函数包括数据输入/输出、字符串处理、字符类型的判断、内存管理、数值计算、随机数生成、时间获取和转换等。相应地,在 ANSI C 中预先定义了 15 个头文件。这些头文件和 Turbo C(一种常见的 C 版本)中扩展的头文件(为了说明是 Turbo C 扩展,在头文件名前故意加*,使用时不能加*)及其描述的函数功能如表 11-10 所示。

表 11-10 ANSI C 的标准头文件和 Turbo C 扩展的头文件

标准头文件	用途	标准头文件	用途
assert.h	运行时的断言检查	locale.h	建立与修改本地环境
*bios.h	调用 BIOS 子程序的函数	math.h	数学函数和各种定义
*conio.h	调用 DOS 子程序的 I/O 函数	setjmp.h	非局部跳转
ctpye.h	字符处理	signal.h	异常信号处理
*dos.h	DOS 或 8088 调用的函数	stdarg.h	变长参数表处理
errno.h	错误信息及处理	stddef.h	公共定义的某些常数

第11章 高级程序设计语言——C语言

续表

标准头文件	用途	标准头文件	用途
float.h	描述对浮点数的限制	stdio.h	数据的 I/O
*graphics.h	与图形有关的函数	string.h	字符串处理
limits.h	描述实现时的限制	time.h	日期与时间函数
stdlib.h	通用数据处理函数		

与 Turbo Pascal 不同的是，C 语言的编译系统提供的每一个库函数都有与其对应的.h 文件和函数库文件(.obj 文件)。在.h 文件中包含了对库函数原型的说明，以及相关的常数等宏定义。操作系统或编译系统的手册中都说明了每一个库函数所对应的 .h 文件。若在使用库函数时没有引用相应的.h 文件，并且也没有使用其他方法说明所使用函数的原型以及所用到的宏定义，编译系统就会报告错误信息。为了正确地实现库函数的调用，避免出错，必须在相应的源程序前加上文件包含的预处理命令。

下面对 Turbo Pascal 与 ANSI C 一些常用的标准(库)函数进行比较，如表 11-11 所示，其他标准函数或标准过程请参阅附录1。

表 11-11　Turbo Pascal 与 ANSI C 的常用的标准(库)函数比较

函　　数	Turbo Pascal	ANSI C
求绝对值函数	function abs(r:real):real; function abs(r:integer):integer;	int abs(int x) double fabs(double x)
求平方根函数	function sqrt(r:real):real;	double sqrt(double x)
求正弦函数值	function sin(r:real):real;	double sin(double x)
求余弦函数值	function cos(r:real):real;	double cos(double x)
求反正切函数值	function arctan(r:real):real;	double atan(double x)
求 e^x 的值	function exp(x:real):real;	double exp(double x)
求 lnx 的值	function ln(Var r:real):real;	double log(double x)
取整函数	Function trunc(r: real): integer; （求 x 的整数部分） function round(r:real):longint; （求 x 最接近的整数）	double floor(double x) （求不大于 x 的最大整数） double ceil (double x) （求不小于 x 的最小整数）
检查文件是否结束	function eof(f: file):boolean;	int feof(FILE *fp)

说明

① 表 11-11 给出了 ANSI C 的常用标准(库)函数所规定的函数名、函数的参数类型及函数返回值的类型，这种表示叫做函数的原型。值得注意的是，在具体编写程序使用时，不必带上这些类型的名字，此处仅用于提示程序员编程时注意参数的类型和个数、顺序及其数据类型的相容性。例如，下面是一个正确的程序片段。

```
#include <math.h>
  ……
double y,x=11.30;
int a,b=-2009;
y=sin(x);
a=abs(b);
  ……
```

思考题 1 在上述程序编译时，为什么上面仅仅使用了"#include <math.h>"预处理命令，而没有直接调用相应的函数库文件(.obj 文件)，却能够实现正确链接呢？

② 函数 int feof(FILE *fp)的功能是判断文件指针是否指向了文件的末尾。若指向了文件末尾，函数值为非 0(即**真**)，否则为 0(**假**)。其中，FILE 是由系统定义的反映缓冲文件系统中每个文件有关信息的结构类型的类型名字，fp 是一个指向 FILE 类型结构变量的指针。关于该函数的使用，请参阅本章**例 11-12**。

5．表达式

(1) 运算符

Turbo Pascal 语言的运算符比较少，而 C 语言的运算符却很丰富，大约有 34 种，是提供运算符最多的高级语言之一。在 C 语言中，把除了控制语句和输入/输出以外的几乎所有的基本操作都作为运算符处理。其中，除了 Pascal 具有的算术运算符(Arithmetic Operators)、关系运算符(Relational Operators)、逻辑运算符(Logical Operators)、赋值运算符(Assignment Operators)之外，还提供了位运算符(Bitwise Operators)、增减运算符(Increment and Decrement Operators)等其他运算符。下面就 Turbo Pascal 的运算符与 ANSI C 的运算符进行比较，如表 11-12 所示。

表 11-12 Turbo Pascal 的运算符与 ANSI C 的运算符进行比较

运算符	Turbo Pascal 运算符及其意义	ANSI C 运算符及其意义
算术运算符	+(加)、-(减)、*(乘)、/(除)、div(整除)、mod(模)	+(加)、-(减)、*(乘)、/(两个整数相除为整数、%(模)
关系运算符	=(等于)、<>(不等于)、>(大于)、>=(大于等于)、<(小于)、<=(小于等于)	==(等于)、!=(不等于)、>(大于)、>=(大于等于)、<(小于)、<=(小于等于)
逻辑运算符	and (与)、or (或)、not (非)	&&(与)、||(或)、!(非)
赋值运算符	:=	=(进一步还需参阅表 11-26，暂时不必)
其他运算符	集合运算符	位运算符、增减运算符、条件运算符、逗号运算符、指针运算符、求字节数运算符、强制类型转换、分量运算符、下标运算符等

(2) 运算符的优先级及结合性

运算符的优先级(Precedence)是指在表达式中，不同运算符有着不同的参与运算结合性质、优先次序的级别，即不同的运算级别决定了其在表达式中与操作数(对象)的结合性质，同时确定了计算时的先后次序。运算符的结合性(Associativity)是指在表达式中，相同级别的运算符进行计算时应该遵循的运算次序。Turbo Pascal 运算符的优先级及结合性比较简单，表 11-13 给出了 ANSI C 运算符的优先级及结合性，并附有说明。

表 11-13 ANSI C 的运算符的优先级及其结合性

优先级	运算符	功能	适用范围	结合性
15	() [] . ->	整体表达式计算，类型强制转换，参数表 下标 存取成员 存取成员	表达式，类型强制转换，参数表数组 结构和联合 结构和联合	→ (左结合，即自左向右)
14	! ~ ++ --	逻辑非 按位求反 加 1 减 1	逻辑 字位 自增 自减	←(右结合，即自右向左)

续表

优先级	运算符	功能	适用范围	结合性
	- & * (type) sizeof	取负 取地址 取内容 强制类型 数据类型字长计算	算术 变量 指针 类型转换 变量或类型名	
13	* / %	乘 除 整数取模	算术	→
12	+ -	加 减		
11	<< >>	位左移 位右移	字位	→
10	< <= > >=	小于 小于等于 大于 大于等于	关系	
9	== !=	等于 不等于	关系	
8	&	按位与		→
7	^	按位异或	字位	
6	|	按位或		→
5	&&	逻辑与	逻辑	→
4	||	逻辑或		
3	?:	条件运算	条件	←
2	= op=	赋值。op 可以是下列运算符：+、-、*、/、%、<<、>>、&、^、|		←
1	,	逗号运算符，顺序求值	表达式	→

说明：

① 表 11-13 中运算符的序号越大，优先级别越高。其规律是按照以下次序级别依次递减：初等运算符(含()，[ ]，->，·)→单目运算符→算术运算符(先乘除，后加减)→关系运算符→逻辑运算符(不含!)→条件运算符→赋值运算符→逗号运算符。

② 当一个表达式中出现多个相同优先级的运算符时，按照结合性自左向右或自右向左计算。例如，假设 op1、op2 和 op3 为三个同优先级的运算符，对于表达式

```
a op1 b op2 c op3 d
```

有下列两种计算次序：

左结合(自左向右结合)：按照(a op1 (b op2 (c op3 d)))计算；右结合(自右向左结合)：按照(((a op1 b) op2 c) op3 d)计算。

③ C 中，表达式中含有 "&&" 和 "||" 时，可能有逻辑公式的部分求值问题，即当一个逻辑公式的计算，在完成部分计算即可确定整个公式的值时，系统将直接确定其值而放弃公式其他部分的计算。例如，在表达式：

```
++a||++b&&++c
```

中，按照优先级关系，由于++优先级最高，所以先做++a；仅当执行后 a 的值为 0 时才会执行||右边的运算。

④ 运算符的优先级及结合性较为复杂的内容和例子请参阅 11.3.1 和例 11-24。

⑤ 在一个表达式中出现多个有不同优先级的运算符时，可以通过加圆括号的方式规定运算次序，这样有利于程序的阅读。

附注 本书中定义左结合为自左向右的结合顺序，右结合为自右向左的结合顺序。有些著作中的定义正好与本书相反。

（3）ANSI C 与 Turbo Pascal 的表达式比较

Turbo Pascal 与 ANSI C 的表达式（**Expressions**）比较如表 11-14 所示。其中，Turbo Pascal 与 ANSI C 的算术表达式、关系表达式和逻辑表达式在语法、语义和计算规则上基本一致。其他表达式将在 11.3.1 中介绍。

表 11-14 Turbo Pascal 与 ANSI C 的表达式比较

Turbo Pascal 的表达式	ANSI C 的表达式
算术表达式、关系表达式、逻辑表达式和集合表达式	算术表达式、关系表达式、逻辑表达式、赋值表达式、条件表达式和逗号表达式

6．类型转换

C 语言和 Turbo Pascal 一样，均提供了类型转换（Type Conversions）功能，并且都可进行显式类型转换（强制类型转换）和隐式类型转换（自动类型转换）。无论哪一种类型转换，都只是为了本次运算的需要而对变量的数据长度进行的临时性转换，而不改变数据类型说明时对该变量定义的类型。两者的比较如表 11-15 所示。关于赋值中的类型转换请参阅第 11.2.3 节的赋值语句说明。

表 11-15 Turbo Pascal 与 ANSI C 的类型转换比较

	Turbo Pascal	ANSI C
显式转换	转换方法：除了利用标准类型转换函数 trunc（截尾函数或取整函数）和 round（舍入函数）将实数类型转换为整数类型外，还提供了与 ANSI C 相类似的转换方法：类型名（表达式）。例如，若有变量说明： 　　Var c:boolean; 则下面的赋值语句是正确的。 　　c:=boolean('A'-60);	转换方法：（类型名）表达式 功能：将任何类型的表达式转换成左边括号内指定的类型。 举例：float x = 1.8; 　　　int y; 　　　y =(int)x;
隐式转换	Pascal 仅提供简单的隐式转换。例如，在 Pascal 程序中，若一个算术运算的两个运算对象分别为实数类型和整数类型时，那么相应的算术运算在执行之前系统先把整数类型数据转换为实数类型的数据。	隐式转换规则： 　高　double←float 　　　　　↑ 　　　　　long 　　　　　↑ 　　　　　unsigned 　低　int←char,short 注意：箭头←表示运算时必须进行的转换，如两个 float 型数参加运算，虽然它们类型相同，但仍要先转换成 double 型再进行运算，结果亦为 double 型；箭头↑表示由低到高转换。如 unsigned 数可以转换成 long 数，但反之则不行。另外，当较低类型的数据转换为较高类型时，一般只是形式上有所改变，而不影响数据的实质内容，而较高类型的数据转换为较低类型时则可能有些数据丢失。

11.2.2 输入与输出

与 Turbo Pascal 相同,输入与输出在标准 C 文本中并没有给出具体规定,而是由编译程序的软件开发者针对各种计算机系统的条件自行扩展。例如,Turbo C 中实现输入/输出功能均是通过调用函数库 stdio.h 中的标准函数 getchar、putchar、scanf、printf 等完成的。

1.输入语句

C 语言和 Turbo Pascal 语言均提供了从标准输入设备给变量输入值的输入语句。两种语言的输入语句比较如表 11-16 所示。

表 11-16　Turbo Pascal 与 ANSI C 的输入语句比较

	Turbo Pascal	ANSI C
无格式输入	由 read 语句和 readln 语句完成。例如:**Var** c: char; … read(c); 语义是从键盘输入一个可打印的字符并赋给变量 c。	C 提供输入单个字符的无格式输入语句,其形式为: <字符型变量> = getchar(); 例如:char c; c = getchar(); 语义是从键盘输入一个可打印的字符并赋给变量 c。
格式输入	没有格式输入功能。	由 scanf 语句完成。其一般形式为: scanf(格式控制串,地址表); 其中,格式控制串是由双引号括起来的字符串,它含有格式控制符和普通字符两种。其语义是接受用户从键盘上输入的数据,按照格式控制符的要求进行类型转换,然后送到地址表所指示的变量中。 例如:char c; 　　　scanf("%c",&c); 其语义是从键盘给字符变量 c 输入一个字符,&c 表示计算变量 c 的地址。

说明

① scanf 语句的格式控制串中的格式控制字符,为相应的地址表中的变量指定了输入格式。格式控制串的尾部一般勿加转义字符\n。

② 尽管在 scanf 语句的格式控制串中可以加入一些普通字符,但是却给输入数据带来麻烦,因此使用普通字符一定要慎重。例如,下列正确的语句:

```
scanf("a=%d,b=%d",&a,&b);
```

当程序运行时,若要给 a,b 分别输入数据:2009,121,则必须老老实实键入 "**a=2009,b=121**",否则会给调试程序带来麻烦。"a= ","b= " 当程序运行时会先后出现在显示屏上,因此,scanf 语句的格式控制串中不宜加入一些普通字符,即使加入,那么这些字符必须在输入数据时由用户从键盘原样输入。

③ scanf 语句的格式控制字符的数目最好与相应地址表中的变量个数一致。

④ scanf 语句的地址表中,若为普通变量或数组元素,则其前一定加 "&"(不加时,程序运行系统也不显示出错信息);若为指针变量或数组名,则其前不加 "&"。

⑤ 执行 scanf 语句输入数据时,遇到以下几种情况,系统认为数据输入结束:

● 遇到空格符、回车符、制表符(Tab);

- 达到输入域的宽度；
- 遇到非法字符输入。

关于 scanf 语句的格式控制符见表 11-17。

表 11-17 scanf 的格式控制符说明

转换说明	输入形式	应用实例	输入示例
%d	匹配十进制整数	scanf("%d",&a);	输入 2009，则 a 为 2009
%o	匹配八进制整数	scanf("%o",&u);	输入 11，则 u 之值为八进制 11
%x 或%X	匹配十六进制整数	scanf("%x",&x);	输入 123，则 x 之值为十六进制 123
%c	匹配单个字符	scanf("%c",&c);	输入 a，则 c 之值为 'a'
%s	匹配非空白字符串	scanf("%s",line);	输入 string，则数组 line 中存放串"string"，末尾自动加'\0'（即空字符）
%f	匹配 float 类型的数据	scanf("%f",&f);	输入 3.14，则 f 之值为 3.140000
%e 或%E	匹配 float 类型的数据	scanf("%e",&e);	输入 3.14，则 e 之值为 3.140000

有时在控制前缀"%"与格式字符之间还可以附加一个说明符，用来进一步说明输入数据的格式。表 11-18 给出了 scanf 的附加格式说明符及含义。

表 11-18 scanf 的附加说明字符

附加格式说明符	说 明	应用实例
L	输入长整型数据(用%ld、%lo 或 %lx)或 double 型数据(用%lf 或 %le)	scanf("%ld,%lf",&a,&b);
H	输入短整型数据(用%hd、%ho 或 %hx)	scanf("%hd",&a);
<正整数>	指定输入数据所占域宽(列数)	scanf("%*2d%2d",&a);
*	跳过本输入项，读入后不赋给相应变量	

例 11-3 设某程序中有下列变量说明：

```
int a,b,c;
float d;
char ch1,ch2,ch3;
```

问执行相应的 scanf 语句后的结果是什么？

(1) scanf("%d%d%d ",&a,&b,&c);

若执行时从键盘输入：1␣2␣3↵

则执行结果为：a 之值为 1，b 之值为 2，c 之值为 3。

说明 ① ␣表示空格符；② "↵"表示回车符，在没有敲回车键之前，程序不执行任何操作，可以使用退格键进行修改；键入回车后，程序开始执行，输入的数据才开始被读入。

若键盘输入：1↵
　　　　　　2↵
　　　　　　3↵

则执行结果为：a 之值为 1，b 之值为 2，c 之值为 3。

若键盘输入：1(按 Tab 键)2↵
　　　　　　3↵

则执行结果为：a 之值为 1，b 之值为 2，c 之值为 3。

③ 该 scanf 语句中，%d%d%d 表示按照十进制整数形式输入数据。输入时，在两个数据之间以一个或多个空格、回车键、Tab 键间隔，而不能用逗号来间隔两个数据。

(2) scanf("%d,%d,%d ",&a,&b,&c);

若键盘输入：1,2,3↙

则执行结果为：a 之值为 1，b 之值为 2，c 之值为 3。

若键盘输入：1␣2␣3↙

则尽管程序不报错，但由于数据输入格式错误，导致不能正确输入数据。

说明 在 scanf 语句的"格式控制"字符串中，若有除格式说明以外的其他字符，则在输入数据时应该输入与这些字符相同的字符，否则会出现错误。

(3) scanf("%3d%3d ",&a,&b);

若键盘输入：123456↙

则执行结果为：a 之值为 123，b 之值为 456。

说明 在 scanf 语句的"格式控制"字符串中，若指定数据所占列宽，则系统自动按它截取所需要的数据。

(4) scanf("%2d␣␣%*3d␣␣%2d ",&a,&b);

若键盘输入：12␣␣345␣␣67↙

则执行结果为：a 之值为 12，b 之值为 67。

说明 在 scanf 语句的"格式控制"字符串中，若%后有一个"*"附加说明符，则表示跳过它后面的正整数指定的列数。本例为跳过 3 列。

(5) scanf("%d%c%d",&a,&ch1,&b);

若键盘输入：20a345␣67↙

则执行结果为：a 之值为 20，ch1 之值为字符′a′，b 之值为 345。

(6) scanf("%c%c%c",&ch1,&ch2,&ch3);

若键盘输入：a␣b␣c↙

则执行结果为：ch1 之值为′a′，ch2 之值为′␣′，ch3 之值为′b′。

说明：

① 在 scanf 语句中，在用"%c"格式输入字符时，空格字符与"转义字符"都作为有效的输入，因此，"%c%c"控制的两个字符输入时，中间不加任何分隔符，否则会将分隔符作为输入。

② 在 scanf 语句中，在用"%c"格式输入字符时，若之前已经使用了另外的 scanf 语句给变量输入了数据，则在该 scanf 语句中，应在"%c"之前加一个空格，否则无法给"%c"控制的变量输入字符。

2．输出语句

C 语言和 Turbo Pascal 均提供了将计算的结果输出到显示器或打印机的语句，即输出语句。两种语言的输出语句比较如表 11-19 所示。

高级语言程序设计

表 11-19 Turbo Pascal 与 ANSI C 的输出语句比较

	Turbo Pascal	ANSI C
无格式输出	由 write 语句和 writeln 语句完成。例如： 　　Var c: char; 　　　… 　　write(c);	C 提供了一个输出单个字符的无格式输出语句，其语法形式为： 　　putchar(字符型数据);
无格式输出	其语义是将变量 c 的值输出到标准输出终端上。	其功能是将字符型数据的值所对应的字符输出到标准输出终端上。例如：char c; 　　putchar(c);
格式输出	由 write 语句和 writeln 语句完成。	由 printf 语句完成。其一般形式为： 　　printf(格式控制串[,表达式表]); 其中，格式控制串是由双引号引起来的字符串，它含有格式控制字符、普通字符和转义字符三种。 其语义是，按照格式控制符的要求把相应表达式表中的参数值在标准输出设备上显示出来。 例如：char c; 　　printf("%c",c); 其语义是将变量 c 的值输出到标准输出终端上。

说明：

① printf 语句的格式控制串中的格式控制字符，为相应的表达式表中的参数指定了输出格式，格式控制串中的普通字符按照原样输出，而其中的转义字符按照转义输出。

② printf 语句的格式控制字符的数目要与相应表达式表中的参数个数相同，而且格式控制字符要与对应参数的数据类型相匹配，否则系统并不显示错误，而按用户选择的错误格式进行"正确"输出。

表 11-20 给出了 printf 语句的格式控制字符及其作用。

表 11-20 printf 的格式控制字符及其作用

格式转换说明符	输出说明	应用实例	输出结果
%d	十进制有符号整数，输出时正整数省略+号	若 a 之值为-2009 printf("a=%d\n",a);	a=-2009
%o	无符号八进制整数，输出时省略前导符 0	若 u 之值为八进制数 176 printf("Oct=%o\n",u);	Oct=176
%x 或%X	无符号十六进制整数，输出时省略前导符 0x	若 x 之值为十六进制数 96AF printf("Hex=%x\n",x);	Hex=96AF
%u	十进制无符号整数	若 a 之值为 2009 printf("a=%u\n",a);	a=2009
%c	一个字符	若 c 之值为'a' printf("It is %c\n",c);	It is a
%s	字符串	若 s 之值为"good!" printf("*%s*\n",s);	*good!*
%f	小数形式单、双精度数，隐含输出六位小数	若 f 之值为 3.140000 printf("f=%f\n",f);	f=3.140000
%e 或%E	以指数形式输出单、双精度数，隐含输出六位小数，且小数点前有且仅有一位非零数字。	若 f 之值为 200.912 printf("e=%e\n",e);	e=2.00912e +002 （在 VC 中）
%g 或%G	选%f 或%e 宽度短的一种格式，省略尾部无意义的 0	若 g 之值为 78.9000 printf("g=%g\n",g);	g=78.9
%%	%本身	若 d 之值为 5 printf("a%%b=%d\n",d);	a%b=5

有时在控制前缀"%"与格式字符之间还可以附加一个说明字符，用来进一步说明输出数据

的格式,以实现整齐、规范、美观的输出。表 11-21 给出了 printf 的附加格式说明字符及其含义。

表 11-21 printf 的附加格式说明字符

附加格式说明字符	说 明	应 用 实 例
l	输出长整型量(与 d、o、x、u 连用)	long a=123456; /*定义 a 为长整型变量,并赋初值*/ printf("%ld ",a);
<正整数>	数据最小宽度,输出时右对齐,数据位数不足时左补空格	float f=200.912; /*定义 f 为浮点型变量,并赋初值*/ printf("%-10.4e,%-5.3s",f,"delphi");
.<正整数>	输出浮点型量的小数位数或字符串从左取的子串长度	
-	输出数字或字符在域内向左对齐,数据位数不足时右补空格	

从表 11-20 可以看出,printf 语句的格式控制字符是用来控制整型、浮点型(实型)、字符型和字符串数据的输出的。对于这些数据的输出格式,有系统默认的紧凑格式,即按照数据实际长度输出,左对齐,后不留空格,下一项紧接其后输出;也有根据实际输出需要,由程序员综合利用格式控制字符和附加格式说明字符而设计的特殊格式。下面介绍其使用方法。

(1) 整型数据的输出

① %d 格式。表 11-22 给出了 6 种整型数据的输出控制格式。

表 11-22 6 种整型数据的输出控制格式

格式类型	输 出 形 式
%d	紧凑格式
%md	输出占 m 列宽,右对齐。不够 m 列,左补空格
%-md	输出占 m 列宽,左对齐。不够 m 列,右补空格
%ld	长整型紧凑格式
%mld	输出占 m 列宽,右对齐。不够 m 列,左补空格
%-mld	输出占 m 列宽,左对齐。不够 m 列,右补空格

附注 在 Turbo C 中,%d 和%ld 格式分别用于 2 字节和 4 字节整型数据的输出格式控制,不能相互代替或混用。

例 11-4 请给出下列程序的运行结果。

```
/*******************************
   文 件 名:Output_Example4.cpp
   作   者:赵占芳
   创建日期:2012-01-20
   程序功能:格式输出示例,程序运行环境为 Visual C++6.0
*******************************/
#include "stdio.h"
int main()
{
    int a=123,b=4567;    /*定义整型变量 a,b 赋初值*/
    long c=123456,d=654321;
    printf("a=%d,b=%d\n",a ,b);
    printf("a=%5d,b=%2d\n",a ,b);
```

```
        printf("a=%-5d,b=%-2d\n",a ,b);
        printf("c=%ld,d=%ld\n",c,d);
        printf("c=%-8ld,d=%8ld\n",c,d);
        return 0;
    }
```

分析：

对于第 1 条 printf 语句，由于 ANSI C 规定，格式控制字符串中若出现格式说明符和附加格式说明符之外的普通字符，则原样输出之；又由于%d 格式要求按照紧凑格式输出，所以其输出结果为：

    a=123,b=4567

对于第 2 条 printf 语句，由于 ANSI C 规定，%md 中的 m 大于数据的实际位数，则输出该数据时右对齐，其左边补以空格；若 m 小于数据的实际位数，则输出该数据时按照实际位数输出。所以，其输出结果为：

    a=⊔⊔123,b=4567

对于第 3 条 printf 语句，由于 ANSI C 规定，%-md 中的 m 大于数据的实际位数，则输出该数据时左对齐，其右边补以空格；若 m 小于数据的实际位数，则输出该数据时按照实际位数输出。所以，其输出结果为：

    a=123⊔⊔,b=4567

对于第 4 条 printf 语句，由于 ANSI C 规定，%ld 按照长整型紧凑格式输出，所以其输出结果为：

    c=123456,d=654321

对于第 5 条 printf 语句，根据%mld 和%-mld 的输出规则，不难得出其输出结果为：

    c=123456⊔⊔,d=⊔⊔654321

② %o、%x、%u 格式。与%d 一样，%o、%x、%u 三个格式控制字符与附加格式说明字符的结合也有 6 种相应类型的输出控制格式，为了节约篇幅，在此从略。其相应功能可以根据表 11-22 得出。输出的八进制数或十六进制数中不带符号，符号位已经作为八进制数或十六进制数的一部分输出。

例 11-5 请给出下列正确的程序片段中 printf 语句的输出结果，假定程序运行环境为 Turbo C。

```
    int a=-1;
    printf("a=0x%x,a=0%o,a=u%u,a=%d\n",a,a,a,a);
```

分析：

在 C 语言中，整型数分为有符号整型，和无符号整型。在机器的内存中，符号数都是以补码形式表示的(正数高位是 0，负数高位为 1)。由表 11-6 可知，-1 在计算机内存中占 2 字节，其存放形式如下：

| 1 | 1 1 1 1 1 1 1 1 1 1 1 1 1 1 1 1 |

这 16 个 1,用十六进制数表示为 ffff,用八进制数表示为 177777。如果视为有符号数,就为 -1;如果视为无符号数,就为 65535。所以,printf 语句的输出结果为:

```
a=0xffff,a=0177777,a=u65535,a=-1
```

附注 本题在 Visual C++ 6.0 环境下,运行结果与此不同。因为在 Visual C++ 6.0 集成开发环境下,整型占 4 字节的空间,而在 Turbo C 中,整型占 2 字节的空间。

(2) 浮点型数据的输出

① %f 格式。%f 格式要求以小数形式输出浮点数。表 11-23 给出了 3 种实型数据的输出控制格式。

表 11-23 3 种实型数据的输出控制格式

格式类型	输出形式
%f	输出全部整数部分和 6 位小数,但输出的并不保证都是有效数字。对于有效数字,单精度一般为 7 位,双精度一般为 16 位。至于系统按照哪一种精度输出由变量的类型决定。
%m.nf	输出占 m 列宽,其中小数部分为 n 位(第 n+1 位四舍五入)。右对齐,不够 m 位左补空格
%-m.nf	输出占 m 列宽,其中小数部分为 n 位(第 n+1 位四舍五入)。左对齐,不够 m 位右补空格

附注 对于 double 类型的数据输出,使用%f 和%lf 格式控制无区别。

② %e 格式。%e 格式要求以指数形式输出浮点数。表 11-24 给出了 3 种 e 格式类型的输出控制格式。

表 11-24 3 种 e 格式类型的输出控制格式

格式类型	输出形式
%e	按照标准化指数形式输出浮点数,尾数的小数点前必须有且只有 1 位非 0 数字。系统自动指定小数位数(5 位或 6 位)和指数部分位数(4 位或 5 位),这与具体的编译系统有关。例如,Turbo C 的小数位数为 5 位,指数部分位数为 4 位(其中,"e"占 1 位,指数符号占 1 位,指数占 2 位)。
%m.ne	按照指数形式输出浮点数,尾数的小数点前必须有且只有 1 位非 0 数字。系统自动指定小数位数(5 位或 6 位)和指数部分位数(4 位或 5 位),这与具体的编译系统有关。输出数据占 m 列宽,其中尾数的小数部分为 n 位(第 n+1 位四舍五入,Turbo C 编译系统少给 1 位)。右对齐,不够 m 位左补空格。若 m 小于数据的实际宽度,则按数据的实际宽度输出。
%-m.ne	按照指数形式输出浮点数,尾数的小数点前必须有且只有 1 位非 0 数字。系统自动指定小数位数(5 位或 6 位)和指数部分位数(4 位或 5 位),这与具体的编译系统有关。输出数据占 m 列宽,其中尾数的小数部分为 n 位(第 n+1 位四舍五入,Turbo C 的编译系统少给 1 位)。左对齐,不够 m 位右补空格。若 m 小于数据的实际宽度,则按数据的实际宽度输出。

③ %g 格式。根据数据的大小,自动选取%f 或%e 宽度短的一种格式,省略尾部无意义的 0。

例 11-6 请给出下列程序的运行结果。

```
/*********************************
  文 件 名:Output_Example6.c
  作   者:赵占芳
  创建日期:2012-01-20
  程序功能:格式输出示例。
**********************************/
```

```c
#include "stdio.h"
int main()
{
    float a=1234567.123456;
    double b=1234567.123456;
    printf("a=%f\n",a );
    printf("b=%f\n",b);
    printf("a=%15.5f ,a=%-15.5f,a=%8.0f\n",a ,a,a);
    printf("a=%e,a=%15.4e,a=%8.4e\n",a ,a,a);
    printf("b=%g\n",b);
    return 0;
}
```

输出结果(Turbo C 环境下)如下：

```
a=1234567.125000        (7 位有效数字，小数点后 6 位不全有效)
b=1234567.123456        (14 位有效数字，小数点后 6 位全有效)
a=⊔⊔1234567.12500,a=1234567.12500⊔⊔,a=⊔1234567
a=1.23457e+06,a=⊔⊔⊔⊔⊔⊔1.235e+06,a=1.235e+06
b=1234570
```

根据表 11-23 和表 11-24，请读者分析一下为什么有上述输出结果。

附注 在本章的例题中，若例题源代码的文件名的扩展名是.c，则说明此程序的运行环境是 Turbo C，若扩展名是.cpp，则说明运行环境是 Visual C++ 6.0。

(3) 字符型数据的输出

在 printf 语句中，输出一个字符，利用%c 格式控制符。为了控制输出宽度，也有%mc 格式，它表示输出宽度为 m 列，输出时右对齐，左侧补 m-1 个空格。

值得注意的是，与 Pascal 不同，C 的整型数据与字符型数据在一定条件下是通用的。一个整数，只要其值在 0-255 范围内，也可以使用字符形式输出，在输出前，系统会将该整数作为 ASCII 码转换成相应的字符；反之，一个字符数据也可以用整型格式输出。

例 11-7 请给出下列程序的运行结果。

```c
/*********************************
  文  件  名：Output_Example7.c
  作     者：赵占芳
  创建日期：2012-01-20
  程序功能：格式输出示例。
*********************************/
#include "stdio.h"
int main()
{
    char c='a';
    int i=97;
    printf("c=%c,c=%d\n",c,c );
    printf("i=%c,i=%d\n",i,i );
    printf("c=%3c\n",c);
```

```
    return 0;
}
```

输出结果(Turbo C 环境下)如下:

```
c=a,c=97
i=a,i=97
c=⊔⊔a
```

请读者分析一下程序为什么有上述运行结果。

(3) 字符串数据的输出

%s 格式用来控制字符串数据的输出。表 11-25 给出了五种 s 格式类型的输出控制格式。

例 11-8　请给出下列 printf 语句的输出结果。

```
printf("%3s,%7.2s,%.4s,%-5.3s\n","pascal","pascal","pascal",
"pascal");
```

根据表 11-25,可得其输出结果为:

```
pascal,⊔⊔⊔⊔⊔pa,pasc,pas⊔⊔
```

请读者分析一下为什么有上述输出结果。

表 11-25　五种 s 格式类型的输出控制格式

格式类型	输出形式
%s	按照紧凑格式输出字符串
%ms	输出宽度为 m 列,若字符串本身长度大于 m,则突破 m 的限制,将字符串全部输出。若串长小于 m,则在 m 列范围内,字符串右对齐,左补空格
%-ms	输出宽度为 m 列,若字符串本身长度大于 m,则突破 m 的限制,将字符串全部输出。若串长小于 m,则在 m 列范围内,字符串左对齐,右补空格
%m.ns	输出宽度为 m 列,但只取字符串中左端 n 个字符。这 n 个字符输出在 m 列的右侧,左补空格。
%-m.ns	输出宽度为 m 列,但只取字符串中左端 n 个字符。这 n 个字符输出在 m 列的左侧,右补空格。若 n>m,则 m 自动取值 n,即保证 n 个字符正常输出。

11.2.3　语句与控制流程

C 语言的语句与 Turbo Pascal 的语句有许多相同之处,但细节上有时还不完全一样。

1. C 语言的语句

C 语言的语句分类如图 11-2 所示。

2. 赋值语句

C 语言和 Turbo Pascal 均提供了赋值语句,而且两种语言的赋值语句的语义一致。两种语言赋值语句的语法的不同之处是 Turbo Pascal 的赋值号为":=",而 C 语言的赋值号为"="。另外,C 语言中还有多重赋值语句和自反赋值语句。

```
                        ┌ 说明语句
              ┌ 简单语句 ┤
              │         └ 表达式语句
C语言的语句 ┤
              │         ┌ 复合语句
              └ 构造语句 ┤
                        └ 程序流程控制语句
```

图 11-2　C 的语句分类

假设 x, y 为整型变量,两种语言的赋值语句的比较如表 11-26 所示。

表 11-26　Turbo Pascal 与 ANSI C 的赋值语句比较

	Turbo Pascal	ANSI C		
		简单赋值语句	多重赋值语句	自反赋值语句
语法	<变量>:=<表达式>;	<变量>=<表达式>;	<变量 1>=<变量 2>=…=<变量 n>=<表达式>;	<变量>=<双目运算符>=<表达式>; 其中,双目运算符有以下 10 种: +, -, *, /, %, <<, >>, &, ∧, |
语义	先计算出表达式的值,并将该值赋给变量	先计算出表达式的值,并将该值赋给变量	先计算出表达式的值,并同时将该值从右向左赋给每一个变量	先计算表达式的值,并将该值与指定变量按给定的双目运算符进行运算后,再将运算结果赋给变量
举例	x:= x*2; y:= x;	x = x*2; y = x;	x = y = x*2; 其含义是先计算 x*2 之值,然后将它赋给变量 y,再赋给变量 x。	y%=x+2; 其语义与语句"y=y%(x+2);"的语义相同。

说明:

当赋值运算符两边的运算对象类型不同时,将要发生类型转换,转换的规则是:把赋值运算符右侧表达式的类型转换为左侧变量的类型。具体的转换如下:

(1) 浮点型与整型

将浮点数(单双精度)转换为整数时,将舍弃浮点数的小数部分,只保留整数部分。将整型值赋给浮点型变量,数值不变,只将形式改为浮点形式,即小数点后带若干个 0。注意:赋值时的类型转换实际上是强制的。

(2) 单、双精度浮点型

由于 C 语言中的浮点值总是用双精度表示的,所以 float 型数据只是在尾部加 0 延长为 double 型数据参加运算,然后直接赋值。double 型数据转换为 float 型时,通过截尾数来实现,截断前要进行四舍五入操作。

(3) char 型与 int 型

① int 型数值赋给 char 型变量时,只保留其最低 8 位,高位部分舍弃;

② char 型数值赋给 int 型变量时,一些编译程序不管其值大小都作正数处理,而另一些编译程序在转换时,若 char 型数据值大于 127,则就作为负数处理。对于用户来说,若原来 char 型数据取正值,则转换后仍为正值;若原来 char 型值可正可负,则转换后也仍然保持原值,只是数据的内部表示形式有所不同。

(4) int 型与 long 型

long 型数据赋给 int 型变量时,将低 16 位值送给 int 型变量,而将高 16 位截断舍弃。(这里假定 int 型占两个字节)。将 int 型数据送给 long 型变量时,其外部值保持不变,而内部形式有所改变。

(5) 无符号整数

① 将一个 unsigned 型数据赋给一个占据同样长度存储单元的整型变量时(如: unsigned→int、unsigned long→long, unsigned short→short),原值照赋,内部的存储方式不变,但外部值却可能改变;

② 将一个非 unsigned 整型数据赋给长度相同的 unsigned 型变量时,内部存储形式不变,但

外部表示时总是无符号的。

例 11-9 赋值中的类型转换举例。请分析下面程序的运行结果。

```c
/*****************************
文件名：Type_Conversions9.c
作  者：赵占芳
日  期：2012-01-20
功  能：赋值中的类型转换示例
*****************************/
#include <stdio.h>
int main()
{ unsigned a,b;
  int i,j;
  a=65535;
  i=-1;
  j=a;
  b=i;
  printf("(unsigned)%u->(int)%d\n",a,j);
  printf("(int)%d->(unsigned)%u\n",i,b);
  return 0;
}
```

该程序的运行结果如下：

```
(unsigned)65535->(int)-1
(int)-1->(unsigned)65535
```

③ 计算机中数据用补码表示，int 型数据最高位是符号位，为 1 时表示负值，为 0 时表示正值。若一个无符号数的值小于 32768，则最高位为 0，赋给 int 型变量后、得到正值。若无符号数大于等于 32768，则最高位为 1，赋给整型变量后就得到一个负整数值。反之，当一个负整数赋给 unsigned 型变量时，得到的无符号数据值是一个大于 32768 的值。

C 语言这种赋值时的类型转换形式可能会使人感到不精密和不严格，因为不管表达式的值怎样，系统都自动将其转为赋值运算符左部变量的类型。而转变后数据可能有所不同，在不加注意时就可能带来错误。这确实是个缺点，也遭到许多人们批评。但不应忘记的是：C 语言最初是为了替代汇编语言而设计的，所以类型转换比较随意。当然，用强制类型转换是一个好习惯，这样，至少从程序上可以看出想干什么。

3．复合语句

C 语言和 Turbo Pascal 均提供了复合语句(Compound Statement)。两种语言的复合语句均是由若干语句组成的序列，语句之间用分号"；"隔开。不同的是 Turbo Pascal 将语句序列以保留字 begin 和 end 括起来，视为一条语句，而 C 语言将语句序列以花括号"{"和"}"括起来，视为一条语句。另外，Turbo Pascal 复合语句中的最后一条构成语句的结束可以省略分号"；"，而 C 语言复合语句中的最后一条构成语句的结束必须有分号"；"。两种语言的复合语句的语义相同。

假设 x 为整型变量，两种语言的复合语句比较如表 11-27 所示。

表 11-27　Turbo Pascal 与 ANSI C 的复合语句比较

	Turbo Pascal	ANSI C

举　例	begin
	　　write('input x =');
	　　read(x);
	　　x: = x + 1;
	　　writeln(x)
	end;
		{
		　scanf("x = %d",&x);
		　x = x+1;
		　printf("x = %d\n",x);
		}
		注意："}" 结束没有任何标点符号。

4．条件语句

C 语言和 Turbo Pascal 均提供了条件语句以实现控制转移，它们是 if(条件)语句和多分支语句。值得注意的是，C 语言中用非 0 整数代表逻辑"真"，用 0 代表逻辑"假"。

（1）条件语句

C 语言和 Turbo Pascal 的 if 语句均有两种形式，即"if … then …"形式和"if … then … else …"形式。两种语言的 if 语句的对应形式的功能相同。其区别在语法上，如表 11-28 所示。

表 11-28　Turbo Pascal 与 ANSI C 的 if 语句比较

	Turbo Pascal	ANSI C
If…then…形式	if 表达式 then 语句;	if(表达式)语句;

举　例	if (x > 2) and (x < 8) then
	　begin
	　　read(y);
	　　x:= x*y + 8;
	　end;
		if (x > 2 && x < 8)
		{ 　scanf("y = %d",&y);
		　　x = x*y + 8;
		}

if…then…else…形式	if 表达式 then 语句 1 else 语句 2	if (表达式) 语句 1 else 语句 2
举　例	if y <> 0 then y:= y mod 2 else write(y);	if (y!= 0) y = y%2 ; else printf("%d ",y);
if 语句的嵌套	C 与 Pascal 均允许 if 语句中嵌套 if 语句本身。在 if 语句的嵌套中，也存在**垂悬 else 问题**。解决**垂悬 else 问题**的方法是最近匹配原则。例如：在 C 中，**if** 语句的嵌套： if (x > 0) if (y > 0) x = y+1;else y = x + 1; 中 else 与离它最近的 **if** 匹配。	

（2）多分支语句

Turbo Pascal 的多分支语句是 case(情况)语句，而 C 语言则是 switch(开关)语句。两者语法、语义和功能上相近，其比较如表 11-29 所示。

表 11-29　Turbo Pascal 与 ANSI C 的多分支语句比较

	Turbo Pascal	ANSI C
语　法	case 表达式 of 　常量 1: 语句 1 　常量 2: 语句 2 　…… 　常量 n: 语句 n 　else 语句 n+1 end;	switch (表达式) { case 常量表达式 1: 语句 1 　case 常量表达式 2: 语句 2 　…… 　case 常量表达式 n: 语句 n 　default: 语句 n+1 }
语　义	C 的 switch 语句与 Pascal 的 case 语句的语义不同之处，在于当表达式的值与某一个 case 后面的常量表达式的值相等时，就执行此 case 后面的语句，语句执行完后再执行下一个 case 后面的语句，直到 switch 语句全部执行完毕。除非遇到 break 语句跳出 switch 语句。	

续表

	Turbo Pascal	ANSI C

举例	case i of
	  1,3: write(i);
	  2: x: = x + 1;
	  else begin
	        read(y);
	        y:= i*2 + 1
	      end
	end;
		switch (i)
		{
		  case 1:
		  case 3: printf("%d",i); break;
		  case 2: x=x + 1; break;
		  default: scanf("%d",&y);
		         y = i*2 + 1;
		}

	说明：例子中两者具有相同的功能。	

5．循环语句

C 语言和 Turbo Pascal 均提供了循环语句以实现循环的控制。两种语言都分别提供了三种循环语句可以实现语句序列的重复执行：计数型循环语句、当型循环语句和直到型循环语句。

（1）计数型循环语句

C 语言与 Turbo Pascal 的计数型循环语句是 for 语句，两者的比较如表 11-30 所示。

表 11-30　Turbo Pascal 与 ANSI C 的 for 语句比较

Pascal	语法	（1）递增型：**for** <循环控制变量>:= <表达式 1> **to** <表达式 2> **do** 　　　　　　循环体语句； （2）递减型：**for** <循环控制变量>:= <表达式 1> **downto** <表达式 2> **do** 　　　　　　循环体语句；	

	举例	sum:= 0;
		for i:=1 **to** 100 **do**
		  sum:= sum + i;
			sum:= 0;
			for i:=100 **downto** 1 **do**
			  sum:= sum + i;

C 语言	语法	**for** ([表达式 1]; [表达式 2]; [表达式 3]) 循环体语句 说明： ① 表达式 1 指出循环控制变量的初值； ② 表达式 2 指出循环控制测试的条件； ③ 表达式 3 指出每次循环控制变量的增量； ④ []之意是该项内容根据实际情况可以缺省； ⑤ 在表达式 3 中，若循环控制变量的增量为正值，则为递增型，否则为递减型。	
	语义	其语义与 Pascal 的 **for** 语句的语义基本相同，只是每次循环的循环控制变量的增量值不同。Pascal 的循环控制变量的增量为 1 个单位，而 C 的循环控制变量的增量是任意的。	

	举例	sum = 0;
		for (i = 1;i <= 100;i++)
		  sum = sum + i;
			sum = 0; i = 1;
			for (;i <=100;i++)
			  sum = sum + i;

		for (sum = 0,i=1;i <=100;i++) sum = sum + i;	**for** (sum = 0,i = 1; i <= 100;) { sum = sum + i; i++; }
		sum = 0; **for**(i=1;i<=100;sum =sum +i,i++);	**for** (sum = 0,i = 1;i <= 100;sum + = i,i++);
		说明：以上例子是 C 的几种等价形式，从中可以看出 C 的灵活性。i++的效用等同于 i=i+1。	

（2）当型循环语句

C 语言和 Turbo Pascal 的当型循环语句是 while 语句，两者的比较如表 11-31 所示。

表 11-31　Turbo Pascal 与 ANSI C 的 while 语句比较

	Turbo Pascal	ANSI C

语法	while 表达式 do
	  循环体
		while (表达式)
		  循环体

语义	C 与 Pascal 的 while 语句的功能相同。	

续表

	Turbo Pascal	ANSI C

举例	i:=1;
	sum:= 0;
	while i <=100 do
	  begin
	    sum:= sum + i;
	    i:= i+1
	  end;
		i=1;
		sum = 0;
		while (i<=100)
		{ sum = sum + i;
		   i++;
		}

	说明：例子中两者具有相同的功能。	

（3）直到型 do-while 循环语句

Turbo Pascal 的直到型循环语句是 repeat 语句，而 C 语言的直到型循环语句是 do-while 语句，两者的比较如表 11-32 所示。

表 11-32 Turbo Pascal 与 ANSI C 的直到型循环语句比较

	Turbo Pascal	ANSI C
语 法	repeat 循环体语句 until 表达式；	do { 循环体语句 } while (表达式);
语 义	首先进入循环体并执行之一次，然后计算表达式之值，若其值为 *false*，则继续循环执行循环体；否则退出循环，执行 repeat 循环语句的后继语句。	首先进入循环体并执行之一次，然后计算表达式之值，若其值为非 0(真)，则继续循环执行循环体；否则，若其值为 0(假)时，退出循环，执行该循环语句的后继语句。

举 例	i:=1;
	sum:= 0;
	repeat
	  sum:= sum + i;
	  i:= i+1;
	until i > 100;
		i=1;
		sum = 0;
		do { sum = sum + i;
		     i++;
		   }
		while (i <=100);

	说明：例子中两个程序片段具有相同的功能。特别注意：两个语言直到型循环语句的"直到"条件之间的区别。	

附注：

① 注意三种循环语句在一般情况下具有等价性，可以相互代替。尽管 goto 语句也可以构成循环，但结构化程序设计中不提倡使用 goto 语句。

② 在 C 语言程序中，使用循环语句时要注意不要造成以下几种形式的"死循环"。

- **for** (…;； …) 语句
- **for** (…； 非 0 常数表达式； …) 语句
- **while**(非 0 常数表达式)语句
- **do** 语句 **while**(非 0 常数表达式)

③ C 语言中，同样允许循环语句嵌套，形成多重循环结构。循环嵌套的规则与 Pascal 相同。

④ C 语言中不允许用其他控制语句把程序控制流程从循环体外转入循环体内，但需要退出循环时可以用 **break**、**return** 和 **goto** 语句把流程从循环体内转出循环体外。这种转移称为循环的"早期出口"或"非正常出口"。而 Turbo Pascal 中也允许使用 **break** 语句退出本层循环。两种语言的 **break** 语句的语法和语义相同。

⑤ 两种语言的循环体中均可以使用 **continue** 语句，其语法和语义完全相同。关于该语句的详细介绍详见 11.3.2。

6．无条件转移语句

C 语言和 Turbo Pascal 均提供了无条件转移语句，即 goto 语句。两种语言 goto 语句的语法和语义基本一致。不同的是 Turbo Pascal 的标号为无符号整数或标识符，且使用前必须进行说明，而 C 的标号为标识符（即由字母、数字和下划线组成，且第一个字符必须为字母或下划线），使用前不必进行说明。表 11-33 举例说明了两种语言的无条件转移语句。

表 11-33　Turbo Pascal 与 ANSI C 的无条件转移语句的比较

题目	Pascal 源程序	C 语言源程序

写一程序求 $sum=\sum_{i=1}^{100}i$。	Program exsum(input,output);
	Label 999;
	Var i,sum: integer;
	Begin
	　i:= 1;
	　sum: =0;
	999: sum:= sum + i;
	　i:=i+1;
	　if i<=100 then goto 999;
	　write('sum =',sum);
	End.
		#include <stdio.h>
		main()
		{ int i=1,sum = 0;
		　loop: sum = sum + i;
		　i++;
		　if (i <= 100) goto loop;
		　printf("sum=%d",sum);
		}

语义	上面两个程序的功能是相同的。	

11.2.4　子程序

（1）函数

Turbo Pascal 中的子程序结构是过程和函数，而 C 语言的子程序仅为函数。两种语言的函数（用户自定义的函数）的比较如表 11-34 所示。

需要指出的是，C 语言的问世缘于系统软件 UNIX 操作系统的设计与实现。在 UNIX 系统实现的过程中，用 C 语言首先设计和实现了一大批系统级的子程序(Subroutine)，供系统实现一系列功能时使用。以后，UNIX 系统加入了自由软件运动，开放了这些子程序。读者将来在学习 UNIX 程序设计时可作进一步学习和了解。

表 11-34　Turbo Pascal 与 ANSI C 的用户自定义的函数的比较

	Turbo Pascal	ANSI C

函数的定义	函数的结构为：
	function 函数名(形式参数表)：类型标识符；
	函数说明部分
	begin
	　函数执行部分
	end；
	例如：
	function f(x ,n:integer): integer;
	Var p,y: integer;
	begin
	　p:=1;
	　for y:=1 to n do
	　　p:= p*x;
	　f:= p
	end;
		函数的结构为：
		[函数类型标识符] 函数名([形式参数表])
		{[变量说明部分]
		　函数执行部分
		}
		例如：
		long f(int x ,int n)
		{ long p=1,y;
		　for (y =1;y <= n;++y)
		　　p*= x;
		　return(p); /*返回变量 p 之值*/
		}
		说明：①表达式"++y"的值与语句"y=y+1;"执行后变量 y 的值相同。详细内容请参阅本章 11.3.1(1)；②与 Pascal 程序不同的是，f 函数体中增加了 return 语句，关于它的介绍请参阅下面的说明。

续表

	Turbo Pascal	ANSI C
函数的调用	两种语言的函数调用形式和调用规则相同。	
函数参数的传递方式	当形式参数是数值参数时，信息传递的方式为值传递；当形式参数是变量参数时，信息传递的方式为引用传递方式。	当形式参数为标准类型的变量时，信息传递的方式为值传递；当形式参数为数组类型或指针类型的变量时，信息传递的方式为通过传地址实现间接引用。
函数的类型及其说明	Turbo Pascal 规定：函数在定义时必须说明其类型，而且，函数值的类型可以是整型、实型、字符型、布尔型、枚举型、子界型和指针类型，但不能是数组类型、字符串类型、集合类型、记录类型和文件类型。 Turbo Pascal 规定：一般地，函数的定义先于其引用，但是可以使用向前引用打破这个规则。	① C 规定除了函数的类型为 int 型时可省略其类型说明外，其他情况必须在函数定义时说明其类型。特殊地，当不需要被调函数返回值时，被调函数的类型应该定义为 **void** 类型，即返回空值类型的值。 ② Turbo C 的主调函数中，下面三种情况无须对被调函数进行说明：一是被调函数的类型为整型或字符型时；二是被调函数的定义出现在主调函数之前；三是当在文件的开头，在所有函数定义之前，在函数的外部已经进行了函数说明。但是，在 Visual C++中，即使被调函数的类型为整型或字符型时，也要进行函数说明。

函数的递归调用	Turbo Pascal 中允许函数的递归(Recursion)调用。
	例如：下面是求 n!的递归函数。
	Function fac(n:integer):integer;
	  begin
	    if n = 0 **then** fac:= 1
	    else fac:= n * fac(n-1);
	  end;
		C 语言中允许函数的递归调用。递归调用方法与 Pascal 类似。例如，下面是求 n!的递归函数。
		int fac(int n)
		{ int f;
		  if (n==0) f=1;
		  else f=n*fac(n-1);
		  return(f);
		}

例 11-10 参数传递举例。请分析下面程序的参数传递方式。

```
/******************************
文件名：Parameter_Passing10.c
作  者：赵占芳
日  期：2012-01-20
功  能：C 参数传递示例
******************************/
#include <stdio.h>
int main()
{
    int a,b,c;
    a = 1;
    b = 2;
    c = plus1(a,b);
    printf("a + b = %d \n",c);
    c = plus2(&a,&b);
    printf("a + b = %d \n",c);
    return 0;
}
plus1(int x,int y)
{
    return(x + y);
}
plus2(int *px,int *py)
{
    return(*px + *py);
}
```

分析：该程序的功能比较简单，即给变量赋初值，然后分别调用 plus1、plus2 函数求其和，并打印之。但是调用 plus1、plus2 函数的参数传递方式是不同的。

调用 plus1 时，参数传递方式为值传递。将实际参数 a、b 之值分别传递给形式参数 x、y。最后将 $x+y$ 之值返回到主函数，并将它赋给变量 c。调用 plus2 时，参数传递方式为传地址，将实际参数 a 的地址、b 的地址分别传递给形式参数 px、py，这样，px 中记录了 a 的地址，而 py 中记录了 b 的地址，最后将 *px+*py（即 $a+b$）之值返回到主函数，并将它赋给变量 c。

说明：关于函数中的返回语句——return 语句

在 C 语言的用户自定义的函数中，若函数本身有返回值时，则该函数体中必须有 return 语句，用来指明被调函数返回给主调函数的值。

① **语法**　return[(表达式)];

② **语义**　被调用的函数中，当执行到该语句时，控制流程返回到主调函数调用该函数的地方。

③ **注意**

- 当 **return** 后面带表达式时，要计算其值，该值就是函数值，并且此表达式的值的类型必须与函数首部说明的类型一致；当不带表达式时，被调用函数返回主调函数时，Turbo C 中函数的返回值是不确定的，而在 Visual C++ 中程序在编译时出错。不带返回值的函数，其功能相当于 Turbo Pascal 中的过程；
- 一个函数可以含有多个 **return** 语句，以反映函数计算带有分情形的情况，但控制流程仅能执行其中的一个 **return** 语句而返回主调函数；
- 当被调函数的类型为 **void** 类型时，被调函数可以没有 **return** 语句，此时程序一直执行到函数的最后一个限界符号 "}" 处，自动返回主调函数。若程序不是运行到函数的最后一个限界符号 "}" 就返回，则必需使用 **return** 语句，不需要返回任何值的 **return** 语句可以写为

```
    return;
```

但是，即使被调函数不需要返回任何值时最好也要使用 "return;" 作为该函数的最后一条语句，以体现良好的程序设计风格；

- **main** 主函数也可以有其返回值、类型和参数（带参数的 **main** 函数将在本章第 3.5 节（3）中介绍）。**main** 函数的返回值用于说明该程序的退出状态。如果返回 0，则代表该程序正常退出；返回其他值则表示程序异常退出。C 和 C++ 标准规定 **main** 函数的返回值应该定义为 int 类型。但其有的编译器支持 void main()，有的不支持。若定义 **main** 主函数时没有说明其返回值类型，也没有使用 void，则其返回值将被默认为 int 型。在实际编程中，通常将 **main** 函数写成如下形式：

```
int main()
{
    ...
    return 0;
}
```

本书的 C 语言程序均采用这种书写形式。注意，有的编译器支持省略这里的 **return** 语句，有的不支持，建议最好不要省略之。

例 11-11　请分析下面程序的运行结果。

```cpp
/*******************************
文件名：Return_Example11.cpp
作　者：赵占芳
日　期：2012-01-20
功　能：return 语句举例
*******************************/
#include <stdio.h>
#include <math.h>
int sign(float z);                    /*函数声明*/
int main()
{
    float x;
    int y;
    printf("Input x = ");
    scanf("%f",&x);
    y=sign(x);                        /*调用求x的符号位的函数sign(x)*/
    printf("y=%d\n",y);
    return 0;
}
int sign(float z)                     /*求符号位的函数*/
{
    if (z<0)
        return(-1);
    else
        return((fabs(z)<1e-6) ? 0: 1);
}
```

分析　这是一个从键盘任意输入一个浮点数 x，给出其符号位的简单程序。读者不难分析出其运行结果。

(2) 变量的存储属性

在程序设计语言中，每个变量都具有两个属性：数据类型(Data Type)和存储类别(Storage Class)。其中，数据类型为其操作属性，而存储类别为其存储属性(Storage Attribute)，关系到变量的作用域和生存期。表 11-35 给出了 ANSI C 与 Turbo Pascal 的变量的作用域和生存期。

表 11-35　Turbo Pascal 与 ANSI C 的变量的作用域和生存期的比较

	Pascal 变量的作用域	C		
		变量的类型	变量的作用域	变量的生存期
全局(程)变量	若全局变量与局部变量不同名，则全局变量作用域是整个程序，否则，其作用域是不包括同名的局部变量定义域的作用域。	自动型变量(局部)	定义它的函数	
		外部型变量(全局)	整个程序多个文件中的多个函数	
局部变量	定义该局部变量的子程序中确定的作用域	静态型变量	自动型(局部)	定义它的函数	整个程序
			外部型	定义它的文件中的多个函数，为静态全局变量	
		寄存器型变量	定义它的函数，属自动型变量	

说明 凡是在程序的变量说明语句前冠以 auto(或省略)的变量为自动型变量，冠以 static 的变量为静态型变量，冠以 extern 的变量为外部型变量(专门用来供其他文件使用)，冠以 register 的变量为寄存器型变量。例如：

```
auto char c;          /*字符型变量 c 已被定义为自动型变量*/
static int i,j;       /*整型变量 i 和 j 已被定义为静态型局部或全局变量*/
extern int b;         /*整型变量 b 已被定义为供其他文件使用的外部型变量*/
register int a;       /*整型变量 a 已被定义为寄存器型变量*/
```

关于变量的存储属性的较为深入的内容，请参阅本章 11.3.3。

例 11-12 请分析下面程序的运行结果。

```
/******************************
文件名：Global_Variable12.cpp
作  者：赵占芳
日  期：2012-01-20
功  能：C 外部型变量举例
******************************/
#include <stdio.h>
int a = 3,b = 5;
int x = 1;
max(int a ,int b)
{
    int c;
    c = a > b?a: b;
    return(c);
}
void add()
{
    x++;
    printf("x=%d\n",x);
}
#include <stdio.h>
void main()
{
    int a = 8;
    x++;
    printf("x=%d\n",x);
    add();
    printf("max=%d\n",max(a,b));
}
```

分析：

程序第 1 行定义了外部型(全局)变量 a、b，并使之初始化。第 2 行定义了外部型变量 x，并使之初始化。第 3 行开始定义函数 max，a 和 b 为形式参数，形式参数也为局部变量。max 函数中的 a、b 不是外部型变量 a、b，其值是由实际参数传递给形式参数的，外部型变量 a、b 在函数 max 范围内不起作用。程序第 9 行开始定义函数 add，它先将外部型变量 x 的值加 1，然后打印之。主函数开始先定义了一个局部变量 a，因此全局变量 a 在主函数中不起作用，而全局变量 b 在此函数中起作用。

程序运行时，先将外部型变量 x 的值加 1，因此打印其结果为 2；调用函数 add()，同样将外部型变量 x 的值加 1，这样打印 x 结果为 3；printf 中的 max(a,b) 相当于 max(8,5)，程序运行后打印结果为 8。

综上所述，该程序的执行结果为：

```
x=2
x=3
max=8
```

11.2.5 构造数据类型

与 Turbo Pascal 一样，C 语言也提供了构造性数据类型，大大提高了数据表达和对象描述能力。

1. 枚举数据类型

ANSI C 和 Turbo Pascal 均提供了枚举数据类型(Enumerations)。下面以定义描述一星期内每天的名称的一种枚举数据类型为例，给出两种语言的比较，如表 11-36 所示。

表 11-36　Turbo Pascal 与 ANSI C 的枚举数据类型的比较

	Turbo Pascal	ANSI C
类　型 说　明	Type weekday=(mon,tue,wed,thu,fri,sat,sun);	enum weekday{mon,tue,wed,thu,fri,sat,sun};
变　量 说　明	Var day1: weekday;	enum weekday day1;
允许进行 的运算	赋值运算和关系运算	与 Turbo Pascal 相同

备　注	① 类型说明与变量说明可以合并为：
	Var day1:(mon,tue,wed,thu,fri,sat,sun);
	② 枚举类型的常量是有序的。Pascal 语言规定枚举类型的常量是序号从 0 开始，按照定义中排列先后为序，逐个增加 1。
	③ 在给枚举类型的变量赋值后，不能用输出语句输出其值。
	例如：day1:= mon;
	　　　write(day1);
	是错误的。
		① 类型说明与变量说明可以合并为：
		enum {mon,tue,wed,thu,fri,sat,sun} day1;
		② 枚举类型的常量是有序的。C 语言规定：枚举类型的第一个常量的序号值默认为 0，按照定义中排列先后为序，逐个增加 1。但是第一个常量的序号值可以重新使用 "=" 定义。例如：
		enum {mon=16,tue,wed,thu,fri,sat,sun} day1;
		③ 在给枚举类型的变量赋值后，可以用输出语句输出其序号。例如：
		　　day1 = tue;
		　　printf("%d",day1);
		是正确的，其结果为 17。

附注　关于如何输出枚举变量值而非序号的方法与 Turbo Pascal 一样，只能采用间接输出方法，具体方法请参考第 6.1.6 节中的例 6-1，只不过要将该例中的 Turbo Pascal 的 case 语句改为 C 语言的 switch 语句而已。

2. 数组

(1) 数组

C 语言和 Turbo Pascal 均提供了数组(Array)数据类型。两者均具有相同的特征。数组元素的类型称为数组的基类型。下面举例进行比较，如表 11-37 所示。

表 11-37 Turbo Pascal 与 ANSI C 的数组的比较

	Turbo Pascal	ANSI C
数组说明	Var a: array [1..5] of real; 　　b: array [1..2,1..3] of integer ;	float a[5]; int b[2][3];
语义	定义了含有 5 个浮点型元素的一维数组 a 和含有 6 个整型元素的二维数组 b(2 行 3 列)	
存储方式	两种语言的多维数组中的元素在内存中均按照行序存储。	
允许的运算	两种语言的数组元素允许进行的运算均取决于数组元素的类型。	
访问方式	采用下标法访问数据元素。 对于一维数组：a[i] 对于二维数组：b[i,j] 注意：每一维的下界值与数组定义时的每一维的下界值相同。	采用下标法访问数据元素。 对于一维数组：a[i] 对于二维数组：b[i][j] 注意：每一维的下界值均为 0。
初始化	Turbo Pascal 中对数组的初始化除了通过赋值的方法外，还可以在数组常量说明中进行。例如： Const 　a:array [1..5] of real= 　　　　(1.1,2.2,3.1,4.2,5.1); 　b: array [0..1,0..2] of integer= 　　　　((1,2,1),(3,4,5));	C 语言中对数组的初始化除了通过赋值的方法外，还可以在变量说明中进行。例如： float a[5]={1.1,2.2,3.1,4.2,5.1}; 或 float a[]={1.1,2.2,3.1,4.2,5.1}; int b[2][3]={{1,2,1},{3,4,5}}; 或 int b[][3]={{1,2,1},{3,4,5}}; 或 int b[][3]={1,2,1,3,4,5};

（2）字符串

C 语言和 Turbo Pascal 均提供了对字符串进行处理的功能。Turbo Pascal 的字符串是由专门的字符串类型表示的，而 C 是利用一维的字符数组表示的。两者的比较如表 11-38 所示。

表 11-38 Turbo Pascal 与 ANSI C 的字符串的比较

	Turbo Pascal	ANSI C
字符串说明	Var a:string[5];	char a[6];
语义	定义了一个真实长度为 5 的字符串。注意，Turbo Pascal 中的 a[0]用来存放 a 串的长度；C 语言的每个字符串的结尾均由系统自动加上的'\0'作为结束标志，因此，在定义字符数组时实际长度要把结束标志考虑在内。	
访问方式	可以按照一维数组的访问方式，或作为一个整体访问其中的数据。	
初始化	Turbo Pascal 中对字符串变量的初始化（Initialization）可以通过赋值进行，不能用字符数组常量的定义方法。	C 语言中对字符串数组的初始化除了通过赋值的方法外，还可以在变量说明中进行。例如： char [6]={'c','h','i','n','a','\0'} 或 char a[6]={ "china"}; 或 char a[6]="china";

输入/输出	① 字符串的逐个字符输入/输出方法(此时使用 length 函数求字符串长度，结果为 0)。
	Var a: string[5];
	　　i: integer;
	　……
	　for i:=1 to 5 do
	　　read(a[i]);
	　……
	　for i:=1 to 5 do
	　　write(a[i]);
	② 字符串变量的整体输入/输出方法。例如：
	Var a: string[5];
	　……
	　read(a);
	　……
	　write(a);
		① 利用格式符 "%c" 逐个字符输入/输出。
		② 利用格式符 "%s" 整个字符串输入/输出。例如：
		scanf("%s",a);
		printf("%s",a);
		③ 利用 gets/puts 函数输入/输出字符串。例如：
		char str[6];
		gets(str);
		puts(str);
		④ 利用 strcpy 函数输入字符串。
		　例如：char str[6];
		　　　　strcpy(str,"china");
		⑤ 利用指针完成字符串的输出。
		　例如：char *str= "china";
		　　　　printf("%s",str);

3. 结构

在 C 语言和 Turbo Pascal 中，均允许不同类型的数据聚集起来构成较为复杂的数据类型，Turbo Pascal 中称之为记录，而 C 语言中称之为结构(Structure)。Pascal 中有变体记录，而 C 语言中有联合(Union)。表 11-39 给出了两种语言的记录/结构的比较。

表 11-39　Turbo Pascal 与 ANSI C 的记录/结构的比较

	Turbo Pascal 的记录	ANSI C 的结构
类型定义及其变量说明	Type 　student = record 　　　　　num: integer; 　　　　　name: string[20]; 　　　　　sex: char 　　　　end; Var stu1,stu2: student;	struct student 　{ int num; 　　char name[20]; 　　char sex; 　}; struct student stu1,stu2;
变量的初始化	Turbo Pascal 中使用给记录中的成分变量直接赋值或输入数据、定义记录常量以及对记录整体拷贝的方式给记录变量进行初始化。 例如： Const stu1:student=(num:30; 　　　　　name: 'caipeng '; sex:'m');	C 语言中除了给结构中的成分变量直接赋值和通过输入数据的方式给记录变量赋值外，还可以在定义时对它初始化。 例如： struct student 　{ int num; 　　char name[20]; 　　char sex; 　}stu1={2001,"caipeng ",'f'};
对变量的访问方法	两种语言中对变量的访问方法均可使用点域法。例如，stu1.num，stu2.name[i]，stu2.sex，等等。但 C 语言中不支持 with 语句。	
记录(结构)数组	两种语言中均允许数组元素为记录(结构)类型的数据，这就是 Pascal 的记录数组，在 C 语言中称为结构数组。例如，定义含有 30 个记录(结构)元素的数组为： Turbo Pascal：Var ClassStudent: array [1..30] of student; C 语言：struct student ClassStudent[30];	

11.2.6　指针

（1）指针的基本概念

在 Turbo Pascal 和 C 语言中，均引入了指针(Pointer)的概念。引入指针类型是为了以指针为工具建立更为复杂的动态数据结构，同时也可以增强语言的表达能力，使语言变得更灵活。指针的本质是存储单元的地址。表 11-40 给出了两种语言中指针的比较。

表 11-40　Turbo Pascal 与 ANSI C 的指针的比较

		Turbo Pascal	ANSI C
指针类型及其变量的说明		Type q =^real; 　　　k =^integer; Var q1,q2: q; 　　k1,k2: k; 　　x,y:integer;	float *q1,*q2; int *k1,*k2; int x,y; **注意**：类型说明行中的 "*" 的含义是定义了名字为 "*" 号之后的标识符的指针变量。

指针类型的数据允许进行的运算	赋值运算	① 指向同一类型数据的指针变量可以相互赋值。
		② 空指针 nil 可以赋给指向任何类型数据的指针变量。例如：
		q1:= q2;
		k1:= k2;
		q1:= nil;
		k1:= nil;
		k2:=@x;
			赋值运算规则与 Pascal 相同。例如：
			q1= q2; k1= k2;
			q1= NULL; k1= NULL; k2 = &x;
			
			附注：C 语言的 NULL 是空值，它是一个符号常量，其值为 0，它在 stdio.h 中已经定义。NULL 与 Pascal 中的 nil 不同，NULL 表示地址为 0 的单元的地址，系统保证该单元不作它用。

370

续表

		Turbo Pascal	ANSI C
指针类型的数据允许进行的运算	关系运算	指针类型的数据仅允许进行=(相等)与<>(不等)两种关系运算,运算结果为布尔值。例如,正确的关系表达式:q1 = q2, k1 <> k2, q1 = nil, 等等。	C 语言中指针类型的数据除了允许进行==(相等)与!=(不等)两种关系运算外,当两个指针变量指向同一数组时,两个指针变量还可以进行<和<=、>和>=四种关系运算。运算结果为 1 或 0 值,以表示"真"或"假"。
	算术运算	不允许	① 当指针变量 p 指向某一维数组时,p 可以加(减)一个整数 n,此时表达式 p+n 的值为 p 的值+n*sizeof(元素类型)个字节。**注意**:p+1 与 p++不同,为什么呢? ② 当两个指针变量指向同一一维数组时可以相减,其结果为两个指针之间的元素个数。

例 11-13 观察下面程序的运行结果。

```
/******************************
文件名:Pointer_Example13.cpp
作  者:赵占芳
日  期:2012-01-20
功  能:利用指针间接访问变量示例
******************************/
#include <stdio.h>
int main()
{
    int a = 10;
    int *p=&a;
    int **pp=&p;   /*定义指向指针变量的指针*/
    printf("Address of a:0x%x\n",&a);        /*输出变量 a 的地址*/
    printf("Size of address of a=%d\n",sizeof(&a));
                   /*输出变量 a 的地址的字长*/
    printf("Value of a=%d\n",a);             /*输出变量 a 的值*/
    printf("Address of p:0x%x\n",&p);        /*输出指针变量 p 的地址*/
    printf("Value of p:0x%x\n",p);           /*输出指针变量 p 的值*/
    printf("Value of *p=%d\n",*p);
                   /*间接访问指针 p 所指向的变量 a 的值*/
    printf("Address of pp:0x%x\n",&pp);
    printf("Value of pp:0x%x\n",pp);
    printf("Value of **pp=%d\n",**pp);
                   /*二次间接访问指针 pp 所指向的 a 的值*/
    return 0;
}
```

该程序在 VC++ 6.0 上的执行结果为:

```
Address of a:0x12ff7c
Size of address of a=4
Value of a=10
Address of p:0x12ff78
Value of p:0x12ff7c
Value of *p=10
```

```
Address of pp:0x12ff74
Value of pp:0x12ff78
Value of **pp=10
```

附注

① 本例题深刻地揭示了变量和指针变量，直接寻址和间接寻址的本质和内涵，请读者认真体会，深刻理解。所谓**直接寻址**(Direct Addressing)是指直接按照变量名或变量的地址来访问(存取)该变量的访问方式。而通过指针变量间接访问(存取)它所指向的变量的访问方式称为**间接寻址**(Indirect Addressing)。本例题中的第三条 printf 语句中访问变量 a 的寻址方式为直接寻址，而第六条 printf 语句中访问变量 a 的寻址方式为一次间接寻址，第九条 printf 语句中访问变量 a 的寻址方式为二次间接寻址。那么，请读者思考一下，为什么提供多种寻址方式呢？

② 在 C 语言中，sizeof()是运算符，而不是函数调用。sizeof(&a)=4 表明变量的地址值是 32 位二进制整数；

③ 在不同的软硬件环境中，该程序的执行结果会有不同。想一想，这是为什么呢？

（2）动态变量

表 11-41 给出了两种语言的动态变量的比较。

表 11-41　Turbo Pascal 与 ANSI C 的动态变量的比较

	Turbo Pascal	ANSI C
动态变量的本质	动态变量是指变量与其存储空间的绑定是在程序运行时进行的变量。在 Pascal 中，q1^为指针变量 q1 所指向的(动态)变量，而在 C 语言中，*q1 为指针变量 q1 所指向的(动态)变量。	
动态变量的产生与撤消	① 动态变量的产生：使用 new 过程；② 动态变量的撤消：使用 dispose 过程。 例如，假设有说明： 　Var q1:^integer; 则： 　new(q1);　 {产生 q1^} 　dispose(q1); 　{ 撤消 q1^}	① 动态变量的产生：使用 malloc 函数：void *malloc(unsigned int size); 这里 void*表示未确定类型的指针。 ② 动态变量的撤消：使用 free 函数，其形式为： 　void free(void *p); 例如，假设有说明：int *q1; 则 　q1 =(int *)malloc(2); /* 产生*q1 */ 　free(q1);　　 /* 撤消*q1 */
动态变量的使用	动态变量一旦产生，在程序中其使用与静态变量相同，它所能参与的运算取决于其类型。动态变量不再被使用后，一定要撤消，便于编译系统释放存储空间。	

思考题 2　表 11-41 中的静态变量与使用 static 关键字定义的静态型变量有什么区别呢？

11.2.7　文件

文件是高级程序设计语言中最先引入的一个重要概念。最初，文件是指存储在外存上的数据的集合，是外存上数据的一种表示方法。以后，操作系统以文件为单位，对存储在外存上和内存中的数据统一进行管理和处理，扩展了文件的概念。与 Turbo Pascal 一样，ANSI C 也支持文件的概念，并通过一些标准库函数来实现对文件的基本操作。

C 语言的标准函数库提供了在两个不同层面上对文件进行操作的机制和函数，一个是基于对操作系统调用的基础层面(不带缓冲)，另一个是字符流层面。因此，对同一文件也有两种不同的描述方法和操作机制。之所以提供对操作系统调用的基础层面的对文件进行操作的机制和函数，是为了充分利用操作系统的强大系统调用功能，但是它不便于编程人员使用。因此，为了提高 I/O 操作的效率和便于编程人员使用，在 C 语言的标准函数库中提供了对基本 I/O 操作的进一步抽象和封装，于是得到了字符流层面上对文件进行操作的机制和函数。在字符流层面，输入文件被抽象为一个可以顺序读入的字符流,输出文件被抽象为一个可以接受字符流的容器。字符流层面上的文件操作是带缓冲的(也即 ANSI C 是采用缓冲文件系统处理二进制文件和文本文件)。这一点与 Turbo Pascal 一样。

为了对文件进行操作,C 语言编译系统提供了反映缓冲文件系统中每个文件有关信息(例如,文件名、文件状态、读写数据的当前位置等)的数据,它属于结构类型,该结构类型的类型名由编译系统定义为 FILE(大写)。在编写程序时,程序员可在程序中定义一个指向 FILE 结构类型的指针变量(名字由程序员自己命名),并通过该指针变量与被操作的数据文件建立联系,从而实现对文件的访问。该指针变量形象地被称为文件指针(Pascal 称之为文件缓冲区变量)。关于文件指针的使用请参阅例 11-12。表 11-42 给出了对 Turbo Pascal 与 ANSI C 所支持的文件概念的比较。

表 11-42　Turbo Pascal 与 ANSI C 的文件的比较

	Turbo Pascal 的文件	ANSI C 的文件
特　点	① Pascal 的文件是由记录组成; ② Turbo Pascal 的文本文件只能顺序访问,而其类型文件既可以顺序访问又可以随机访问; ③ 对文件的处理方法采用缓冲文件系统,因此,引入并支持文件指针的概念。通过文件指针实现对文件的访问。但文件指针不需要用户在程序中显式定义。例如,若有说明: 　　Var f1: file of real; 则系统自动产生了 f1^文件指针。	① C 语言的文件是字符流文件,而不是由记录组成; ② ANSI C 的文件既可以顺序访问又可以随机访问; ③ 对文件的处理方法采用缓冲文件系统,因此,引入并支持文件指针的概念。通过文件指针实现对文件的访问。但用户必须在程序中显式定义文件指针。例如,说明: 　　FILE *fp; 定义了一个文件指针 fp。
对文件操作的步骤	先打开文件,然后使用文件,最后关闭文件。	

两种语言对文件的操作均是通过标准函数或标准过程来实现的。表 11-43 给出了对它们进行的比较。

表 11-43　Turbo Pascal 与 ANSI C 对文件操作的标准函数或标准过程比较

		Turbo Pascal		ANSI C
打开文件	写打开过程	assign(f,文件名); rewrite(f);	文件打开函数	FILE *fp; fp = fopen(文件名,文件打开方式); 例如,若有语句: 　FILE *fp; 　　fp = fopen("c:\\f1.txt","w"); 其语义是在 C 盘根目录下以只写方式创建并打开一个新的文本文件,并用文件指针 fp 指向它。若 f1 文件已经存在,则要全部删除其内容后重新写。 注意,不能写成 fp = fopen("c:\f1.txt","w"); /*文件路径表示有误*/
	读打开过程	assign(f,文件名); reset(f);	文件打开方式及其含义	"r": 以只读方式打开文本文件; "w": 以只写方式创建并打开文本文件,已存在文件被覆盖,无论文件是否存在,都将创建一个新的文本文件; "a": 在文本文件的尾部追加数据; "rb": 以只读方式打开二进制文件; "wb": 以只写方式创建并打开二进制文件,已存在文件被覆盖,无论文件是否存在,都将创建一个新的二进制文件; "ab": 在二进制文件的尾部追加数据; "r+": 以读写方式打开文本文件; "w+": 建立新的可读写的文本文件; "a+": 打开一个读/写文本文件; "rb+": 打开一个读/写二进制文件; "wb+": 建立一个读/写二进制文件; "ab+": 打开一个读/写二进制文件。

续表

		Turbo Pascal		ANSI C
关闭文件		使用标准过程 colse 关闭。 **语法**：close(f); **语义**：关闭文件 f。		关闭文件函数调用方式：fclose(FILE *fp);
文件状态		eof(f)：若文件 f 的文件指针已经指向了其末尾，其值为 **true**，否则为 **false**。 eoln(f)：它只能用于文本文件。在文本文件中，当前指针的下一字符为回车符（换行符或行结束符）或文件结束符时，则返回 **true** 值，否则将返回 **false** 值。		feof（文件类型指针）：若文件指针到文件末尾，函数值为"真"（非 0），否则为"假"（0）。 ferror（文件类型指针）：若对文件操作出错，函数值为"真"（非 0）。 clearerr（文件类型指针）：使 feof 和 ferror 函数值置为 0。
文件读写	类型文件	**语法**：read(f,vars); **语义**：将 f 中数据依次读入到变量表 vars 的各个变量中。每读出一个数据元素，文件指针就下移一个元素位置。 **语法**：write(f,vars); **语义**：将变量表 vars 中各变量值依次写到 f 中。每写入一个数据元素，文件指针就下移一个元素位置。	字符读写	**原型**：int fgetc(FILE *fp) **语义**：从 fp 指定的文件读取一个字符，并将位置指针指向下一个字符。若读取成功，则返回该字符，若读到文件尾，则返回 EOF（EOF 在 stdio.h 中定义为-1） **原型**：int fputc(int ch,FILE *fp) **语义**：把一个字符 ch 写入 fp 指定的文件。若写入错误，则返回 EOF，否则返回字符 ch。

	文本文件	**语法**：read(f,vars);
		语义：同类型文件。
		语法：readln(f);
		语义：文件指针跳到下一行开始。
		语法：readln(f,vars);
		语义：与下面的语句序列语义等价。
		read(f,vars);
		readln(f);
		语法：write(f,vars);
		语义：同类型文件。
		语法：writeln(f);
		语义：将换行符写入 f。
		语法：writeln(f,vars);
		语义：与下面的语句序列语义等价。
		write(f,vars);
		writeln(f);
			字符串读写	**原型**：char *fgets(char *s,int n,FILE *fp)
				语义：从 fp 指的文件读取一字符串，并在串尾加'\0'，然后写入地址为 s 的变量中，最多读 n-1 个字符。当读到换行符、文件结束符或读满 n-1 个字符时，函数返回该串的首地址。
				原型：int fputs(const char *s,FILE *fp)
				语义：把 s 指向的字符串写入 fp 指定的文件。若写入出错，则返回 EOF，否则返回一个非负数。

			格式化读写	**原型**：int fscanf(FILE *fp，格式控制串，地址表) **语义**：从 fp 指定的文件中，按格式读出数据。 **原型**：int fprintf(FILE *fp，格式控制串，表达式串) **语义**：按指定格式将数据写入 fp 指定的文件中。
	无类型文件	**语法**：blockread(f,v,recs，result); **语义**：从 f 文件传送数据至 v，v 的空间必须满足传送记录个数 recs，任选参数 result 为实际传送记录数。 **语法**：blockwrite(f,v,recs,result); **语义**：将 v 中的数据写入文件 f，写入的记录个数为 recs，任选参数 result 为实际写入的记录数。	数据块读写	**原型**：unsigned fread(void *buffer,unsigned size, unsigned count,FILE *fp) **语义**：从 fp 指定的文件读取大小为 count*size 字节的数据块，放到 buffer 指向的内存中。函数返回实际读到的块数。 **原型**：unsigned fwrite(const void *buffer,unsigned size, unsigned count,FILE *fp) **语义**：把 buffer 指向的内存中的数据块写入 fp 指定的文件。函数返回实际写入的块数。
文件定位		Turbo Pascal 的类型文件是随机文件，可以移动文件位置指针，而文本文件是顺序文件，不能随机移动文件位置指针。在类型文件中，指针移动使用标准过程 seek，其语法和语义为： **语法**：seek(filvar,n); **语义**：把与类型文件变量 filvar 相联系的外部文件的文件读写位置指针移至该文件的第 n+1 个元素（即编号为 n 的元素）处。n 是整型表达式。第 1 个文件元素的编号为 0，第 2 个文件元素的编号为 1……所以 n 号元素就是第 n+1 个元素。		**原型**：int fseek(FILE *fp,long offset,int fromwhere) **语义**：将 fp 文件位置指针从 fromwhere 开始移动 offset 个字节，指示下一个要读取的数据的位置。若移动成功，则返回 0 值，否则返回非 0 值。 **原型**：void rewind(FILE *fp) **语义**：使 fp 文件位置指针重新置于文件首字节处。 **原型**：long ftell(FILE *fp) **语义**：返回文件位置指针 fp 的当前位置。若函数调用不成功，则返回-1L。

例 11-14 文件的复制。请将第 9 章例 9-3 的文件复制的 Pascal 源程序改写为 C 语言的源程序。
根据第 9 章例 9-3 介绍的文件复制的思想及算法，不难给出如下文件复制的 C 语言程序。

```c
/***************************
文件名：Copy_File14.cpp
作  者：赵占芳
日  期：2012-01-20
功  能：文件复制
***************************/
#include <stdio.h>
#include <stdlib.h>
int main()
{
    FILE *in,*out;
    char ch,infile[20],outfile[20];
    printf("Input the infile name:\n");      /*该语句起提示输入作用*/
    scanf("%s",infile);
    printf("Input the outfile name:\n");
    scanf("%s",outfile);
    if ((in=fopen(infile,"r "))== NULL)      /*打开被复制的文件*/
    {
        printf("Cannot open infile.\n");
        exit(0);
    }
    if ((out=fopen(outfile,"w "))==NULL)     /*打开复制的目标文件*/
    {
        printf("Cannot open outfile.\n");
        exit(0);       /*终止程序*/
    }
    while (!feof(in))
    {
        ch = fgetc(in);
        if(ch != EOF)
            fputc(ch,out);     /*复制一个字符*/
    }
    fclose(in);                /*复制结束，关闭相应的文件*/
    fclose(out);
    return 0;
}
```

附注

① ANSI C 对文件操作的标准库函数对应的头文件是 stdio.h，因此，源程序的开头加入预处理命令：#include <stdio.h>；

② exit 函数是 ANSI C 的标准库函数，其作用是使程序终止。该标准函数对应的头文件是 stdlib.h，因此源程序的开头加入预处理命令：#include <stdlib.h>；

③ 在 scanf 语句前常加一条 printf 语句，用来在程序运行时提示用户输入数据；

④ 本例代码中粗体的代码部分如果替换为如下代码：

```
while (!feof(in))
{
    ch = fgetc(in);
    fputc(ch,out);         /*复制一个字符*/
}
```

程序的运行结果是否和本例的运行结果完全一致呢？答案是否定的，复制产生的文件的末尾会多出来一个符号"ÿ"，有时候这个符号不可见。当源文件为空，即源文件大小为 0KB 时，用这段代码复制产生的文件确是非空的，大小是 1KB。那是因为用 fgetc 函数读了文件的最后一个字符后，文件并不会成为 EOF 状态，即 feof 函数返回值为假。要等再次读取数据的时候，feof 函数返回值才会为真。

因此，复制产生的文件末尾多出来一个字符的原因是：当文件最后一个数据被读取后，feof 函数返回值为假，当再次执行"ch = fgetc(in);"语句时，fgetc 才返回 EOF(EOF 是 C 标准库中定义的宏)，随后执行"fputc(ch,out);"语句，将 EOF 输出到复制文件中了，此时 feof 函数返回值为真；

为了避免 feof 函数的这个特点造成程序错误，一般会按照如下形式进行文件读操作：
a. 打开文件
b. 从文件读取数据
c. while(!feof(fp))   //fp 为文件指针变量
   {
       对刚读出的数据进行操作，例如写入到其他文件中；
       从文件读取数据；
   }
d. 关闭文件

以上格式的目的是当文件中的所有数据读取完毕之后，再读取一次数据，以确保 feof 函数返回真值。按照此格式，则本例源代码中的粗体部分还可以修改为如下代码

```
ch = fgetc(in);
while (!feof(in))
{
    fputc(ch,out);
    ch = fgetc(in);
}
```

则即使源文件是空文件也能完成文件的正确复制。

11.2.8 包含文件与条件编译

与 Turbo Pascal 一样，ANSI C 提供了包含文件与条件编译的功能。两者功能相同，只是相应的命令不同。值得注意的是，两种特殊命令(指令)并不是语言的组成成分，而是为了扩展语言的功能之后增加的，它们都属于在程序编译之前预处理的部分。

1. 文件包含

Turbo Pascal 与 ANSI C 的包含文件的比较如表 11-44 所示。

表 11-44　Turbo Pascal 与 ANSI C 的包含文件的比较

	Turbo Pascal 的包含文件		ANSI C 的包含文件
命令	语法：{$I␣文件名} 语义：在编译及运行调试时，把该命令所指的文件从命令行的位置上包含进来，以进行统一的编译和运行。在编译时，如果文件没有指定目录，则除了在当前目录寻找该文件外，还将在 Options/Directories/Include directories 目录选项指定的目录中去包含指定的文件。	形式①	语法：#include "文件名" 语义：先在当前目录(文件夹)查找，而后到头文件目录查找。一旦找到，就将该文件的内容替换掉程序中的#include 语句。一般用于用户自定义的包含文件。
		形式②	语法：#include <文件名> 语义：系统到头文件目录查找指定的文件。在找到文件后，其功能与①相同。一般用于标准包含文件。
使用位置	原则上凡是可以写注释的地方，均可以使用。但一般在说明部分(一般应置于各种说明之后)中使用。		在函数之外使用，一般在源文件的最前面书写。

举例	程序 IncludeDemo 是由主程序文件 Demo0.pas 和包含文件 Demo1.pas 组成。在 Demo0.pas 中使用包含文件命令就可以将 Demo1.pas 包含进来，形成一个统一的整体。
	{文件 Demo0.pas}
	　Program IncludeDemo;
	　……
	　{$I Demo1.pas}
	　……
	　Begin
	　……
	　End.
			工程文件 IncludeDemo 是由主程序文件 Demo0.C 和包含文件 Demo1.C 组成。在 Demo0.C 中使用包含文件命令就可以将 Demo1.C 包含进来，形成一个统一的整体。
			/*文件 Demo0.C */
			#include "Demo1.C"
			　main()
			　{
			　　……
			　}

说明　① 两种语言的包含文件中，允许嵌套其他包含文件；② 在 C 语言的包含文件的命令中，文件名一般有两种类型：.c 和.h。.c 文件是 C 语言源程序文件，其内容是程序实体，包括以函数为单位的程序代码、全局变量等定义；而.h 文件是头文件，用于集中管理各种声明，主要包括对函数原型的说明、全局变量的声明、有 struct 或 typedef 定义的新类型，以及由#define 定义的宏等说明性内容。

2. 条件编译

Turbo Pascal 语言与 ANSI C 的条件编译的比较如表 11-45 所示。

表 11-45　Turbo Pascal 与 ANSI C 的条件编译的比较

	Turbo Pascal 的条件编译		ANSI C 的条件编译
命令	形式①	语法：{$IF* 条件符} 　　　程序片段 　　{$ENDIF} 其中，*代表 DEF，或者 NDEF。 语义：若*代表 DEF，则当{$IFDEF 条件符}指定的条件符被定义时，编译程序片段，否则，跳过这个程序片段。而若*代表 NDEF，当{$IFNDEF 条件符}指定的条件符没有被定义时，编译程序片段，否则，则跳过这个程序片段。	形式①	语法：#if* 标识符 　　　程序片段 　　#end 其中，*代表 def，或者 ndef。 语义：若*代表 def，则当"#if* 标识符"指定的标识符被定义时，编译程序片段，否则，跳过这个程序片段。而若*代表 ndef，当"#if* 标识符"指定的标识符没有被定义时，编译程序片段，否则，则跳过这个程序片段。

续表

		Turbo Pascal 的条件编译		ANSI C 的条件编译
命令	形式②	语法：{$IF* 条件符} 　　　程序片段 1 　　{$ELSE} 　　　程序片段 2] 　　{$ENDIF} 其中，*代表 DEF，或者 NDEF。 语义：当{$IFDEF 条件符}中指定的条件符被定义时，则编译程序片段 1，否则编译程序片段 2；当{$IFNDEF 条件符}中指定的条件符没有被定义时，则编译程序片段 1，否则编译程序片段 2。	形式②	语法：#if* 标识符 　　　程序片段 1 　　#else 　　　程序片段 2 　　#endif 其中，*代表 def，或者 ndef。 语义：若*代表 def，则当"#if* 标识符"指定的标识符被定义时，编译程序片段 1，否则，编译程序片段 2；而若*代表 ndef，当"#if* 标识符"指定的标识符没有被定义时，编译程序片段 1，否则，编译程序片段 2。
			形式③	语法：#if 常量表达式 　　　程序片段 　　#endif 语义：当指定的常量表达式的值为非 0(真)时，对程序片段进行编译；否则跳过这个程序片段。
			形式④	语法：#if 常量表达式 　　　程序片段 1 　　#else 　　　程序片段 2 　　#endif 语义：当指定的常量表达式的值不为 0(真)时，对程序片段 1 进行编译；否则对程序片段 2 进行编译。
条件符的定义		使用条件编译命令之前，用命令"{$DEFINE 条件符名}"定义。而用命令"{$UNDEF 条件符名}"解除。		使用条件编译命令之前，用命令"#define 标识符"或"#define 标识符 字符序列"来定义。前者定义的"条件符"用于形式①和形式②，后者定义的"条件符"用于形式③和形式④。

▶▶ 11.3　C 语言的进一步介绍

上面几节从语言比较学的角度，围绕高级语言的语言成分，概要性地介绍了 C 语言。本节将进一步详细介绍 C 语言中有的，但 Turbo Pascal 中没有的语言内容。

11.3.1　C 语言表达式的进一步介绍

(1) 增减表达式

增减表达式(Increment and Decrement Expressions)是指用自增、自减运算符将整型变量(或字符型变量)连接成的有一定意义的式子。

自增、自减运算符有：

① 前缀(Prefix)运算符 $\begin{cases} ++i & i\text{ 先加 1，再用其值作为表达式的值。} \\ --i & i\text{ 先减 1，再用其值作为表达式的值。} \end{cases}$

② 后缀(Postfix)运算符 $\begin{cases} i++ & \text{先用 } i \text{ 值作为表达式的值，然后 } i \text{ 加 1。} \\ i-- & \text{先用 } i \text{ 值作为表达式的值，然后 } i \text{ 减 1。} \end{cases}$

例如，假设 x 的原值为 2，则

```
y=++x;      结果为 y=x=3
y=x++;      结果为 y=2, x=3
```

```
y=--x;        结果为 y=x=1
y=x--;        结果为 y=2,x=1
```

说明：

① 自增、自减运算符只能用于变量，不得用于常量和表达式；

② 自增、自减运算符的结合性为从右至左，而一般算术运算符为从左至右。所以，表达式：–i++ 的作用相当于–(i++)。例如，有如下程序：

```
#include<stdio.h>
main()
{ int i=3,j;
  j=-i++;
  printf("i=%d,j=%d\n",i,j);
}
```

程序的执行结果为：i=4，j=-3。

③ 要谨慎使用自增、自减运算符。建议程序员最好不要在一个表达式内对同一变量多次使用自增、自减运算符，因为这样用可能会因使用不同的编译器而导致计算结果的不同。例如，假设 x 为 2，则执行语句：

```
y=(x++)+(x++)+(x++);
```

其在 Turbo C 和 VC++ 6.0 中的执行结果为 x=5，y=6。而在有的编译环境下的执行结果为 x=5，y=9。请读者分析其原因。

类似地，在函数调用中，例如：

```
printf("%d,%d",i,i++);
```

假设 i=3，当参数计算从左至右，则输出 3,3；当从右至左计算时，则输出 4,3。这就是自增和自减运算符的**副作用**问题。那么，其结果到底是什么呢？

这与 C 语言的具体编译器有关。请读者最好注意一下自己使用的编译器，并且上机实践一下，因为机器是最严格的老师，它会告诉你答案。不过，这里告诫读者：在写程序时，尽可能不要使用与具体编译器有关的写法，这样可以增强程序的可移植性。

④ 在表达式中，有的运算符为一个字符，有的为两个字符。例如，表达式 i+++j，究竟理解为(i++)+j 还是 i+(++j)呢？

C 词法分析遵循"最长匹配"原则，即：若在两个运算分量之间连续出现多个表示运算符的字符(中间没有空格)，则在保证有意义的条件下，就从左到右尽可能多地将若干个字符组成一个运算符。所以，表达式就解释为(i++)+j，而不是 i+(++j)。建议读者在录入程序时，在各个运算符之间加入空格，或者使用圆括号，把有关部分括起来，使之作为整体处理。因此，若有下列程序：

```
#include <stdio.h>
int main()
{ int i=3,j=3,m;
  m=i+++j;
  printf("i=%d,j=%d,m=%d\n",i,j,m);
```

```
            return 0;
        }
```

则其执行结果为：i=4，j=3，m=6。

(2) 条件表达式

条件表达式(Conditional Expressions)是指用条件运算符"?:"将三个表达式连接成的有一定意义的式子。其形式为：

<表达式 1>?<表达式 2>:<表达式 3>

其语义是先计算表达式 1 的值，其值若为非 0(真)，则条件表达式的值等于表达式 2 的值。否则，条件表达式的值等于表达式 3 的值。

例如，假设 y 和 x 的值分别为 2 和 1，则条件表达式：

(y>x)?y: x

的值为 2。

(3) 逗号表达式

逗号表达式(Comma Expressions)是指用多个逗号运算符","将多个表达式连接成的有一定意义的式子。其形式为：

<表达式 1>,<表达式 2>,…,<表达式 n>

其语义是从左到右顺序计算出表达式 1，表达式 2，…，表达式 n 的值。逗号表达式的值为表达式 n 的值。

例如，假设计算前 x 的值为 2，则逗号表达式：

x=x+1,x+2,x+3

的值为 6。其计算过程是先计算出表达式 1，使 x 的值为 3，再计算出表达式 2 的值，此时 x 的值没变，最后计算 x+3 得 6，所以逗号表达式的值为 6。

(4) 字位表达式

字位表达式(Bitwise Expressions)是指用字位运算符与整型量连接成的有一定意义的式子。字位运算符有 6 种：按位与"&"、按位或"|"、按位异或"∧"、取反"~"、左移"<<"和右移">>"。其中，除了取反"~"为单目运算符外，其他均为双目运算符。它们要求操作对象只能是整型或字符型数据，不能为实数数据。

① 按位与"&"运算：对两个操作对象的相应位进行与运算。只有两个相应位都为 1 时，该位的运算结果为 1，否则为 0。

② 按位或"|"运算：对两个操作对象的相应位进行或运算。两个相应位中只要有一个为 1 时，该位运算的结果为 1。

③ 按位异或"∧"运算：对两个操作对象的相应位进行异或运算。两个相应位异号结果为 1(真)，同号结果为 0(假)。

④ 取反"~"运算：它是一个单目取反运算符。对操作对象按位取反。即 0 变 1，1 变 0。

⑤ 左移"<<"运算：它用来将一个数的各个二进位按指定的数值 n 全部左移 n 位。

⑥ 右移 ">>" 运算：它用来将一个数的各个二进位按指定的数值 n 全部右移 n 位。

例如，9&4　　　　结果为 0
　　　060|017　　　结果为 077
　　　~0　　　　　结果为 11111111（二进制表示）
　　　~0<<4　　　 结果为 11110000（二进制表示）

字位运算符是一类位操作运算符，它们使 C 语言具有了低级语言的功能，可实现类似于汇编语言对机器字进行位操作的运算功能。其实，有些 C 语言运算符与汇编语言相似，其运算对象与硬件指令级相似，能对特定的物理地址进行访问等，从而使 C 语言具有了一些像汇编语言这样的低级语言的特点。正因为如此，C 语言既有有利于系统软件程序开发的一面，也有影响软件开发质量的一面。例如，它解决了把高级语言应用于嵌入式系统中的问题，但也带来了如下问题：

① 由于把机器的逻辑性质与物理性质搀杂在一起，降低了程序的可读性；
② 若改变数据对象的表示细节，就有可能要对整个程序各个部分进行修改；
③ 程序难于移植与继承；
④ 由于允许程序中随处都可直接访问物理设施，既灵活方便，又非常危险，程序的可靠性难以得到保证。

例 11-15　请分析下面程序的运行结果。

```
/****************************
文件名：Operators_Example15.cpp
作  者：赵占芳
日  期：2012-01-20
功  能：运算符应用举例
****************************/
#include <stdio.h>
int main()
{
    int x,y=1,z;
    x=((9+6)%5>=9%5+6%5)?1:0;
    printf("x=%d\n",x);
    y+=z=x+3;
    printf("y=%d\tz=%d\n",y,z);
    x=y=z=1;
    --x&&++y||z++;
    printf("x=%d\ty=%d\tz=%d\n",x,y,z);
    return 0;
}
```

分析　程序运行到第 1 条赋值语句时，赋值号右边是一个条件表达式。首先计算最内层括号部分(9+6)，得到值 15；然后按照运算符的优先级的高低依次计算：15%5 得 0，9%5 得 4，6%5 得 1，4+1 得 5，0<=5，故把 0 赋给 x。因此，第一个输出语句的运行结果为：

```
x=0
```

程序运行到第 2 条多重赋值语句时，首先计算表达式 x+3 之值，得 3。由于 "+=" 与 "=" 有相同的优先级，其结合性为右结合，即自右向左结合，所以先把 3 赋值给 z，然后把 z 的值与

y 之值相加，再赋值给 y，最后得到 y 的值为 4。因此，第二个输出语句的执行结果为：

```
         y=4     z=3
```

程序运行到第 3 条多重赋值语句时，将 1 的值分别赋给 z,y,x，接着运行逻辑表达式语句：由于运算符 "&&" 和 "||" 保证计算次序从左到右，因此先做--x，其结果为：x 的值变为 0。这样，"--x&&++y" 表达式的结果已能确定为 0，所以++y 就不再执行，y 之值仍为 1；但对于运算符 "||" 来说，左分量（左运算数）为 0，尚不能确定整个逻辑表达式的值，故要取右边的表达式 z++的值与左分量 0 进行||运算。又因++在变量 z 的右侧，所以先取 z 的值 1 与左分量 0 进行||运算，则整个表达式结果为真，最后再执行 z=z+1 运算，z 值变为 2。因此，第三个输出语句的执行结果为：

```
    x=0     y=1     z=2
```

综上所述，该程序的运行结果为：

```
x=0
y=4    z=3
x=0    y=1    z=2
```

11.3.2　C 语句的进一步介绍

（1）空语句

① **语法**　；

② **语义**　不产生任何语义动作。

③ **说明**

当在语法上需要一个语句，而又不要求有任何语义动作时，便需要用空语句（Empty Statement）。它通常有两种用法。

- 在程序中为有关语句提供标号，用以指明程序执行的位置。例如：

```
abc: ;    /*abc 为语句标号，C 语言的标号必须是标识符*/
    { int c1;
      c1=getchar();
      putchar(c1);
    }
```

- 在循环语句中提供一个不执行任何操作的空循环体。例如，用循环来跳过输入字符开始的空格或制表符时，可以用空语句。例如：

```
while ((c=getchar())==' '|| c=='\t');
```

（2）间断语句

① **语法**　**break**；

② **语义**　在循环体或 **switch** 语句中，当执行到 **break** 时，中止当前语句的执行，把控制流程转移到当前循环语句或 **switch** 语句的后续语句继续执行。

③ **说明**

- **break** 语句不能用于循环语句和 **switch** 语句之外的任何其他语句中。它为循环语句提供了一个非正常出口,在结构化程序设计中不提倡使用它;
- 若是多重循环或嵌套的 switch 语句的情况,**break** 语句的作用只能向外退出一层循环或一层 switch 语句。

(3) 继续语句

① **语法**　continue;

② **语义**　在循环体中,当执行到该语句时,要跳过循环体中位于其后的其他语句,把控制流程转移到当前循环语句的下一个循环周期,并根据循环控制条件决定是否重复执行该循环体。

③ **附注**

从语义上说,continue 语句是一种用于循环语句的无条件转移语句。

例 11-16　请分析下面程序的运行结果。

```
/******************************
文件名:Continue_Example16.cpp
作  者:赵占芳
日  期:2012-01-20
功  能:continue 语句举例
******************************/
#include <stdio.h>
int main()
{
    int x=1,y=1,i=1,j=1;
    for (;i<=10;i++)
    {
        for (;j<=10;j++)
        {
            x+=1;
            if (x%3==0)
                continue;
            y++;
            if (y%5==0)
                break;
        }
        y=x+y;
        if (y%2==0)
            break;
    }
    printf("x=%d\ty=%d\n",x,y);
    return 0;
}
```

分析　程序运行外层循环,当 $i=1$ 时,程序进入内循环。执行内循环,$j=1$ 时,第 1 次执行内循环后 x 的值为 2,y 的值为 2;$j=2$ 时,第 2 次执行内循环后 x 的值为 3(本次要执行一次 continue 语句),y 的值仍然为 2;$j=3$ 时,第 3 次执行内循环后 x 的值为 4,y 的值为 3;$j=4$ 时,第 4 次执行内循环后 x 的值为 5,y 的值为 4;$j=5$ 时,第 5 次执行内循环后 x 的值为 6(本次要执行一次 continue 语句），y 的值为 4；j=6 时，第 6 次执行内循环时，x 的值为 7，y 的值为 5，此时由于 if 语句的表达式(y%5==0)的值为非 0，因此程序执行内循环中的 break 语句，退出内循环到外循环，接着执行"y=x+y;"语句，得到 y 的值为 12，再执行外循环最后的 if 语句：由于此时表达式(y%2==0)的值为非 0，因此程序执行外循环中的 break 语句，退出外循环执行输出语句，其结果为：

```
x=7⊔⊔⊔⊔⊔y=12
```

11.3.3 变量存储属性的进一步介绍

前面比较了 ANSI C 语言与 Turbo Pascal 的变量的作用域和生存期。下面对 C 变量的存储属性作进一步介绍。

假设在某程序中有下面的变量说明：

```
static int i,j;        （静态型局部或全程变量）
auto char c;           （自动型变量，在函数内定义）
register int a;        （寄存器型变量，在函数内定义）
extern int b;          （已被定义的外部型变量）
```

上述四种变量存储属性的特性比较如表 11-46 所示。

表 11-46 ANSI C 的变量的四种存储属性的特性

性　能	自动型变量	外部型变量	静态型变量		寄存器型变量
			外　部	内　部	
记忆能力	无	有	有	有	无
多个函数共享	否	可以	可以	否	否
在整个程序中的不同文件间的共享性	否	可以	否	否	否
初始化时未显示赋值的取值	不定	0	0	0	不定
变量初始化	程序控制	编译器	编译器	编译器	程序控制
初值由赋值确定	仅可以对基本类型	可以对任何类型			仅可对整型和字符类型
数组与结构的初始化	可以	可以	可以	可以	否
作用域	当前函数	整个程序	当前文件	当前函数	当前函数

由表 11-46 可以看出，对存储属性可以从不同角度进行归纳总结。

（1）从作用域角度观察，变量可以分为局部变量和全局(程)变量两种，如图 11-3 所示。

$$\begin{cases} \text{局部变量} \begin{cases} \text{自动型变量：离开函数，其值消失} \\ \text{静态自动型变量：离开函数，其值仍保留} \\ \text{寄存器型变量：离开函数，其值消失} \\ \text{(形式参数可以定义为自动型变量或寄存器型变量)} \end{cases} \\ \text{全局变量} \begin{cases} \text{外部静态型变量：供本文件中多个函数共享} \\ \text{外部型变量：供整个程序多个文件中多个函数共享} \end{cases} \end{cases}$$

图 11-3 变量按照作用域分类

(2) 从生存期角度观察，变量可以分为动态型存储变量和静态型存储变量两种，如图 11-4 所示。动态型存储变量只是在调用函数时临时分配存储单元，而静态型存储变量则是在程序说明时就分配了存储单元，在整个程序运行期间都保持存储单元始终存在。

$$
\begin{cases}
\text{动态型存储变量} \begin{cases} \text{自动型变量：本函数内有效} \\ \text{寄存器型变量：本函数内有效} \\ \text{形式参数：可以定义为自动型变量或寄存器型变量} \end{cases} \\
\text{静态存储变量} \begin{cases} \text{外部静态型变量：本文件内有效} \\ \text{静态自动型变量：本函数内有效} \\ \text{外部型变量：整个程序的各个文件内均有效} \end{cases}
\end{cases}
$$

图 11-4　变量按照生存期分类

(3) 从变量的值在内存中的存储位置观察，变量可以分为内存中静态存储区变量(Static Variables)、内存中动态存储区变量(Dynamic Variables)和 CPU 中的寄存器型变量(Register Variables)三种，如图 11-5 所示。

$$
\begin{cases}
\text{动态存储变量} \begin{cases} \text{自动型变量：本函数内有效} \\ \text{形式参数：可以定义为自动型变量或寄存器型变量} \end{cases} \\
\text{静态存储变量} \begin{cases} \text{外部静态型变量：本文件内有效} \\ \text{静态自动型变量：本函数内有效} \\ \text{外部型变量：整个程序的各个文件内均有效} \end{cases} \\
\text{CPU中寄存器型变量：不允许取地址}
\end{cases}
$$

图 11-5　变量按照存储区域分类

例 11-17　请分析下面程序的运行结果。

```
/*******************************
文件名：Variable_Storage17.cpp
作　者：赵占芳
日　期：2012-01-20
功　能：变量的存储属性举例
*******************************/
f(int a)
{
    auto int b = 0;
    static int c;
    b ++;
    c ++;
    return(a + b + c);
}
#include <stdio.h>
int main()
{
    int a = 1;
    register int i;
    for (i = 0;i < 3;i ++)
```

```
        printf("f=%d\n",f(a));
    return 0;
}
```

分析：

程序运行主函数时，进入循环。第 1 次调用 f 函数时，实际参数传递给 f 函数的形式参数 a 的值为 1；c 为静态局部变量，未显式赋值，初值为 0；执行 f 函数结束时，$a=1$，$b=1$，$c=1$，因此，$f(a)=a+b+c=3$。第 2 次调用函数 f 时，由于主函数中 a 为局部变量，其值没有发生变化，实际参数传递给 f 函数的形式参数 a，其值同样为 1；又由于 c 为静态局部变量，在第 1 次调用 f 函数结束时它不释放，这样 f 函数中执行 "c++" 之后 c 值为 2；而 b 为自动局部变量，其初值仍然为 0。第 2 次执行 f 函数结束时，$a=1$，$b=1$，$c=2$，因此，$f(a)=a+b+c=4$。同理可以分析出第 3 次调用 f 函数结束时，$a=1$，$b=1$，$c=3$，因此，$f(a)=a+b+c=5$。

综上所述，该程序的运行结果为：

```
f=3
f=4
f=5
```

注意，程序中将 i 定义为寄存器型变量是为了提高程序的运行速度，对程序的运行结果并不产生影响。

例 11-18 下面程序由两个文件 a1.c 和 a2.c 构成，请分析其运行结果。

```
/*******************************
文件名：a1.c
作　者：赵占芳
日　期：2012-01-20
功　能：外部型变量应用示例
*******************************/
#include <stdio.h>
static int x = 2;
int y = 3;
extern void add2();
void add1();
int main()
{
    add1();
    add2();
    add1();
    add2();
    printf("x = %d;y = %d\n",x,y);
    return 0;
}
void add1(void)
{
    x += 2;
    y += 3;
```

```
        printf("in add1 x = %d\n",x);
}


/******************************
文件名：a2.c
作    者：赵占芳
日    期：2012-01-20
功    能：外部型变量应用示例
******************************/
static int x = 10;
void add2()
{
    extern int y;
    x += 10;
    y += 2;
    printf("in add2 x =%d\n",x);
}
```

分析 文件 a1.c 定义了外部静态型变量 x，它的作用域仅仅是文件 a1.c。外部型变量 y 的作用域是整个程序。而在文件 a2.c 中，定义了另一个外部静态型变量 x，其作用域仅仅是文件 a2.c，它与文件 a1.c 的外部静态型变量没有任何关系。

执行程序，调用函数 add1 时，$x=x+2=2+2=4$，$y=y+3=3+3=6$。调用函数 add2，执行 $x +=10$ 语句时，此时 add2 中的 x 是文件 a2.c 中的外部静态型变量 x，所以 x 取值为 10，$x=x+10=10+10=20$，而 y 为外部型变量，$y=y+2=6+2=8$。再次调用函数 add1 时，此时 $x=x+2$ 应该为文件 a1.c 的外部静态型变量，x 取值为 4，$x=x+2=4+2=6$，执行 $y=y+3=8+3=11$。再次调用函数 add2 执行语句 $x=x+10=20+10=30$；执行语句 $y=y+2=11+2=13$。

综上所述，该程序的执行结果为：

```
    in add1  x=4
    in add2  x=20
    in add1  x=6
    in add2  x=30
    x=6;y=13
```

附注 在 Turbo C 集成开发环境下，按照下面步骤可得本例程序的运行结果。

（1）把本例的两个源文件 a1.c 和 a2.c 存放在 Turbo C 目录下；

（2）在 Turbo C 目录下创建项目文件 a12.prj，该项目文件的内容只有两个源文件名，项目文件的内容如下所示：

```
    a1.c
    a2.c
```

（3）加入项目名。通过 Project 菜单下选 Project name 命令，在显示的对话框内输入 a12.prj，打回车键；

（4）按 F9 编译成功后，运行项目文件的目标代码文件 a12.exe 即可。

11.3.4 联合

与 Pascal 不同，C 语言提供了一种被称为联合(Union)的构造型数据类型。它与结构数据类型(记录类型)类似，可以是多个不同数据类型数据的聚集，但其变量所占用的空间并非是各个域(成分)数据所需要存储空间的总和，而是在任何时候，其变量所占用的存储空间至多只能存放该类型所包含的一个域，即它所包含的各个域只能分时(Time-sharing)共享一个存储空间。因此，有的文献又将它称为共用体。

(1) 联合类型的说明及其变量的定义

① 联合类型的说明。

● **语法**

```
union <联合类型标识符>
  { 类型说明符 域变量1;
    类型说明符 域变量2;
    ……
    类型说明符 域变量n;
  };
```

● **语义**　定义一个联合数据类型。
● **举例**　下面定义了一个名字为 int_or_char 的联合类型：

```
union int_or_char
  { int i;
    char j;
  };
```

② 联合类型变量的说明。

有了上面的联合类型的说明，可以按照以下形式定义联合类型的变量：

```
union <联合类型标识符> <变量表>;
```

例如：union int_or_char ic1,ic2;
也可以将联合类型的说明与其变量的定义合并。例如：

```
union int_or_char
  { int i;
    char j;
  } ic1,ic2;
```

(2) 对联合类型变量的访问

与结构类型变量的访问类似，联合类型变量的访问是通过对其成分(域)变量的访问来实现的。常常使用点域法，其形式为：

```
联合类型变量.成分(域)变量
```

或使用指针法，其形式为：

指向联合的指针变量->成分(域)变量

例如，若访问联合类型变量 ic1,ic2 的成分(域)变量 i 或 j 时，可以描述为 ic1.i，ic2.j，等等。

关于使用指针法访问联合类型变量的成分(域)变量见 11.3.5(6)。

(3) 联合类型的数据允许进行的运算

ANSI C 规定，不允许联合类型的数据整体参与运算，只允许其成分(域)数据参与运算。其成分数据允许进行的运算取决于成分(域)数据的类型，即域的类型是什么，就可以进行那种数据类型所允许进行的运算。

(4) 附注

① 联合变量所占用的存储空间的大小为该联合变量的诸域中占用存储空间最大的域所占的空间。任何一个时刻，仅有一个域在占用着存储空间，各域分时共享这一存储空间；

② 正是因为联合变量的诸域分时共享这一存储空间，因此，联合变量的地址与其诸域的地址是同一的。同时，又因为此，在任何一个时刻仅有一个域的数据在起作用，而且起作用的数据是最后一次存取的域的数据；

③ 联合类型可以出现在结构类型的说明中，反之亦然。同时，联合也可以作为数组的基类型。这样就有了联合数组的概念；

④ ANSI C 不允许将联合变量作为函数的参数进行传递。而 Turbo C 则打破了 ANSI C 的这一规定；

⑤ Turbo Pascal 的变体记录与 ANSI C 的联合之比较

例如，定义某厂职工的数据类型。它含有下面几个域：姓名，性别和婚姻状况。婚姻状况由婚否这一项决定。若已婚，则要定义其结婚年龄和是否有孩子，否则定义该职工的年龄。

若使用 Turbo Pascal，则对该厂职工的数据类型定义如下。

```
Type married=(yes1,no1);
     child=(yes2,no2);
     staff=record
           name:string[20];
           sex:(female,male);
           case mt:married of
               yes1:(marriedage:integer;HaveChild:child);
               no1:(age:integer)
     end;
```

若使用 C 语言，则对该厂职工的数据类型定义如下：

```
enum child{yes2,no2};
enum sex{female,male };
struct married
{
  int marriedage;
  enum child have_child;
};
struct staff
```

```
{
  char name[20];
  enum sex sex1;
  union married_or_not
  {
    struct married marital_Status;
    int age;
  };
};
```

⑥ 联合是一种为了提高效率而引入的机制，其本质上采用了**空间换取时间**的技术。**空间与时间是影响计算成本付出的两个重要因素，是一对对偶关系。空间与时间互换技术是计算机科学与技术学科的一种典型技术，体现了科学思想方法上的对偶性原理。**

11.3.5 指针的进一步介绍

由于指针的引入，增强了语言的表达能力，同时也使语言变得灵活、方便。例如，指针变量可以作为函数的参数进行传递，指针指向不同的对象（数组、函数、结构和联合等）时，使得访问相应的对象增加了新途径。**这种思想与"多一条访问北京的路，多一份访问北京的方便"的思想不谋而合。**

（1）指针变量作为函数参数

变量的地址属性是变量的一个重要特性，知道了变量的地址就可以通过地址间接访问变量的值。在 C 语言中，可以利用指针（变量）记忆某变量的地址。当某指针（变量）记忆了变量的地址后，就可以使用该指针访问它所指向的变量了。

在 C 语言中，可以将指针（变量）作为函数的参数（即指针参数，Pointer Arguments）实现函数间传递变量的地址。在 C 语言程序中，指针既可以作实际参数，又可以作形式参数，但两者所指向的对象的数据类型要一致。指针变量作为函数参数的信息传递方式，本质上是一种传地址的方式。下面举例说明。

例 11-19 下面是利用指针变量作为函数参数实现的交换器的程序，请分析该程序的执行结果。

```
/*****************************
文件名：Swap_Variable19.cpp
作  者：赵占芳
日  期：2012-01-20
功  能：交换变量的值
*****************************/
#include <stdio.h>
void swap(int *px,int *py);
int main()
{
    int a,b;
    a=1;
    b=2;
```

```
        printf("a=%d ,b=%d\n",a,b);
        swap(&a,&b);
        printf("a=%d ,b=%d\n",a,b);
        return 0;
}
void swap(int *px,int *py)
{
        int temp;
        temp=*px ;
        *px =*py;
        *py=temp;
        printf("x=%d ,y=%d\n",*px,*py);
}
```

分析　程序执行时，先给 *a* 和 *b* 赋值，这样程序执行第一个 printf 语句的输出结果为：a=1, b=2。然后，再调用 swap 函数。

调用 swap 函数时，先将变量 *a* 和 *b* 的地址分别存入指针变量 px 和 py 中；然后执行交换器语句，将指针变量 px 和 py 所指对象进行交换，这样一来，px 和 py 所指的对象的值分别由原来的 1 和 2 变为 2 和 1。所以，swap 函数中 printf 语句的输出结果为：x=2，y=1。

调用 swap 函数结束后，控制返回到主函数，执行主函数的第二个 printf 语句，其输出结果为：a=2，b=1。程序运行结束。

综上所述，该程序的执行结果为：

```
a=1 ,b=2
x=2 ,y=1
a=2 ,b=1
```

(2) 指向数组的指针

① 概念。

数组是相同类型的数据的聚集。它在内存中占用一段连续的存储空间。若将这一段连续的存储空间的首地址存放到某一指针变量中，则该指针变量就是指向数组的指针(Pointers to Arrays)。

② 数组的指针说明及其赋值。

数组指针变量的说明与指向某一变量的指针变量说明相同，其语法为：

基类型 *指针变量名;

例如：int array[10],*parray;
它表示定义了一个含有 10 个数组元素的整型数组，以及一个指向整型变量的指针变量 parray。但是，指针变量 parray 指向谁这里没有明确说明，可以通过赋值实现。例如：

parray=array; 或 parray=&array[0];

表示将指针 parray 指向数组 array。即将数组 array 的首地址存入指针变量 parray 中。这里值得注意的是，C 语言中的数组名是一个指针常量，它代表该数组的起始地址，即 array[0]的地址。

③ 利用指向数组的指针访问数组元素。

除了使用下标法访问数组元素外,在 C 中可以使用指向数组的指针访问数组元素,这种方法被称为指针法。下面分一维数组和二维数组两种情况加以介绍。

● 一维数组

在一维数组中,指针法访问数组元素的语法为:

```
*指针变量 或 *(指针变量+表达式)
```

例如,用*(parray+i)或*(array+i)来访问数组 array 的第 *i* 个元素,它与 array[i]功能相同。&array[i]与 parray+i 均表示数组 array 的第 *i* 个元素的地址,如图 11-6 所示。

parray →	parray	数组 array
	*parray	array[0]/parray[0]
	*(parray+1)	array[1]/parray[1]
	*(parray+2)	array[2]/parray[2]
	*(parray+3)	array[3]/parray[3]
	*(parray+4)	array[4]/parray[4]
	*(parray+5)	array[5]/parray[5]
	*(parray+6)	array[6]/parray[6]
	*(parray+7)	array[7]/parray[7]
	*(parray+8)	array[8]/parray[8]
	*(parray+9)	array[9]/parray[9]

图 11-6　利用指向数组的指针访问数组元素示意图

● 二维数组

二维数组的指针和指针变量的说明及其赋值与一维数组不完全相同。

例如:

```
int array[3][4]={{1,2,3,4},{5,6,7,8},{9,10,11,12}};
int *parray;
parray=&array[0][0];
```

它表示定义了一个含有 12 个数组元素的二维整型数组,并对该数组进行了初始化;它还定义了一个指向整型变量的指针变量 parray,并将指针 parray 指向数组 array 的第一个元素 array[0][0]。

但是,二维数组的指针和指针变量比一维数组复杂得多,难点在于:

● 为了编程的方便和提高代码效率,C 将二维数组的指针(变量)分成两种:直接指向二维数组的指针(变量)和指向二维数组行的指针(变量)。

指向二维数组行的指针变量简称为二维数组的行指针(变量),其说明和初始化如下:

```
基类型 (*行指针变量名)[列下标的长度]=数组名字+n;
```

或

```
基类型 (*行指针变量名)[列下标的长度];
行指针变量名=数组名字+n;
```

这里 n 为大于等于 0 而小于等于数组的行数减 1 的整数。

例如，

```
int array[3][4]={{1,2,3,4},{5,6,7,8},{9,10,11,12}};
int (*p)[4]=array;
```

或者

```
int array[3][4]={{1,2,3,4},{5,6,7,8},{9,10,11,12}};
int (*p)[4];
p=array;
```

行指针 p 与二维数组 array 之间的关系如图 11-7 所示。

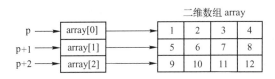

图 11-7　行指针 p 与二维数组 array 之间的关系

- 一维数组名代表数组的首地址且可以作为指针来使用，C 语言可以把二维数组当作一维数组处理，这样二维数组名就代表特殊的一维数组的首地址并且当作特殊的(行)指针使用，而特殊的一维数组元素又看作一维数组名，所以也代表其数组首地址和指针。假设 M,N 是整型常量，且有 int a[M][N]说明，二维数组的行指针，二维数组名，指向二维数组元素的指针，二维数组元素的地址及其值如表 11-47 所示。

表 11-47　二维数组的数组名、行指针、指向其元素的指针和其元素的地址及其值的小结

	数组元素	指向二维数组元素的指针：
		int *p=&a[0][0];
		int *p=a[0];
			行指针
			int (*p)[N]= a;

地址	&a[i][j]	p	*(p+i)+j, *(a+i)+j, p[i]+j a[i]+j, &p[i][j]
值	a[i][j]	*p	*(*(p+i)+j), *(*(a+i)+j), *(p[i]+j) *(a[i]+j), p[i][j]

下面利用现实生活中的列队点名的例子说明二维数组中列指针和列指针的含义。假设某学校计算机科学与技术专业由三个班组成，现在进行列队点名。班长点名时每走一步是经过一个学生，而该专业的辅导员点名时每走一步是经过一个班，因此，班长相当于列指针，而该专业的辅导员相当于行指针。

④ 指向数组的指针的应用

除了利用指向数组的指针访问数组元素外，指向数组的指针还可以作为函数的参数进行信息的传递。

例 11-20　下面是一个利用指向数组的指针，来实现的 3×4 数组 a 的元素的输出程序。请分析该程序的运行结果。

```
/*********************************
```

```
文件名：Pointer_Example20.cpp
作  者：赵占芳
日  期：2012-01-20
功  能：交换变量的值
********************************/
#include <stdio.h>
int main()
{
    static int a[3][4]={1,3,5,7,9,11,13,15,17,19,21,23};
    int *p,i;
    for(p = &a[0][0],i = 0;p < a[0] +12; p ++,i++)
    {
        printf("%4d",*p);
        if( (i+1)%4 == 0 )
            printf("\n ");
    }
    return 0;
}
```

分析 请读者自行分析该程序的运行结果。

附注 上例中 &a[0][0] 与 a[0] 是等价的。

(3) 指针数组与命令行参数

① 指针数组。

- 概念。数组是相同类型的数据的聚集。把这些同类型的数据称为数组元素，其类型为该数组的基类型。若数组的基类型为指针类型时，即由指针变量构成的数组，这种数组被称为指针数组(Pointer Arrays)。
- 指针数组的说明。一般语法形式为：

<数据类型说明符> *数组名[数组长度];

例如：int *pa[6];

它表示定义了一个由 6 个指针变量构成的指针数组，数组中的每个指针变量均指向一个整型数据。指针数组在使用之前往往需要先初始化，其语法与数组的初始化类似。

- 指针数组的应用。

例 11-21 下面给出了利用 C 语言重新改写的 8.3 节的例 8-5(请将随机给出的 n 个英文单词进行字典排序)程序，其算法与 8.3 节的例 8-5 相同。请读者自行分析其为什么得到下面的运行结果。

```
/********************************
文件名：Sort_Example21.cpp
作  者：赵占芳
日  期：2012-01-20
功  能：将字符串以字典顺序排序
********************************/
#include <stdio.h>
#include <string.h>
```

```c
int main()
{
    void sort(char *p1[], int n);
    void print(char *p1[], int n);
    static char *p1[]={"Java","Prolog", "Ada", "Pascal", "C#"};
    int n = 5;
    sort(p1, n);
    print(p1, n);
    return 0;
}
void sort(char *p1[], int n)
{
    char *temp;
    int i, j, k;
    for (i=0; i<n-1; i++)
    {
        k=i;
        for (j=i+1; j<n; j++)
            if (strcmp(p1[k], p1[j]) > 0)
            {
                temp=p1[j];
                p1[j]=p1[k];
                p1[k]=temp;
            }
    }
}
void print(char *p1[], int n)
{
    int i;
    for (i=0; i<n; i++)
        printf("%s\n", p1[i]);
}

int strcmp(char *sp, char *tp)
{
    for (;*sp==*tp; sp++, tp++)
        if (*sp==0)
            return(0);
    return(*sp-*tp);
}
```

程序运行结果为：

```
Ada
C#
Java
Pascal
Prolog
```

② main 函数的参数与命令行参数。

在前面介绍的任何一个 C 语言程序的 main 主函数都没有参数，其实 main 函数可以带参数，其一般形式为：

```
main(int argc,char *argv)
```

argc 和 argv 是 main 函数的形式参数。这里，argc 表示命令行参数个数（包括运行文件名），argv 为指向命令行参数的指针数组。其中，argv[0]指向的字符串是命令行中的运行文件名，argv[1]指向的字符串是命令行中的参数 1，argv[2]指向的字符串是命令行中的参数 2，…，等等。

在操作系统支持下运行 C 语言程序时，可以以命令行参数形式，向 main 函数传递参数。命令行参数(Command-line Arguments)的一般形式为：

运行文件名 参数1 参数2 … 参数n

注意：命令行中运行文件名与参数之间，各个参数之间要有一个空格作为分隔符。

例 11-22 下面是一个带参数的主函数，源程序文件名为 CommandLine_Arguments.c。请读者自行分析其为什么得到下面的运行结果。

```
/*********************************
文件名：CommandLine_Arguments.c
作  者：赵占芳
日  期：2012-01-20
功  能：命令行参数程序举例
*********************************/
#include <stdio.h>
int main(argc, argv)
int argc;
char *argv[];
{
    int i;
    for (i=1;i < argc;i++)
    {
        ++argv;
        printf("%s\n",*argv);
    }
    return 0;
}
```

程序运行输入的命令行为：CommandLine_Arguments.exe Lenovo computer↵
程序运行结果为：

```
Lenovo
Computer
```

(4) 指针型指针

① 概念。

一个指针变量中存放的内容是它所指向的变量的地址。若将此指针变量的地址再赋给另一个指针变量,则该指针变量被称为指针型指针,或多级指针,或指向指针的指针(Pointers to Pointers)。

② 指针型指针变量的说明。

指针型指针变量说明的一般语法形式为:

<数据类型说明符> **指针型指针变量名;

例如:int **p;

它表示定义了一个指针型指针变量 p,p 指向的指针变量所指向的数据的类型为整型。

③ 指针型指针的应用。

例 11-23 下面是利用指针型指针实现的将 5 门计算机专业课程名简称输出的程序。请读者自行分析其为什么得到下面的运行结果。

```
/******************************
文件名:PointPointer_Example23.cpp
作  者:赵占芳
日  期:2012-01-20
功  能:二级指针应用举例
******************************/
#include <stdio.h>
int main()
{
    static char *course[]={"C ","Graphics","Database","compiler",
    "network"};
    char **p;
    int i;
    for (i= 0;i < 5;i++)
    {
        p= course+i;
        printf("%s\n",*p);
    }
    return 0;
}
```

程序的执行结果为:

```
C
Graphics
Database
compiler
network
```

(5) 函数型指针

① 概念。

一个函数在编译时被分配了一定的存储空间,将该空间的入口(首)地址赋给一个指针变量,这个指针(变量)就是函数型指针(变量)(Pointers to Functions)。

② 函数型指针变量的说明及其赋值。

函数型指针变量说明的一般语法形式为：

   <数据类型说明符> (*函数型指针变量)();

  例如：int (*fp)();

其语义为定义了一个函数型指针变量 fp，它所指向的函数的返回值类型为整型。值得注意的是，有了对函数型指针变量 fp 的说明后，函数型指针变量 fp 并没有指向哪一个函数，它只是说明了 fp 是用来专门存放函数的入口地址。在程序中，把哪一个函数的入口地址赋给它，它就指向哪个函数。在程序中可以对一个函数型指针变量多次赋值，也即一个函数型指针变量可以先后指向不同的函数。那么，如何给函数型指针变量赋值呢？

  给函数型指针变量赋值的一般语法形式为：

   函数型指针变量=函数名；

其语义是将指定函数的入口地址赋给指定的函数型指针变量，使该指针指向指定的函数。例如，假设有一个函数 mix(a,b)，可以用下面的赋值语句：

```
fp =mix;
```

将函数 mix 的入口地址赋给函数型指针变量 fp，使 fp 指向函数 mix。

  附注 在 Turbo C 中，若有定义 int (*fp)();，并有函数 int mix(int a,int b)定义，则 fp = mix 是正确的。而在 Visual C++ 6.0 中，使用 fp = mix 是不正确的，正确的做法是把函数型指针的说明修改为：

```
int (*fp)(int,int);
```

  ③ 函数型指针的应用。

  引入了函数型指针后，对函数的调用就可以使用该指针了。例如，某程序中，将 mix(x,y)的值赋给 m，可以用函数型指针表示如下：

```
m=(*fp)(x,y);
```

其功能等价于：

```
m=mix(x,y);
```

  函数型指针的另一个应用是作为函数的参数进行传递，请看下面的例子。

  例 11-24 请分析下面程序的运行结果。

```
/*******************************************
文件名：FunctionPointer_Example24.cpp
作  者：赵占芳
日  期：2012-01-20
功  能：函数指针应用举例
*******************************************/
#include <stdio.h>
int add(int x,int y)
{
```

```
        int z;
        z = x + y;
        return(z);
    }
    int sub(int x,int y)
    {
        int z;
        z = x - y;
        return(z);
    }
    void print(int x,int y,int (*f)(int,int))
    {
        int result;
        result =(*f)(x,y);
        printf("%d\n",result);
    }
    int main()
    {
        int a,b;
        printf("input a&b: ");
        scanf("%d,%d",&a,&b);
        printf("sum = ");
        print(a,b,add);
        printf("minus = ");
        print(a,b,sub);
        return 0;
    }
```

分析 上述程序定义了 3 个函数,分别用来求两个数的和、求两个数的差和打印求和/差的结果。在 main 函数中第一次调用 print 函数时,除了将 a 和 b 作为实际参数将两个数值传递给 print 函数的形式参数外,还将函数名 add 作为实际参数,并将其入口地址传送给 print 函数的形式参数 f(f 为指向函数的指针变量)。此时,print 函数中的形式参数 (*f)(x,y) 相当于 add(x,y),执行 print 函数可以输出 a 与 b 的和。同理,在 main 函数中第二次调用 print 函数可以输出 a 与 b 的差。

综上所述,程序的运行结果为:

```
input a&b:8,2↵
sum=10
minus=6
```

(6) 结构型指针与联合型指针

① 结构型指针。

- 概念。一个指向结构类型变量的指针(变量)称为结构型指针(变量)(Pointers to Structures)。该指针变量的值是它所指向的结构类型变量的起始地址。当然,结构型指针也可以用来指向结构数组,或指向结构数组的元素。

- 结构型指针变量的说明及其赋值。结构型指针变量说明的一般语法形式为：

    struct <结构类型标识符> *结构型指针变量；

结构指针标识符就是所说明的结构型指针变量的名字。结构类型标识符就是该结构指针所指向的结构变量的具体类型名字。

例如：

```
struct student
{   int num;
    char name[20];
    char sex;
}stud1,stud2;
struct student *ps ;
```

它表示定义了一个指向 student 结构类型的指针变量 ps。它可以用来指向 student 结构类型的结构变量或结构数组。值得注意的是，与前面对指针的要求相同，对结构型指针变量 ps 也必须先赋值后才能引用。

那么，如何给结构型指针变量赋值呢？给结构型指针变量赋值的一般语法格式为：

    结构型指针变量=&结构变量名；

其语义是将指定的结构变量的起始地址赋给指定的结构型指针变量，使该指针指向指定的结构变量。例如，下面的赋值语句：

    ps=&stud1;

将结构变量 stud1 的起始地址赋给指定的结构型指针变量 ps，使 ps 指向结构变量 stud1。

- 用结构型指针访问结构中的成分(域)变量。

在表 11-39 中，已经介绍了访问结构中的成分(域)变量的点域法。在引入了结构型指针后就可以使用结构型指针来访问结构中的成分(域)变量了。

使用结构型指针来访问结构中的成分(域)变量有下面等价的两种形式：

    (*结构型指针变量).域名

或者

    结构型指针变量->域名

例如，(*ps).num，ps->sex 分别与 stud1.num，stud1.sex 等价。

- 结构型指针的应用。

例 11-25 请分析下面程序的运行结果。

```
/*******************************
文件名：StructPointer_Example25.cpp
作  者：赵占芳
日  期：2012-01-20
功  能：结构指针应用举例
********************************
```

```
#include <stdio.h>
struct s
{
    int x;
    int *y;
}*p;
int data[5]={10,20,30,40,50};
struct s array[5]={100,&data[0],200,&data[1],300,&data[2],
                   400,&data[3],500,&data[4]};
int main()
{
    p = array;
    printf("For printer:\n"); printf("%d\n",p->x);
    printf("%d\n",(*p).x);   printf("%d\n",*p->y);
    printf("%d\n",*(*p).y);  printf("%d\n",++p->x);
    printf("%d\n",(++p)->x); printf("%d\n",p->x++);
    printf("%d\n",p->x);     printf("%d\n",++(*p->y));
    printf("%d\n",++*p->y);  printf("%d\n",*++p->y);
    printf("%d\n",p->x);     printf("%d\n",*(++p)->y);
    printf("%d\n",p->x);     printf("%d\n",*p->y++);
    printf("%d\n",p->x);     printf("%d\n",*(p->y++));
    printf("%d\n",p->x);     printf("%d\n",*p++->y);
    printf("%d\n",p->x);
    return 0;
}
```

分析　程序中指针操作的含义及结果如下。

p->x	/* 取指针 p 指向的结构数组元素 array[0] 的成员 x 的值，输出 100 */
(*p).x	/* 取指针 p 所指内容 array[0] 的成员 x 的值，功能同上，输出 100 */
*p->y	/* 取指针 p 指向的 array[0] 的成员 y 所指向的 data[0] 的值，输出 10 */
*(*p).y	/* 取指针 p 所指的 array[0] 的成员 y 所指向的 data[0] 的值，功能同上，输出 10 */
++p->x	/* p 所指的 x 加 1，x 先加 1 后输出 101，p 不加 1 */
(++p)->x	/* p 先加 1 后指向 array[1]，再取 x 之值，x 不加 1，输出 200 */
p->x++	/* 先取 x 之值并输出 200，然后 x 再加 1 */
p->x	/* 输出上一个语句 x 加完 1 之后的 x 的值 201 */
++(*p->y)	/* 取 p 所指的 y 成员所指的内容，先加 1，输出 21，p 不加 1，y 也不加 1 */
++*p->y	/* 同上，由运算的结合性隐含了括号，输出 22 */
*++p->y	/* 将 p 所指的 y 先加 1，则 y 指向 data[2]，后再取 y 所指的内容，输出 30 */
p->x	/* p 依然指向输出 array[1]，因此输出 201 */
*(++p)->y	/* p 先加 1 后，p 指向 array[2]，然后再取 y 所指向的内容，输出 30 */
p->x	/* p 指向 array[2]，输出 300 */
*p->y++	/* 取 p 所指的 y 所指的内容，输出 30，然后 p 所指的 y 加 1，则 y 指向 data[3]*/
p->x	/* 输出 300 */
*(p->y)++	/* 取 p 所指的 y 所指的内容，输出 40，然后 p 所指的 y 加 1，则 y 指向

```
                    data[4] */
p->x            /* 输出 300 */
*p++->y         /* 取 p 所指的 y 所指的内容, 输出 50, 然后 p 加 1, 则 p 指向 array[3] */
p->x            /* 输出 400 */
```

程序运行结束时，指针与结构数组 array 的状态如图 11-8 所示。

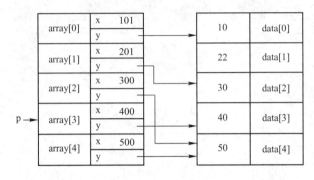

图 11-8　程序运行结束后指针与结构数组 array 的状态

② 联合型指针。
● 概念。一个指向联合类型变量的指针（变量）被称为联合型指针（变量）(Pointers to Unions)。该指针变量的值是它所指向的联合类型变量的起始地址。当然，联合型指针也可以用来指向联合数组，或指向联合数组的元素。
● 联合型指针变量的说明及其赋值。

联合型指针变量说明的一般语法形式为：

```
union <联合类型标识符>  *联合型指针变量;
```

联合的指针标识符是所说明的联合型指针变量的名字。联合类型标识符就是该联合指针所指向的联合变量的具体类型名字。

例如：

```
union int_or_char
{ int i;
   char j;
} ic1,ic2;
union int_or_char  *pu ;
```

它表示定义了一个指向 int_or_char 联合的类型指针变量 pu，可以用来指向 int_or_char 联合类型的联合变量或联合数组。值得注意的是，与前面对指针的要求相同，对联合型指针变量 pu 也必须先赋值后才能引用。

那么，如何给联合型指针变量赋值呢？给联合型指针变量赋值的一般语法形式为：

```
联合型指针变量=&联合变量名;
```

其语义是将指定的联合变量的起始地址赋给指定的联合型指针变量，使该指针指向指定的联合变量。例如，下面的赋值语句：

```
    pu=&ic1;
```

将联合变量 ic1 的起始地址赋给指定的联合型指针变量 pu，使 pu 指向联合变量 ic1。
- 用联合型指针访问联合中的成分(域)变量。

在表 11-39 中，已经介绍了访问联合中的成分(域)变量的点域法，在引入了联合型指针后就可以使用联合型指针来访问联合中的成分(域)变量了。

使用联合型指针来访问联合中的成分(域)变量有下面等价的两种形式：

> (*联合型指针变量).域名

或者

> 联合型指针变量->域名

例如，(*pu).i，pu->j 分别与 ic1.i，ic1.j 等价。
- 联合型指针的应用。关于联合型指针的应用，请读者参考有关文献。

11.3.6 C 语言的宏替换

在 C 语言中，除了文件包含命令和条件编译命令两种预处理命令(Preprocess Directives，或预处理指令)外，还有一种预处理命令：宏替换命令(指令)。本小节介绍它。

一个专业的程序员，总是把代码的清晰性，兼容性，可移植性放在很重要的位置。他们总是通过定义大量的宏替换(Macro Substitution)，来增强源代码的清晰度和可读性，而又不增加编译后的代码长度和代码的运行效率。那么，什么叫做宏替换呢？

所谓宏替换(Macro Substitution)，就是用一串字符来代替名字，而这串字符既可以是常数，又可以是任何字符串，甚至可以是带参数的宏。其中，宏替换的简单形式是符号常量的替换，而复杂形式是带参数的宏替换。

1．不带参数的宏替换

(1) **语法**　#define 宏名 字符串
(2) **语义**　用一个指定的宏名来代表一个字符串。

例如，程序中若有：

```
    #define PI 3.14159
```

则预处理程序将用 3.14159 直接替代程序中的 PI。

(3) **附注**

① 宏名一般习惯用大写字母表示，用以区别一般的变量。这并不是 ANSI C 的规定，仅仅是习惯而已；

② 宏替换命令不是 C 的语句，因此宏替换命令行末不加分号。否则，预处理程序将会连分号一起替换；

③ 对程序中用双引号括起来的字符串内的字符，即使与宏名相同，也不进行替换。例如，某程序有宏定义：

```
    #define TIME 2015
```

则程序中若有语句：

```
printf("Input TIME :\n");
```

其中的 TIME 不被替换为 2015。

④ #define 命令出现在程序中函数的外面，宏名的有效范围为宏定义之后到本源文件结束。通常，#define 命令写在文件开头，函数之前，作为文件的一部分，在此文件范围内有效。另外，可以用#undef命令终止宏替换的作用域。

```
#define PI 3.14
main()
{
……            ⎫
               ⎬  PI 的作用域
}              ⎭
#undef PI
f()
{
……
}
```

2．带参数的宏替换

(1) **语法**　#define 宏名(参数表) 表达式

其中，在表达式内包含了在括号中所指定的参数，这些参数被称为形式参数。在以后的程序中，它们将被实际参数加以替换。

(2) **语义**　带参数的宏替换将一个带形式参数的表达式定义为一个带参数的宏名。预处理程序对程序中所有带实际参数表的该宏名进行宏展开替换：

用表达式替换该宏名，同时用参数表中的实际参数替换表达式中对应的形式参数。

例如，某程序中有带参数的宏定义：

```
#define S(a,b) a+b
```

并且，以后的程序中有下面的语句：

```
length=S(2,3);
```

则预处理程序就对它进行宏展开替换，用表达式替换该宏名，可得：

```
length=a+b;
```

并进一步用参数表中的实际参数替换表达式中对应的形式参数。所以，经过预处理程序宏展开替换，最后可得：

```
length=2+3;
```

(3) **说明**

① 宏替换命令可以引用已经定义的宏，从而实现宏的嵌套。

例如，下面是宏的层层替换。

```
#define PI 3.14
#define S(r) (PI*r*r)
#define V(r) (S(r)*r)   /*定义宏时,为了防止出错,常常将表达式用圆括号括起来*/
```

② 宏定义时,宏名与带参数的圆括号之间不能有空格,否则,预处理程序将空格之后的所有字符作为字符串对前面的宏名进行替换。

③ 宏替换命令要求在一行内写完,若一行内写不下时,需要在该行以"\"结束,表示下一行为继续行。

例如,有下面的宏替换命令:

```
#define PRINT(a,b) printf("%d\t%d\n",\
(a>b)?a:b,(a>b)?b:a)
```

④ 宏替换与函数调用是不同的。

- 函数调用时是先计算实际参数表达式的值,然后将它的值传递给形式参数。而预处理程序对参数的宏只是进行简单的字符替换;
- 函数调用是在程序运行时处理的,临时给它分配存储单元。而宏替换是在程序编译时进行的,并不给它分配存储单元,不进行值的传递,也没有"返回值";
- 对函数的实际参数和形式参数都要求定义类型,且二者类型必须一致。当类型不一致时,要进行类型转换。而对宏不存在类型问题,宏名无类型,它的参数也无类型。其实,它们都只是一个符号代表,宏展开时只是进行对应的字符的替换,故不需要定义类型;
- 函数调用只能得到一个返回值,而宏可以得到多个结果;
- 由于宏展开是在编译时进行的,所以它只占用编译时间,而不占用运行时间,但经过宏展开后,因表达式的替换而会使程序增长。由于函数调用要分配存储单元、保护现场、进行值传递以及返回值等,所以它要占用运行时间,但函数调用不使源程序变长。

本 章 小 结

本章从语言比较学的角度,围绕高级语言的语言成分,概要性地介绍了 ANSI C 语言。

程序设计语言是书写程序的语言。按照级别可以分为需求级语言、功能级语言、设计级语言和实现级语言。需求级语言用以书写需求定义(或规约,Specification),功能级语言用以书写功能规约,设计级语言用以书写设计规约,实现级语言用以书写实现算法。

ANSI C 与 Turbo Pascal 属于实现级层面上的典型的面向过程的程序设计语言,它们具有过程型程序设计语言所具备的功能和基本机制,主要表现在以下几个方面:

(1) 数据描述

过程型程序设计语言中支持数据类型的概念,在程序中对要使用的对象先定义(名字和类型)后使用,这样便于编译器检查使用的合法性,从而帮助程序员发现错误。

(2) 数据运算

在程序中,对数据描述后,就要对数据进行运算了。过程型程序设计语言提供了对运算对象进行各种的运算的功能。

(3) 程序控制

过程型程序设计语言提供了程序执行流程的控制机制。程序的三种基本结构、主调程序与被调程序、递归程序都属于程序控制的功能。

(4) 数据传输

过程型程序设计语言均提供了数据 I/O 的功能。输入语句与输出语句，对文件的读写都属于数据传输的功能。

习　题

1. 给出下面程序的运行结果。

(1)

```c
#include <stdio.h>
int main()
{
    int a = 5,b = 7;
    float x = 67.8564 ,y = 789.124;
    char c ='A';
    long d = 1234567;
    unsigned u = 65535;
    printf("%d%d\n",a,b);
    printf("%3d%3d\n",a,b);
    printf("%f,%f\n",x,y);
    printf("%-10f,%-10f\n",x,y);
    printf("%8.2f,%8.2f,%.4f,%.4f,%3f,%3f\n",x,y,x,y,x,y);
    printf("%e,%10.2e\n",x,y);
    printf("%c,%d,%o,%x\n",c,c,c,c);
    printf("%ld,%lo,%x\n",d,d,d);
    printf("%u,%o,%x,%d\n",u,u,u,u);
    printf("%s,%5.2s\n","computer","computer");
    return 0;
}
```

(2)

```c
#include <stdio.h>
int main()
{
    int i = 3,j,m;
    j = ++i+i--+i++;
    m = i---j;
    printf("i=%d,j=%d,m=%d\n",i,j,m);
    return 0;
}
```

(3)
```c
#include <stdio.h>
#define PRINT(X) printf("%d\n",x)
int main()
{
    int x = 3,y = 2,z = 1;
    x = y++>= x && x-y == ++ z;
    PRINT(x);
    PRINT(y);
    PRINT(z);
    y *= z = x +(z+ 2);
    PRINT(x);
    PRINT(y);
    PRINT(z);
    x = y = z = 1;
    PRINT(--x && ++y||z ++);
    PRINT(x);
    PRINT(y);
    PRINT(z);
    x = 9;
    y = 6;
    z = 5;
    x =((x + y) % z>= x % z + y%z)?1:0;
    PRINT(x);
    return 0;
}
```

(4)
```c
#include <stdio.h>
void main()
{
    int i = 4,j = 6,k = 8,*p = &i,*q = &j,*r = &k;
    int x,y,z;
    x = p== &i;
    y = 3* - *p /(*q)+ 7;
    z = *(r = &k)= *p * * q;
    printf("x=%d,y=%d,z=%d\n",x,y,z);
    return 0;
}
```

(5)
```c
#include <stdio.h>
int main()
{
    void func (int b[]);
```

```
    int a[]={5,6,7,8},i;
    func(a);
    for(i = 0;i < 4;i++)
        printf("%d",a[i]);
    return 0;
}
void func (int b[])
{
    int j;
    for(j = 0;j < 4;j++)
       b[j]=j;
}
```

(6) 下面程序由 file1.c 和 file2.c 两个文件构成。

```
/*第 1 个文件，其文件名为 file1.c*/
#include <stdio.h>
static int i = 1;
int j = 4;
int main()
{
    int k,m,j;
    extern int f2();
    k = 4;m = 3;j = 0;
    printf("p1=%d\n",f1(i,m));
    printf("p2=%d\n",f2(k,m));
    printf("p3=%d\n",f1(i,j));
    printf("p4=%d\n",f2(i,j));
    printf("i=%d\n",i);
    printf("j=%d\n",j);
    return 0;
}
int f1(int m,int k)
{
    int f;
    if(i)
      i = i%j;
    j = m + k;
    f = i%j;
    return(f);
}
/*第 2 个文件，其文件名为 file2.c*/
static int i = 2;
int f2(int a,int b)
{
  static int m;
  extern int j;
  i = i*j + 1; j = j + m +1;
```

```
        m = i + j + a + b;
        return(m);
}
```

(7)
```
#include <stdio.h>
int main()
{
    int a[10],b[10],*pa,*pb,i;
    pa = a;pb = b;
    for(i = 0;i < 3;i++,pa++,pb ++)
    {
        *pa = i; *pb = 2*i;
        printf("%d\t%d\n",*pa,*pb);
    }
    printf("\n");
    pa = &a[0];pb = &b[0];
    for (i= 0;i < 3;i++)
    {
        *pa = *pa + i; *pb = *pb + i;
        printf("%d\t%d\n",*pa++,*pb ++);
    }
    return 0;
}
```

(8)
```
#include <stdio.h>
struct s
{
    int x;
    int *y;
};
int data[5]={10,20,30,40,50};
struct s array[5]={100,&data[0],200,&data[1],
              300,&data[2],400,&data[3],500,&data[4]};
int main()
{
    int i = 0;
    struct s s_var;
    s_var=array[0];
    printf("%d\n",s_var.x);
    printf("%d\n",*s_var.y);
    printf("For printer:\n");
    printf("%d\n",array[i].x); printf("%d\n",* array[i].y);
    printf("%d\n",++ array[i].x ); printf("%d\n",++ array[i].y);
    printf("%d\n",array[++i].x); printf("%d\n",*++array[i].y);
```

```c
        printf("%d\n",(*array[i].y)++);  printf("%d\n",*(array[i].y++));
        printf("%d\n",*array[i].y++);  printf("%d\n",*array[i].y);
        return 0;
    }
```

(9)

```c
    #include <stdio.h>
    struct n_c
    {
        int x;
        char c;
    };
    int main()
    {
        void func(struct n_c b);
        struct n_c a ={10,'x'};
        func(a);
        printf("%d %c\n",a.x,a.c);
        return 0;
    }
    void func(struct n_c b)
    {
        b.x = 20;
        b.c ='y';
    }
```

(10)

```c
    struct w_tag
    {
        char low;
        char high;
    };
    union u_tag
    {
        struct w_tag byte_acc;
        int word_acc;
    }u_acc;
    #include <stdio.h>
    int main()
    {
        u_acc.word_acc = 0x1234;
        printf("Word value:%04x\n",u_acc.word_acc);
        printf("High value:%02x\n",u_acc.byte_acc.high);
```

```
        printf("Low value:%02x\n",u_acc.byte_acc.low);
        u_acc.byte_acc.low=0xff;
        printf("Word value:%04x\n",u_acc.word_acc);
        return 0;
    }
```

(11)

```
    #include <stdio.h>
    #include <stdlib.h>
    #define LEN 20
    int main()
    {
        FILE *fp;
        char s1[LEN],s0[LEN];
        if ((fp = fopen("try.txt ", "w "))== NULL)
        { printf("Cannot open file.\n ");
        exit(0);
        }
        printf("fputs string: ");
        gets(s1);
        fputs(s1,fp);
        if (ferror(fp))
            printf("\n errors processing file try.txt\n ");
        fclose(fp);
        fp=fopen("try.txt","r ");
        fgets(s0,LEN,fp);
        printf("fgets string:%s\n",s0);
        fclose(fp);
        return 0;
    }
```

2. 下面给出了一个用试商法判断一个整数 n 是否为素数的程序,这个程序是否有错误,如果有请改正之。

```
    #include <stdio.h>
    #include <math.h>
    int isprime(int m);
    int main()
    {
        int n,flag;
        printf("input n: ");
        scanf("%d",&n);
        flag=isprime(n);
        if (flag)
            printf("yes!\n");
        else
```

```
            printf("no!\n ");
        return 0;
}

int isprime(int m)
{
    int i,k;
    if (m<=1)
        return(0);
    for (i=2;i<=sqrt(m);i++)
    {
        k=m % i;
        if (k=0)
            return 0;
    }
    return 1;
}
```

附注 在 C 中，一定注意不同类型的变量与零值的比较，稍有不慎就会出错。

(1) 布尔变量与零的比较。若 flag 为布尔变量，则条件语句中不应写成"if (flag==0)"或者"if (flag!=0)"，而应写成"if (flag)"，表示"若 flag 为真"，或者"if (!flag)"，表示"若 flag 为假"。

(2) 整型变量与零的比较。若 value 为整型变量，则条件语句中不应写成"if (value)"或者"if (!value)"，这样容易将 value 误解为布尔变量，应写成"if (value==0)"或者"if (value!=0)"。

(3) 浮点型变量与零的比较。若 x 为浮点型变量，因为 float 和 double 型数据的计算结果都有精度限制，则条件语句中浮点型变量与零的比较不应写成"if (x==0.0)"，而应先定义浮点型数据的精度 EPSILON（假设 EPSILON=10^{-6}），即在程序头部先定义"#define EPSILON 1e-6"，然后在后面的条件语句中写成"if ((x>=-EPSILON) && (x<=EPSILON))"或者"if (fabs(x)<=EPSILON)"，以表示"若 x 等于 0"。而"若 x 不等于 0"应表示为"if(fabs(x)>EPSILON)"。

3. Turbo Pascal 具有集合类型，而 C 语言中没有。如何在 C 语言中模拟实现集合类型？由此你受到什么启发？

4. 针对第一至第十章中程序设计的例题和习题，用 C 语言重新写一遍程序。

5. 请你写一个程序，表达我国北宋时期的历史故事："狸猫换太子"的思想。狸猫换太子的历史故事是这样的：宋真宗与李玉相爱，却被后宫的德妃刘娥嫉妒。在李玉怀孕后，刘娥暗地里精心策划了狸猫换太子的奸计。李玉产下一只狸猫，宋真宗大怒，李玉被迫逃亡。幸好包拯最终凭借自己的智慧揭穿了刘娥的阴谋，使真相大白于天下。

6. 学习并掌握语言是每一个计算机科学与技术工作者必须具备的基本功之一。在计算机科学与技术的发展史上，国内外的一大批计算机科学家均是从语言的研究起步的。因此，当你结束本章的学习时，请你以"Turbo Pascal 和 C 语言的×××特征的分析和比较"为题目，做一点研究，写一篇研究报告或小论文，也可以是读书心得体会。要求文章概念清楚，观点鲜明，论证严密，表达准确，能自圆其说。

7. 通过对 Turbo Pascal 和 ANSI C 这两种面向过程的高级程序设计语言的学习，你能否总结一下面向过程的高级语言所共同具有的基本概念、基本结构、设施、成分和控制机制吗？

8. 学生成绩管理系统(C 语言版)。假设某班人数最多不超过 30 人，具体人数由键盘输入，学生的基本信息包括：学号、姓名、性别、出生日期(年、月、日)、政治面貌、数学分析、高级语言程序设计、电路与电子学三门课的成绩、平均成绩。请设计并实现一个菜单驱动的学生成绩管理系统，系统要求如下：

Ⅰ 数据描述方面

每个学生的基本信息要求使用结构类型描述。其中，"出生日期"域也要使用结构类型描述，而"政治面貌"域要使用联合(共用体)类型描述；"政治面貌"为党员和群众两种情形。若是党员，则还要记录其入党年份。

Ⅱ 系统功能和技术方面

(1) 读入每个学生的基本信息，并计算每个学生的平均分

要求：① 此函数要求以结构体数组作为函数参数；② 既可以从键盘读入学生的人数和基本信息。也可以从文件读入学生的基本信息。若程序是第一次运行，则学生信息必须从键盘读入。若程序不是第一次运行，则学生信息可以从文件读入。

(2) 计算某门课的平均分，将低于平均分的人数作为函数值返回主函数，将低于平均分的学生基本信息存储到形参组中返回给主函数

要求：① 函数具有通用性；② 函数有返回值，返回值为低于平均分的人数；③ 低于平均分的学生基本信息，通过形参组返回主函数；④ 在主函数中输出低于平均分的学生的基本信息。

(3) 按照某门课成绩或学生平均分排序

要求：① 函数具有通用性，既可以按某门课成绩排序，也可以按平均分排序；② 函数具有通用性，既可以升序也可以降序排序，使用函数指针作为参数；③ 函数参数有多个，必须包括指向结构体数组的指针；④ 函数内部的排序，要求使用指针实现。

(4) 按照学生姓名的字典顺序排序

要求：① 函数参数为指向结构体数组的指针；② 函数内部的排序，要求使用指针实现。

(5) 按姓名查找学生基本信息

要求：① 同时可以查找多个人。例如可以查找系统中有无张三、李四、王五这三个人。多个人的名字在主函数中存储在二维字符数组中；② 函数返回值为查找到的人数；③ 查找到的学生信息通过形参组返回主函数；④ 函数参数中包括行指针，接收要查找的学生姓名信息。

(6) 按优秀(90~100)、良好(80~89)、中等(70~79)、及格(60~69)、不及格(0~59) 5 个类别，对某门课分别统计每个类别的人数及所占百分比。

要求：① 函数具有通用性；② 结构体数组作为函数参数。

(7) 将所有学生信息保存到文件中

要求：① 函数参数为指向结构体数组的指针。

(8) 创建链表保存学生基本信息。

要求：① 学生信息既可以从数组中读取也可以从文件中读取；② 链表可以是双向链表也可以是单向链表；③ 函数返回链表的头指针。

(9) 按学号从小到大对链表进行排序
(10) 查找某门课成绩最高的学生的基本信息，某门课成绩最高的可能不只一名学生
要求：① 成绩最高的人数通过函数值返回；② 成绩最高的学生基本信息通过指针数组返回；③ 函数具有通用性。
(11) 查找某个年龄段的学生人数和学生基本信息
要求：① 查找的人数通过函数值返回；② 学生基本信息通过指针数组返回；③ 函数具有通用性。
(12) 按姓名查找学生基本信息，对学生信息进行修改后保存
要求：① 函数参数均为指针；② 若找到并修改成功，通过指针返回修改后的学生姓名；③ 若要找的学生不存在，返回空串。
(13) 按学号删除学生信息
要求：① 函数返回链表的头指针；② 学号通过参数传入。
(14) 对已按学号排好序的链表，插入一名新的学生信息，要求插入后依然有序；
要求：函数返回链表的头指针。
(15) 将链表中的学生信息保存到文件中
要求：信息存入文件中后，清空链表。

Ⅲ 系统性能方面

(1) 要求系统界面美观，菜单简洁，交互性良好；
(2) 要求函数模块通用性良好，尽量做到高内聚，低耦合；
(3) 要求系统具有较好的健壮性。例如，若有错误输入，则系统不会崩溃；能够避免发生缓冲区溢出、内存泄漏、非法内存访问等错误。

第 12 章

程序设计语言的应用和发展

前面各章介绍了 Turbo Pascal 和 C 及其程序设计的基本概念、基本方法和基本技术，本章将以几个典型实例，从解决实际问题的角度，由浅入深地介绍了 Turbo Pascal 和 C 两种语言程序设计的全过程。最后，以简要综述的形式，介绍现代程序设计方法和技术的发展，以及现代程序设计语言的发展。

▷▷ 12.1 程序设计应用实例

在前面的章节中，介绍了一些比较简单的小程序，这些程序基本上凭直观理解就可以设计出来。把这些小程序的设计称为基础程序设计，它们是大程序设计的基础。美国著名计算机科学家 David Gries[①]（大卫·格里斯）教授曾指出：“只有学会有效地编写小程序的人，才能学习有效地编写大程序”。

下面举几个有代表性、有一定难度、具有综合性和技巧性的例子，从解决实际问题的角度，分别介绍利用 Pascal 和 C 两种语言进行程序设计的全过程。至于程序设计更深入的介绍，读者将来可在"数据结构"、"算法设计与分析"、"程序设计方法学"等后续课程中作进一步的了解。

例 12-1 九宫图排定问题。九宫图又被称为"奇数阶魔阵"或"九阶幻方"。请写一个打印九宫图的程序。九宫图是一个方阵，该阵的元素为 1 到 n^2 的自然数，每个自然数出现一次。问题要求给出每一种排法，满足方阵的每一行、每一列以及对角线元素之和都相等。例如，$n=5$ 时的方阵如图 12-1 所示。

(1) 分析

为了构造算法，需要先寻找幻方的规律。设数组 r 用于存储这个幻方。观察这个 5 阶幻方，可以发现它是从中间一行的最右位置 $r[3,5]$ 开始排数字 1；遇到了边界，然后转移到下一行的最左边位置 $r[4,1]$ 排数字 2，沿右下的方向 $r[5,2]$ 继续排数字 3；又遇到边界，则从下一列的最上边位置 $r[1,3]$ 开始排数字 4，沿右下的方向 $r[2,4]$ 继续排数字 5；再往右下时位置 $r[3,5]$ 已被占用，则回过来向数字 5 的左边位置 $r[2,3]$ 排数字 6，

11	10	4	23	17
18	12	6	5	24
25	19	13	7	1
2	21	20	14	8
9	3	22	16	15

图 12-1 5 阶幻方

[①] David Gries，1939 年生于纽约，曾任美国康奈尔大学计算机科学系主任，程序设计科学理论和方法的倡导者、开拓者和计算机学科杰出教育家。主要研究领域为程序设计方法学，特别是程序的形式化开发，程序设计的语言、语义和逻辑。他在开创性著作——《程序设计科学》中第一次明确提出了将程序设计由技艺(Art)上升为科学。

继续向右下方排数字 7,8,…。按照以上规律继续排，当排到 r[5,5]后，应该向左转排 r[5,4]位置；这样就把 25 个数字全部排完了。因此，总结算法规律如下：

将自然数数列从方阵中间一行的最后一列[(n+1) div 2,n]位置排起，每次总是**向右下角排**(即 r[i,j]的下一个是 r[i+1,j+1])。但若 r[i+1,j+1]遇到下述四种情况，则应该修正排列法：

① 若列越界(j+1=n+1)，则转第 1 列；
② 若行越界(i+1=n+1)，则转第 1 行；
③ 若 r[i+1,j+1]中已经排入一个自然数，则转而去排 r[i,j-1]；
④ 若当前位置是 r[n,n]，则下一个位置去排 r[n,n-1]。

其实就是当 i+1 或 j+1 不在 1…n 范围内，则将第 1 行与第 n 行，第 1 列与第 n 列看成是相邻的两行或两列。

特殊情况①、②，其实可以与排右下角的操作用取模运算(MOD)而统一起来：

　　　　i←(i mod n)+1; j←(j mod n)+1;

(2) 算法

根据以上分析，不难给出以下奇数幻方算法，该算法被称为 De La Loubere(德·拉·洛贝尔)算法[①]。

① 初始化矩阵数组为 0；
② {在方阵中间一行的最后一列[(n+1) div 2,n]位置排 1}
　　　i←(n+1) div 2; j←n; r[i,j]←1;
③ 循环向右下角排下一个数，遇上述分析中的特例③、④，则特殊处理。

(3) 源程序

① Pascal 源程序

```
{ 程序名称：MagicSquare
  文 件 名：MagicSquare.pas
  作　 者：赵占芳
  创建日期：2012-01-20
  程序功能：生成并输出n阶幻方。
}
Program MagicSquare(input, output);
Const
  n = 9;
Var
  r: array [1..n, 1..n] of integer;
  i, j: 0..n;
  k: integer;
Begin
  {初始化魔阵}
  for i:= 1 to n do
    for j:=1 to n do
      r[i, j]:= 0;
  {安排开始元素1}
  i:= (n +1) div 2;
```

[①] De La Loubere 算法是由 17 世纪的法国皇帝路易十四派往出使泰国的 De La Loubere 从泰国学到的，他于 1693 年发表了这个算法，后人称该算法为 De La Loubere 算法。

```pascal
      j:= n;
      r[i, j]:= 1;
      {循环排数}
      for k:= 2 to n * n do
        begin
          if (i= n) and (j = n) then
              j:= j-1  {遇最右下角，向左转}
          else
            begin     {向右下角继续排数字}
              i:= (i mod n) +1;
              j:= (j mod n) +1
            end;
          if r[i, j] <> 0 then  {本位置已排数，回到左上角，排上一个数的左邻}
            begin
              i:= i- 1;
              j:= j- 2
            end;
          r[i, j]:= k
        end;
      {打印结果}
      for i:= 1 to n do
        begin
          for j:=1 to n do
            write(r[i, j]:4);
          writeln
        end;
      readln
End.
```

② C 语言源程序文件 MagicSquare.cpp

```c
/***************************
文 件 名：MagicSquare.cpp
作   者：赵占芳
创建日期：2012-01-20
程序功能：生成并输出N阶幻方。
***************************/
#define N 9
#include <stdio.h>
int main()
{
    int i, j, k, r[N][N];
    /*初始化数组r*/
    for (i= 0; i < N; i++)
        for (j = 0; j < N; j++)
            r[i][j]= 0;
    /*安排开始元素1*/
    i=((N+1)/2)-1;
    j= N-1;
    r[i][j]= 1;
    /*循环排数*/
```

```
    for (k = 2; k <= N * N; k++)
    {
        if ((i == N-1) && (j == N-1))
            j--;                /*遇最右下角,向左转*/
        else
        {   /*向右下角继续排数字*/
            i = (i+1) % N;
            j = (j+1) % N;
        }
        if( r[i][j] != 0 )      /*本位置已排数,回到左上角,排上一个数的左邻*/
        {
            i--;
            j -= 2;
        }
        r[i][j]= k;
    }
    /*打印结果*/
    for (i= 0; i < N; i++)
    {
        for (j = 0; j < N; j++)
            printf("%4d", r[i][j]);
        printf("\n");
    }
    return 0;
}
```

(4) 附注

① De Laloubere 算法还可以顺左上方向、左下方向、右上方向排列数字。这其实是对于二维数组的一种线性化。例题中的做法是将自然数按右下方向,即 r[i, j]后 r[i+1, j+1]之次序排列(除去 r[n,n]及 r[i+1, j+1]已排入一自然数情形,则向左转排 r[i, j-1])。但若此算法排列方向旋转 90 度,即按右上方向 r[i, j]后 r[i-1, j+1]之次序排,其中 i-1 就是向前移动成环(与环状的队列相似),可用 (n-(n-i+1) mod n)表示,j+1 可用(j mod n+1)表示(特殊情况 r[i-1, j+1]已排数据除外,则向左转排 r[i,j-1])。而若算法排列方向再旋转 90 度,即按左上方向 r[i, j]后 r[i-1, j-1]之次序排,则 i-1, j-1 分别用(n-(n-i+1) mod n)与(n-(n-j+1) mod n)表示(特殊情况 r[i-1, j-1]已排入数据除外,则向右转排 r[i, j+1])。以下给出了利用 De Laloubere 算法按照不同方向排列自然数所得到的 3 阶魔阵。实际上,上面利用旋转或对称等方法获得的这些解本质上是相同的,如图 12-2 所示。

图 12-2　De Laloubere 算法排得的 3 阶魔阵

通过以上分析,该问题的求解算法中用到了一个非常重要的运算,即取模运算(MOD)。**取模运算在数论和计算机科学中有着广泛的应用。**

② 魔阵问题是一个古典的数学问题。几千年来,魔阵的构造与研究一直吸引着许多数学家和计算机科学家。魔阵(Magic Square),有人叫它幻阵,也有人称它为魔方或幻方。我国宋代著

名数学家杨辉把它叫做"纵横图"。魔阵可分为奇阶和偶阶两大类。偶阶魔阵又可以进一步分为单偶阶魔阵和双偶阶魔阵。经过研究发现,单偶阶魔阵的构造是魔阵构造算法中最困难的。有关魔阵问题的专门论述,请参考文献[52,53]。

③ 魔方(如图 12-3 所示)是 1974 年由匈牙利布达佩斯应用艺术学院 (Budapest College of Applied Arts)的建筑学家 Erno Rubik(鲁比克)教授发明的。它与中国人发明的"华容道",法国人发明的"独立钻石"一起被称为智力游戏界的三大不可思议的游戏。同时,社会学家根据魔方对人类的影响和作用,将魔方列入 20 世纪对人类影响较大的 100 项发明之列,世界排名第七。

图 12-3 魔方玩具

一个魔方出厂时每个面各有一种颜色,总共有六种颜色,但这些颜色被打乱后,所能形成的颜色组合数却多达 8!×37×12!×211/2=43252003274489856000,即大约 4325 亿亿种。那么,最少需要多少次转动,才能确保无论什么样的颜色组合都能被复原呢?这个问题引起了很多人,尤其是数学家的兴趣。数学家常利用抽象代数中的群论(Group Theory)来研究魔方复原问题。因为魔方具有周期性和对称性的基本特征,而该基本特征正好可以利用群论来描述(魔方的所有可能重新排列形成一个群,叫做魔方群)。这个复原任意组合所需的最少转动次数被数学家们戏称为"上帝之数"(God's number)。到 2010 年,研究"上帝之数"的美国加利福尼亚州科学家 Morley Davidson(莫雷·戴维德森),John Dethridge,Herbert Kociemba 和 Tomas Rokicki 利用计算机证明任意组合的三阶魔方均可以在 20 步之内还原,从而创造了"上帝之数"为 20 的新纪录。那么,该数是否为三阶魔方的最终的"上帝之数"呢?人们还在继续努力探索着。

另外,对于 4 阶及以上的"上帝之数",还有许多经典的异形还没有解决,看到三阶解决历程,可以想象找出所有魔方的"上帝之数"是对人类智慧的一大考验。

例 12-2 8 皇后问题。在 8×8 格的国际象棋的棋盘上放置八个皇后(棋子),要求任意两个皇后不能处于同一行,同一列,同一斜线上。请写一个程序,计算共有多少种摆法?

(1) 分析

8 皇后问题是一个古老而著名的问题,它是由著名数学家高斯于 1850 年提出的。由于计算量大,人工难于胜任,他当时未能完全解决,并认为有 76 种不同解法。直到 1854 年,在柏林出版的象棋杂志上一共发表了 40 种解法。后来有人用图论的方法给出了 92 种不同解法。现在,利用计算机很方便地可以得到这 92 种不同的排法。

如果没有适当的方法,只是简单地采取"穷举法",8 个皇后各占一行,穷举每一行上的皇后所可能占有的列,再排除那些不合条件的情况,只输出合理的解,那么,该方法将是 8 重循环,执行次数为 $8^8 \approx 1.7 \times 10^7$ 次。如果每秒钟执行 7000 次循环体,则共需 40 分钟才能找到所有的解。

为了分析问题方便,将该问题简化为 4 皇后问题。4 个皇后可以一行一行地放置。显然,按照要求,每一行只能放置一个皇后。如果第 1 个皇后放置在第 1 行的第 1 列上,那么,接下来,在第 2 行放置第 2 个皇后时,若也把它放在第 1 列上,那么立即就知道这是非法的,此时第 3 行到第 4 行的其他 2 个皇后的 4^2 种情况完全不用考虑了。这时候,应该把第 2 个皇后换一个位置。试试把它放在第 2 列如何,这一步也不合理;继续试探把第 2 个皇后再换一个位置,放在第 3 列,这一步成功。下面可以继续试探在第 3 行放置皇后。通过进一步分析可知,第 3 个皇后没有合适的位置可摆了,于是必须退一步修改第 2 个皇后的位置,可以把它改为放在第 4 列,然后继续第 3 个皇后的试放;第 3 个皇后可以放在第 2 列;但是,这样以来第 4 个皇后又没有位置了。因此，就必须去修改第 3 个皇后的位置，而此时第 3 个皇后也没有合适的位置，必须回溯修改第 2 个皇后直至修改第 1 个皇后的位置(第 2 个皇后已无法修改了)。……经过反复的试探、回溯，求出四皇后问题的一个解。刚才的搜索过程可以用图 12-4 表示。

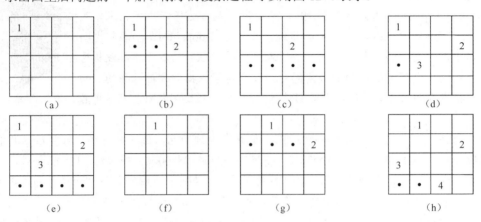

图 12-4 4 皇后问题的搜索过程

通过以上分析，可以概括出试探法(回溯法)的基本思想，即"往前走，碰壁回头"。

(2) 算法

若问题的解能够表达成一个 n 元组 $(x_1, x_2, \cdots, x_n)$，则递归算法可以表示为：

```
Procedure rectry(k);
  [ 置 x[k]为第一个可能值;
    循环:当 x[k]可能值没有试完时，做
      [ 设置 x[k]所涉及的标记;
        若 (x[1],x[2],…,x[k])是解，则 打印一组解;
                                   否则 rectry(k+1);
        回溯，抹去 x[k]涉及的标记;    { x 有无解都回溯}
        取下一个可能的 x[k]值;
      ]
  ]
```

这种算法的非递归形式为：

```
Procedure try(n);
  [ k←1; 置 x[k]为第一个可能值;
    循环:当 k>0 且 k≤n 时，做
      [ 若 还存在没有试探过的 x[k]，则
          [ 设置 x[k]所涉及的标记;
            若(x[1],x[2],…,x[k])是解，则
                [ 打印一组解;
                  抹去 x[k]涉及的标记;   {也是回溯}
                ]
                否则 k←k+1;
          end
          否则 [ k←k-1; {回溯}
```

抹去 x[k]涉及的标记；
            ]
        ]
    ]

现在可以利用计算机，用"回溯法"来解决 8 皇后问题了，而且可以方便地推广为 n 皇后问题。

先给棋盘的行和列依次编上 1,2,…,8 号，同时给八个皇后也依次编为 1 至 8 号。由于要求每个皇后占有不同的行，可以令占有第 i 行的皇后编号为 i。于是八皇后问题的全部解向量就可用形如 $(x_1,x_2,…,x_8)$ 的 8 元组来表示。其中，x_i 表示皇后 i 所处的列数。对于任何 $1 \leq i,j \leq 8$，及 $i \neq j$，有 $x_i \neq x_j$，且没有两个皇后在同一斜线上，这样问题就缩小为在 8!个可能的解中寻找。问题的关键就在于怎样判断两个皇后不在同一条斜率为±1 的直线上。8 皇后的一个解如图 12-5 所示。

图 12-5 8 皇后问题的一个解

如果用一个二维整型数组 A[1..n,1..n]来表示 $n \times n$ 棋盘上的格，行号从上至下、列号从左到右依次编号为 1,2,…,n。那么，从左上角到右下角的主对角线及平行线（即斜率为-1 的各斜线）上，元素的两个下标值的差（行号-列号）相等，从左到右的 15 条直线这种差值分别为 7,6,5,…,0，-1,-2,…,-7；同理，从右上角到左下角的次对角线及平行线（即斜率为+1 的各斜线）上，元素的两个下标值的和（行号+列号）相等，从左到右的 15 条直线的这种和值分别为 2,3,4,…,16。从第 1 行开始，逐步地安排每一行的皇后，每一行的皇后都处于不同的列。对于每个皇后(设为第 i 个)的安排，都是从第一列开始寻找位置，逐个查找直到找到正确的位置(设为第 j 列，则 a[j]、b[i+j]、c[i-j]都没有被占用)为止。若找到了一个合适的位置，则标记 a[j]、b[i+j]、c[i-j]为被占用状态(其值均修改为假)，并继续安排下一个皇后(第 $i+1$ 个)；否则，如果找不到合适的位置，则说明前面的安排不太合理，应该退回(即"回溯")到第 $i-1$ 行的皇后，重新安排它。如果 8 个皇后都安排好了，说明可以打印这种方案，为了找到其他方案，应该回溯，重新试探第 7 个皇后的下一种安排方法。

在回溯的过程中，应该抹掉前面试探留下的标记，即恢复 a[j]、b[i+j]、c[i-j]为未被占用状态（恢复其值均为真），这样才能正确地开展下一步的试探。而且不管是找到了解还是没有找到解都必须抹掉以前的标记，并回溯。而且为了程序的通用性，设置常量 n（对于 8 皇后问题，n=8），可以方便地适应 n 皇后（$n \geq 4$）问题。

附注

① 若 a[j]为真，则表示第 j 列还没有皇后被放置，即此列没有被占用；

② 若 b[i+j]为真，则表示斜率为+1，且下标之和为 i+j 的斜线上还没有被占用。由以上的分析可知，斜率为+1 的同一条线上的各元素的下标 i+j 的值均相等；

③ 若 c[i-j]为真，则表示斜率为-1，且下标之差为 i-j 的斜线上还没有被占用。由以上的分析可知，斜率为-1 的同一条线上的各元素的下标 i-j 的值均相等；

④ 若 a[j]、b[i+j]和 c[i-j]同时为真，则表示第 i 个皇后可以放置在第 j 列上；若将第 i 个皇后放置在第 j 列上后，则 a[j]、b[i+j]和 c[i-j]的值均要修改为假，其含义分别表示：第 j 列上已有皇后放置；斜率为+1，且下标之和等于 i+j 的斜线上已经有皇后被放置；斜率为-1，且下标之差等于 i-j 的斜线上已经有皇后被放置。

(3) 源程序

下面给出了 8 皇后问题的递归程序。

① Pascal 源程序

```pascal
{   程序名称：Queens
    文 件 名：Queens.pas
    作    者：赵占芳
    创建日期：2012-01-20
    程序功能：输出八皇后问题的所有排法。
}

Program Queens(Output);
Const
  n = 8;
Type
  arrtype = array [1..n] of integer;
Var
  i, count: integer;
  q: boolean;
  a: array [1..n] of boolean;
  b: array [1..2*n] of boolean;
  c: array [-(n -1)..n -1] of boolean;
  x: arrtype;

{ 子程序功能：判断是否可以在第j列放置第i个皇后
  参    数：i代表第i个皇后，j代表第j列
  返 回 值：若可以放置，则返回true,否则返回false }
Function place(i, j: integer): boolean;
begin
  place:= a[j] and b[i+j] and c[i-j]
end;

{ 子程序功能：抹掉第i个皇后的位置[i,j]涉及的标记
  参    数：i代表第i个皇后，j代表第j列
  返 回 值：无                               }
Procedure erase(i, j: integer);
begin
```

```
    a[j]:= true;
    b[i+j]:= true;
    c[i-j]:= true;
  end;

{ 子程序功能：设置第i个皇后涉及的标志
  参      数：i代表第i个皇后，j代表第j列
  返  回  值：无                                      }
Procedure mark(i, j: integer);
begin
  a[j]:= false;
  b[i+j]:= false;
  c[i-j]:= false;
end;

{ 子程序功能：打印n皇后问题的一种排法
  参      数：数组x是一个n元组，存储了n个皇后的一种排列方式
              count记录的是第几种排列方法
  返  回  值：无                                      }
Procedure print(x: arrtype; Var count: integer);
Var
  i: integer;
begin
  count:= count+1;
  write(count: 4, ':');
  for i:=1 to n do
    write(x[i]: 4);
  writeln
end;

{ 子程序功能：递归放置n个皇后，并将排列方式输出
  参      数：i代表第i个皇后
  返  回  值：无                                      }
Procedure trial(i: integer);
Var
  j: integer;
begin
  for j:=1 to n do
    if place(i, j) then
      begin
        x[i]:=j;
        mark(i, j);
        if i<n then
          trial(i+1)
        else
          print(x, count);
        erase(i, j)
```

```pascal
          end
    end;
{主程序}
Begin
    count:= 0;
    for i:= 1 to n do
      a[i]:= true;           // a[i]为真，代表第i列没有皇后被放置
    for i:= 2 to 2 * n do
      b[i]:= true;           // b[i]为真，代表斜率为+1的某条线上没有皇后被放置
    for i:= 1- n to n-1 do
      c[i]:= true;           // c[i]为真，代表斜率为-1某条线上没有皇后被放置
    trial(1);
    readln
End.
```

② C 源程序

请读者按照上述算法给出 8 皇后问题的 C 源程序。

(4) 附注

① 如果只要求求出一个解，这个程序要作修改。读者可以思考一下，将可以发现，求一个解的程序比求所有解反而要多一些判断。若两个皇后的位置是(i,j)和(k,m)，且 i-j=k-m(等价于 i-k=j-m)或 i+j=k+m(等价于 i-k=-(j-m))，则说明它们在同一条斜率为-1 或+1 的斜线上。因此，只要|i-k|=|j-m|成立，就表明两个皇后位于同一条斜线上。程序可以用另外一种方法改写，而且把它写成非递归的形式。当然，也可以写成递归形式，读者还可以把上面的递归程序也改写成非递归程序。下面给出了非递归的 **Pascal** 源程序。

```pascal
{     程序名称：nQueens
      文 件 名：nQueens.pas
      作    者：赵占芳
      创建日期：2012-01-20
      程序功能：输出八皇后问题的所有排法。
}
Program nQueens(input, output);
Const
    n = 8;  { n可以为大于等于 4 的任意值}
Type
    arrtype = array [1..n] of 0..n;
Var
    x: arrtype;
    i, count: integer;  { i是当前行, x[i]是当前列, count是解的个数}

{ 子程序功能：判断已放置的前 k-1 个皇后是否与本位置(k, X[k])处于同一条直线
              或斜线上
  参    数：k代表第k个皇后
  返  回  值：若位置(k,X[k])可以放置第k个皇后，返回true, 否则返回false   }
Function place(k: integer): boolean;
Var
```

```pascal
    i: integer;
begin
  i:=1;
  place:= true;
  while i < k do
    if (x[i] = x[k]) or (abs(x[i]-x[k]) = abs(i-k)) then
      begin
        place:= false;
        k:=i
      end
    else
      i:=i+1
end;

{ 子程序功能：打印n皇后问题的一种排法
  参     数：数组x是一个n元组，存储了n个皇后的一种排列方式
            count记录的是第几种排列方法
  返 回 值：无                                    }
Procedure print(x: arrtype; Var count: integer);
Var
  i:integer;
begin
  count:= count+1;
  write(count: 4, ': ');
  for i:=1 to n do
    write(x[i]: 4);
  writeln
end;

{主程序}
Begin
  {置初值，x[1]初值为0，因为循环体中首先就对 x[k]加1}
  x[1]:= 0;
  i:=1; {i是当前行，x[i]是当前列}
  count:= 0;
  while i > 0 do
    begin
      x[i]:= x[i]+1;
      while (x[i]<= n) and not place(i) do
        x[i]:= x[i]+1;   {继续试探下一个可能性}
      if x[i] <= n then
        if i= n then
          print(x, count) {得到一个解，输出}
        else
          begin     {准备放置下一个皇后}
            i: = i+1;
            x[i]:= 0
```

```
            end
         else
            i:= i-1     {已经找不到第i个皇后的位置，回溯}
      end;
   readln
End.
```

② 对于 $n=8$ 的 92 个解，有许多解**本质上是**相同的(通过某个解的左右翻转、上下翻转、旋转所得的解是本质相同的)。其中，不同解只有 12 个，列表如下：

```
 1:15863724
 2:16837425
 3:17468253
 4:17582463
 5:24683175
 6:25713864
 7:25741863
 8:26174835
 9:26831475
10:27368514
11:27581463
12:28613574
```

对于 $n=5$ 时的解是 10 种，分别为：

```
 1:1 3 5 2 4
 2:1 4 2 5 3
 3:2 4 1 3 5
 4:2 5 3 1 4
 5:3 1 4 2 5
 6:3 5 2 4 1
 7:4 1 3 5 2
 8:4 2 5 3 1
 9:5 2 4 1 3
10:5 3 1 4 2
```

分析这几组解，有助于理解程序。

③ 八皇后问题是一个经典的组合优化问题。它是利用回溯法求解问题的一个典型实例。你能总结出回溯算法的框架吗？不过总结不出来也没有关系，后续的"算法设计与分析"课程要解决这个问题。

④ 到目前为止，除了回溯法外，人们还发明了一些求解该问题的方法。例如，深度优先搜索算法、广度优先搜索算法、分支限界算法、拉斯维加斯算法，等等。

⑤ 八皇后问题很容易推广到 n 皇后问题。n 皇后问题属于 NP 问题。对于 NP 问题，人们目前还没有找到具有多项式时间复杂度的精确求解算法，但面对大量的待求解的这种实际问题，人们开始尝试使用概率算法和近似算法的思想来近似求解。概率算法和近似算法的研究在 20 多年

来算法研究领域中取得了迅猛发展，是目前算法研究领域的研究热点。有关概率算法和近似算法的内容将在后续的"高级算法设计与分析"课程中介绍。

例 12-3 一个简单的学生信息管理程序。请写一个学生信息管理程序，学生的属性包括：学号、姓名、性别、年龄和住址等。具体要求如下：

① 用一个文件存放与学生有关的数据信息，形成文件信息库；

② 以学号作为学生信息库的关键字，可以对上述学生数据文件信息库进行下面的操作：查询、添加、修改、显示学生信息。

(1) 分析

根据题意，该程序必须具有建立学生数据文件，以及对该文件中的数据进行添加、修改和显示的功能。下面先给出该问题的抽象算法，然后再逐步求精、细化。

(2) 算法

该问题的抽象算法如下：

① flag←1；

② 循环:当 flag 为 1 时，做

 [输出菜单；

   输入功能选择 op；

   case op **of**

    ['C','c': 建立学生数据文件；

     'A','a': 向学生数据文件中添加数据；

     'U','u': 修改学生数据文件中的数据；

     'l','L': 将文件中的所有学生信息显示在屏幕上；

     'e','E': flag←0；

     default: 提示"选项错误，请重新选择菜单！"

   ]

 ]

建立学生数据文件的算法如下：

① 打开学生数据文件 fstu；

② 循环：

  从键盘输入数据，并写入学生数据文件 fstu；

 直到不再输入为止；

③ 关闭学生数据文件 fstu。

向学生数据文件 fstu 中添加数据的算法如下：

① 打开学生数据文件 fstu；

② 循环：

  从键盘输入数据，并写入学生数据文件 fstu 的尾部；

 直到不再输入为止；

③ 关闭学生数据文件 fstu。

修改学生数据文件 fstu 数据的算法如下：

① 打开学生数据文件 fstu；

② 循环：

flag ←0;
将文件指针移动到文件开头；
输入待修改学生的学号；
当文件未到达文件尾时，循环做
[从文件读取一个学生信息；
　　判断该学生是否是要查找的学生，如果是，则
　　[　flag ←1;
　　break;
　　]
]
如果 flag 的值为 1，则　　//代表找到要修改的学生信息
[获取当前文件指针的位置；
　　将文件指针移至要修改的学生记录位置处；
　　从文件读取该学生信息，并在屏幕上显示之；
　　重新获取文件指针位置，并将指针移至待修改的位置处；
　　从键盘输入新的学生信息并写入文件，覆盖原有记录。
]
否则
[
　　提示该学号的学生信息不存在！
]
决定是否继续修改；
直到不再修改学生记录为止；
③ 关闭学生数据文件 fstu。
显示学生数据文件 fstu 中的所有学生信息，算法如下：
① 打开学生数据文件 fstu；
② 当文件指针未到达文件尾时，循环做：
　　从文件读取一个学生信息，并显示到屏幕上；
③ 关闭学生数据文件 fstu。
(3) 源程序
① Turbo Pascsl 源程序
　Pascsl 源程序请读者自己设计给出。
② C 语言源程序

```
/*********************************
   文 件 名：StuInformation_Management.cpp
   作   者：赵占芳
   创建日期：2012-01-20
   程序功能：学生信息管理
*********************************/
```

```c
#include <stdio.h>
#include <stdlib.h>
struct student
{
    long num;
    char name[10];
    int age;
    char sex;
    char addr[10];
}stud;
char ContinueInput;
char fstu[80];     //保存学生信息的文件名及路径

/*******************************
函数功能：输入一个学生记录的信息
参数说明：无参
返回值：无返回值
********************************/
void input_data()
{
    printf("Num: ");
    scanf("%ld", &stud.num);
    printf("Name: ");
    scanf("%s", stud.name);
    printf("Age: ");
    scanf("%d", &stud.age);
    printf("Sex: ");
    fflush(stdin);
    scanf("%c", &stud.sex);
    printf("Address: ");
    scanf("%s", stud.addr);
}
/*******************************
函数功能：建立一个学生信息数据文件
参数说明：无参
返回值：无返回值
********************************/
void CreateFile()
{
    FILE *fp;
    if ( (fp=fopen(fstu, "wb")) == NULL )
    {
        printf("Cannot open file fstu!\n");
        exit(0);
    }
    printf("*****************************************\n");
    do
```

```c
        {
            printf("\nPlease input student's data:\n");
            input_data();
            if (fwrite(&stud, sizeof(struct student), 1, fp)!=1)
                printf("File write error\n");
            printf("\ninput anyelse(y/n) ? \n");
            fflush(stdin);     //清空输入缓冲区
            scanf("%c", &ContinueInput);
        }while ((ContinueInput=='Y') || (ContinueInput=='y'));
        fclose(fp);
}
/*************************************************
函数功能：向学生信息数据文件的尾部追加学生信息
参数说明：无参
返回值：无返回值
*************************************************/
void AppendRecord()
{
    FILE *fp;
    if ( (fp=fopen(fstu,"ab+")) == NULL)
    {
        printf("Cannot open file fstu!\n");
        exit(0);
    }
    do
    {
        printf("Please input student's data:\n");
        input_data();
        if (fwrite(&stud, sizeof(struct student), 1, fp)!=1)
             printf("File write error\n");
        printf("\ninput anyelse(y/n) ?\n");
        fflush(stdin);     //清空输入缓冲区
        scanf("%c", &ContinueInput);
    }while ((ContinueInput=='Y') || (ContinueInput=='y'));
    fclose(fp);
}
/*************************************************
函数功能：修改学生数据文件中指定学号的学生信息
参数说明：无参
返回值：无返回值
*************************************************/
void ModifyRecord()
{
    FILE *fp;
    int flag;
    long no;
    long offset;
```

```c
if ( (fp=fopen(fstu,"rb+")) == NULL)
{
    printf("Cannot open file fstu!\n");
    exit(0);
}
do
{
    flag = 0;  //查找是否成功的标志
    fseek(fp,0,0);  //将文件指针移动到文件开头
    printf("Please input student number:");
    scanf("%ld", &no);         // 输入待修改学生的学号
    while( !feof(fp) )         // 查找是否存在指定学号的学生
    {
        if ( fread(&stud,sizeof(struct student),1,fp) == 1)
                            //从文件读一个学生信息
            if (stud.num == no)
            {
                flag = 1;    // 找到
                break;
            }
    }
    if (flag ==1)   //找到待修改的学生信息
    {
        offset = ftell(fp)-sizeof(struct student);
        if (fseek(fp, offset, 0)!=0)    //移动指针至待修改学生记录处
        {
            printf("Cannot move pointer there.\n");
            exit(0);
        }
        //将待修改的学生记录读入内存
        fread(&stud,sizeof(struct student),1,fp);
        //显示待修改的学生记录
        printf(" Num      Name        Age    Sex     Addr\n");
        printf("%-8ld%-15s%-6d%-8c%s\n", stud.num, stud.name,
                stud.age, stud.sex, stud.addr );

        offset = ftell(fp)-sizeof(struct student);
        if (fseek(fp,offset,0)!=0)      //移动指针至待修改学生记录处
        {
            printf("Cannot move pointer there.\n");
            exit(0);
        }
        printf("Please update the student information\n");
        input_data();
        fwrite(&stud,sizeof(struct student),1,fp);  // 将新学生记录写入
                                                    文件
    }
```

```c
        else   //没有找到要修改的学生信息
            printf("The student does not exist! \n");
        printf("update any else(y/n) ?\n");            // 是否继续修改?
        fflush(stdin);
        scanf("%c",&ContinueInput);
    }while ((ContinueInput=='Y')||(ContinueInput=='y'));
    fclose(fp);
}

/***********************************************
函数功能：显示学生信息数据文件中的学生信息
参数说明：无参
返回值：无返回值
***********************************************/
void ListRecord()
{
    FILE *fp;
    printf("Please input filename:");
    fflush(stdin);   //清空输入缓冲区
    gets(fstu);
    if ((fp=fopen(fstu,"rb")) == NULL)
    {
        printf("Cannot open file fstu!\n");
        exit(0);
    }
    printf(" Num      Name       Age    Sex     Addr\n");
    printf("*****************************************************\n");
    while(!feof(fp))
    {
        //从文件读取一个学生信息到变量stud中
        if( fread(&stud,sizeof(struct student),1,fp) ==1 )
            printf("%-8ld%-15s%-6d%-8c%s\n", stud.num, stud.name,
                    stud.age, stud.sex, stud.addr );
    }
    fclose(fp);
}

/***********************************************
函数功能：主函数，循环显示菜单，根据用户选择，
         执行相应操作
参数说明：无参
返回值：返回值为0，正常退出
***********************************************/
int main()
{
    char option;
    int  flag =1;
```

```c
    while (flag ==1)
    {
        printf("\n Function option:\n");
        printf("C--Create the file\n");
        printf("A--Append the data\n");
        printf("U--Update the data\n");
        printf("L--List the data\n");
        printf("E--Exit \n");
        fflush(stdin);  //清空输入缓冲区
        scanf("%c",&option);
        switch (option)
        {
            case 'C':
            case 'c':   printf("Please input filename:");
                        fflush(stdin);
                        gets(fstu);
                        CreateFile();break;
            case 'A':
            case 'a':   AppendRecord(); break;
            case 'U':
            case 'u':   ModifyRecord(); break;
            case 'l':
            case 'L':   ListRecord(); break;
            case 'e':
            case 'E':   flag=0; break;
            default :   printf("Error, please choose again\n");
        }
    }
    return 0;
}
```

（4）附注

本题是一个简单的信息管理系统的设计与实现类型的题目。本题所设计的程序的结构，是管理信息系统的设计与实现类型的题目的典型程序结构。进一步，本例程序给出了一般应用软件的结构框架，可以利用图 12-6 表示。当然，根据实际需要，第二层的每一个模块还可以有自己的下一层模块，以此类推。这样就构成了一个倒立的树形结构。

美国著名计算机科学家、图灵奖的获得者 Donald Ervin Kunth（唐纳德•欧文•克努特，中文名高德纳）教授指出："为一台数字计算机编制程序的过程是饶有趣味的，因为它不但具有经济和科学价值，而且也是犹如赋诗或作曲那样的美学实践。"

图 12-6 一般应用软件的结构框架

尽管实际面临的问题有简有繁，有难有易，但作为计算机科学与技术专业主题之一的程序设计，其思想是简朴的，原理是实用的，技术是协调的，体现了程序设计中的科学美：简朴的美，统一的美，和谐的美。

下面就本书所介绍的程序设计的内容作一小结。

程序设计能力是计算机科学与技术专业学生的基本功之一。通过本书的介绍，学生可以初步了解到程序设计有其深刻的学术内涵和广阔天地。由于程序设计的核心问题是算法设计，而算法设计与分析并非是"高级语言程序设计"课程所能解决的，因此，本书仅仅是结合两种程序设计语言，向读者介绍了程序设计的基础知识而已。要想获得较强的程序设计能力，必须学好数学和理论计算机科学，另外还要多读多写程序。显然，获得较强程序设计能力并非一日之功，要经过漫长岁月的积累和历练。

阅读与分析程序也是计算机科学与技术专业学生的基本功之一。 之所以指出这一点，是因为长期以来在我国计算机科学与技术专业的教育中忽略了阅读与分析程序的能力的培养。在程序源代码不断开放的今天，这一能力的培养对于学生掌握各种程序设计思想和软件实现技术，并由此进一步掌握重要的大型软件的开发方法和技术，无疑有着极为重要的意义。

▷▷ 12.2* 现代程序设计方法和技术的发展

从 1950 年代起，随着高级程序设计语言的出现，现代程序设计方法和技术获得了快速发展。在 1950 年代，计算机应用领域主要是科学计算。受计算机内存容量的限制，当时的程序设计技术主要体现在技巧方面，程序员更多关注的是一个程序如何节约存储空间，如何提高程序的执行效率，这极大地促进了计算方法和数值算法的研究，并且随着程序设计规模的逐渐增大，块结构程序设计技术初现端倪，并在语言 Fortran 中得到体现。

1960 年代和 1970 年代是程序设计语言、方法和技术大发展的时期。在这一时期，程序设计方法和技术主要沿着下列发展主线推进并得到快速发展。

（1）在数值计算领域，随着许多科学计算问题得到解决，积累了大量数值计算方法和算法。在此基础上，因为计算机性能的不断提高和子程序技术的逐步成熟，人们开始发展以库函数为基础的程序包或程序库，以支持日益复杂的各种科学计算。基于库函数的程序设计方法这样一条发展主线始终伴随着计算机应用的发展而延伸，一直延续至今。在引入软件重用的理念，图形程序设计机制和程序设计环境的思想后，面向科学计算的程序设计技术得到了充分的发展，并在融入了多媒体技术之后，进一步发展形成了以 Matlab、Scilab、Auto-CAD 等为代表的面向科学计算、计算机辅助设计等领域的程序设计环境。

（2）随着计算机应用进入非数值计算领域，特别是对银行、商业领域海量数据的处理，推动了以数据为中心的程序设计技术的发展。这期间，先后出现了数据驱动的程序设计方法和技术，并催生了对数据库理论和系统的研究。至 1970 年代中后期，随着关系数据模型逐步占据主导地位和关系数据库系统的逐步成熟，以数据为中心的程序设计方法和数据库程序设计技术得到了空前的发展。到 1980 年代中期，以关系数据库为基础的数据库程序设计方法和技术已经相当成熟，在应用方面极大地促进了管理信息系统的开发，并逐步朝着多媒体数据库程序设计的方向发展。

（3）系统软件的开发也曾促进了程序设计方法和技术的发展。无论是汇编语言系统、操作系统还是编译系统的开发，在程序的代码量快速增长的情况下，系统软件的复杂性大大提高。其中，程序部分包含着大量的数据区，既有系统的数据区，也有用户的数据区。这种归属于不同程序块和不同用户的数据，如何对它们进行有效的保护以防止操作越界和非法窃取，确保操作系统自身的安全、稳定、可靠，就成为一个需要认真对待的问题。最早提出解决这个问题的思想来源于程序设计语言 Simula 65 中的 Class 结构，以后，从理论上进行总结，提出了数据隐蔽与操作封装的概念，由 B. H. Liskov(利斯科夫)进一步发展，产生了抽象数据类型的概念，并进一步形成了管程和类程的概念。但是，由于 1960 年代中期时，计算机的硬件性能还处于初级阶段，尚未提出进程的概念，如何较好地实现这样的程序设计语言和语言成分，使之支持并发程序设计就成为一个问题。很快，因为 IBM-4300 系列等计算机系统的出现，问题得到了解决。1967 年，E. Dijkstra 在欧洲领导开展 THE 操作系统的设计时，引入了以时间片为资源的分时技术和进程的概念，实现了多用户操作系统。系统实现过程中，又引入临界区概念和信号灯方法，解决了进程的同步与互斥问题，发展了以进程为基础的并发程序设计方法和技术，取得了突破性的进展。同时，在大型系统软件的开发中，建立了结构化的程序设计方法，发展了自顶向下，逐步求精的程序设计技术。以后，在 THE 操作系统的设计与实现中进一步发展了模块化程序设计方法和技术，对整个软件行业的发展影响深远。

(4) 1960 年代之前，人工智能的研究主要是计算机下棋、机器翻译和定理证明。因为计算机下棋和定理自动证明的方法在技术实现上常转化为大状态空间上的搜索，于是，如何在程序设计方法和技术上发展人工智能程序设计就成为一个需要研究的问题。受自复制自动机进行智能计算的影响，J. McCarthy 相信从模拟一般的人的智力和行为的角度出发，计算必然是从最简单的动作或运算出发来进行。由于定理证明实际上是一种符号计算，状态空间搜索问题也可以化为表的处理问题，于是，J. McCarthy 开始考虑把计算回归到符号计算，回归到 A. M. Turing 提出的图灵机这类抽象的计算模型，不同的只是其表现计算的形式有所不同，从函数计算转向更多地擅长表的处理。借鉴"λ-演算"表达递归函数论的思想方法，他设计了一种可以表示递归表达式的语言 Lisp，极大地推动了人工智能的研究和发展。与这个语言一同出现的，有表处理方法和技术，大大丰富了程序设计方法和技术的内涵。因为 Lisp 更多地体现了递归函数的思想，而递归函数理论已经有了严密的理论基础，一旦把表处理也看成是一种函数计算，那么，Lisp 所代表的程序设计范型①(Paradigm)实际上是一种函数式程序设计范型。

(5) 随着程序规模的不断增加和大型软件系统开发工作的展开，传统的小规模程序设计方法和技术已经不能适应发展的要求。为了适应软件开发的需要，保证程序设计的质量，便于交流和维护，程序设计和软件开发急需要发展新的设计技术和开发方法。同时，因为计算机硬件性能的快速提高，新型计算机硬件系统更新很快，也使得 1960 年代成为系统软件大发展的时期，促使系统软件开发研究方兴未艾。在 1960 年代早期，构件式程序设计语言 PL/1 和程序设计方法的推出，一度曾给行业带来希望。但是，很快人们就发现，对于逻辑关系非常复杂的大型软件系统，尤其是象操作系统这样的底层部分与机器硬件密切相关，内部控制和调用关系错综复杂的软件系统根本不适用，于是，一部分人转而去研制开发系统软件开发语言，并进而去探索软件移植技术，另外一些人则从程序设计方法和技术入手，提出并沿着结构化程序设计思想和方法的路线发展。最初，结构化程序设计思想和方法一经提出，特别是体现结构化程序设计特点的 Pascal 的出现，迅速得到程序员的欢迎，很快使自顶向下，逐步求精的程序设计思想和方法具体化，形成了比较成熟的逐步求精的程序设计技术。但是，采用结构化程序设计方法并不能从根本上保证程序的正确，而"测试只能发现程序有错，但不能证明程序正确。"要保证程序的完全正确性，只能依靠程序证明的方法。而且，对于大型、结构化和内部逻辑关系复杂的软件系统，特别是并发程序，程序员还需要一种更好的技术理论来统一程序设计的概念、范型，控制具有独立功能的

---

① 在这里，有人将"Paradigm"翻译为风范。

程序片段的颗粒。1967年，英国著名计算机科学家 C. Antony R. Hoare(霍尔)教授发表了"计算机程序设计的公理化基础"一文，第一次明确地提出了程序的逻辑问题，并由此成为程序设计语言公理化方法的奠基性论文。公理化的程序证明方法和技术一经推出，立刻受到因"软件危机"而深感处于危机状态的行业和程序员的欢迎。很快，将程序证明技术融入程序设计过程，扩展了结构化方法和逐步求精的程序设计技术，并由此进一步发展了程序推导、程序变换、程序综合等技术。

(6) 对于大型、结构化和内部逻辑关系复杂的软件系统，如何来发展一种更好的技术理论来统一程序设计的概念和范型，使程序员在程序设计和软件开发中可以较好地控制具有独立功能的程序片段的颗粒呢？人们从 Simula 67 的 Class 得到启发，从抽象数据类型和进程出发，把静态定义的抽象数据类型中数据隐蔽与操作封装的特点和进程具有动态属性的特点融合在一起，两者结合，进一步界定了类和对象的概念，增加了属性继承等概念，发展了基于分层对象描述的面向对象的程序设计概念、思想和方法，并在经过了长时间的完善和程序设计语言开发后，使这一程序设计范型逐步成为程序设计方法和技术的主流，进一步推动了新型程序设计语言的研究和发展。到了 1970 年代中期，以 Ada 为代表的程序设计语言把结构化程序设计推向了顶峰。

然而，面向对象程序设计虽然很好地平滑了程序员与问题之间的鸿沟，但对象作为一个动态的概念，在程序设计中常以并发程序设计方法和技术作为实现途径和技术支撑，程序的执行具有动态不确定性的特点，这极大地提高了程序设计执行过程中的复杂性，也使得程序员要保证程序的正确性更为困难。诸如此类的并发程序设计和软件开发急需强有力的工具以保证程序的正确性。这一客观要求一方面促使人们去重视新型程序设计语言、程序设计方法和技术的研究，另一方面也推动了对各种新型程序设计语言语义的研究，先后出现了操作语义、指称语义、公理化语义、代数语义的研究。特别，面向对象程序设计语言的语义学研究更多地依赖于代数语义的研究。可惜，这方面的研究还有不少问题需要解决。

尽管如此，形式语义学的研究毕竟取得了很大的进展，基于形式化语义学理论的软件开发方法、技术和程序验证工具从 1980 年代以后先后开始出现，迄今已经取得了很大的成功，能够支持一些相对不是太复杂的程序设计和软件开发，开始在一些软件开发环境中得到应用。

(7) 因为应用的需要，人们常自然地去发展与实际需要求解的问题特点更为接近的程序设计方法和技术。由于问题的种类很多，许多问题求解的方法采用了不同的数学工具，因此，催生了各种程序设计方法和技术，形成了不同的程序设计范型。例如，函数式程序设计方法和技术，逻辑程序设计方法和技术，模块化程序设计方法和技术，等等。而在每一种程序设计方法和技术的背后，都有一种或多种程序理论或数学理论的支撑。

例如，1960 年代，在基础理论研究方面，英籍美国人 R. Kowalski(罗伯特·科瓦尔斯基)对消解法的研究为逻辑程序设计奠定了必要的基础。而在程序设计语言语义学的研究中，对程序逻辑和程序语义的研究，促进了形式语义学理论的发展，先后产生了 CSP、CCS、Petri 网理论等。

1980 **年代中**期以后，具有革命性的程序设计思想、概念、方法和技术基本没有出现，大量有关这方面的研究主要集中在围绕已经提出的各种程序设计范型，开展具有拓广、加深、完善、应用特点的研究，一直延续到今天。这期间，由于受到应用特点、机器硬件性能、网络技术、语义学研究进展等多种因素的影响，对各种程序设计方法和技术研究的深化先后促进了多种程序设计方法和技术的发展。例如，面向对象程序设计与软件开发方法研究相结合，催生了基于统一建模语言(UML)的程序设计方法和技术；机器硬件性能的提高，促进了以进程为基础的并发程序设计向以线程为基础的并发程序设计、并行程序设计方向的发展；并发程序设计与知识库、自组织控制和通信的结合，出现了基于 Agent 的程序设计新方向；逻辑程序设计与说明性技术的结合，产生了约束程序设计方法和技术；逻辑程序设计与高阶逻辑相结合，形成了高阶逻辑程序设计新方向；程序设计、数据库应用与网络技术相结合，促进了基于数据定义语言 XML 的程序设计的发展；面向过程的程序设计与时态逻辑相结合，推动了实时程序设计方法和技术的发展。

程序设计的根本目的是要产生让机器可以识别的、能够完成特定任务或具有某种功能的程序，其思想、理论、方法和技术的发展受到诸多方面因素的影响。经过半个世纪的发展，如今已经可以比较清晰地看到，程序设计的发展主要受到机器识别能力、算法表达方式、程序阅读与交流、程序重用和扩展、程序的计算理论基础、程序正确性验证、程序运行效率和复杂性等诸多方面的影响，而且，可以断言，程序设计依然将继续沿着为更好地改进上述特性这一方向而深化发展。在这一过程中，总体上，随着硬件的发展，程序设计范型是从面向过程的程序设计朝着说明性程序设计的方向发展，从实现算法完成计算任务朝着既实现算法计算又保证程序正确的方向发展，从程序独立、功能单一朝着借助环境和工具支撑、程序复用和功能透明、可扩展的方向发展，这就必然要求程序设计方法和技术，从抽象到具体、从面向过程到面向说明性定义、从静态到动态、从顺序到并发与并行、从构件到模块化、从子程序设计到组件设计、从算法描述到计算模型刻画、从测试到自动证明、从单一工具到集成环境，努力去发展一系列的方法和技术，并使之不断细化、精确化，最终依靠程序设计方法和形式语义学理论的支撑，融合多种程序设计范型，从低级程序设计向非常高级的程序设计方向发展。这就是未来程序设计技术发展的趋势。

12.3* 现代程序设计语言的发展

1950 年代后期至 1960 年代中期，不同领域计算机具体应用的广泛需求和应用特点产生了一大批程序设计语言。除了 Fortran 和 Algol 60 之外，最具代表性的有 1959 年出现的面向商业领域的 Cobol；用于计算机普及性教育的 Basic；1960 年代出现的面向符号处理与人工智能的 Lisp；用于算法设计的 APL；用于字符串处理，特别适用于电信领域的 Snobol；支持大型软件开发构件式程序设计的 PL/1；集抽象数据类型、并发进程和分层模拟思想于一体的 Simula 67 等。从程序设计范型的角度来看，早期的高级语言主要是面向过程的程序设计语言，这与当时应用计算机开展工作，人们面对的首先是大量的科学计算问题有关，也与当时对大量应用问题的算法研究比较发达有关。但是，面向过程的程序设计语言在编制程序时，程序员的负担较重，不仅要关心程序设计的整体构思，而且还要了解具体计算过程中每一步骤的程序细节。一旦程序规模增大，程序员的负担将大大增加，而且，因为程序设计的技巧很多，程序员的习惯各不相同，这样设计的程序也不利于阅读理解、错误检查、程序调试和维护扩展。如何将这种负担中的一部分交给语言或系统来分担，让机器自动去处理，就成为之后的研究课题。在这一指导思想的引导下，以后又陆续出现了面向问题描述和定义的程序设计语言，面向说明的程序设计语言，在程序设计语言中扩展子程序库与程序包，等等。

在高级程序设计语言开发群雄逐鹿的 1960 年代，曾产生过两种截然不同的设计观点。一种是针对具体应用领域待处理问题的特点和要求，设计面向某一领域的通用或专用程序设计语言，这是一种比较务实的设计观点；另一种观点企图设计一种大而全的通用程序设计语言，面向所有的领域,由使用者根据自己的需要,选取语言中的一部分进行程序设计。这是一种求大、求新、求全的设计思想,其代表作主要有 PL/1 和 Algol 68。在 1960 年代,大多数人都认为程序设计语言大而全的设计思想是正确的,因为当时如雨后春笋般层出不穷的高级程序设计语言让人们应接不暇。特别是在欧洲,主张统一观点的 Algol 68 一度受到学术界广泛的重视,不少大学、研究机构已经开始使用 Algol 68 编写程序。然而,由于当时发生了"软件危机",学术界提出了软件工程的概念,试图用工程的方法来解决"软件危机",因此,计算机界急需要一种能够支持软件工程开发思想的高级程序设计语言。此时,关于 Algol 68 的许多语言成分还处于争论之中,加之 Algol 68 的语言定义描述十分复杂,编译系统的开发漏洞很多,迟迟不能交付使用。而根据学科发展的规律,新型语言的生命力在很大程度上取决于是否能被用户广泛接受,至于语言中存在的一些不足可以随着语言的使用不断完善。结果,当小巧、灵活、融合结构化程序设计思想的 Pascal 推出后,很快受到程序员的欢迎,竞争的结果是第二种观点所作的努力不太成功。

有了高级语言,就得为其开发相应的编译程序。人们从最初高级语言解释程序的研制开始,在逐步深化语言理论研究的基础上,渐渐形成了编译原理与技术的方向。要对语言使用计算机进行准确翻译,就必须提供语言的语法和语义严格的定义与描述。早期,编译程序并不是基于严格的语法定义和语义描述设计的,实现技术上主要是采用状态矩阵和递归子程序法,但随着研究的深入以及编译程序在使用和维护中出现问题,语法和语义成为一个语言文本必须要解决的问题。巴科斯和瑙尔在 Algol 60 的语法描述中提出了一种新的表示法,简称巴科斯范式或巴科斯-瑙尔范式(BNF),引起学术界的关注。后来的研究发现,BNF 虽然是独立地提出的,但本质上等价于乔姆斯基提出的上下文无关文法。以后,在对语言成分语义的理解中又提出了 D. Scott(斯科特)的静态语义和 Donald Ervin Kunth(科努特)的属性文法,而语法理论研究的深入和对语义描述方法的研究大大促进了语言编译系统的开发,也促进了语言的发展。

顺便要提到这样一个事实,高级程序设计语言 Algol 68 的设计和推广虽然不成功,但是,研究工作并不等于没有意义。实际上,设计 Algol 68 时,研究小组首先发展了一种新型的描述语言的文法,叫做 W-文法。这是一个双级文法,它由两级上下文无关文法组成,第一级文法产生第二级文法的语法生成规则,第二级文法才生成真正的 Algol 68。通过这种方式,其在描述能力上等价于短语结构文法的描述能力。使用 W-文法,在设计 Algol 68 时,研究者还提出了一些程序设计语言的新概念。所有这些,都对以后的研究工作有积极的参考价值。

进入 1970 年代以后,高级程序设计语言又有了新的发展,产生了一系列新的语言。定理证明中消解法的深入研究,使得逻辑程序设计成为可能。1973 年,法国科学家基于 Horn 子句逻辑,设计了第一个逻辑程序设计语言 Prolog,对人工智能的发展产生了深远影响,甚至一度被日本选为第五代计算机系统的核心语言。并发程序设计方法和技术的研究始于 1960 年代后期对操作系统的研究,以后在大约 20 多年里一直是计算机科学研究的热点。这不仅是因为并发程序设计方法和技术解决了当时硬件条件下多用户系统的开发问题,而且,并发作为一种基本的自然现象,一旦深入到计算机应用的诸多方面,需要研究的问题很多,应用也非常广泛。例如,进程控制、资源共享、数据保护、数据一致性、不确定性问题、模块化程序的实现技术、基于 Agent 的程序设计、协同计算,等等。而且,从程序设计的角度考虑,需要有能够更好地表达并发程序的语言。于是,人们从不同的角度开展工作,先后设计了一系列具有并发程序表达功能的高级程序设计语言。如对并发程序设计方法和技术的研究使得人们很自然地在 Pascal 取得成功之后,将其发展为并发 Pascal,甚至在后来把逻辑程序设计扩展到并发逻辑程序设计领域,产生了诸多并发逻辑程序设计语言；对硬件理论的研究和设计方法的研究，产生了 VHDL 语言和 Verilog 语言等；对大型软件系统的开发需求和模块化程序设计思想的结合，又催生了 Modula-2，在欧洲非常流行，影响深远；对抽象数据类型的深入研究，结合并发程序设计方法与技术，很自然地产生了集数据隐蔽与操作封装、对象分层描述与属性继承于一体的面向对象程序设计方法和技术，并先后产生了 Forth、Smalltalk、Beta、C++、Java 等面向对象的程序设计语言；对系统软件开发的关注和对软件移植技术的研究，曾促使科学家发展了一系列系统软件程序设计语言，如 XHY、C 等；此外，对程序正确性问题的关注和对语义描述方法的研究，先后发展了通信顺序进程 (CSP) 和通信系统演算 (CCS)，而 CSP、CCS 本身也分别都是描述并发现象、并发程序及其语义的数学化了的语言，可以融入高级语言程序设计环境中作为程序验证的工具语言；将时序逻辑引入程序设计，把程序设计与程序验证结合在一起，发展了基于时序逻辑的程序设计语言 Tempura，XYZ/E；值得一提的是，出于对军队系统分级、统一、系列化使用和管理的目的，美国军方曾经设计了一种称为 Ada 的高级语言，成为在军队系统内部统一使用的一种高级程序设计语言。

此外，在程序设计语言形式化语义研究的热浪中，先后产生了若干抽象描述语言，如基于指称语义的抽象描述语言 Meta IV，基于代数语义的抽象描述语言 OBJ、Larch，基于属性文法的抽象描述语言 Alandin，基于范畴论的抽象描述语言 Clear，基于集合论的抽象描述语言 Z，基于可计算性理论的抽象描述语言 Lisp、ML、FP，等等。

认真总结 1970 年代至 1980 年代末期间出现的各种高级语言，不难看出，并发已成为现代高级程序设计语言中一个不可缺少的基本功能。然而，进入 1980 年代以后，人们发现，拥有并发程序设计的功能对于一个现代高级程序设计语言来说依然不够，计算机图形学、图象处理的发展和视窗操作系统的普及，以及硬件性能的进一步发展和提高，使得多媒体技术获得了快速的发展，并行计算机系统的商业化也进一步促进了并行程序设计的研究。此时，随着计算机应用和软件开发的发展，急需发展新型程序设计语言。着眼于支持基于图形学和图象处理技术的多媒体程序设计，先后产生了一系列诸如 Virtual Pascal、Virtual C、Virtual BASIC、Virtual C++等；支持并行计算的研究与应用，在并发程序设计语言的基础上，发展了并行程序设计技术。在这个过程中，发展新型程序设计语言，一种途径是直接设计新语言，另一种方式是沿用原先的高级程序设计语言，通过增加相关的图形、图象数据软硬件表示、处理功能、并行程序描述功能来实现新语言的设计，或在原先高级程序设计语言的实现环境中，通过加载一部分系统软件模块，实现对多媒体程序设计、并行程序设计功能的扩展，如增加图形加速器、图形图象处理专用部件以支持多媒体程序设计，通过扩展高级语言程序设计环境，引入 PVM、MPI，采用程序指令的并行化处理技术，从而获得程序设计语言系统从顺序、并发向具有并行执行的功能方向发展。而计算可视化和虚拟现实概念的提出，进一步加快了这类高性能程序设计语言的设计和开发。此外，在改进了面向对象程序设计语言编译实现方法与技术之后，着眼于不同的应用背景，进入 1990 年代以后，先后出现了 C++和 Java；对逻辑程序设计的进一步研究，发展了新型逻辑程序设计语言 Gödel、Mercury。

虽然，直到今天，人们对新型程序设计语言的研究热情不减，但高级语言自身的发展相对比较成熟已是不争的事实。尽管先后仍然有一些新语言不时地被推出，但除了并行程序设计之外，并没有在新概念、新思想等方面取得实质性的突破。纵观高级程序设计语言的发展历程，可以从中总结出如下一些基本的特点：

(1) 计算机应用驱动发展

程序设计语言的发展是受应用驱动的，由于计算机应用领域和需要处理的问题各不相同，先后发展了各种各样、各个不同层面的语言。可以说，有什么样的应用，就会催生出不同类型的、与这种应用相适应的程序设计语言，如 SNOBOL、Ada、Verilog、XML，等等。

(2) 计算机科学理论研究促进发展

计算的理论研究构成了理论计算机科学研究的范畴。从理论与实践相统一的观点来看，计算机科学因为构造性数学基础的引入并成为其最核心的数学基础，使得计算机科学理论、计算机科学技术、计算机科学工程本质上是一回事，没有区别。将三者统一成一个整体的是支撑计算并作为其科学理论基础的抽象计算模型，反映计算过程本质序列的算法，以及为更好地实现各种计算，建立在抽象计算模型、算法基础之上的各种计算环境、工具及其支撑技术。因此，研究计算机科学，必须把计算贯穿在研究过程的始终。于是，计算的概念不是狭义的，而必然是广义的。正因为此，各种关于计算机科学理论的研究，特别是将计算理论的思想、原理、方法和技术等融入到语言中，极大地促进了高级程序设计语言的发展，产生了 Java、LISP、Prolog、Tuili、FP、Gödel、Mercury 等，促进了新型程序设计范型的出现。

(3) 计算机科学方法和技术研究推动发展

高级语言的早期发展是相对简单的，这不仅与当时的软硬件发展水平有关，也与人们对计算机科学理解的局限性有关。然而，高级语言毕竟是一种或表达计算思想，或反映计算原理、或体现计算方法，或描述计算过程，或刻画计算性质的语言，程序设计方法和技术是依附在计算的思想、原理、方法、过程、性质中的表现手法。随着研究的深入，特别是应用领域的拓广和加深，人们针对不同类型的问题，先后发展了各种程序设计方法和技术。一旦这些方法和技术在应用实践中得到认可，逐步成熟，那么，新型程序设计语言的设计就会努力将这些方法和技术融入到语言中，通过语言成分和功能体现出来，以便更好地反映计算的思想、原理、方法、过程、性质，由此推动高级程序设计语言的发展，如 Modula-2、C++、FP、Gödel、Mercury，等等。

(4) 软硬件系统性能和程序设计环境的发展推动语言发展

在高级语言发展的早期，受到计算机硬件性能和软件系统性能的影响，高级语言还处于发展的低级阶段。然而，随着硬件性能的不断提高，系统软件开发技术的不断提高，加上程序设计方法和技术的不断深化和成熟，高级语言愈来愈多地朝着降低程序员的劳动强度，更贴近程序员的直觉、概念、思想、问题描述的方向发展，许多复杂的语言的表示功能、细节可以隐藏在语言编译系统和程序设计环境中，通过机器系统的执行来完成，也因此高级语言更多地朝着脱离具体机器硬件细节的方向发展，借助于程序设计环境、工具的支撑实现对语言可表达性能力的一种扩展。换言之，高级语言的设计进一步朝着与自然语言更接近的方向发展，朝着与软件架构设计安排、软件开发方法和风范保持一致，密切融合的方向发展，这与软硬件系统性能和实现软硬件系统的基本的程序设计方法、技术的不断提高和成熟有着密切的联系，也与学术界的一种普遍认识有关：算法与具体机器无关，仅与计算方法和抽象计算模型有关；程序与具体语言无关，仅与程序设计范型和程序设计方法有关。毕竟，使用自然语言设计程序，从需求描述、概念设计、体系结构设计、开发模式和方法的确立到软件测试、系统集成、质量认证直至达成软件开发目标，是人们追求的一个远景目标。

(5) 语言自身的研究推动发展

高级程序设计语言作为描述计算的一种媒介或载体，它源于计算理论与机器指令，是自然语言的一部分。对语言的研究离不开语法、语义和语用。暂时，对语用的研究还不迫切。然而，高级程序设计语言毕竟是自然语言的一部分。一方面，能够用人们最熟悉的自然语言写程序是一种理想的境界和愿望；另一方面，任何程序设计必须要保证程序的正确性才能使编程活动有意义，而两者当下还必须依赖于语言的语法和语义理论研究，有赖于语言翻译研究的突破。于是，人们自然特别关注这个问题，一旦取得重要进展，都希望把最新的研究成果融入到新型高级程序设计语言的设计之中，如 CSP、XYZ/E，等等。

高级语言发展的上述特点，突出地反映了语言发展过程中的一些重要的内在规律，可以使读者比较准确地把握语言发展的时代脉搏，窥探到未来发展的趋势。

本 章 小 结

本章以几个典型实例，从解决问题的角度，由浅入深地介绍了 Turbo Pascal 和 C 两种语言程序设计的全过程。这个过程告诉程序员，在解决任何问题时，首先要分析问题，寻求和找到解决问题的思想和方法，然后进行算法设计，最后再进行程序编码，即利用程序设计语言将算法描述成源程序。这个过程充分体现了计算机科学学科发展中"**抽象描述求解问题与具体实现解决问题相分离**"的学科特点与原则。另外，在程序设计时，还要选择恰当的数据结构，以组织和描述数据。这也证明了在本课程中，"**程序 = 数据结构 + 算法**"这一论断的正确性。有关"数据结构"的知识，将在后续的"数据结构"课程中详细介绍。

事实上，在解决问题时选择恰当的数据结构来组织和描述数据是解决问题的关键所在。正是数据的不同表示(描述)导致了其实现的质量高低，这有力地说明了"**一个问题求解质量和效率的高低更多地取决于对问题的描述与数据表示的形式，而不是施加在其上的运算操作**"这一计算机科学与技术学科的特点。对该特点的更深入的理解将在后继的"数据结构"课程中完成。

为了得到程序正确的运行结果，必须对程序进行调试，这就涉及到程序的正确性问题。程序的正确性问题是一个永远不能回避的问题，它是计算机科学与技术学科中的三个**基本问题**之一。请读者思考一下，到目前为止，读者只是利用程序测试的方法来判定程序是否正确，但这种方法是有漏洞的。因为"测试只能发现程序有错，但不能证明程序无错。"因此，这个问题迄今还没有得到圆满地解决，但是，围绕着如何解决这个问题，长期以来，在计算机科学与技术学科中发展了一些相关的分支研究领域与研究方向。例如，算法理论(数值与非数值算法设计的理论基础)，程序设计语言的语义学，程序理论，进程代数与分布式事件代数，程序测试技术，电路测试技术，软件工程技术(形式化的软件开发方法学)，计算语言学，容错理论与技术，**Petri** 网理论，**CSP** 理论，**CCS** 理论，分布式网络协议，等等。这些分支研究领域和方向极大地丰富和拓展了计算机科学的学术内涵和研究天地。有关程序正确性的学习，不是本课程讨论的主题，将在后续的有关课程中讨论。但是，每一个程序员都必须牢固地树立程序正确性的观念。值得注意的是，要想学好这些后续课程，必须打下良好的数学基础，尤其是离散数学基础。

程序设计技术的发展是围绕着如何解决提高软件的生产率，保证程序的正确性问题而不断发展的。高级程序设计语言是程序设计技术发展的产物。一部程序设计技术与程序设计语言的发展史是计算机科学与技术发展史的一个缩影。在计算机科学与技术的发展中，演绎了许多动人的故事，创造了一个又一个人间奇迹，使得计算机科学与技术的发展成为一部壮丽的史诗。

习 题

1. 请建立一个实现矩阵基本运算(例如,两个矩阵的相加、相减、相乘、数与矩阵的乘积,矩阵的转置等)的库单元,然后编写一个程序来,使用该库单元中的这些运算。

2. 请编写一个程序,打印出任何一年的日历,要求只输入年份。

3. 哥尼斯堡桥问题。18 世纪在普鲁士的哥尼斯堡城(今俄罗斯加里宁格勒)的普莱格尔河上有 7 座桥,将河中的两个岛(A 和 D)和河岸连结(B 和 C),如图 12-7 所示。城中的居民经常沿河过桥散步,于是提出了一个问题:能否一次走遍 7 座桥,而每座桥只许通过一次,最后仍回到起始地点。请你写一个程序,判断能否不重复地一次走遍这七座桥。

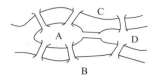

图 12-7 哥尼斯堡七桥图

附注

(1) 尼斯堡桥问题也称欧拉一笔画问题,或称为七桥问题,它是图论中的著名问题。瑞士大数学家 Leonhard Euler(莱昂哈德·欧拉)在 1727 年 20 岁的时候,去俄国圣彼得堡科学院做研究。差不多在这个时候,他的德国朋友告诉了他这个令许多人困惑的问题。经过多年研究,于 1736 年,年方 29 岁的欧拉终于解决了这个问题,并向圣彼得堡科学院递交了一份题为《与位置几何有关的一个问题的解》的论文。该论文所提供的答案是根本不可能不重复地一次走遍这七座桥。该论文不仅仅是解决了这一难题,而且引发了一门新的数学分支——图论的诞生,欧拉也因此被公认为图论之父。同时,它也为拓扑学的研究提供了一个初等的例子[①]。

欧拉是这样解决问题的:既然陆地是桥梁的连接地点,不妨把图中被河隔开的陆地看成 4 个点,7 座桥表示成 7 条连接这 4 个点的线,如图 12-8 所示。

于是,哥尼斯堡桥问题就等价于图 12-9 中所画图形的一笔画问题了。欧拉注意到,如果一个图能一笔画成,那么一定有一个起点开始画,也有一个终点。图上其他的点是"过路点"——画的时候要经过它。

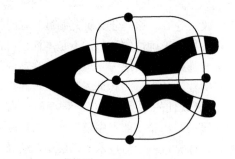

图 12-8 七桥图的抽象建模过程　　　　　　图 12-9 一笔画问题图

---

① 图论的研究对象相当于一维的拓扑学。

现在看"过路点"具有什么性质。它应该是"有进有出"的点,有一条边进这点,那么就要有一条边出这点,不可能是有进无出,如果有进无出,它就是终点,也不可能有出无进,如果有出无进,它就是起点。因此,在"过路点"进出的边总数应该是偶数,即"过路点"是偶点。

如果起点和终点是同一点,那么它也是属于"有进有出"的点,因此必须是偶点,这样图上全体点都是偶点。如果起点和终点不是同一点,那么它们必须是奇点,因此这个图最多只能有二个奇点。

现在对照哥尼斯堡桥问题的图,所有的顶点都是奇点,共有四个,所以这个图肯定不能一笔画成。

事实上,我国民间很早就流传着这种一笔画的游戏,从长期实践的经验中,人们知道如果图的点全部是偶点,可以任意选择一个点做起点,一笔画成。如果是有二个奇点的图形,那么就选一个奇点做起点以顺利的一笔画完。可惜的是,我国古代没有人重视它,没有人对它进行抽象和总结。

在欧拉成功地解决了该问题中,最值得后人学习的是:他是如何借助**抽象**这个哲学方法,把一个实际问题转换成为一个数学问题的(这个转换过程本质上就是一个数学建模的过程)。

(2) Leonhard Euler(莱昂哈德·欧拉),1707 年生于瑞士巴塞尔。自幼喜欢数学,不满 10 岁就开始自学《代数学》,13 岁进巴塞尔大学读书,15 岁大学毕业,16 岁获硕士学位,26 岁时担任了彼得堡科学院教授。他是 18 世纪科学界的一位巨人,也是历来最有才华、最博学的人物之一,也是科学史上最多产的一位数学家。欧拉的研究工作几乎涉及到所有数学分支,对物理力学、天文学、弹道学、航海学、建筑学、音乐都有研究!他从 19 岁开始发表论文,直到 76 岁,他那不倦的一生,共写下了 886 本书籍和论文。其中,在世时发表了 700 多篇论文。俄罗斯彼得堡科学院为了整理他的著作,整整用了 47 年。

欧拉著作惊人的高产并不是偶然的。他那顽强的毅力和孜孜不倦的治学精神,可以使他在任何不良的环境中工作:他常常抱着孩子在膝盖上完成论文。他约 30 岁时右眼失明,60 岁左右完全失明。即使在双目失明后的 17 年间,也没有停止对数学的研究,口述了好几本书和 400 余篇的论文。当欧拉 64 岁高龄之时,一场突如其来的大火烧掉了他几乎全部的著述,而神奇的欧拉用了一年的时间口述了所有这些论文并作了修订。一年以后,1783 年 9 月 18 日的下午,欧拉为了庆祝他计算气球上升定律的成功,请朋友们吃饭,那时天王星刚发现不久,欧拉写出了计算天王星轨道的要领,还和他的孙子逗笑,喝完茶后,突然疾病发作,烟斗从手中落下,口里喃喃地说:"我要死了",欧拉终于"停止了生命和计算"。

欧拉把自己的一生献给了美丽的科学事业。他那杰出的智慧,顽强的毅力,孜孜不倦的奋斗精神和高尚的科学道德,永远值得后人学习。法国大数学家拉普拉斯曾说过:**"读读欧拉,他是所有人的老师。"** 人们还把他誉为"数学界的莎士比亚"。

(3) 图是一种描述网络的统一数学工具。实际上,今天人们对复杂网络的研究与欧拉当年对哥尼斯堡桥问题的研究在某种程度上是一脉相传的,即网络结构与网络性质密切相关。

4. 狼羊过河问题。一农夫带着一只狼,一头羊和一棵卷心菜想渡过一条河,他只有一条船可用,并且每次过河最多只能带狼、羊、菜中的一样过河。问题是当他不在时,不能让狼和羊在同一岸上(狼要吃羊),也不能让羊和卷心菜在同一岸上(羊要吃菜)。请编写一个程序,告诉农夫该如何做,才能完成安全渡河。

附注 狼羊过河问题是一个古老的智力游戏。借助抽象这个哲学方法,可以将问题抽象成为一个数学问题——图论问题,即求一个有向图上从初始状态(某一顶点)到目标状态(另一顶点)

的一条(最短)有向路径问题。

其实，上述有向图是一个具有状态变换特征的计算模型，称之为有限状态自动机模型。有限状态自动机模型将在"形式语言与自动机理论"课程中有深入介绍。

5. 荷兰国旗问题/三色旗问题(Dutch National Flag Problem/Three-Color Flag Problem)。设有一个仅由红、白、篮三种颜色的 n 个条块组成的序列。请写一个程序对这些条块重新排列，按红、白、篮的顺序排成荷兰国旗图案。

附注 该问题由 E. W. Dijkstra 教授 1976 年提出。可以将国旗的颜色由三色推广到 N 色，即得 N 色旗问题。

6. 稳定婚姻问题(Stable Marriage Problem)。有 n 男 n 女，每人都按他们对(异性)对象的喜好程度按 1 至 n 排列。现安排男女结婚，使得没有一对不是夫妇的男女对对方的喜好程度都较被安排的配偶高，即不存在潜在的不稳定性。例如，假如有两对夫妇张男和李女，赵男和王女。如果张男更喜欢王女，而王女也更喜欢张男，那么这就有潜在的不稳定性。请写一个程序，判定这 n 男 n 女是否有全部稳定的婚姻？

附注 稳定婚姻问题是**组合数学**中一个著名的问题。1962 年两个美国数学家 Gale 和 Shapley 提出一个被后人称为 Gale-Shapley 算法的方法，该算法对于每个系统，总能找到一个解决的办法。请你做一点研究，能否找到更好的求解方法。

Gale-Shapley 算法属于图论中匹配理论的内容，该算法在现实生活的人才招聘中有着很好的应用。

附录 A

常用字符的 ASCII 代码表

ASCII值	字符	控制符	ASCII值	字符	ASCII值	字符	ASCII值	字符	ASCII值	字符	ASCII值	字符	ASCII值	字符	ASCII值	字符
000	(null)	NUL	032	空格	064	@	096	`	128	Ç	160	á	192	└	224	α
001	☺	SOH	033	!	065	A	097	a	129	ü	161	í	193	┴	225	β
002	☻	STX	034	"	066	B	098	b	130	é	162	ó	194	┬	226	Γ
003	♥	ETX	035	#	067	C	099	c	131	â	163	ú	195	├	227	π
004	♦	EOT	036	$	068	D	100	d	132	ä	164	ñ	196	─	228	Σ
005	♣	END	037	%	069	E	101	e	133	ã	165	Ñ	197	┼	229	σ
006	♠	ACK	038	&	070	F	102	f	134	å	166	ª	198	╞	230	μ
007	(beep)	BEL	039	'	071	G	103	g	135	ç	167	º	199	╟	231	τ
008	◘	BS	040	(	072	H	104	h	136	ê	168	¿	200	╚	232	Φ
009	(tab)	HT	041	)	073	I	105	i	137	ë	169	⌐	201	╔	233	θ
010	(line feed)	LF	042	*	074	J	106	j	138	è	170	¬	202	╩	234	Ω
011	(home)	VT	043	+	075	K	107	k	139	ï	171	½	203	╦	235	δ
012	(form feed)	FF	044	,	076	L	108	l	140	î	172	¼	204	╠	236	∞
013	(carriage return)	CR	045	-	077	M	109	m	141	ì	173	¡	205	═	237	φ
014	♪	SO	046	.	078	N	110	n	142	Ä	174	«	206	╬	238	∈
015	☼	SI	047	/	079	O	111	o	143	Å	175	»	207	╧	239	∩
016	►	DLE	048	0	080	P	112	p	144	É	176	░	208	╨	240	≡
017	◄	DC1	049	1	081	Q	113	q	145	æ	177	▒	209	╤	241	±
018	↕	DC2	050	2	082	R	114	r	146	Æ	178	▓	210	╥	242	≥
019	‼	DC3	051	3	083	S	115	s	147	ô	179	│	211	╙	243	≤
020	¶	DC4	052	4	084	T	116	t	148	ö	180	┤	212	╘	244	⌠
021	§	NAK	053	5	085	U	117	u	149	ò	181	╡	213	╒	245	⌡
022	▬	SYN	054	6	086	V	118	v	150	û	182	╢	214	╓	246	÷
023	↨	ETB	055	7	087	W	119	w	151	ù	183	╖	215	╫	247	≈
024	↑	CAN	056	8	088	X	120	x	152	ÿ	184	╕	216	╪	248	°
025	↓	EM	057	9	089	Y	121	y	153	Ö	185	╣	217	┘	249	∙
026	→	SUB	058	:	090	Z	122	z	154	Ü	186	║	218	┌	250	·
027	←	ESC	059	;	091	[	123	{	155	¢	187	╗	219	█	251	√
028	∟	FS	060	<	092	\	124	|	156	£	188	╝	220	▄	252	η
029	♦	GS	061	=	093	]	125	}	157	¥	189	╜	221	▌	253	²
030	▲	RS	062	>	094	^	126	~	158	Pt	190	╛	222	▐	254	■
031	▼	US	063	?	095	_	127	⌂	159	f	191	┐	223	▀	255	'FF'

注：表中均为十进制的 ASCII 码值，表中 000～127 是标准 ASCII 代码，128～255 是扩展 ASCII 代码。

附录 B

中英文名词对照

（按中文名词的汉语拼音字母顺序）

A

按名调用	call by name
按位运算符	bitwise operator
按引用调用	call by reference
按值调用	call by value

B

绑定(联编,关联)	binding
绑定时	binding time
保留字	reserved constant
变量	variable
变量参数	variable parameter
变量初始化	variable initialization
变量说明部分	variable declaration part
编辑	editing
编写大程序	programming-in-the-large
编写小程序	programming-in-the-small
编译	compiling
编译程序	compiler
编译原理	compiler construction principles
标号说明部分	label declaration part
标量类型	scalar type
标识符	identifier
标准标识符	standard identifier
标准常量	standard constant
标准过程	standard procedure
标准函数	standard function
标准数据类型	standard data type
标准文件	standard file
并发程序	concurrent program
并发程序设计基础	foundations of concurrent programming
并发程序设计技术	concurrent programming technology
并行程序	parallel program
并行程序设计技术	parallel programming technology
并行计算机	parallel computer
不可执行语句	unexecutable statement
不相交的联合	discriminated union
布尔运算符	Boolean operator
布尔表达式	Boolean expression
布尔类型	Boolean type

C

操作系统	operating system
参数表	parameter list
存储单元	memory cell, memory location
产生算子	creation operation
常量	constant
程序	program
程序变换技术	program transformation technology
程序设计	programming
程序设计方法学	programming methodology
程序设计风格	programming style
程序设计语言	programming language
程序设计语言范型	programming language paradigm
程序首部	program heading
程序说明部分	program declaration part

程序体	program body
程序推导技术	program derivation technology
程序验证技术	program verification technology
程序综合技术	program synthesis technology
程序可执行部分	program executable Part
查找，搜索	searching
常量说明部分	constant declaration part
成分	component
抽象	abstraction
抽象层次	levels of abstraction
抽象数据类型	abstract data type
重复语句	REPEAT statement
重用	reuse
重载	overloading
传地址	call by address
传值	call by value
垂悬 else	dangling else

D

打印机	printer
带格式输入	formatting input
带格式输出	formatting output
单精度浮点类型	single-precision floating-point type
单元	unit
当型语句	WHILE statement
迭代程序	iterative program
地址运算符	address operator
递归	recursion
递归不可判定的	recursively undecidable
递归程序	recursive program
递归程序设计技术	recursive programming technology
低级语言	Low-level Language
定界符(分隔符)	separator
动态绑定	dynamic binding
动态变量	dynamic variable
动态数据类型	dynamic date type
动态语义	dynamic semantics
逗号表达式	comma expression
读语句	READ statement
对偶性原理	principle of duality

对象	object
多重循环	multiple loop
多态的	polymorphic
多维数组	multi-dimensional array

E

二叉树	binary tree
二分查找	binary search
二进制文件	binary file
二义性	ambiguity

F

返回语句	RETURN statement
非局部变量	non-local variable
非数值算法	non-numerical algorithm
费马最后定理(费马大定理)	Fermat's last theorem
废料	garbage
分布式程序设计技术	distributed programming technology
分程序，程序块	block
分块查找	block search
分解	decomposition
分配	allocation
分情形语句	CASE statement
分时	time-sharing
分形图形	fractal figure
冯·诺依曼机器	Von Neumann machine
冯·诺依曼体系结构	Von Neumann architecture
封装	encapsulation
符号	symbol
符号常量	symbolic constant
复合语句	compound statement
复杂性	complexity
副作用	side effect
赋值相容	assignment-compatible
赋值语句	assignment statement
赋值运算符	assignment operator

G

高级语言	High-level language

哥德尔不完备性定理	Gödel's incompleteness theorem	基本数据类型	elementary date type
跟踪	tracing (tracking)	集成电路芯片	integrated circuit chip
共享变量	shared variable	集合表达式	set expression
构造类型	structured type	集合数据类型	set data type
归并排序	merging sort	集合运算符	set operator
规约	specification	记录类型	record type
过程调用	procedure call	记录数组	record array
过程定义	procedure definition	计算方法	computational method
过程首部	procedure heading	计算模型	computational model
过程说明部分	procedure declaration part	寄存器变量	register variable
过程体	procedure body	继承	inheritance
过程语句	procedure statement	基集	underlying set
关键字	key word	基准测试程序	benchmark
国际标准化组织	International Organization for Standardization，IOS	继续语句	CONTINUE statement
		间接递归	indirect recursion
国际信息处理联合会	International Federation for Information Processing，IFIP	间接运算符	indirection operator
		简单类型	simple type
关系表达式	relation expression	简单语句	simple statement
关系运算符	relation operator	结构成员运算符	structure member operator
		结构指针运算符	structure pointer operator
		结构化程序	structured program
H		结构化程序设计技术	structured programming technology
函数	function	结构化语句	structured statement
函数调用	function call	结构类型	structure type
函数定义	function definition	结构数组	structure array
函数式语言	functional language	结构型指针	pointer to structure
函数式程序设计技术	functional programming technology	解释程序	interpreter
函数说明部分	function declaration part	进程	process
函数型程序	functional program	静态绑定	static binding
函数型指针	pointers to functions	静态变量	static variable
宏	macro	静态数据类型	static date type
宏替换	macro substitution	静态语义	static semantics
后继	successor	局部变量	local variable
后缀	postfix	聚集	aggregate
换名	call by name	矩阵	matrix
汇编语言	assemble language		
汇编语言程序设计	assemble language programming	**K**	
		开关语句	SWITCH statement
J		开域语句	WITH statement
机器语言	machine language	可读性	readability
机器指令	machine instruction		

可靠性	reliability
可见的	visible
可计算性与计算复杂性理论	Computability and Computational Complexity Theory
可维护性	maintainability
科学表示法	scientific notation
可移植性	portability
可执行语句	executable statement
空格	space
空间复杂性	space complexity
括号	parentheses

L

类型检查	type checking
类型说明部分	type declaration part
类型转换	type conversion
联合类型	union type
链接	linking
令牌	token
流程图	flowchart
论域，定义域	domain
逻辑表达式	logical expression
逻辑运算符	logical operator
逻辑程序	logic program
逻辑程序设计技术	logic programming technology
逻辑程序设计语言	logic programming language

M

美国国家标准局	American National Standards Institute, ANSI
枚举类型	enumerated type
幂集	powerset
描述符	descriptor
面向代数的语言	algebra-oriented language
面向对象程序	object-oriented program
面向对象程序设计技术	object-oriented programming technology
面向对象语言	object-oriented language
面向方面的程序设计技术	aspect-oriented programming technology
面向构件的程序设计技术	component-oriented programming technology
面向过程的语言	procedure-oriented language
面向机器的语言	machine-oriented language
面向领域的程序设计技术	domain-oriented programming technology
面向问题的语言	problem-oriented language
面向应用的语言	application-Oriented language
模块	module
模块化程序设计技术	modularization programming technology
模块性	modularity
模式匹配	pattern matching
模运算符	modulus operator

N

拟合	fitting
内部文件	internal file
内情向量	dope vector
内循环	inner loop

P

排序，分类	sorting
匹配	match

Q

前趋	predecessor
前缀	prefix
嵌套结构	nested structure
嵌套循环	nested loop
强类型语言	strongly-typed language
穷举法	exhaustive method
全局变量	global variable

R

人工语言	artificial language
如果语句	IF statement
软件体系结构	software architecture

S

上界	upperbound
甚高级程序设计语言	even high-level programming language
生存期	life-time, extent
十进制表示法	decimal notation
时间复杂性	time complexity
实际参数表	actual parameter list
实例	instance
实时程序设计技术	run-time programming technology
实数类型	real type
实体	entity
数理逻辑	mathematical logic
数理逻辑基础	foundations of mathematical logic
数据结构	data structure
数据类型	data type
数学模型	mathematical model
数组类型	array type
数值算法	numerical algorithm
输入	input
输出	output
输入语句	input statement
输出语句	output statement
属性	attribute
双精度浮点类型	double-precision floating-point type
顺序	sequencing
顺序查找	sequential search
顺序程序设计技术	sequential programming techniques
顺序存取文件	sequential access file
说明语句	declaration statement
死锁	deadlock
缩进格式	identation
无穷循环	infinite loop
算法	algorithm
算法设计与分析	algorithm design and analysis
算术表达式	arithmetic expression
算术运算符	arithmetic operator
随机存取文件	random access file

T

条件编译	conditional compilation
条件语句	conditional statement
调试,排错	debugging
通信	communication
通用性	generality
通用语言	general propose language
退出语句	BREAK statement

W

外部变量	external variable
外部设备	peripheral equipment
外部文件	external file
外循环	outer loop
网络计算机	network computer
位运算符	bitwise operator
文本文件	text file
文件	file
文件包含	file inclusion
文件名	file name
文件数据类型	file data type
文件系统	file system
无格式输入	format-free input, unformatting input
无格式输出	format-free output, unformatting output
无条件转移语句	unconditional transfer statement

X

希尔排序	Shell sort
系统调用接口	system call interface
语言(系统)预定义的数据类型	language-defined dada type
下标	subscript
下界	lowerbound
线程	thread
现代软件开发方法与技术	modern software development methods and technology
显示器	display device
相关性	dependence
相容性	compatibility
显式转换	explicit conversion
向量	vector

效率	efficiency	运行	running
消息传递	message passing		
协议	protocol	**Z**	
写语句	WRITE statement		
信息传递	information passing	增减表达式	increment and decrement expression
信息隐蔽	information hiding	增减运算符	increment and decrement operator
形式参数表	formal parameter list	折衷	tradeoffs
形式语言与自动机理论	formal languages and automata theory	正确性	correctness
形式语义学	formal semantics	正文文件	text file
虚拟计算机	virtual computer	只读文件	only read file
序列	sequence	直接递归	direct recursion
循环	repetition	直接量(字面值),文字	literal
循环体	loop body	智能体	agent
循环语句	loop statement	指数表示法	exponential notation
选择	section	指向指针的指针	pointers to pointers
选择排序	selection sort	指针	pointer
		指针参数	pointer arguments
		指针类型	pointer type
Y		指针数组	pointer arrays
压缩数组类型	packed array type	值参数	value parameter
演化,进化	evolution	整数类型	integer type
遗传程序设计技术	genetic programming technology	主程序	master program
一元运算符	unary operator	主函数	main function
一致(等同)	identical	专用语言	special purpose language
一致性	consistency	转向语句	GOTO statement
隐式转换	implicit conversion	中国剩余定理	Chinese remainder theorem
用户	**user**	中庸	mean
用户定义的标识符	user defined identifier	逐步求精	stepwise refinement
用户定义的数据类型	user-defined data type	注释	comment
有效的	valid	子程序	subroutine
有序类型	ordinal type	子界类型	subrange type
语法	syntax	自顶向下	top-down
语法图	syntax chart (diagram)	自动变量	automatic variable
语句部分	statement part	自然语言	natural language
域(字段)	field	字符常量	character constants
预处理	preprocess	字符串	string
源程序	source program	字符串变量	string variable
元素	element	字符集合	character set
约束程序设计技术	constraint programming technology	字符类型	character type
运算符的优先级	operator precedence	字面常量	literal constant
运算符的结合性	operator associativity	作用域	scope

参 考 文 献*

[1] 冯友兰. 中国哲学简史. 北京：新世界出版社，2004
[2] 林定夷. 科学哲学：以问题为导向的科学方法论导论. 广州：中山大学出版社，2009
[3] 陈　衡. 科学研究的方法论. 北京：科学出版社，1984
[4] E. B. Wilson 著，石大中 等译. 科学研究方法论. 上海：上海科学技术文献出版社，1988
[5] 戴吾三. 科学与艺术. 北京：清华大学出版社，2006
[6] 邓东皋 等. 数学与文化. 北京：北京大学出版社，1991
[7] 张燕顺. 数学的美与理. 北京：北京大学出版社，2004
[8] 林夏水 著. 数学哲学. 北京：商务印书馆，2003
[9] 高隆昌. 数学及其认识（第2版）. 成都：西南交通大学出版社，2011
[10] 胡世华，陆钟万. 数理逻辑基础（上，下）. 北京：科学出版社，1981
[11] 李　未. 数理逻辑：基本原理与形式演算. 北京：科学出版社，2008
[12] 刘坤起. 集合论基础. 北京：电子工业出版社，2014
[13] 王世强. 王世强文集：代数与数理逻辑. 北京：北京师范大学出版社，2005
[14] 吴允曾. 吴允曾选集. 北京：北京科学技术出版社，1991
[15] 李　未. 李未院士文集. 北京：北京大学出版社，2000
[16] 侯世达 著. 歌德尔、艾舍尔、巴赫——集异壁之大成. 北京：商务印书馆，1996
[17] 陆汝钤. 数学·计算·逻辑. 长沙：湖南教育出版社，1993
[18] 马希文. 逻辑·语言·计算. 北京：商务印书馆，2003
[19] 赵致琢. 计算科学导论（第3版）. 北京：科学出版社，2005
[20] 刘坤起，赵致琢. 计算科学导论教学辅导. 北京：科学出版社，2005
[22] 赵致琢. 高等学校计算机科学与技术学科专业教育（修订版）. 北京：科学出版社，2000
[23] Robert L. Ashenhurst 著，苏运霖 译. ACM 图灵奖演说集——前20年（1966—1985）. 北京：电子工业出版社，2005
[24] 吴鹤龄，崔林. 图灵和 ACM 图灵奖（1966-2011）——纪念图灵百年诞辰（第4版）. 北京：高等教育出版社，2012
[25] 崔桐豹，程虎 译. 计算机程序设计语言 Pascal(国际标准文本)ISO 7185-1983. 北京：国防工业出版社，1989

---

*作者在写作时参考了大量国内外文献资料，这里仅列出了一部分与教材内容直接相关的主要参考文献。值得指出的是，这些文献并不是低年级的大学生学习"高级语言程序设计"课程时必须阅读的，而是为教师和希望更深入、系统地掌握这门课程的背景、内容、特点、思想方法，更全面地把握高级语言与程序设计的内容而准备的。我们更希望学生把精力放在反复阅读教材和积极地完成课外练习上，更多地思考问题，因为低年级的大学生在学习该课程时必然会受到时间、精力和能力的限制。

[26] GB 7591-87 中华人民共和国国家标准程序设计语言 Pascal. 北京：国家标准局，1988

[27] 赵致琢，刘坤起. 高级语言程序设计. 北京：国防工业出版社，2010

[28] 赵占芳，刘坤起. 高级语言程序设计实验教程. 北京：电子工业出版社，2014

[29] 李光琳. PASCAL 程序设计方法（第 2 版）. 成都：四川大学出版社，1992

[30] 薛伟，胡进. Turbo Pascal 程序设计及其应用. 合肥：中国科学技术大学出版社，1991

[31] 姚庭宝. Turbo Pascal 大全. 北京：电子工业出版社，1993

[32] Herbert S. Pchildt 著，王曦若 译. ANSI C 标准详解. 北京：电子工业出版社，1994

[33] 徐金梧，杨德斌. Turbo C 实用大全. 北京：机械工业出版社，1996

[34] 李书涛. C 语言程序设计教程. 北京：北京理工大学出版社，1993

[35] 谭浩强. C 程序设计（第 3 版）. 北京：清华大学出版社，2008

[36] 李锐，韩永泉. 高质量程序设计指南——C++/C 语言（第 3 版）. 北京：电子工业出版社，2007

[37] 李师贤，李文军，周晓聪. 面向对象程序设计基础. 北京：高等教育出版社，1998

[38] 岳东，李南编著. 微机高级程序设计语言的分类与剖析. 北京：海洋出版社，1992。

[39] 徐宝文. 高级程序设计语言原理. 北京：航空工业出版社，1992

[40] 徐家福，吕建. 软件语言及其实现. 北京：科学出版社，2000

[41] Michael L. Scott 著，裘宗燕 译. 程序设计语言实践之路. 北京：电子工业出版社，2005

[42] 王鼎兴，温冬婵. 逻辑程序设计语言及其实现技术. 北京：清华大学出版社，1996

[43] 郑维民. 函数程序设计语言：计算模型·编译技术·系统结构. 北京：清华大学出版社，1997

[44] 陈意云. 程序设计语言理论（第 2 版）. 北京：高等教育出版社，2010

[45] Benjamin C. Pierce 著，马世龙 译. 类型和程序设计语言. 北京：电子工业出版社，2005

[46] 陆汝钤. 计算机语言的形式语义. 北京：科学出版社，1992

[47] 冯玉琳. 程序设计方法学（第 2 版）. 北京：北京科技出版社，1992

[48] 汤庸. 结构化与面向对象软件方法. 北京：科学出版社，1998

[49] 唐稚松. 时序逻辑程序设计与软件工程（上,下）. 北京：科学出版社，2002

[50] Thomas H. Cormen 等著，潘金贵等译. 算法导论（第 2 版）. 北京：机械工业出版社，2006

[51] 陈国良. 并行算法设计与分析（第 3 版）. 北京：高等教育出版社，2009

[52] 顾朝曦. 魔阵算法与程序设计. 北京：科学技术文献出版社，1993

[53] 李世春. 魔方的科学和计算机表现. 北京：石油大学出版社，2002

[54] 吴鹤龄. 幻方及其他（第 2 版）. 北京：科学出版社，2004

[55] 陈仁政. 说不尽的 π. 北京：科学出版社，2005

[56] 陈仁政. 不可思议的 e. 北京：科学出版社，2005

[57] 杨东屏. 可计算性理论. 北京：科学出版社，1999

[58] 堵丁柱. 计算复杂性导论. 北京：高等教育出版社，2002

[59] John E. Hopcroft 等著，徐美瑞 译. 自动机理论、语言和计算导引. 北京：科学出版，1986

[60] 王树禾. 图论. 北京：科学出版社，2004

[61] 刘坤起. 集合论基础. 北京：电子工业出版社，2014

[62] 刘坤起. 数据结构：题型·题集·题解. 北京：科学出版社，2005

[63] 张德富. 算法设计与分析（高级教程）. 北京：国防工业出版社，2007

[64] 张德富. 算法设计与分析. 北京：国防工业出版社，2009

[65] Brian W. Kernighan,Dennis M.Ritchie,The C Programming Language（Second Edition）, Prentice Hall,1988.（中译本：徐宝文 译.C 程序设计语言. 北京：机械工业出版社，2004）

[66] Ellis Horowitz,Fundamentals of Programming Languages(Second Edition), Computer Science Press,1984.（中译本：裘宗燕 译.程序设计语言基础. 北京：北京大学出版社，1990）

[67] Terrence W.Pratt,Marvin V.Zelkowitz，Programming Languages Design and Implementation（Second Edition）,Prentice Hall,1996.（中译本：傅育熙 译.程序设计语言设计与实现（第3版）. 北京：电子工业出版社，1998）

[68] Ravi Sethi,Programming Language Concepts AND Constructs ,2E,Addison-Wesley,1996（中译本：裘宗燕 译. 程序设计语言：概念与结构（第 2 版）. 北京：机械工业出版社，2002）

[69] Morgan Carroll,Programming from Specification,2E,Prentice Hall,1994. （中译本：裘宗燕 译. 从规范出发的程序设计（第2版）. 北京：机械工业出版社，2002）

[70] John C.Mitchell,Concepts in Programming Languages,Cambridge University Press,2003（中译本：冯建华 译. 程序设计语言概念. 北京：清华大学出版社，2005）

[71] John C.Mitchell,Foundations for Programming Languages,MIT Press,2000 （中译本：许满武 译. 程序设计语言基础. 北京：电子工业出版社，2006）

[72] Samuel P. harbison,Guy L. Steele Jr. C A Reference Manual（Fifth Edition）,Pearson Education,Inc,2002

[73] BORLAND,Turbo Pascal Language Guide(Version 7.0),Borland International,Inc,1992

[74] Kenneth C. Louden, Programming Languages:Principles and Practice (2E),Thomson Learning,2003(中译本：黄林鹏 译.程序设计语言：原理与实践(第 2 版).北京：电子工业出版社，2004)

[75] Robert W.Sebesta,Concepts in Programming Languages,7E,Addison-Wesley,2006(中译本：张勤 译.程序设计语言原理.北京：机械工业出版社，2004)

[76] Michael L.Scott 著，裘宗燕 译.程序设计语言——实践者之路(第 2 版).北京：电子工业出版社，2007

[77] David Gries,The Science of Programming,Springer,1981

[78] E. W. Dijkstra,A Discipline of Programming,Prentice Hall,1976

[79] 赵致琢. 关于计算机科学与技术认知问题的研究简报[J]. 计算机研究与发展，2001,38(1)

[80] 赵致琢. 计算机科学与技术一级学科面向 21 世纪系列教材一体化建设研究报告[J]. 计算机科学，2002,29(6)

[81] 赵致琢. 普通高等学校科学办学的理论探索与改革实践——以"计算机科学与技术"学科

为例[J]. 工业和信息化教育，2013(12).

[82] 赵致琢. 计算机专业的教学改革与科学办学的实践（上、下）[J]. 工业和信息化教育，2013(12)

[83] 刘坤起，李慧琪."编译程序设计原理"课程教学之思考[J]. 工业和信息化教育，2013(12)

[84] 刘坤起. 计算机类专业的综合教学改革与科学办学的实践（上、下）[J]. 工业和信息化教育，2014(12)

[85] 刘坤起，康立山，赵致琢. 关于认知演化计算分支领域的研究简报（Ⅰ）[J]. 计算机科学，2009,36(7)

[86] 刘坤起，康立山，赵致琢. 关于认知演化计算分支领域的研究简报（Ⅱ）[J]. 计算机科学，2009,36(8)

[87] 赵占芳，刘坤起."高级语言程序设计"课程的教学问题探讨[J]. 工业和信息化教育，2013(12)

[88] 赵占芳，刘坤起."高级语言程序设计实验"课程的教学问题探讨[J]. 工业和信息化教育，2014(12)

[89] D.Knuth. 带 GOTO 语句的结构程序设计[J]. 计算机科学，1982.NO 2、3（苏运霖 译）

[90] 唐稚松. 结构程序设计与结构程序语言[R]. 中国科学院计算技术研究所报告，1977

[92] 陆汝钤. 高级语言的发展（上,下）[J]. 计算机研究与发展，1982.NO 5

[93] 徐宝文，郑国梁. 程序设计语言发展回顾与展望[N]. 计算机世界报，1995.4.5

[94] 高 文 等. 程序设计语言专题综述[N]. 计算机世界报，1995.3.1

反侵权盗版声明

电子工业出版社依法对本作品享有专有出版权。任何未经权利人书面许可，复制、销售或通过信息网络传播本作品的行为以及歪曲、篡改、剽窃本作品的行为，均违反《中华人民共和国著作权法》，其行为人应承担相应的民事责任和行政责任，构成犯罪的，将被依法追究刑事责任。

为了维护市场秩序，保护权利人的合法权益，本社将依法查处和打击侵权盗版的单位和个人。欢迎社会各界人士积极举报侵权盗版行为，本社将奖励举报有功人员，并保证举报人的信息不被泄露。

举报电话：（010）88254396；（010）88258888
传　　真：（010）88254397
E-mail：dbqq@phei.com.cn
通信地址：北京市海淀区万寿路173信箱
　　　　　电子工业出版社总编办公室
邮　　编：100036